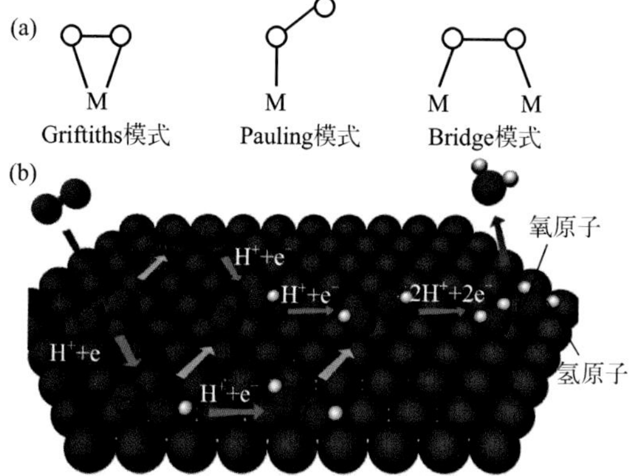

图 5-1 氧气在催化剂表面的吸附模型（a）和 ORR 的模拟途径（b）

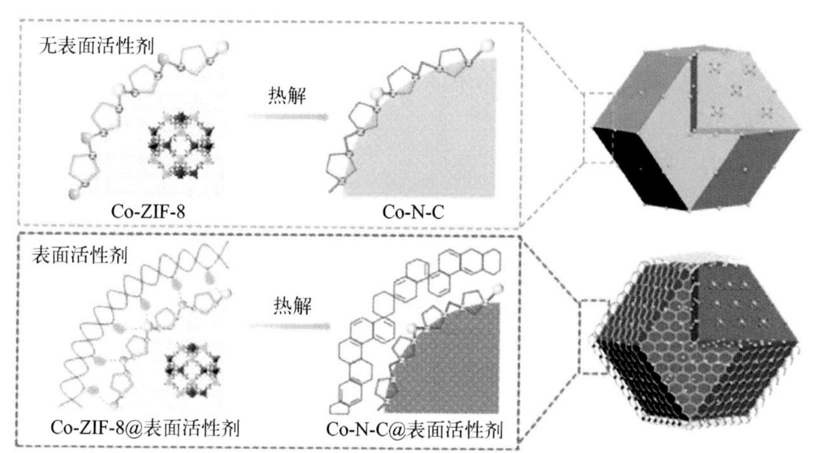

图 5-5 具有高密度活性位点的核壳 Co-N-C@表面活性剂催化剂的原位限制热解策略

黄色、灰色和蓝色的球分别代表 Co、Zn 和

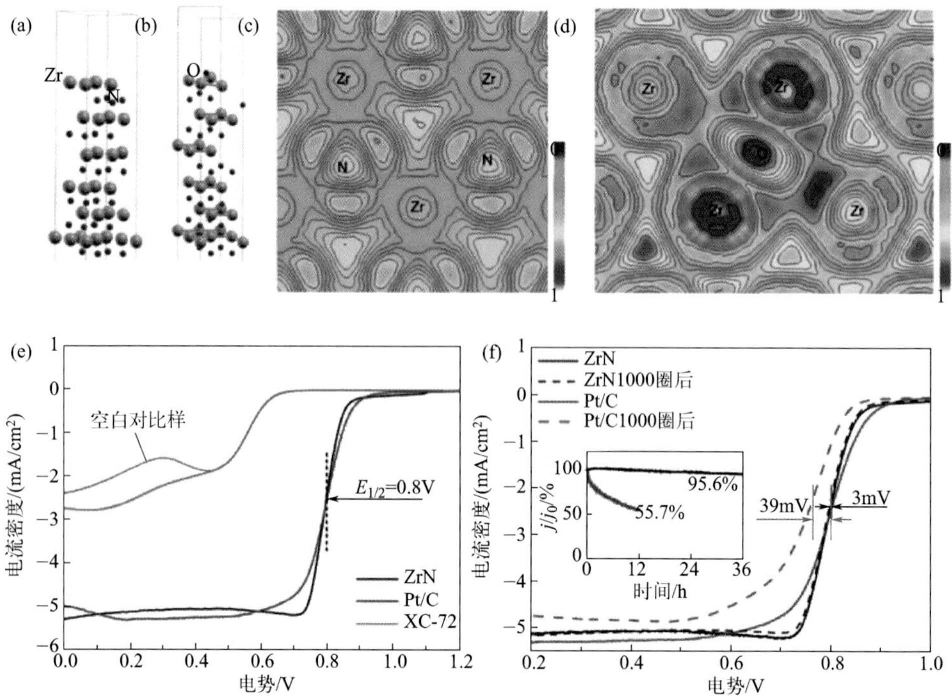

图 5-10 纯 ZrN（a），吸附了氧化物的 ZrN(111) 面和底层的晶体结构（b），纯 ZrN（c），吸附了氧化物的 ZrN(111) 表的电子局域化分布（d），ZrN 与 Pt/C 的 ORR 活性对比（e）和 ZrN 与 Pt/C 的 ORR 稳定性对比（f）

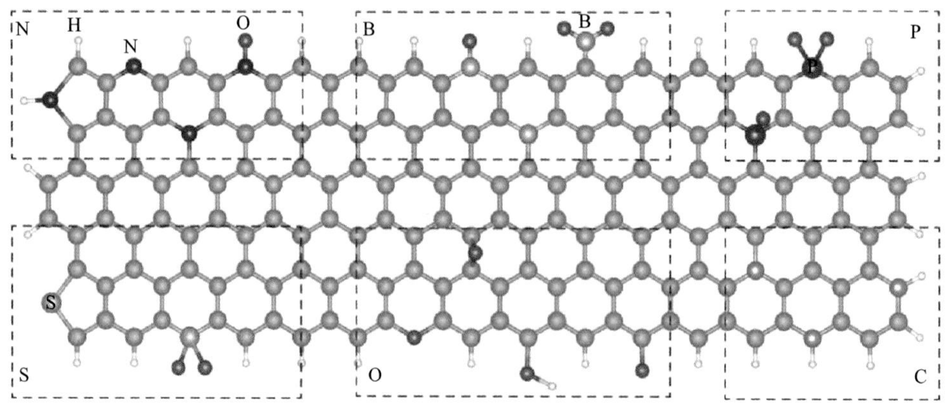

图 5-12 碳基体上各种杂原子（N、B、P、S、O）掺杂的模型

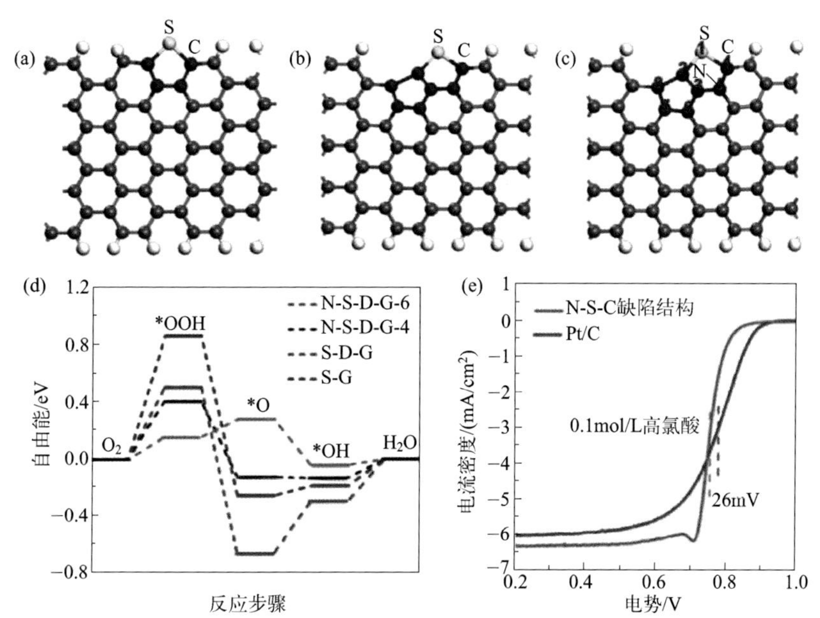

图 5-18　S 掺杂石墨烯（S-G）(a)，S 缺陷石墨烯（S-D-G）(b)，N 修饰的 S 缺陷石墨烯（N-S-D-G）(c)，自由能对比（d）和酸性氧还原测试（e）

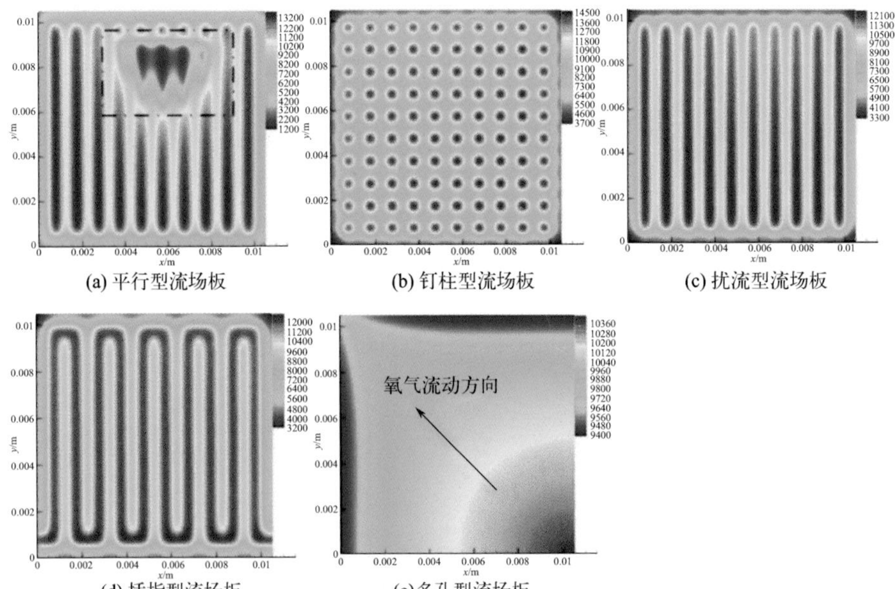

图 6-4 质子交换膜沿厚度方向中心界面位置电流密度分布

电流密度为 $1.0A/cm^2$；电流密度分布单位：A/m^2

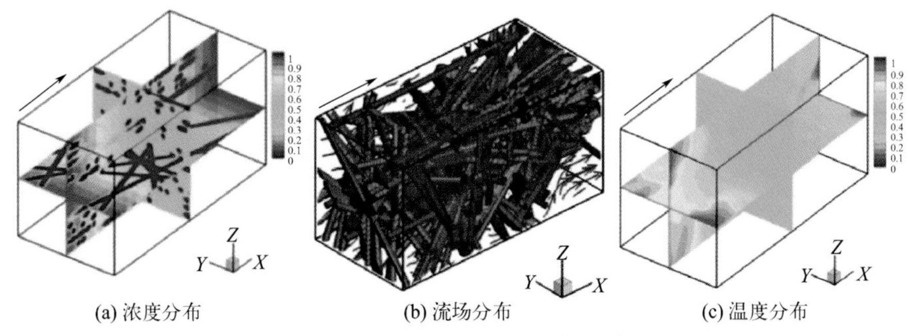

图 6-11 各物理量空间分布规律

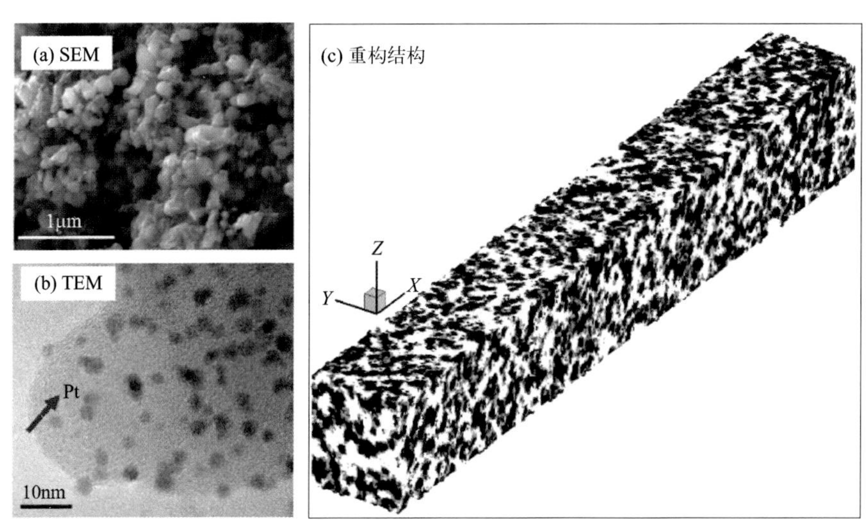

图 6-14 催化层微纳结构及重构

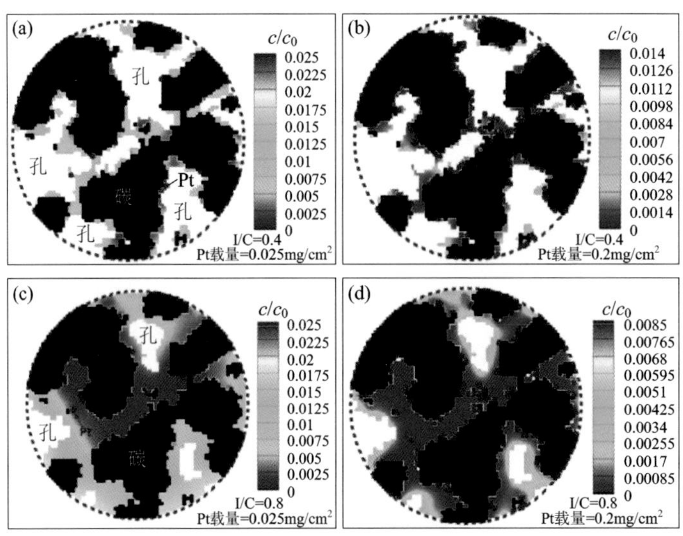

图 6-20　催化层中多场耦合传递过程孔尺度模拟结果

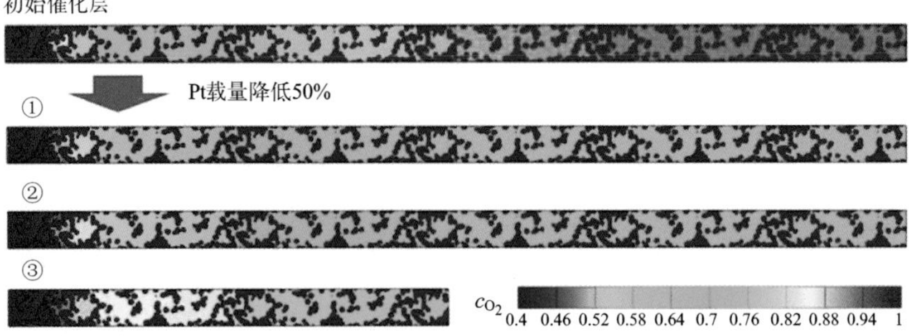

图 6-21　降低 Pt 载量的不同方法对催化层内氧气浓度分布的影响

先进电化学能源存储与转化技术丛书

张久俊　李箐　丛书主编

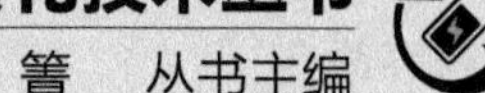

氢燃料电池

关键材料与技术

Hydrogen Fuel Cells: Key Materials and Technologies

李箐　何大平　程年才　等编著

化学工业出版社

·北京·

内容简介

《氢燃料电池：关键材料与技术》是“先进电化学能源存储与转化技术丛书”分册之一。本书聚焦氢燃料电池这一实现碳中和的关键新能源技术，依据作者团队以及国内外研究人员的研究进展，从基础科学理论与工程技术应用两个方面进行了系统深入的介绍。全面阐述了氢燃料电池的基础运行原理以及各部分关键材料（如质子交换膜，膜电极，阴、阳极电催化剂）的作用与设计思路，还系统介绍了电堆技术以及其他相关的燃料电池技术。本书从简单的电化学原理与案例入手，深入浅出，具有较好的可读性。

本书不仅适合从事新能源、电化学等相关领域的研究人员、工程技术人员阅读参考，也可供高等院校相关专业的师生作为教材使用。

图书在版编目（CIP）数据

氢燃料电池：关键材料与技术／李箐等编著．—北京：化学工业出版社，2024.4

（先进电化学能源存储与转化技术丛书）

ISBN 978-7-122-45092-0

Ⅰ.①氢… Ⅱ.①李… Ⅲ.①氢能-燃料电池-研究 Ⅳ.①TM911.42

中国国家版本馆 CIP 数据核字（2024）第 035104 号

责任编辑：成荣霞　　文字编辑：毕梅芳　师明远
责任校对：宋　玮　　装帧设计：王晓宇

出版发行：化学工业出版社
（北京市东城区青年湖南街 13 号　邮政编码 100011）
印　　装：北京建宏印刷有限公司
710mm×1000mm　1/16　印张 19¼　彩插 3　字数 345 千字
2024 年 6 月北京第 1 版第 1 次印刷

购书咨询：010-64518888　　售后服务：010-64518899
网　　址：http://www.cip.com.cn
凡购买本书，如有缺损质量问题，本社销售中心负责调换。

定　　价：168.00 元　

《氢燃料电池：关键材料与技术》编委会

FOREWORD

序

当前，用于能源存储和转换的清洁能源技术是人类社会可持续发展的重要举措，将成为克服化石燃料消耗所带来的全球变暖/环境污染的关键举措。在清洁能源技术中，高效可持续的电化学技术被认为是可行、可靠、环保的选择。二次（或可充放电）电池、燃料电池、超级电容器、水和二氧化碳的电解等电化学能源技术现已得到迅速发展，并应用于许多重要领域，诸如交通运输动力电源、固定式和便携式能源存储和转换等。随着各种新应用领域对这些电化学能量装置能量密度和功率密度的需求不断增加，进一步的研发以克服其在应用和商业化中的高成本和低耐用性等挑战显得十分必要。在此背景下，“先进电化学能源存储与转化技术丛书”（以下简称“丛书”）中所涵盖的清洁能源存储和转换的电化学能源科学技术及其所有应用领域将对这些技术的进一步研发起到促进作用。

“丛书”全面介绍了电化学能量转换和存储的基本原理和技术及其最新发展，还包括了从全面的科学理解到组件工程的深入讨论；涉及了各个方面，诸如电化学理论、电化学工艺、材料、组件、组装、制造、失效机理、技术挑战和改善策略等。“丛书”由业内科学家和工程师撰写，他们具有出色的学术水平和强大的专业知识，在科技领域处于领先地位，是该领域的佼佼者。

“丛书”对各种电化学能量转换和存储技术都有深入的解读，使其具有独特性，可望成为相关领域的科学家、工程师以及高等学校相关专业研究生及本科生必不可少的阅读材料。为了帮助读者理解本学科的科学技术，还在“丛书”中插入了一些重要的、具有代表性的图形、表格、照片、参考文件及数据。希望通过阅读该“丛书”，读者可以轻松找到有关电化学技术的基础知识和应用的最新信息。

“丛书”中每个分册都是相对独立的，希望这种结构可以帮助读者快速找到感兴趣的主题，而不必阅读整套“丛书”。由此，不可避免地存在一些交叉重叠，反映了这个动态领域中研究与开发的相互联系。

我们谨代表“丛书”的所有主编和作者，感谢所有家庭成员的理解、大力支持和鼓励；还要感谢顾问委员会成员的大力帮助和支持；更要感谢化学工业出版社相关工作人员在组织和出版该“丛书”中所做的巨大努力。

如果本书中存在任何不当之处，我们将非常感谢读者提出的建设性意见，以期予以纠正和进一步改进。

张久俊

［中国工程院　院士（外籍）；
上海大学/福州大学　教授；
加拿大皇家科学院/工程院/工程研究院　院士；
国际电化学学会/英国皇家化学会　会士］

李　箐

（华中科技大学材料科学与工程学院　教授）

PREFACE 前言

当今世界能源结构80%依赖于传统的化石能源，然而化石能源的资源有限性及其在使用过程中带来的环境污染和碳排放问题成为了全球关注的焦点问题。随着世界各国对气候问题的日益重视，发展"低碳经济"已经成为实现未来经济可持续发展的共识。2020年9月，我国在第75届联合国大会一般性辩论中庄严承诺，中国力争于2030年前实现碳达峰、2060年前实现碳中和。作为化石能源的替代，以太阳能、风能等为代表的可再生能源具有清洁、高效、绿色的特点，可以从根本上解决化石能源带来的环境污染和碳排放问题。然而，这些能源形式固有的间歇性、波动性和随机性对高效率的能量储存和转换方式提出了要求。

在诸多能量转换装置中，基于氢能源系统的质子交换膜燃料电池技术以其能量转换效率高、环境友好等优点受到了科研工作者的广泛关注。氢能是一种清洁可再生的二次能源，且能量密度极高，是替代化石能源等传统能源形式、实现"低碳经济"的重要选择之一。而质子交换膜燃料电池能够通过电化学过程将氢能直接转化为电能，不经过热能-机械能转化，故不受卡诺循环限制，转化效率高，是最有效的利用氢能的手段。自20世纪70年代，人们就已经开始进行利用氢能来解决全球性能源与环境问题的尝试，经过数十年研究与探索，取得了一系列的进展，奠定了氢能大规模应用的理论及技术基础。

质子交换膜燃料电池技术作为氢能源系统的核心技术，是近几十年的研究重点。由于质子交换膜燃料电池能够在相对低温下工作，热损耗小，且体积小、重量轻，非常适合作为汽车和其他便携式设备的电源，因而备受学术界和工业界的青睐。质子交换膜燃料电池包括质子交换膜、催化剂层、气体扩散层、双极板等多个组成部分，相关研究涉及电化学基本原理、材料设计、水热管理、模拟仿真等多个方面。目前，国内外已有数部专著对质子交换膜燃料电池进行介绍，但近年来，相关领域的发展日新月异，每年都有大量针对催化剂的制备、膜结构的设计和优化、电池体系仿真等方面的研究成果涌现。因此，对质子交换膜燃料电池技术及其研究进展进行系统的归纳和总结，有利于我国相关研究人员在进入这一领域时能够对本领域有更为全面且实时的了解。

本书共 8 章。第 1 章介绍氢燃料电池基本原理、结构及相关电化学反应（李箐、何大平、程年才、王谭源负责撰写），第 2 章介绍膜电极关键组件的工作机理及性能需求（程年才、吴威、王子辰负责撰写），第 3 章重点介绍各类质子交换膜的结构特点、合成方法及性能参数（王正帮、薛萍、唐浩林负责撰写），第 4 章主要介绍氢燃料电池阴极氧气还原反应铂基贵金属催化剂的设计思路和研究进展（李箐、梁嘉顺负责撰写），第 5 章主要介绍阴极氧气还原反应非贵金属催化剂的研究进展（何大平、晋慧慧负责撰写），第 6 章聚焦于燃料电池多场耦合下的宏观性能仿真研究（陈黎、何璞、方文振负责撰写），第 7 章拓展介绍其他氢燃料电池（碱性燃料电池和磷酸燃料电池）的原理及关键材料研究进展（程年才、陈润喆负责撰写），第 8 章介绍燃料电池电堆的设计原理和发展方向（郭伟负责撰写）。

由于本领域仍处于高速发展的阶段，相关学术论文众多，且目前对某些问题的观点尚未一致，加之编著者水平有限及篇幅的限制，书中疏漏在所难免，希望广大读者指正。

编著者

CONTENTS

目录

第 2 章 膜电极设计 42

第 3 章 质子交换膜 69

第 6 章 质子交换膜燃料电池多尺度多场耦合过程的建模及仿真 210

第1章

氢质子交换膜燃料电池原理及概述

1.1 燃料电池化学热力学

1.1.1 燃料电池发展简介

燃料电池是一种能连续地将燃料的化学能转化为电能的电化学装置，能够将燃料（氢气、甲醇等）和氧化剂（氧气、空气等）的化学能通过电化学反应直接转化为电能[1,2]。

通常情况下，燃料发电过程包括以下 4 个能量转换步骤：①燃烧燃料将化学能转换为热能；②利用该热能加热水并产生蒸汽；③蒸汽在热能转换为机械能的过程中驱动涡轮机运行；④机械能驱动产生电力的发电机[3]。燃料电池可避免上述所有过程，通过单一步骤直接产生电能，这种简便性与潜在的高效性自然引起了人们的极大关注。

燃料电池的发展迄今已有 100 多年的历史，1838 年德裔瑞士科学家克里斯提安·弗里德里希·尚班（Christian F. Shoenhein）首次观测到燃料电池效应[4]。在此基础之上，1839 年英国科学家威廉·葛洛夫（William Grove）首次发明了燃料电池[5]。1842 年，Grove 研制出了第一块氢氧燃料电池，称其为“气体伏打电池”（gaseous voltaic battery）[6]，该电池通过将氢和氧混合来产生电能。然而，尽管围绕燃料电池装置的构筑有少许尝试开展，但在将近一个世纪的时间内，燃料电池仍然只停留在科研阶段。在这段时期内，1909 年诺贝尔奖获得者及物理化学领域的奠基人奥斯特瓦尔德（W. F. Ostwald）给出大量关于燃料电池如何工作的理论解释。他认为内燃机中的能量转换受到卡诺效率的限制并会导致大气污染，而可直接产生电能的燃料电池高效、无噪声且无污染。他意识到这一转变的真正实现需要很长一段时间，但他预言这将会产生一场巨大的技术革命[7]，而当今新能源领域的发展无疑印证了这一点。

从威廉·葛洛夫发明燃料电池到第一个实用燃料电池装置研制成功经历了上百年的时间。1952 年，英国工程师法兰西斯·汤玛士·培根（Francis Thomas Bacon）完成了首台 5kW 燃料电池系统的组件和评估，自此燃料电池的发展不再停留在实验室阶段，而是逐渐应用于现实生产生活中。20 世纪 60 年代，美国通用电气（General Electric）公司成功开发出了质子交换膜燃料电池（proton exchange membrane fuel cell，PEMFC）。同时，美国国家航空航天局与工业界合作开发了燃料电池用于载人航天飞行任务。1972 年，美国杜邦（DuPont）公司研发出了全氟磺酸质子交换膜，极大地提高了 PEMFC 的使用寿命。20 世纪

80 年代，出于对能源短缺和石油价格过高的担忧，许多国家的政府和企业开始重视更为有效的能源利用方式，因此也进一步促进了燃料电池的发展。1989 年，佩里（Perry）科技公司与加拿大巴拉德（Ballard）电力系统公司合作研发了以 PEMFC 为动力的潜艇。1993 年，巴拉德电力系统公司成功研发了世界上第一辆搭载燃料电池的公共汽车[8]。自此，PEMFC 开始逐渐走进大众视野，并获得了迅猛的发展[9,10]。

燃料电池的种类很多，其分类的方法也有多种，根据不同的分类方法可以大致分为如下几种。

① 按反应机理：可分为酸性燃料电池和碱性燃料电池；

② 按工作温度：可分为低温型燃料电池（常温～100℃）、中温型燃料电池（100～300℃）和高温型燃料电池（500℃以上）；

③ 按燃料类型：可分为直接式燃料电池和间接式燃料电池；

④ 按电解质种类：可分为质子交换膜燃料电池、碱性燃料电池（alkaline fuel cell，AFC）、磷酸盐燃料电池（phosphoric acid fuel cell，PAFC）、熔融碳酸盐燃料电池（molten carbonate fuel cell，MCFC）和固体氧化物燃料电池（solid oxide fuel cell，SOFC），这是当前最主要的分类方式。

尽管一些一般原理可适用于所有类型的燃料电池，但本书主要关注于质子交换膜燃料电池。该技术由于其简单性、可行性和快速启动性，以及几乎可应用于任何应用领域，得到了极大的重视。

1.1.2 燃料电池工作原理

氢质子交换膜燃料电池的核心是具有独特功能的离子聚合物膜。该聚合物膜不透气但可传导质子，因此被称为质子交换膜。用作电解质的膜挤压在两个多孔且导电的电极之间，这些电极通常由碳纤维布或碳纤维纸制成。在多孔电极和聚合物膜之间的接合处是催化剂颗粒层，通常是碳载铂[11,12]。电池结构和基本工作原理示意如图 1-1 所示。

电化学反应发生在接合处的催化剂表面。从膜的一侧输入的氢分解为质子和电子。其中，质子经过薄膜，而电子首先经过导电电板，然后通过集流器和执行有效工作的外围电路，最后返回到膜的另一侧。在另一侧催化层，这些电子与穿过膜的质子以及输入的氧发生反应，产生水，并与过剩氧气一起从电池中排出。这些同步反应的最终结果是产生流经外部电路的电流——直流电。其中，燃料电池的氢气侧发生氧化反应，失去电子，称为阳极；氧气侧发生还原反应，得到电子，称为阴极。其基本反应如下：

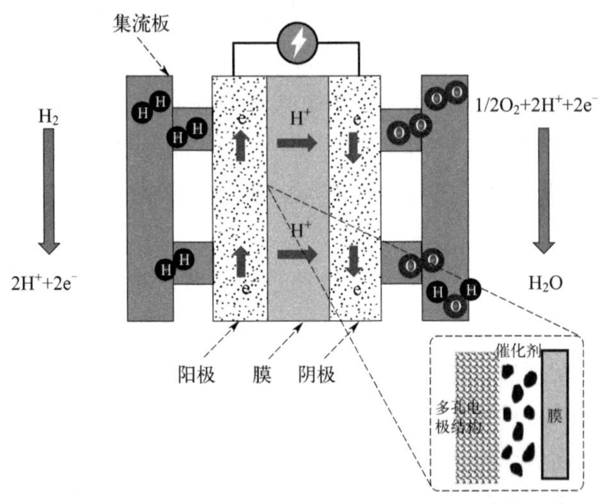

图 1-1　氢质子交换膜燃料电池的工作原理与结构示意图

阳极：　$$H_2 \longrightarrow 2H^+ + 2e^- \tag{1-1}$$

阴极：　$$1/2O_2 + 2H^+ + 2e^- \longrightarrow H_2O \tag{1-2}$$

总反应：　$$1/2O_2 + H_2 \longrightarrow H_2O \tag{1-3}$$

这些反应可能具有多个中间步骤，并且可能会伴随一些（不必要的）副反应，但目前，这些反应能够准确地描述燃料电池中的主要过程。

1.1.3　反应焓

燃料电池发生的整个反应与氢燃烧反应相同，这意味着整个过程会释放能量。化学反应的焓是生成物与反应物生成焓之间的差值，对于方程（1-3），则有

$$\Delta H = \Delta_f H_{H_2O} - \Delta_f H_{H_2} - 1/2\Delta_f H_{O_2} \tag{1-4}$$

25℃下，液态水的生成焓为－286kJ/mol，而根据定义，氢气和氧气的生成焓为零，因此

$$\begin{aligned}\Delta H = \Delta_f H_{H_2O} - \Delta_f H_{H_2} - 1/2\Delta_f H_{O_2} &= -286\text{kJ/mol} - 0\text{kJ/mol} - 0\text{kJ/mol} \\ &= -286\text{kJ/mol}\end{aligned} \tag{1-5}$$

在化学反应中，按照惯例，焓变为负值时意味着反应释放热量，即燃料电池发生的整个反应为放热反应。氢燃烧反应中的焓变（286kJ/mol）也称为氢气的燃烧热，这是 1mol 氢气完全燃烧所产生的热量。然而，受产物水状态的影响，氢气的实际燃烧热有所浮动。在量热器中测量热值时，如果 1mol 的氢气和 0.5mol 的氧气充分燃烧，然后在大气压下冷却到 25℃，产物仅剩液态水，其释

放热量为 286kJ，这称为氢的高热值；如果 1mol 氢气与过量的氧气或空气一起燃烧，冷却到 25℃时产生的水仍然以蒸汽形式存在，则其释放的热量较少，约为 242kJ，这称为氢的低热值（图 1-2）。高低热值之差为水的蒸发热。

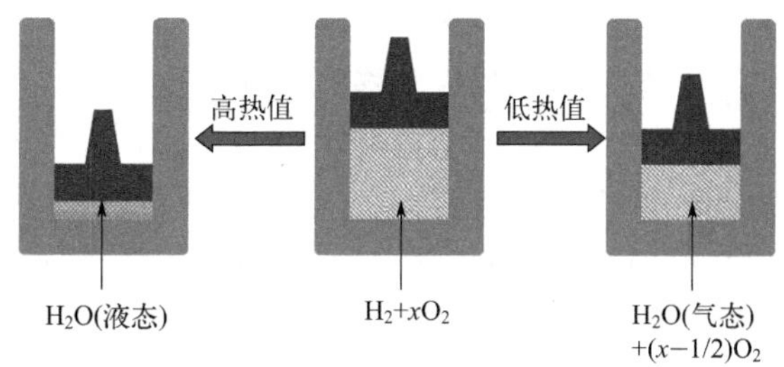

图 1-2　在量热器中燃烧氢气和氧气测定高热值和低热值

1.1.4　做功潜能

氢气的燃烧热可作为燃料电池的输入能量测度，这是可从氢中提取的最大能量（热能）。然而，并非所有输入能量都能转换成电能，除了焓变，化学反应中同样会有熵变。燃料电池中可转换为电能的部分对应于吉布斯自由能，可由下式确定：

$$\Delta G=\Delta H-T\Delta S \tag{1-6}$$

可见，由于熵的产生，在能量转换过程中会存在一些不可逆的损耗。而反应过程中的熵变则可由如下公式计算：

$$\Delta S=\Delta_f S_{H_2O}-\Delta_f S_{H_2}-1/2\Delta_f S_{O_2} \tag{1-7}$$

在 1 个大气压（1atm，101.25kPa，1atm＝101325Pa）和 25℃下，氢氧反应中的反应物和产物的摩尔生成焓与摩尔生成熵如表 1-1 所示。

表 1-1　燃料电池反应物与产物的摩尔生成焓与摩尔生成熵[13]

组分	$\Delta_f H_m$/(kJ/mol)	$\Delta_f S_m$/[kJ/(mol·K)]
H_2(g)	0	0.13066
O_2(g)	0	0.20517
液态水,H_2O(l)	−286.02	0.06996
气态水,H_2O(g)	−241.98	0.18884

因此，在 25℃下，当产物为液体水时，反应的吉布斯自由能为：

$$\begin{aligned}\Delta G&=\Delta H-T\Delta S=\Delta_f H_{H_2O}-\Delta_f H_{H_2}-1/2\Delta_f H_{O_2}-\\&\quad T(\Delta_f S_{H_2O}-\Delta_f S_{H_2}-1/2\Delta_f S_{O_2})\\&=-237.34\text{kJ/mol}\end{aligned} \tag{1-8}$$

此时，氢燃料电池产生的最大电功对应吉布斯自由能，即：

$$-\Delta G=W \tag{1-9}$$

一般情况下，电功是电荷和电势的乘积：

$$W=qE \tag{1-10}$$

每消耗 1mol 氢气，燃料电池反应转移的总电荷量为

$$q=nF \tag{1-11}$$

其中，n 为反应的电子转移数目；F 为法拉第常数，为阿伏伽德罗常数（$6.022\times10^{23}\text{mol}^{-1}$）和单个电子的电荷量（$1.602\times10^{-19}\text{C}$）的乘积：

$$F=96485\text{C/mol} \tag{1-12}$$

因此，电功 W 为

$$W=nFE \tag{1-13}$$

可以得出，25℃下氢燃料电池的理论电压为：

$$E=\frac{W}{nF}=-\frac{\Delta G}{nF}=\frac{237340\text{J/mol}}{2\times96485\text{C/mol}}=1.23\text{V} \tag{1-14}$$

1.1.5 燃料电池效率

任何能量转换装置的效率都可定义为有用输出能量与输入能量之比。对于燃料电池，有用输出能量是指所产生的电能，而输入能量为氢气的燃烧热，即氢气的生成焓。假定所有吉布斯自由能均能转换为电能，则 25℃下燃料电池的理论效率（该效率受温度影响）为：

$$\eta=\frac{\Delta G}{\Delta H}=\frac{237.34}{286.02}=83\% \tag{1-15}$$

与燃料电池不同，传统热机的理论效率由卡诺循环描述。卡诺效率是指热机在两个温度之间工作时所具有的最大理论效率，其可表示为：

$$\eta=1-\frac{T_{低温}}{T_{高温}} \tag{1-16}$$

从式(1-16）可知，提高工作温度可以提高热机的理论可逆效率。然而，在燃料电池 60～80℃的工作温度下，向 25℃的周围环境排热时，卡诺热机的效率要远远低于燃料电池。图 1-3 显示了氢燃料电池的效率与热机的可逆效率随温度变化的关系，可以看出

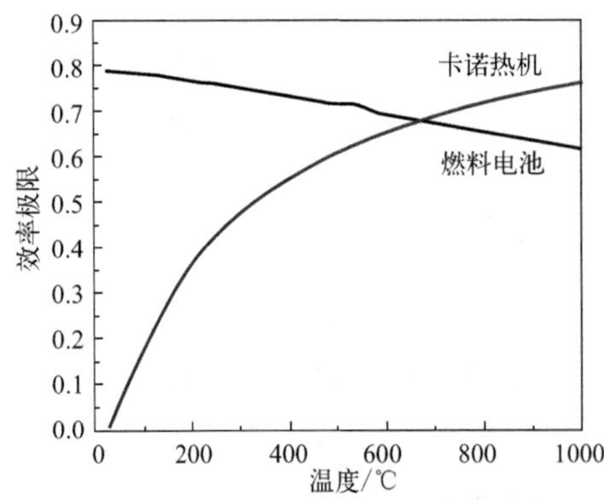

图 1-3 不同温度下燃料电池和卡诺热机的理论效率

燃料电池在较低温度时具有极为显著的热力学效率优势[3]。

在很多情况下，内燃机的效率是用燃料的低热值来计算的。氢的低热值同样也被用于计算燃料电池的效率，以便与内燃机相比。在这种情况下，燃料电池的理论效率将为

$$\eta=\frac{\Delta G}{\Delta H_{\mathrm{LHV}}}\times 100\%=\frac{228.74}{241.98}\times 100\%=94.5\% \tag{1-17}$$

尽管在表示能量转换装置的效率时，利用低热值和高热值均合理（只要指定利用哪一种热值即可），但是采用低热值有时会造成混淆。因此，由于考虑了所有可用能量且与效率定义一致，在热力学上采用高热值更为准确。

1.1.6 温度效应

电池的理论电势会随着温度变化而改变，即

$$E=-\frac{\Delta G}{nF}=-\frac{\Delta H}{nF}+\frac{T\Delta S}{nF} \tag{1-18}$$

由于反应的熵变为负值，显然，电池温度升高会导致电池的理论电势降低。

对于化学反应，焓变与熵变均为温度的函数：

$$\Delta H_T=\Delta H_{298.15}+\int_{298.15}^{T} c_p \mathrm{d}T \tag{1-19}$$

$$\Delta S_T=\Delta S_{298.15}+\int_{298.15}^{T} \frac{1}{T} c_p \mathrm{d}T \tag{1-20}$$

同时，气体的摩尔热容 c_p 也是温度的函数，在此，可利用一个经验性公式来进行估算：

$$c_p=a+bT+cT^2 \tag{1-21}$$

其中 a、b、c 均为经验系数，每种气体各不相同，如表 1-2 所示。

表 1-2　摩尔热容 c_p 的温度相关性系数[14]　单位：J/(mol·K)

物质	a	b	c
$H_2(g)$	28.914	−0.00084	2.01×10^{-6}
$O_2(g)$	25.845	0.012987	-3.9×10^{-6}
$H_2O(g)$	30.626	0.009627	1.18×10^{-6}

将公式(1-21) 代入式(1-19) 和式(1-20) 并积分可得

$$\Delta H_T=\Delta H_{298.15}+\Delta a(T-298.15)+\Delta b\,\frac{T^2-298.15^2}{2}+\Delta c\,\frac{T^2-298.15^3}{3} \tag{1-22}$$

$$\Delta S_T=\Delta S_{298.15}+\Delta a\frac{T}{298.15}+\Delta b(T-298.15)+\Delta c\frac{T^2-298.15^2}{2} \tag{1-23}$$

式中，Δa、Δb、Δc 分别为产物和反应物相应的系数之差，即

$$\Delta a=a_{H_2O}-a_{H_2}-1/2a_{O_2} \tag{1-24}$$

$$\Delta b=b_{H_2O}-b_{H_2}-1/2b_{O_2} \tag{1-25}$$

$$\Delta c=c_{H_2O}-c_{H_2}-1/2c_{O_2} \tag{1-26}$$

在温度低于 100℃时，ΔH 和 ΔS 变化较小（见表 1-3），但温度较高时（如固体氧化物燃料电池），上述变量则不能忽略，燃料电池的理论电势会随着温度的升高而降低。

表 1-3 氢燃料电池在不同温度下的摩尔反应焓、熵、吉布斯自由能变化以及电池的理论电动势[3]

T/K	ΔH /(kJ/mol)	ΔS /[kJ/(mol·K)]	ΔG /(kJ/mol)	E/V
298.15	−286.02	−0.16328	−237.34	1.230
333.15	−284.85	−0.15975	−231.63	1.200
353.15	−284.18	−0.15971	−228.42	1.184
373.15	−283.52	−0.15617	−225.24	1.167

然而，在氢质子交换膜燃料电池的工作过程中，通常情况下，电池温度提高反而会导致电池电动势升高。这是因为燃料电池内部存在电阻，在工作状态，电阻导致的电压损耗会随着温度升高而减少，且这一补偿值大于电池理论电势的下降。

1.1.7 压力效应

对于反应 $H_2+\frac{1}{2}O_2 \longrightarrow H_2O$，反应物质均为气相时，在一定温度、压力下，其反应的摩尔吉布斯函数 $\Delta_r G_m$ 表达式为：

$$\Delta_r G_m=\Delta_r G_m^{\ominus}+RT\ln\frac{p_{H_2O}/p^{\ominus}}{p_{H_2}/p^{\ominus}(p_{O_2}/p^{\ominus})^{0.5}}$$

其中，$\Delta_r G_m^{\ominus}$ 为标准摩尔反应吉布斯函数。

代入公式(1-14)，可得

$$E=E^{\ominus}-\frac{RT}{nF}\ln\frac{p_{H_2O}/p^{\ominus}}{p_{H_2}/p^{\ominus}(p_{O_2}/p^{\ominus})^{0.5}} \tag{1-27}$$

这就是著名的能斯特方程（Nernst equation），其中 p 为反应物或生成物的

分压；$p^{\ominus}$ 为标准态压力（取 100kPa）。

需要注意的是，上述方程仅对气态产物和反应物有效。当在燃料电池中产生液态水时，其分压为 1（无量纲分压），根据方程（1-27）可知，反应物压力越高，电池电动势越高。而如果反应物被稀释，如用空气而非纯氧，则由于其局部压力与其浓度成正比，将导致其分压偏低，使得电池的电动势下降。在用空气替换氧气的情况下，理论电压损耗为

$$\Delta E = E_{O_2} - E_{Air} = \frac{RT}{2F}\ln\frac{1}{0.21^{0.5}}$$

在 80℃时，该电压损耗约为 0.012V，在实际应用中，该值会更高。

1.2 电极反应

1.2.1 电极反应动力学

对于氢质子交换膜燃料电池，其反应发生在离子导电电解质和导电电极的交界面上。同时，由于电化学反应中存在气体，因此电极必须是多孔的，以便气体到达反应位点，并允许产生的水流出。整个历程较为复杂，并存在多个中间过程和并行步骤。

1.2.1.1 反应速率

电化学反应既包括吉布斯自由能的变化，也包括电荷转移过程[15,16]。电化学反应速率由电荷从电解质转移到固体电极（反之亦然）所必须克服的能垒决定。电极表面进行电化学反应的速率即产生或消耗电子的速率，这就是电流。单位表面面积上的电流称为电流密度。根据法拉第定律：电流密度 i 与转移电荷 n 和单位面积的反应物消耗速率 v 成正比：

$$i = nFv$$

因此，反应速率可由置于电池外部的电流测量装置进行测量。然而，实际所测电流或电流密度实际上是净电流，即电极上的正向电流与反向电流之差，这与真实的反应电流有所不同。

一般情况下，电化学反应包括组分的氧化与还原，在氢燃料电池中，阳极反应是氢的氧化［公式(1-1)］，氢失去电子变为质子。阴极反应是氧的还原［式(1-2)］，氧得到电子并与质子结合生成水。

在电极处于平衡条件下，即没有外部电流产生时，氧化和还原两个过程均以相同的速率发生：

$$\mathrm{Ox}+n\mathrm{e}^{-}\rightleftharpoons\mathrm{Red}$$

反应物组分的消耗与其表面浓度成正比。对于正向反应，其通量为：

$$v_{\mathrm{f}}=k_{\mathrm{f}}c_{\mathrm{Ox}}$$

式中，k_{f} 为正向的还原反应速率系数；c_{Ox} 为氧化态的表面浓度。

对于逆向反应，其通量为：

$$v_{\mathrm{b}}=k_{\mathrm{b}}c_{\mathrm{Red}}$$

式中，k_{b} 代表逆向的氧化反应速率系数；c_{Red} 为还原态的表面浓度。

两种反应均产生或消耗电子，产生的净电流是产生电子和消耗电子之差：

$$i=nF(k_{\mathrm{f}}c_{\mathrm{Ox}}-k_{\mathrm{b}}c_{\mathrm{Red}}) \tag{1-28}$$

尽管反应过程正向和反向同时发生，但在达到平衡时，净电流为 0。平衡状态下这些反应速率对应的电流密度称为交换电流密度 i_0。

对于一个电化学反应，其反应速率系数为吉布斯自由能的函数[17,18]

$$k=\frac{k_{\mathrm{B}}T}{h}\exp\left(-\frac{\Delta G}{RT}\right)$$

式中，k_{B} 为玻尔兹曼常数（1.38×10^{-23}J/K）；h 为普朗克常数（6.626×10^{-34}J·s）。

电化学反应的吉布斯自由能可包括化学能项和电能项。在此情况下，对于还原反应

$$\Delta G=\Delta G^{\ominus}+\alpha_{\mathrm{Rd}}FE$$

对于氧化反应，则有

$$\Delta G=\Delta G^{\ominus}-\alpha_{\mathrm{Ox}}FE$$

在很多有关转移系数 α 和对称因子 β 的文献会存在混淆。通常情况下，对称因子 β 严格用于仅涉及单个电子的单步反应，要求阳极和阴极的对称因子之和等于 1，其理论值介于 0～1。对于最为典型的金属表面上的反应，其值为 0.5 左右。而对于氢质子交换膜燃料电池，其两种电化学反应，即氧还原和氢氧化，都会涉及多个步骤和多个电子。在此情况下，稳定状态下所有步骤的速率都必须相等，且反应速率由这一系列步骤中最慢的步骤所决定，称为速率决定步骤。为描述一个多步骤的过程，此处不再采用对称因子 β，而是采用转移系数 α 这一经验性参数。值得注意的是，在此情况下 $\alpha_{\mathrm{Rd}}+\alpha_{\mathrm{Ox}}$ 并不一定等于 1。实际上，一般情况下，$\alpha_{\mathrm{Rd}}+\alpha_{\mathrm{Ox}}=n/\nu$，其中，$n$ 为整个反应中的电子转移数目，而 ν 为化学计量数，其被定义为在仅发生一次的整个反应过程中速率决定步骤必须发生的次数[19,20]。

因此，电极反应的正向和逆向反应速率系数分别为

$$k_{\mathrm{f}}=k_{0,\mathrm{f}}\exp\left(-\frac{\alpha_{\mathrm{Rd}}FE}{RT}\right) \tag{1-29}$$

$$k_{\mathrm{b}}=k_{0,\mathrm{b}}\exp\left(\frac{\alpha_{\mathrm{Ox}}FE}{RT}\right) \tag{1-30}$$

1.2.1.2 电流与电位的关系

将速率系数代入公式(1-28)，可得到

$$i=nF\left[k_{0,\mathrm{f}}c_{\mathrm{Ox}}\exp\left(-\frac{\alpha_{\mathrm{Rd}}FE}{RT}\right)-k_{0,\mathrm{b}}c_{\mathrm{Red}}\exp\left(\frac{\alpha_{\mathrm{Ox}}FE}{RT}\right)\right] \tag{1-31}$$

虽然反应是在两个方向上同时发生，但在达到平衡时，电位为 E_0，净电流为 0。此时的电流密度为交换电流密度[18,20]

$$i_0=nFk_{0,\mathrm{f}}c_{\mathrm{Ox}}\exp\left(-\frac{\alpha_{\mathrm{Rd}}FE_0}{RT}\right)=nFk_{0,\mathrm{b}}c_{\mathrm{Red}}\exp\left(\frac{\alpha_{\mathrm{Ox}}FE_0}{RT}\right) \tag{1-32}$$

将公式(1-32) 代入式(1-31)，可得到电流密度与电位的关系为

$$i=i_0\left\{\exp\left[-\frac{\alpha_{\mathrm{Rd}}F(E-E_0)}{RT}\right]-\exp\left[\frac{\alpha_{\mathrm{Ox}}F(E-E_0)}{RT}\right]\right\} \tag{1-33}$$

该公式称为巴特勒-福尔默（Butler-Volmer）方程。其中，E_0 为可逆电位或平衡电位。值得注意的是，根据定义，燃料电池阳极上的可逆电位或平衡电位为 0V，而燃料电池阴极上的可逆电位为 1.23V（25℃和 1atm 下），且该电位随温度和压力而变化[3,18]。电极电位和可逆电位之差称为过电势，过电势是产生电流所需的电势差。

对于燃料电池中的阳极反应和阴极反应，Butler-Volmer 方程均有效

$$i_{\mathrm{a}}=i_{0,\mathrm{a}}\left\{\exp\left[-\frac{\alpha_{\mathrm{Rd,a}}F(E_{\mathrm{a}}-E_{0,\mathrm{a}})}{RT}\right]-\exp\left[\frac{\alpha_{\mathrm{Ox,a}}F(E_{\mathrm{a}}-E_{0,\mathrm{a}})}{RT}\right]\right\} \tag{1-34}$$

$$i_{\mathrm{c}}=i_{0,\mathrm{c}}\left\{\exp\left[-\frac{\alpha_{\mathrm{Rd,c}}F(E_{\mathrm{c}}-E_{0,\mathrm{c}})}{RT}\right]-\exp\left[\frac{\alpha_{\mathrm{Ox,c}}F(E_{\mathrm{c}}-E_{0,\mathrm{c}})}{RT}\right]\right\} \tag{1-35}$$

当反应电流较大，明显偏离平衡态时，对于阳极反应，其过电位为正，这使得公式(1-34) 中的第一项相比于第二项可忽略，即以氧化电流为主，故其可简化为

$$i_{\mathrm{a}}=-i_{0,\mathrm{a}}\exp\left[\frac{\alpha_{\mathrm{Ox,a}}F(E_{\mathrm{a}}-E_{0,\mathrm{a}})}{RT}\right] \tag{1-36}$$

对于阴极反应，其过电位为负，这使得公式(1-35) 中的第一项远大于第二项，即以还原电流为主，故公式(1-35) 可简化为

$$i_c = i_{0,c}\exp\left[-\frac{\alpha_{Rd,c}F(E_c - E_{0,c})}{RT}\right] \tag{1-37}$$

对于采用铂催化剂的氢燃料电池而言，上述方程中的转移系数约为 1。值得注意的是，在一些文献中，上述方程中有一个参数 n 表示参与的电子数。在此情况下，在燃料电池的阳极侧 $n=2$，而在阴极侧 $n=4$，且 $n\alpha$ 之积约为 1[21,22]。

1.2.1.3 交换电流密度

电化学反应中的交换电流密度 i_0 类似于化学反应中的速率常数。与速率常数不同之处在于交换电流密度与浓度相关。同时，其还是温度的函数。此外，有效的交换电流密度（电极单位几何面积）也是电极催化剂负载量和催化剂比表面积的函数。如果给定在参考温度和压力下实际单位催化剂表面积上的参考交换电流密度，则在任何温度和压力下，有效交换电流密度可由下式给出[23]：

$$i_0 = i_{0,ref}a_aL_a\left(\frac{p}{p_{ref}}\right)^{\gamma}\exp\left[-\frac{E_a}{RT}\left(1-\frac{T}{T_{ref}}\right)\right]$$

式中，$i_{0,ref}$ 为在参考温度和压力下单位催化剂表面积上的参考交换电流密度；a_a 为催化剂比表面积；L_a 为催化剂负载量；a_aL_a 也称为电极表面粗糙度；γ 为压力相关系数，一般为 0.5～1；E_a 为反应活化能（Pt 表面氧还原的反应活化能为 66kJ/mol）。

交换电流密度是对电极进行电化学反应时电荷转移程度的测度。如果交换电流密度较高，则电极表面较为活跃。在氢质子交换膜燃料电池中，阳极上的交换电流密度远远大于阴极（几个数量级）。交换电流密度越高，则电荷从电解质转移到催化剂表面所需克服的能垒就越低，反之亦然。也就是说，交换电流密度越高，在任意过电位下产生的电流就越大。

由于氢燃料电池中的阳极交换电流密度要比阴极高出几个数量级［阳极交换电流密度（单位面积 Pt 催化剂，下同）约 $10^{-3}A/cm^2$，阴极交换电流密度约 $10^{-9}A/cm^2$，（酸性电解质，25℃，1atm)］，因此，阴极过电势远大于阳极过电势。鉴于此，电池的电势/电流关系通常仅由公式(1-37) 来近似表示。

1.2.2 电压损耗

如果对燃料电池供应反应气体，但电路不闭合，则燃料电池不会产生任何电压，这时可期望电池电压在给定条件下（温度、压力和反应物浓度）接近理论电位。然而，在实际中，电池开路电位要明显低于理论电位，通常低于 1V。这表明即便无外部电流产生，燃料电池也会存在一些损耗。当电路闭合且连接负载（如电阻）时，由于不可避免的损耗，电位更会有明显的下降。

导致燃料电池电压损耗有多种原因，常规影响因素包括：①电化学反应动力迟缓；②传质受限，反应物难以到达反应位点；③内部电子阻抗和离子阻抗；④内部（杂散）电流；⑤反应物相互渗透。

1.2.2.1 电化学极化

电化学极化是指当有电流通过时，由于电化学反应进行的迟缓性造成电极带电程度与可逆情况不同，从而导致电极电势偏离的现象。对于燃料电池，当反应发生时，需要偏离平衡状态下的电压差来驱动电化学反应进行，称为电化学极化。其与缓慢的电极过程动力学相关。交换电流密度越高，电化学极化损耗越小。在阳极和阴极都会产生这些损耗，然而氧还原反应远慢于氢氧化反应，故其需要更高的过电位，电化学极化更为显著。

正如前文讨论，当阴极过电位相对较高时，Butler-Volmer 方程中的第一项占主导，从而可将电位表达式看作电流密度的函数，而过电位则可以表示为

$$\eta_c = E_{0,c} - E_c = \frac{RT}{\alpha_{Rd,c}F}\ln\frac{i}{i_{0,c}}$$

同理，在阳极具有正过电位（即高于平衡电位）时，Butler-Volmer 方程的第二项成为主导

$$\eta_a = E_a - E_{0,a} = \frac{RT}{\alpha_{Ox,a}F}\ln\frac{i}{i_{0,a}}$$

将上述公式经过变换，便可以得到塔菲尔（Tafel）方程

$$\eta = a + b\lg i$$

式中，b 称为塔菲尔斜率。

Tafel 方程是经验方程，但可由 Butler-Volmer 方程在高极化区简化变化得到。该方程是一种简单通用的表征电化学极化的方法，公式中的系数 a、b 可进一步表示为

$$a = -2.3\frac{RT}{\alpha F}\lg i_0$$

$$b = 2.3\frac{RT}{\alpha F}$$

需要注意的是，基于本章对转移系数 α 的定义，在任意给定温度下，塔菲尔斜率仅取决于转移系数 α。$\alpha=1$ 时，塔菲尔斜率在 60℃时为 66mV/dec，对于在 Pt 上的氧还原反应，这是典型值。如果以对数标度绘制电压-电流关系，则可很容易地检测出主要参数 a、b 和交换电流密度 i_0。

如果电化学极化是燃料电池的唯一损耗，则电池电位可写为

$$E_{cell}=E_c-E_a=E_0-\eta_c-\eta_a=E_0-\frac{RT}{\alpha_{Rd,c}F}\ln\frac{i}{i_{0,c}}-\frac{RT}{\alpha_{Ox,a}F}\ln\frac{i}{i_{0,a}}$$

由于氢燃料电池阴极极化较大，如果忽略阳极极化，则上式可变换为

$$E_{cell}=E_0-\frac{RT}{\alpha F}\ln\frac{i}{i_{0,c}}$$

这与 Tafel 方程形式相同。

1.2.2.2 浓差极化

当电化学反应中反应物在电极上快速消耗，形成浓度梯度时，就会产生浓差极化。之前已知电化学反应的电位会随着反应物的分压变化而变化，浓差极化也具有相似的表现形式，故这种关系可由能斯特方程描述：

$$\eta=\frac{RT}{nF}\ln\frac{c_B}{c_S}$$

式中，c_B 为反应物总浓度，mol/cm^3；c_S 为催化剂表面的反应物浓度，mol/cm^3。根据一维扩散过程的菲克（Fick）定律，反应物通量与浓度梯度成正比：

$$\Pi=\frac{D(c_B-c_S)}{\delta}A \tag{1-38}$$

式中，Π 为反应物通量，mol/s；D 为扩散系数，cm^2/s；A 为电极面积，cm^2；δ 为扩散距离，cm。

在稳态下，电化学反应中反应物的消耗速率等于扩散通量：

$$\Pi=\frac{i}{nF} \tag{1-39}$$

联立方程（1-38）和式(1-39)，可得

$$i=nFA\,\frac{D(c_B-c_S)}{\delta}$$

由此可得，催化剂表面的反应物浓度取决于电流密度，电流密度越高，表面浓度越低。当消耗速率与扩散速率相等时，表面浓度达到 0。也就是说，反应物的消耗速率与其到达表面的速率相同，从而导致催化剂表面的反应物浓度等于 0。此时的电流密度称为极限扩散电流密度。由于在此状态下催化剂表面没有更多的反应物，故燃料电池产生的电流不会超过极限扩散电流。此时，$c_S=0$，$i=i_1$，极限扩散电流密度为

$$i_1=\frac{nFDc_B}{\delta}$$

因此，由于浓差极化引起的超电势为

$$\eta_{conc}=\frac{RT}{nF}\ln\frac{i_1}{i_1-i}$$

由上述公式可知，一旦接近极限电流，电池电动势会急剧下降。在阴极或阳极处均可达到极限电流密度。然而，由于多孔电极区域分布不均匀，在实际的工作条件下燃料电池一般不会达到极限电流。这是由于当达到极限电流密度时，为使电池电位急剧下降，整个电极表面上的电流密度需均匀分布，而这是几乎不可能实现的。在实际体系中，电极表面由离散粒子组成，某些粒子可能会达到极限电流密度，而其余粒子仍会正常工作。

1.2.2.3 欧姆损耗

欧姆损耗的发生源于电解质中对离子迁移的阻抗，以及电子在燃料电池导电元件中迁移所受的阻碍。根据欧姆定律，这些损耗可表示为

$$\eta_{ohm}=iR_i$$

式中，R_i 为电池总内阻（包括离子电阻、电子电阻以及接触电阻）。

在氢质子交换膜燃料电池中，即使使用石墨或石墨/聚合物复合材料作为集流板，电子电阻仍可忽略不计，而离子电阻和接触电阻的数量级则接近。通常情况下，R_i 的典型值介于 0.1～0.2Ω/cm^2。

1.2.2.4 内部电流和渗透损耗

虽然聚合物膜（电解质）并不导电且反应气体几乎无法渗透，但仍有少量氢气会从阳极扩散到阴极，并且一些电子可能找到穿过膜的“捷径”。由于每个氢分子含有两个电子，因此，燃料渗透和所谓的内部电流在某种程度上可以认为是等价的。每有一个分子通过聚合物电解质膜扩散到阴极并和燃料电池阴极侧的氧发生反应，就会使得流经外部电路的电流损失两个电子。这些损耗对于燃料电池是微不足道的，这是因为氢的渗透率或电子的渗透率比氢的消耗率或产生的总电流要小几个数量级。然而，当燃料电池在开路电位下或以极低的电流密度工作时，这些损耗将会对电池电位产生显著影响，如图 1-4 所示。

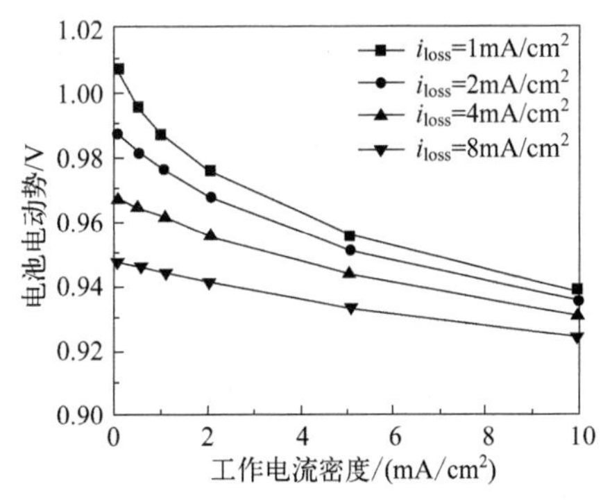

图 1-4 不同内部电流和/或渗透损耗对氢燃料电池开路电位的影响[3]

总电流是外部（有用）电流与燃料渗透和内部电流引起的电流损耗之和，即：

$$I=I_{work}+I_{loss} \quad (1\text{-}40)$$

将其转换为电流密度，应用于电池电位的近似计算方程，则有

$$E_{\text{cell}}=E_0-\frac{RT}{\alpha F}\ln\frac{i_{\text{work}}+i_{\text{loss}}}{i_0} \tag{1-41}$$

由于内部电流的存在，即使外部电流等于 0（如开路时），在给定条件下，电池电压也显著低于电池的可逆电位。

实际上，氢-空气燃料电池的开路电位通常小于 1V，大多为 0.94～0.97V（取决于工作压力和膜的水合状态）。

$$E_{\text{cell,OCV}}=E_0-\frac{RT}{\alpha F}\ln\frac{i_{\text{loss}}}{i_0}$$

尽管氢渗透和内部电流等效，但对于燃料电池具有不同的物理意义。电子的损耗发生在电化学反应之后，其对阳极和阴极活化极化的影响如方程（1-41）。若透过膜的氢气并不参与阴极侧的电化学反应，在此情况下，电化学反应所产生的总电流与外部电流相等。然而，透过膜到达阴极侧的氢气实际上会与催化剂表面的氧发生反应，从而使得阴极"去极化"，即减小阴极（和电池）电位。因此，上述方程只是一种近似。

此外，尽管氧的渗透率远远低于氢的渗透率，但氧气也可以透过膜。这对燃料电池性能的影响类似于氢的渗透损耗，只不过在这种情况下，阳极将"去极化"。

气体的渗透与膜的穿透率、膜的厚度和气体在膜两侧局部压力差（作为渗透主要驱动力）有关。若开路电位极低（远小于 0.9V），则表明可能出现了氢气泄漏或电路短路。

随着燃料电池开始产生电流，催化剂层的氢浓度随之下降，从而减小了氢气渗透过膜的驱动力，降低渗透损耗的发生概率，因此实际使用中经常忽略这些损耗对工作电流的影响。

1.2.3 燃料电池的电势分布

图 1-5 展示了氢燃料电池横截面上的电势分布。电路开路且没有电流产生时，在给定温度、压力和氧浓度下，阳极处于零电位，阴极电位对应于氧电极的可逆电位。而一旦产生电流，以阴极和阳极之间热力学电势差衡量的电池电位就会因各种损耗而下降。

对于实际工作的电池来说，电池电位等于电池可逆电位减去电位损耗：

$$E_{\text{cell}}=E_0-E_{\text{loss}}$$

其中，正如前文讨论，电压损耗主要由阳极和阴极上的电化学极化和浓差极化以及欧姆损耗组成：

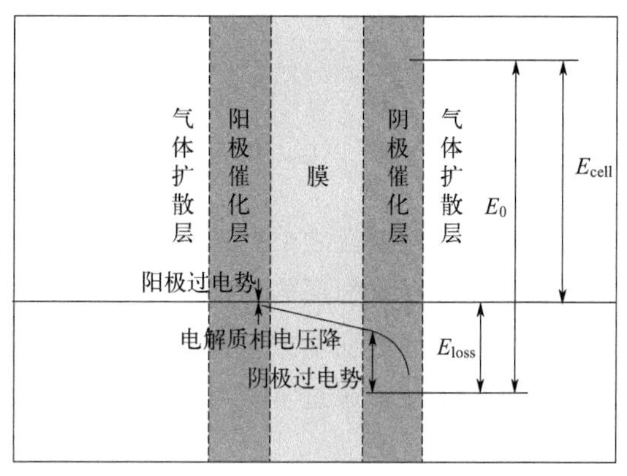

图 1-5　燃料电池横截面内的电势分布

$$E_{loss}=(\eta_{ec}+\eta_{conc})_a+(\eta_{ec}+\eta_{conc})_c+\eta_{ohm}$$

电池电位等于阴极和阳极电位之差，将电解质相的欧姆极化单独考虑，则阴极电位为

$$E_a=E_{0,a}-(\eta_{ec}+\eta_{conc})_a$$

阳极电位为

$$E_c=E_{0,c}-(\eta_{ec}+\eta_{conc})_c$$

以上电位均可在图 1-5 中体现。

1.2.4　极化曲线

图 1-6 给出了燃料电池中三种损耗类型之间的比例关系。可以发现，电化学极化损耗是任何电流密度下的最大损耗。

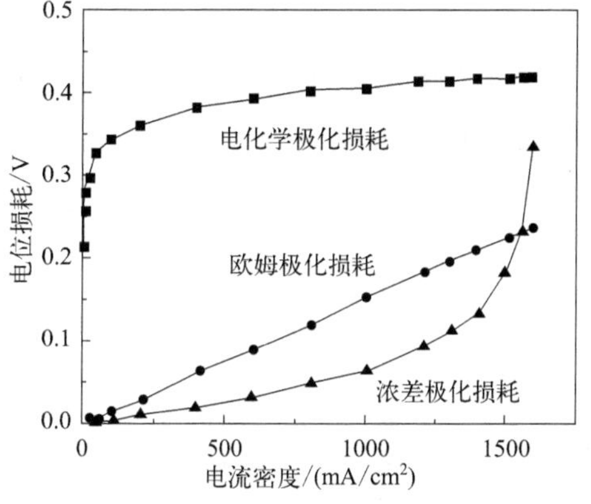

图 1-6　燃料电池中的电位损耗

对于燃料电池来说，阳极和阴极均能发生电化学极化和浓差极化，因此，电池电压为

$$E_{cell}=E_0-(\eta_{ec}+\eta_{conc})_a-(\eta_{ec}+\eta_{conc})_c-\eta_{ohm}$$

则燃料电池极化曲线可表示为

$$E_{cell}=E_0-\frac{RT}{\alpha_{Ox,a}F}\ln\frac{i}{i_{0,a}}-\frac{RT}{\alpha_{Rd,c}F}\ln\frac{i}{i_{0,c}}-\frac{RT}{nF}\ln\frac{i_{l,a}}{i_{l,a}-i}-\frac{RT}{nF}\ln\frac{i_{l,c}}{i_{l,c}-i}-iR_i$$

除此之外，还需要考虑氢渗透电流和内部损耗电流。将公式(1-40) 代入，则有

$$E_{cell}=E_0-\frac{RT}{\alpha_{Ox,a}F}\ln\frac{i_{work}+i_{loss}}{i_{0,a}}-\frac{RT}{\alpha_{Rd,c}F}\ln\frac{i_{work}+i_{loss}}{i_{0,c}}-\frac{RT}{nF}\ln\frac{i_{l,a}}{i_{l,a}-i_{work}-i_{loss}}-\frac{RT}{nF}\ln\frac{i_{l,c}}{i_{l,c}-i_{work}-i_{loss}}-(i_{work}+i_{loss})R_{i,e}-i_{work}(R_{i,a}+R_{i,c})$$

除考虑氢渗透电流和内部损耗电流之外，还存在一个较为复杂的情况，就是交换电流密度以及氢渗透损耗与催化剂层的局部反应物浓度成正比，且反应物浓度会随着反应速率的增大（即电流密度增大）而减小，这会使得对反应过程中体系动力学行为的阐释变得更加复杂。通过下式可获得对燃料电池极化曲线足够精确的近似

$$E_{cell}=E_0-\frac{RT}{\alpha F}\ln\frac{i}{i_0}-\frac{RT}{nF}\ln\frac{i_l}{i_l-i}-iR_i \tag{1-42}$$

上述公式表明如何通过在平衡电位中减去电化学极化损耗、欧姆损耗以及浓差极化损耗，形成和分析电池的极化曲线。其中，阳极和阴极电化学极化损耗综合在一起进行考虑，但实际上由于氧化还原反应迟缓，大部分损耗主要发生在阴极。

1.2.4.1 极化曲线的影响因素

极化曲线充分反映了燃料电池的性能与特性，即使在简化的描述中［公式(1-42)］，也存在众多影响因素。

转移系数 α 对燃料电池的性能具有很大影响（尽管其典型值约为 1）。转移系数是塔菲尔斜率 b 的决定性因素，根据前文定义，可知

$$b=2.3\frac{RT}{\alpha F}$$

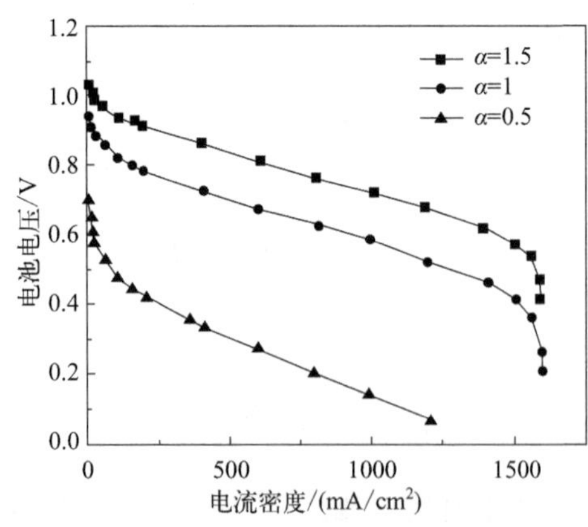

图 1-7　转移系数对燃料电池性能的影响

当 α 为 1 时，塔菲尔斜率为 66mV/dec，这是氢燃料电池的典型值。假设 α 取 0.5 或 1.5，塔菲尔斜率则分别为 132mV/dec 和 44mV/dec。如图 1-7 所示，转移系数 α 越小，塔菲尔斜率越高，电池性能越差。

交换电流密度同样对极化曲线有着显著影响。交换电流密度每增加一个数量级，整条曲线约向上移动 b，即塔菲尔斜率。因此，交换电流密度

越高，燃料电池性能越好。

欧姆损耗与电流密度直接成正比。内阻的典型值在 0.1～0.2Ω/cm^2，如图 1-8 所示。内阻值大于 0.2Ω/cm^2，表示电池材料选择不当、接触压力不足或膜严重脱水。

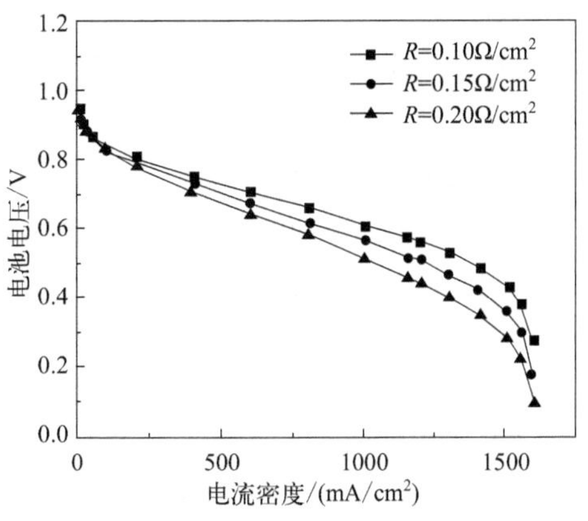

图 1-8 燃料电池内阻对其极化曲线的影响

电流密度只有在极高以至于接近极限电流密度时才会产生影响。若电流密度较低，则几乎没有影响。相反，氢渗透和内部电流损耗只有在电流密度极小时才具有影响。这些损耗会使得电池开路电位以及电流密度低于 100mA/cm^2 时的电位减小。氢渗透和内部电流损耗通常为几 mA/cm^2。即使高一个数量级的损耗也不会对电流密度较高时的燃料电池极化曲线产生显著影响。

增加电池的工作压力会导致电池电位增大，这一方面源于能斯特方程，另一方面是由于电极中反应气体浓度增大而导致交换电流密度增大。由于交换电流密度与表面浓度成正比，而表面浓度又与压力直接成正比，因此，压力不同于参考条件压力时，交换电流密度为

$$i_0 = i_{0,\mathrm{ref}}\left(\frac{p}{p_{\mathrm{ref}}}\right)^{\gamma}$$

压力升高时，预期的电池电位增量为

$$\Delta V = \frac{RT}{nF}\ln\left[\left(\frac{p_{\mathrm{H_2}}}{p_{\mathrm{ref}}}\right)\left(\frac{p_{\mathrm{O_2}}}{p_{\mathrm{ref}}}\right)^{0.5}\right] + \frac{RT}{\alpha F}\ln\left(\frac{p}{p_{\mathrm{ref}}}\right)^{\gamma}$$

在给定条件下，压力从大气压增加到 200kPa 时，氢质子交换膜燃料电池的电压预期会增加 34mV，而当压力从大气压增加到 300kPa 时，电压增量接近 55mV。这会使得在较宽的电流密度范围内，压力增大将导致极化曲线相应升高。除此之外，压力增大可对极限电流密度产生影响。然而，氢燃料电池在压力增大下工作会导致空气压缩机工作需要额外能量，这会在一定程度上抵消电压增量。当氢气和氧气均由加压容器供应时，则无需额外能量，而且其在高压下工作可能更有利，唯一的限制是燃料电池的结构。

如果使用空气而非纯氧，则会导致极化曲线降低，因为空气中的氧浓度仅为 21%。在给定条件下，计算所得空气中的极化曲线相比于纯氧将降低 56mV。然而，由于纯氧条件下工作通常不会产生明显的浓差极化，因此电流密度较大时的

极化曲线衰减甚至远大于计算得出的 56mV。

工作温度对燃料电池性能的影响不能简单地通过之前推导的描述极化曲线的公式来预测。在极化曲线的每一项中，温度都会显式或隐式地体现，且在某些情况下，温度升高会导致电压增大，而在另一些情况下会导致电压损耗。

理论上来说，温度升高会导致理论电位损耗；同时，还会导致塔菲尔斜率较高，加剧电位损耗。然而，温度升高又会导致交换电流密度增大，使得膜的离子导电性更好，并显著提高物质扩散速率。除此之外，温度较高的气体有利于水的汽化，从而降低了液态水包裹活性位点的机会。总而言之，温度升高通常会提高氢燃料电池的性能，但最高只能达到一定温度，不同电池的最高温度各不相同，这取决于电池的结构和工作条件。

1.2.4.2 极化曲线的用途

极化曲线是燃料电池最为重要的特性，可用于诊断和了解燃料电池。除了电位-电流关系之外，通过整理电位-电流的数据还可获得有关燃料电池的其他信息。

例如，功率是电位与电流的乘积。同理，功率密度是电位和电流密度的乘积：

$$w=Vi$$

功率密度和电流密度可与极化曲线同时绘制在同一图中（图 1-9），该图表明 存在燃料电池所能达到的最大功率密度。超出该最大功率点，燃料电池的工作就无意义。若绘制电池电位与功率密度的关系曲线，则可得到同样的信息——电池能够达到的最大功率。由于燃料电池的效率与电池电位直接成正比，因此该曲线图可给出部分非常有用的信息，即电池效率和功率密度的关系。通常而言，同一燃料电池达到的效率越高，其功率密度会越低。这意味着为达到所需的输出功率，可通过极化曲线或效率-功率密度图选择工作点，使得燃料电池有效面积更大且效率更高，或更加紧凑但效率较低。

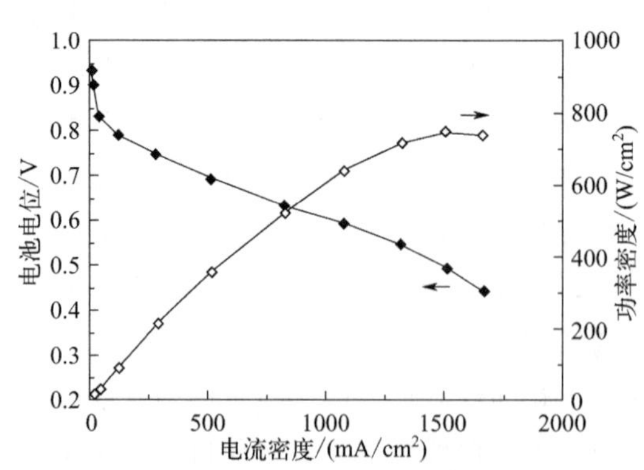

图 1-9 燃料电池的典型极化曲线与功率曲线

有时需要快速计算燃料电池效率-功率之间的关系。与描述燃料电池极化曲线的复杂方程不同，线性近似更便于掌握。对于大多数燃料电池及其实际工作范围，线性近似确实是一个非常好的拟合。

将电池实际输出电压 V_{cell} 对电流进行拟合，得到线性极化曲线的形式如下

$$V_{cell}=V_0-ki$$

k 为曲线斜率，在这种情况下，电流密度为

$$i=\frac{V_0-V_{cell}}{k}$$

而作为电池电位函数的功率密度为

$$w=\frac{V_{cell}(V_0-V_{cell})}{k}$$

由此可得最大功率密度为

$$w=\frac{{V_0}^2}{4k}$$

此时的电池电位为

$$V_{cell}=\frac{1}{2}V_0$$

1.3 燃料电池电解质

质子交换膜燃料电池的电解质由聚合物电解质膜构成。使用离子交换膜作为电解质的概念是通用电气（GE）于 1955 年首次提出的[7]，而后 1959 年威廉姆·托马斯·格鲁布（William Thomas Grubb）和李·尼德拉赫（Lee Niedrach）提出使用有机阳离子交换膜作为固体电解质[24]。由于聚合物电解质膜的性质决定了燃料电池其他组件所需要的特性，同时燃料电池的效率和功率密度也强烈依赖于电解质的电导率，因此，为满足燃料电池运行的需要，聚合物电解质膜需要满足以下特性：

① 高质子电导率，以满足大电流的需求；

② 高度的力学稳定性和化学稳定性；

③ 化学性质符合膜电极组件的黏结要求；

④ 对反应物的渗透性极低，以最大限度地提高效率；

⑤ 在大约 100℃的高温下具有良好的吸水率。

除上述特性外，膜的水合作用（水管理）和厚度对燃料电池的整体性能也有重要影响[25]。从燃料电池的发展历史来看，电池性能的提升与聚合物电解质技

术的进步紧密相关。1959 年，酚醛膜作为燃料电池电解质膜进入测试阶段[4]，但是这种膜提供的功率密度仅为 0.05～0.1kW/m^2，使用寿命也较短（300～1000h），并且机械强度低，不适合商业应用。虽然酚醛膜的性能较低，但是推动了聚合物电解质膜的发展。后来，GE 通过开发部分磺化的聚苯乙烯磺酸膜提高了燃料电池的功率密度[26]，该膜显示出较高的功率密度 0.4～0.6kW/m^2。但是这些膜在干燥状态下表现出脆性，后来被交联的聚苯乙烯-二乙烯基苯磺酸膜代替[10]，然而，它的功率仍然不足以达到 100mW/cm^2 的功率密度。另外，这些膜的稳定性仍不能让人满意，并且它们的质子传导性较低。

1966 年，Nafion 膜诞生，是燃料电池质子交换膜开发的真正突破[27]。在开发的早期阶段，Nafion 膜的使用寿命在低电流密度和 50℃ 的温度下可长达 3000h。目前，Nafion 膜作为质子导体已经成为最广泛使用的膜，也是当前唯一在商业上使用的膜。全氟磺酸离聚物是 Nafion 膜中最具代表性的离聚物，由于其优异的化学稳定性、高离子电导率和良好的机械强度，是 PEMFC 装置中使用最广泛的膜。然而，在高温下，膜脱水会导致其质子传导率大大降低。另外，Nafion 膜的电导率在高于 100℃的温度也会极速下降，不利于质子传导。

由于较高的温度有利于改善催化剂对污染物的耐受性，还会提高电极反应速率，因此，需要针对 Nafion 膜本身进行必要的改进，以改善 Nafion 膜在高温下的保水性和质子传导。向 Nafion 基质中掺入功能化合物是一类改善 Nafion 膜性能的有效策略。Vijayamohanan K. Pillai 等[28] 使用磺酸功能化的多壁碳纳米管来控制 Nafion 膜的亲水域尺寸，以此来改善聚合物电解质膜的质子传导性。HervéGaliano 等[29] 将 Nafion 溶液与表面含有磺酸基的黏土溶液混合制备出 Nafion®/Laponite 纳米复合膜，在较低的相对湿度下此纳米复合膜具有明显改善的质子电导率和保水性。Bossel 等[4] 向 Nafion-二氧化硅复合膜中掺入磷钨酸和硅钨酸，可用于高温（145℃）直接甲醇燃料电池中。这表明向 Nafion 膜中掺入无机材料是改善 Nafion 膜力学性能的有效方法，可能有助于减轻商用 Nafion 膜的许多关键问题。

另有一些开发氟化膜的研究。这种技术设计出的新型材料，相对于单个聚合物具有更好的力学和热性能。而且，由于仅使用了较少量的氟化聚合物，降低了膜的成本。但是，膜的质子传导性可能会有所降低。此外，还有一部分研究者致力于开发非氟化膜。聚亚芳基醚材料由于其可用性、可加工性、不同的化学组成和在燃料电池环境中的高稳定性而被许多研究人员关注。然而，聚亚芳基醚膜寿命短，且会过度溶胀。作为燃料电池的另一种非氟化材料是磺化聚酰亚胺(SPI)，因具有出色的力学和热性能、化学稳定性和低交叉性而被广泛研究。另一种有希望的替代膜是将碱性聚合物与强酸混合。这些混合膜电解质即使在非湿润条件下也具有高质子传导性。常用的强酸是 H_3PO_4 和 H_2SO_4，它们利用了自电离和自脱水机制，即使在无水形式下也可显示出有效的质子传导性。在基础聚合物中，则常用具有优异热稳定性和化学稳定性的聚苯并咪唑（PBI）。然而，高酸含量虽然导致高电导率，但是会降低膜的力学稳定性。而且，在操作过程中酸成分会产生损失，从而限制了这些膜的应用。

此外，由于 Nafion 膜在高于 150℃的高温下会释放有毒中间体和腐蚀性气体[30]，会引起安全隐患并限制燃料电池的回收，所以，为了提高燃料电池的安全性和耐久性，开发不挥发且不易燃的电解质也很重要。离子液体是一类很有潜力的电解质，不易燃，具有高的热稳定性和电化学稳定性以及较高的离子电导率，其挥发性可忽略不计。即使在无水条件下，离子液体也具有优异的离子电导率。因此，将离子液体作为电解质掺入 PEMFC 中，有望克服挥发性电解质的问题。另外，为了合成具有良好物理性能的膜，可研究含有离子液体和聚合物的混合物的性能。

虽然许多研究人员正在积极研究各类可替代 Nafion 膜的新型膜。但是，毫无疑问的是，这些膜还需要较多的改进才能够真正应用。而目前商用的 Nafion 膜不仅有很多缺陷，其制作成本也较高，限制了燃料电池的市场化。因此，为了使燃料电池在运输设备上具有商业可行性，在改善膜的质子传导性、耐久性、力学和化学稳定性的同时，还必须将薄膜的制作成本大幅度降低。

1.4 催化层

燃料电池电极实质上是一个位于离子聚合物膜和导电多孔基板之间的催化剂薄层。电化学反应在该催化层上发生。更确切地说，电化学反应发生在催化剂表面。由于有三种组分（即气体、电子和质子）参与电化学反应，因此反应发生在催化剂表面三种组分均能到达的部分。电子通过导电颗粒（包括催化剂本身）传导，因此催化剂颗粒应在某种程度上与基板相导通。质子通过离子聚合物膜传导，因此催化剂必须与离子聚合物紧密连接。最后，反应气体主要通过空隙扩散，因此为保证气体扩散到反应处，催化层必须是多孔的。此外，反应产生的水应当被有效清除，否则催化层将会被完全浸入水中，从而使得气体的进入受阻。

如图 1-10 所示，电极反应发生在离子聚合物膜、固体催化剂、气体三相交界处。理论上该交界处的面积无限小（实质上是一条线，而不是一个区域），从而导致电流密度无穷大。然而，实际上，由于一些气体可渗透膜，所以反应区域要大于三相交界线。通过“粗糙化”膜表面或在催化剂层结合离子聚合物可增大

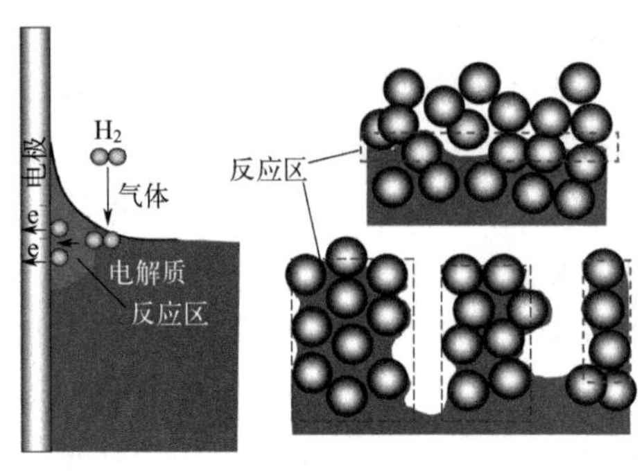

图 1-10　燃料电池反应区的界面结构

反应区域。极端情况下，除允许电接触外，整个催化剂表面可由离聚物薄层覆盖。显然，必须优化离聚物覆盖的催化剂面积与开放空隙的催化剂面积以及与其他催化剂颗粒或导电支架相接触的催化剂面积之比。

Pt 是质子交换膜燃料电池中氧还原和氢氧化反应最常用的催化剂。在氢质子交换膜燃料电池发展早期，曾大量使用 Pt 催化剂（负载量高达 28mg/cm^2）。20 世纪 90 年代末，随着负载型催化剂结构的应用，Pt 用量减少到 0.3～0.4mg/cm^2。对于催化反应，催化剂的比表面极为关键。因此在催化剂载体表面（如具有高介孔面积的碳粉）均匀散布具有大表面积的微小 Pt 颗粒（4nm 或更小）非常重要。典型的载体碳材料是卡博特（Cabot）公司的 Vulcan XC-72R。除此之外，常用的还有 Black Pearls 公司的 BP-2000、Ketjen Black International 公司的 Ketjen Black、Chevron 公司的 Shawinigan。

为使得质子迁移和反应气体渗透到电催化剂层深处所引起电池电位的损耗最小，催化剂层应尽可能薄。同时应最大化金属活性表面积，因此 Pt 颗粒应尽可能小。由于第一个原因，通常应选择较高的 Pt/C 负载比例（一般情况下，假定催化剂层均匀且厚度合理，Pt 载量较高会使得电压增大）。但是，通过降低 Pt 颗粒大小，可以在较低的 Pt/C 负载比例（10%～40%）下达到较好的催化效果[23,31]。研究表明，当 Pt/C 负载比例大于 40%时，电池性能会变差。表 1-4 给出了不同的 Pt/C 负载比例下催化剂的活性面积（采用 Ketjen 公司炭黑载体的催化剂），可以看出当 Pt/C 负载比例超过 40% 时，催化剂活性面积显著减小。

表 1-4　采用 Ketjen 公司炭黑载体的不同载量 Pt/C 的 Pt 活性面积[32]

碳上 Pt 的质量分数/%	Pt 晶体大小/nm	活性面积/(m^2/g)
40	2.2	120
50	2.5	105
60	3.2	88
70	4.5	62
无载体铂黑	5.5～6	20～25

因此，提高燃料电池性能的关键不在于增大 Pt 载量而是提高 Pt 在催化剂层中的利用率。如果催化剂层中包含离聚物，不管是在乙醇和水的混合物中用溶解

性 PFSA 涂覆，还是在催化剂层形成过程中预先混合催化剂和离子聚合物，都可大幅增大催化剂的活性表面积。Zawodzinski 等认为催化剂层中离子聚合物的最优量是约占重量的 28%[33]，Qi、Sasikumar 等也得到了类似的结果[34,35]（图 1-11）。

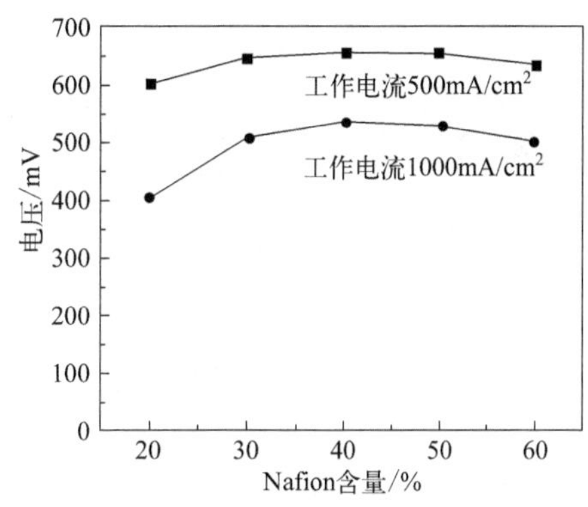

图 1-11　催化剂层中 Nafion 含量对燃料电池性能的影响

原理上有两种制作催化剂层附着于离子聚合物膜的方法，这种膜和催化剂层的组合称为膜电极（MEA）。制作 MEA 的第一种方法是将催化剂层沉积到多孔基底上，然后将碳纤维纸或碳纤维布等气体扩散层热压到膜上。第二种方法则是直接将催化剂层应用于膜上，形成催化膜，随后增加气体扩散层。

现已开发出多种在多孔基底或膜上沉积催化剂层的方法，如扩散、喷涂、喷溅、丝印、粘贴、电沉积、蒸发沉积以及浸渍还原等。目前 MEA 的制造商主要包括 DuPont、3M、Johnson Matthey、W. L Gore & Associates 以及巴斯夫等公司。

对于催化层来说，新型催化剂的设计同样尤为重要。近年来，围绕 Pt 基纳米材料的形貌、结构调控以及非贵金属催化剂（如金属-氮-碳结构）的设计开展了大量工作，相关工作旨在降低催化层中 Pt 用量甚至取消 Pt 的使用，提高催化剂的质量活性与比活性，目前已经取得了丰硕的成果。这些工作将会在本书第 4 章和第 5 章进行重点介绍。

1.5 多孔扩散层

气体扩散层（GDL）是质子交换膜燃料电池中的重要组成部分，位于催化剂层和流场之间[36]。如图 1-12，它由宏观多孔基材（GDB，气体扩散衬里层）和微孔层（MPL）组成。GDB 一般是导电的大孔材料，通常使用非织造碳纸或织造碳布，其作用是将气体反应物有效地传输到催化剂层。然而，大孔材料无法为催化剂层提供有效的物理支撑，在制备催化剂层期间，催化剂颗粒容易掉入其宏观结构中，它与催化剂层还会产生较大的接触电阻，并且它的宏观结构不利于

图 1-12 气体扩散层

电池中的水管理[3,4]。为了改善GDB的缺陷，需要在催化剂层和大分子基质之间插入MPL，MPL由炭黑和聚四氟乙烯构成，可以提供的优势包括：①为催化剂颗粒提供物理微孔载体；②使与相邻催化剂层的接触电阻最小化；③在相邻的催化剂层中获得适当的疏水性，以改善水管理；④防止催化剂层油墨掉入电极背衬，从而提高催化剂利用率；⑤通过增加气体扩散层的厚度增加气体扩散路径以进行质量传输[37]。然而，提供更多微孔结构的MPL在制备过程中容易被压缩和收紧，这将导致介质扩散的曲折性增加，从而降低气体扩散层的有效扩散系数，特别是，当燃料电池以更高的电流密度运行时，会存在更大的传质限制[38]。因此，除了选择合适的材料作为气体扩散层，还需要对气体扩散层的孔径和厚度进行合理的设计，以满足燃料电池高性能和稳定性的需求。

所以，由GDB和MPL组成的气体扩散层，作为催化剂层传输电子的电导体，不仅确保了反应物有效扩散至催化剂层，还允许适量的水到达并留在膜上进行水合作用，有助于水管理。鉴于MPL对气体扩散层性能的重要影响，目前对气体扩散层的研究主要是针对MPL的设计，包括探究聚四氟乙烯含量的影响[39]和分级结构孔隙度的影响[40,41]。

聚四氟乙烯（PTFE）的含量是决定气体扩散层（GDL）疏水性和传热特性的关键因素，直接影响质子交换膜燃料电池（PEMFC）的性能。GDL材料的PTFE含量会因复杂且可变的工作条件以及燃料电池中工作时间的累积而发生变化。为了研究聚四氟乙烯含量和外加载荷对GDL材料热导率的影响，Tang等[39]提出了一种基于光纤布拉格光栅（FBG）传感技术的新方法来测量GDL材料的热导率。通过FBG温度传感器测量了不同PTFE含量的GDL材料的热导率，并研究了不同PTFE含量对燃料电池性能的影响。实验结果表明，当GDL材料中PTFE含量较高时，其热导率随压力的增加而降低。但是，当PTFE的含量较低时，GDL材料的热导率随着压力的增加而增加。在较大的压力范围内，具有合适PTFE含量的GDL材料的热导率要优于没有PTFE的GDL材料。另外，随着GDL材料中PTFE含量的增加，液滴在GDL材料表面的接触角及疏水性均增加。由于GDL材料的导热性和疏水性对燃料电池的性能具有重要影响，所以GDL材料中存在PTFE含量的最佳值，再综合压力的影响，使燃料电池的性能最佳。

孔径分布和润湿性是 GDL 影响气体/水输送的两个重要特性。所以，在 GDL 中需要少量亲水微孔使液态水通过。此外，为确保足够的反应物到达催化位点，必须使用大量疏水的中孔，并且在一定压力下，气体通过本体扩散和水流传输需要相对较大的疏水性大孔分布。研究发现带有 Black Pearls 2000 的 GDL 表现出最低的气体渗透率和最高的亲水孔隙率（20.32%），这导致严重的质量极化损失。相反，使用乙炔黑的 GDL 表现出最高的渗透性和最低的亲水性孔隙率（10.70%），这适合于气体传输，但不足以去除液态水。为此，Wang 等[41] 将 Black Pearls 2000 和乙炔黑组合来制造 MPL，他们发现由 20%（质量分数，下同）Black Pearls 2000 和 80%乙炔黑组成的复合炭黑 MPL 具有双功能孔结构，可很好地输送反应气体和产物水，实现了燃料电池更优异的性能。

所以，尽管扩散层在燃料电池中看似是很小的组成部分，但从扩散层提供的功能来看通过改变扩散层的成分、厚度、孔隙率，可以显著改善燃料电池的性能。另外，GDL 的批量制备也是工业上的一大难点。通常，GDL 是通过湿法制备的，包括铺展、喷涂和过滤等。在这种湿法应用过程中，广泛使用乙醇或异丙醇等有机溶剂将碳粉与聚四氟乙烯悬浮液混合形成微孔层。但是难以将这种湿法制备转化为工业上的批量生产。为了提高 GDL 生产的简易性和可重复性，Michio Hori 等[24] 将炭黑和聚四氟乙烯粉末的混合物直接沉积在防水碳纸的一面上并结合随后的轧制过程来制备 GDL，成功开发了一种用于 PEMFC 的 GDL 制备的干法沉积技术。他们研究了三种炭黑，包括 Ketjenblack EC-600JD、Vulcan XC-72 和 Denka。此外，还测试了 GDL 在 Vulcan XC-72 上的重现性。结果表明，与湿法相比，干法沉积技术可实现 GDL 的简单批量生产和更好的可重复性，并且很容易扩大规模以满足工业需求。在 GDL 的所有生产过程中，不需要有机溶剂，对环境无害，并且避免了在湿法中使用有机溶剂时所需的干燥时间。因此，干法沉积技术是一种低成本并具有很高商业应用潜力的生产技术。

1.6 双极板

1.6.1 双极板的功能及特征

双极板（bipolar plates，BP）又称流场板，是 PEMFC 的关键部件之一，如图 1-13 所示，双极板作为电堆中的“骨架”，通过与膜电极层叠装配成电堆。一般情况下，双极板的质量和体积约占电堆的 80%以上，其成本约占 30%。双极板在燃料电池结构中应具备多种基本功能[42]：

① 分隔氧化剂与还原剂，防止气体泄漏；

② 输送反应气体，使气体在整个膜电极组件区域内均匀分布；

③ 提供电气连接，收集由电化学反应产生的电流；

④ 去除水副产物；

⑤ 消散反应热；

⑥ 承受夹紧力。

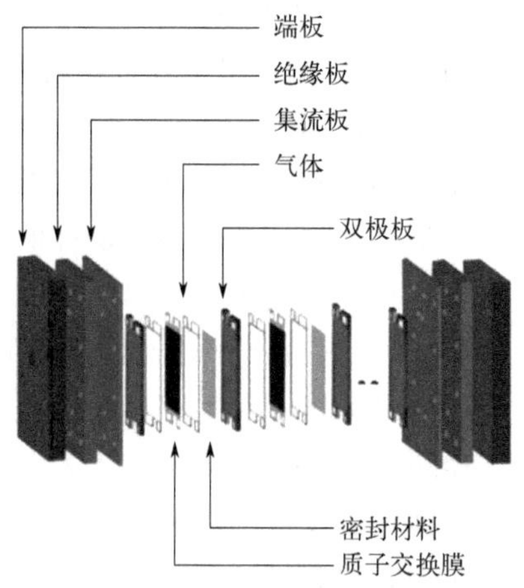

图 1-13 PEMFC 组装单元示意图

为满足以上功能，美国能源部给出了 2020 年和 2025 年双极板的具体性能指标，如表 1-5 所示[43]。目前，双极板的平均造价约为 5.4 美元/kW，远高于美国能源部提出的目标，因而除了对于双极板性能的要求，从经济效益出发，双极板也应具备材料质轻、造价低、适合大规模商业生产的特点。

表 1-5 美国能源部（DOE）2020 年和 2025 年双极板特性指标

性能	2020 年指标	2025 年指标
电导率/(S/cm)	100	>100
面积比电阻/Ω·cm^2	0.01	<0.01
H_2 渗透率/[cm^3/(s·cm^2·Pa)]@80℃,3atm,100% RH	1.3×10^{-14}	2×10^{-6}
热导率/[W/(m·K)]	10	—
质量功率密度/(kg/kW)	0.4	0.18
阴极腐蚀电流/(μA/cm^2)	1	<1
寿命/h	5000	8000
抗弯曲强度/MPa	25	>40
成本/(美元/kW)	3.0	2.0

1.6.2 双极板材料的分类

根据材料种类的不同，双极板可以分为石墨双极板、金属双极板和复合材料双极板。

（1）石墨双极板

石墨是最早开发的双极板材料，由于其电导率高、化学稳定性和热稳定性强、耐腐蚀且与扩散层之间有很好的亲和力等优点，可以满足 PEMFC 长期稳定运行的要求。然而石墨双极板的制备及使用面临很大的阻碍。石墨机械强度低，脆性大，不适合移动和交通运输，因此必须加厚使用，这势必会降低燃料电池的体积比功率。同时，石墨孔隙率较大，无法有效分隔氧化剂与还原剂，气体和水很容易渗入。使用时必须以树脂阻塞孔隙，通过反复进行浸渍、碳化处理制成无孔石墨，以增强气体抗渗性，这无疑会增加装配难度和降低质量比功率。此外，无孔石墨板一般是由碳粉/石墨粉和石墨化树脂在高温下通过石墨化制备得到的，温度往往高于 2500℃，该过程需要进行严格的升温程序，以避免石墨板发生收缩和弯曲等变形，这反而导致制备成本较高[43]。

(2) 金属双极板

相比石墨双极板，金属双极板良好的导热性、机械强度和低廉的成本使其商业化应用成为可能，同时可以显著降低双极板的厚度，从而提高质子交换膜燃料电池的比功率。图 1-14 为典型的通过橡胶垫成型制作的金属双极板[44]。金属具有良好的阻气性，并无需考虑透气透水的问题。且其良好的机械性能降低了流场的加工难度和成本。目前，不锈钢、铝合金、钛合金、镍合金、铜合金和金属基复合材料已应用于制造双极板。然而，金属材料活泼的化学性质导致其耐蚀性普遍较差，无法满足燃料电池长期稳定运行的要求，这是其难以避免的问题[45]。

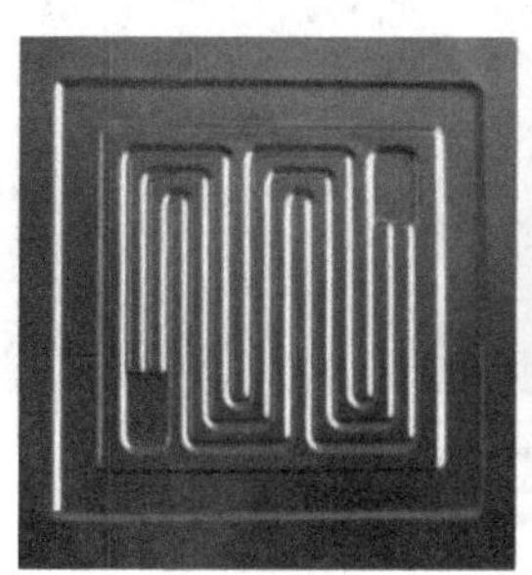

(a) 双极板的前面

(b) 双极板的背面

图 1-14　通过橡胶垫成型制作的金属双极板样品

金属双极板在电池环境下的腐蚀可能导致诸多不利影响：

① 薄金属板在酸性环境下容易发生腐蚀，形成小孔甚至穿透极板，使金属板两侧的燃料和氧化剂混合，容易形成爆炸性混合物。

② 金属板腐蚀产生的金属离子会扩散到达膜电极部位，对催化剂产生毒化作用。

③ 金属板腐蚀产生的金属离子可以通过扩散到达质子交换膜部位，与质子交换膜发生离子交换而使膜内质子交换通量降低，导致离子电导率降低，从而使电池性能下降。

④ 金属板表面腐蚀后可能形成钝化层，钝化层不仅本体电阻非常高，而且

与扩散层之间的接触电阻也很大，导致欧姆极化作用增强，会对电池总体性能产生不利影响。

因而对金属双极板的研究主要集中于提升双极板的抗腐蚀性，主要方法是对金属双极板表面进行改性，其中研究最多的是金属表面涂层。根据涂层的元素组成，涂层可分为金属涂层、非金属涂层和复合涂层。金属涂层包括金属氮化物涂层、金属碳化物涂层、金属氧化物涂层以及其他金属涂层（如贵金属涂层、合金涂层等）。金属涂层具有优良的导电性和化学稳定性，因而被广泛使用。如图1-15所示，在燃料电池运行中，无涂层钛双极板出现了腐蚀，表现出了显著的电导率降低[46]。非金属涂层包括石墨基涂层和导电聚合物涂层，它们具有制备简单、成本低的特点，但有些涂层也存在耐蚀性差和易脱落的问题。复合涂层结合了金属涂层和非金属涂层的优点，在具有一定耐蚀性的基础上，可以保持良好的导电性，但是掺杂的金属离子也会影响涂层的表面微观结构。

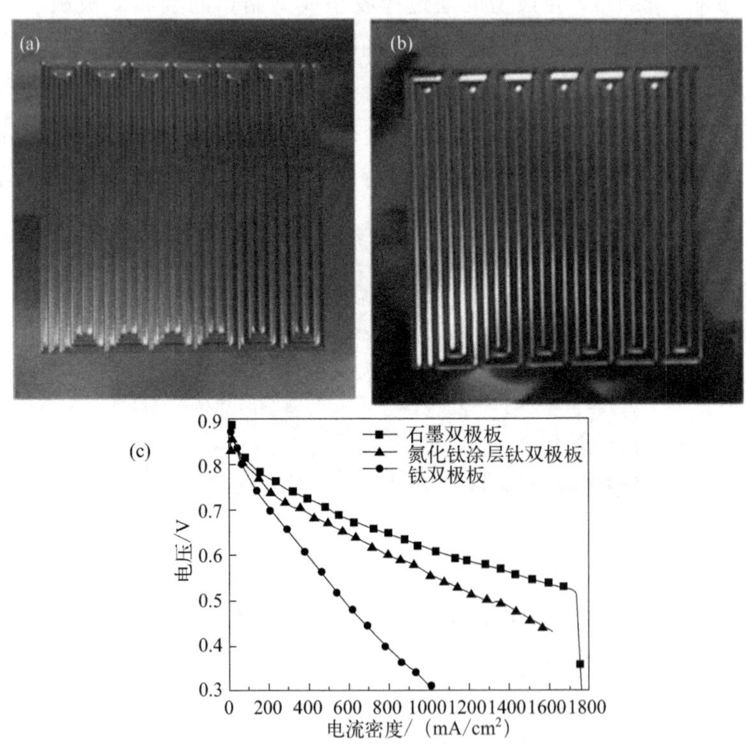

图 1-15　未涂层钛双极板（a）、氮化钛涂层钛双极板（b）以及三种双极板组装的单电池的 I-V 曲线（c）

（3）复合材料双极板

复合材料双极板由两种或两种以上材料组成，结合了石墨双极板和金属双极板的优点，较于纯石墨的抗弯强度较高，较于金属双极板有更好的耐腐蚀性，而且制造工艺简单、价格低廉，是目前研究的热点方向。一般复合材料都是以树脂作为黏结剂，碳作为导电剂。往碳材料中加入树脂作为添加剂，很大程度上既增强了双极板的机械强度同时也减小了石墨双极板的孔隙率。高分子聚合物的密度很小，黏结强度较高，通过不同的加工工艺能被加工成任何形状，作为双极板的材料尤为合适。但高分子树脂类材料的导电性能非常差，大部分树脂都是绝缘物质，因此在双极板的制备中需要添加导电填料和其他添加剂以改善复合板的导电性能，可以选用石墨（膨胀石墨、鳞片石墨）、纳米碳纤维、碳纳米管、石墨烯、金属等。复合材料双极板目前已经有了很多的研究，存在的问题主要还是电导率偏低，且由于树脂的存在，需要热压等比较耗时的工艺，导致生产周期过长，加大了产业化的难度。要达到大规模的生产还需要进一步的研究。

1.6.3 双极板的制备

（1）石墨双极板的制备

气孔的存在对于石墨板的各项性能均有不良影响，因此必须对石墨板进行处理以降低气孔率，提高石墨板质量。美国橡树岭国家实验室采用低成本泥浆模塑法制备片状石墨纤维预塑件，然后用化学气相渗透碳密封，得到气密性优良的双极板，并且有较高的电导率，同时密度小、重量轻的特点，双轴弯曲强度为（175±26）MPa。电池检测表明电池阻力小，效率高。但是采用化学气相渗透的方法较为昂贵，占成本的70%[47]。但也有文献采用聚酰亚胺类热固型树脂制备人造石墨双极板，先将此高分子聚合物加工成型为双极板，然后直接对该高分子聚合物双极板进行900℃炭化、2000℃以上石墨化处理，以制得最终使用的双极板。在炭化过程中，材料的体积会变小，但由于采用了特殊的高分子聚合物，其各向收缩尺寸一致，因此不会对其表面已加工好的流道场形状造成影响。但该种双极板材料制备工艺的成本较高，通常只用来制作微型质子交换膜燃料电池的双极板材料[48]。

工艺上，当前国内的石墨双极板生产商大多采用人工石墨机械加工的方式实现。在1000～1300℃的温度下，将焦炭和沥青混合后焦化形成碳素，然后将碳素材料浸渍沥青、烘焙，再用电热炉在2500～3000℃的温度下进行石墨化，随后根据双极板厚度进行粗略切片；随后对切片进行浸渍处理，一般浸渍24h，使合成树脂填塞进石墨表面和内部的孔隙，并通过热处理固化；最后对石墨板进行精细的打磨和雕刻加工，这一过程中，双极板的尺寸公差以及流场的质量取决于雕刻机的精度。此外，注塑和模压也是制备石墨双极板的常用方法。注塑石墨板是将一定比例的石墨与树脂混合料从注塑机的料斗送入机筒内，被加热熔化后的混合料通过加压经由喷嘴注入闭合模具内，经冷却定型后，脱模得到制品。然而注塑成型存在厚截面开裂、尺寸限制以及缺陷，虽然通过进一步石墨化能提高板材性能，但也伴随着成本的增加，不适用于大规模生产。模压成型工艺是在聚合物的熔融温度和一定压力下，使得粉料在模具中流动并充满整个行腔，固化脱模后得到双极板，能解决加工成本高及规模化生产的问题。

(2) 金属双极板的制备

目前生产上制备金属双极板的工艺主要有冲压成型工艺、液压成型工艺和橡胶垫成型工艺。冲压成型工艺是用压力装置和刚性模具对板材施加一定的外力，使其产生塑性变形，从而获得所需形状或尺寸的一种方法。冲压坯主要为热轧和冷镦钢板，占世界钢材的 60%～70%。因此，从原材料的角度来看，冲压工艺占主导地位。液压成型工艺是一种利用液体或模具作为传力介质加工产品的一种塑性加工技术，与冲压工艺相比，模具需求量少，但生产率不如冲压工艺［图 1-16(b)］。橡胶垫成型工艺也称为柔性成型工艺，是一种用于微/中型流道成型的新型冲压方法［图 1-16(a)］，该方法可以解决冲压和液压成型过程中的裂纹、皱纹和表面波纹的问题，这种成型的主要缺点是橡胶垫的使用寿命短，需要经常更换[50]。

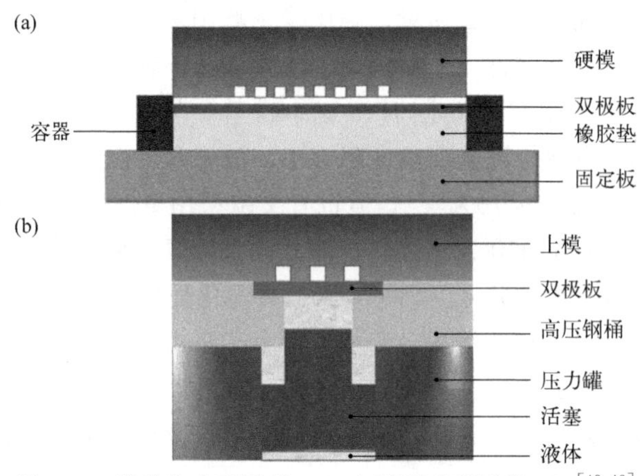

图 1-16　橡胶垫成型原理 (a) 与液压成型原理 (b)[43,49]

尽管制备出的金属双极板具备多种优点，但腐蚀问题会直接影响其性能及耐久性，对于涂层的研究是金属双极板的研究重点。金属氮化物是目前应用最为广泛的涂层，采用金属氮化物作为涂层的双极板表面结构比较致密，Jin[51] 等采用封闭场非平衡磁控溅射离子镀（closed field unbalanced magnetron sputter ion plating，CFUBMSIP）将具有不同 Mo 含量的 CrMoN 膜镀到 SS316L 上，在电流为 4A 的条件下，得到的 CrMoN-4A 涂层具有最佳的耐蚀性和界面接触电阻(interface contact resistance，ICR)。值得注意的是，在金属基体上镀涂层，不仅要考虑涂层材料的性能，还要考虑涂层材料与金属板基体之间的匹配性和结合度。例如，同时在SS304不锈钢和SS316不锈钢上镀TiN，SS304不锈钢的耐腐蚀电流密度和接触电阻分别为 $0.0145\mu A/cm^2$ 和 $30m\Omega \cdot cm^2$，而SS316不锈钢分别为 $1\sim2.5\mu A/cm^2$ 和 $10m\Omega \cdot cm^2$。显然，镀涂层后的SS316不锈钢的ICR比镀涂层后的SS304不锈钢低，但腐蚀电流密度比SS304不锈钢高，表现出显著不同的性能[52]。

金属碳化物涂层可以显著降低制备成本。Wang[53] 等将CrC电镀到SS304上，发现涂层中的C含量随着涂层电流密度的增加而降低，在 $10A/dm^2$ 的小电流电镀时表面状况良好，而在 $50A/dm^2$ 的大电流电镀时表面出现裂纹和针孔。

早期通过表面处理在金属板上生成氧化膜作为涂层，但效果不佳。近期，通过结合喷涂方法在氧化物涂层方面有了创新。例如Jinlong[54] 等采用球磨技术实现了2205双相不锈钢表面的Mo富集，形成的涂层表面呈波浪状，显著提高了在阴极环境中的耐蚀性，降低了ICR值。

除氮化物和碳化物涂层外，早期还会使用贵金属涂层和合金涂层作为保护层，然而贵金属涂层造价昂贵，而合金涂层作为保护层的双极板表面结构比较粗糙，很难达到DOE目标。非金属涂层成本低廉，性能也十分优异，通常使用PVD、CVD的方法进行碳沉积，或者是利用电镀、化学合成等方法在基底上进行制备。有些还会使用聚苯胺、聚吡咯等导电聚合物为主体，利用电镀、化学合成等方法在基底上进行制备，但这种涂层会造成双极板导电性降低。复合涂层表面结构均匀致密，某些涂层还有金属粒子形核中心，能够增强导电性。Ouyang[55] 等将Ni-P/TiN化学镀到Ti基底，得到了表面以TiN粒子为形核中心的Ni-P涂层，与Ni-P涂层相比，Ni-P/TiN涂层具有更好的耐蚀性能和较低的ICR。良好的耐蚀性归因于涂层的形成和致密的表面形貌。

涂层的工艺路线目前主要有4类：电镀、化学渡（例如热浸渡、涂料喷装、喷涂）、CVD（化学气相沉积）、PVD（物理气相沉积）。目前，国内在金属板涂层方面应用更多的是PVD工艺。采用PVD工艺的涂层纯度高、致密性好，涂层与基体结合牢固，涂层不受基体材料的影响，是比较理想的金属双极板表面改性技术。

（3）复合材料双极板的制备

对于复合材料双极板的研究主要集中在两大方向：石墨/热固性树脂/其他填料复合材料双极板以及石墨/热塑性树脂/其他填料。Lawrance[56] 等研发制备的石墨氟塑料复合材料双极板表现出较高的力学强度，但是该方法制造成本偏高，加工期也很长。Emanuelson[57] 等提出了一种制备方案，即热塑性树脂被酚醛树脂所替代，这样不但缩短了复合材料双极板的工艺周期，而且降低了制作成本。Pellegri[58] 等提出了另一种制备方案，即采用热固性树脂如环氧树脂取代热塑性树脂作为黏结剂制备双极板，此法虽然使复合材料双极板的力学强度得到了显著提升，但结果表明其体电阻较大，甚至超过纯石墨板电阻。Wilson[59] 等采用石墨乙烯基酯树脂为基体制备复合材料双极板，制备方法简单可行，不但价格便宜，而且导电性好，其缺点为固化时间长，成品的耐候性不理想。美国橡树岭国家实验室制备出一种复合材料双极板，主要采用化学气相渗透（CVI）使碳纤维/酚醛树脂预塑件（由低成本泥浆模塑料制备）形成致密结构。该复合材料双极板导电性良好，力学强度高。由于化学气相渗透（CVI）占制作成本的 70%，所以该法制备的双极板价格昂贵，而且制作过程较为复杂。图 1-17 展示了典型的压制前后的复合材料双极板。

图 1-17　复合材料双极板预塑件和成型后[61]

南通大学采用凝胶注模新型工艺研制出 C/C 复合材料双极板[60]，该方案以水作为分散介质，选择相应的表面活性剂，球磨共混中间相的碳颗粒和碳纤维，制备出了高固含量、高流变性能的材料；再将其注入模具中，在 60～80℃进行凝胶化反应，脱模得到带有气体流道的碳碳双极板素坯；将素坯在 90℃下干燥，之后在 1400℃以上进行真空石墨化烧结，得到成品双极板。此工艺方案无需机加工就完成了双极板气道的一次成型。制备所得的复合材料双极板密度低、阻气性好，并且强度高于片状石墨双极板，同时它的导电性和导热性也完全满足工作要求。

目前制备优良的复合材料双极板依旧存在很多问题，主要集中在复合材料性能与成型方式两个方面。材料性能方面，由于采用树脂作为黏结剂，其加入明显降低了复合材料的导电性。选择合适的高分子材料和导电物在改善双极板加工性能的同时保证其导电性与力学强度，一直都是研究的难点与重点。成型方式方面，复合材料双极板虽然结合了石墨板与金属板的优点，但制备性能优良的双极板所需加工程序往往较为烦琐，其成本也相对昂贵。寻找经济、实用、简单、合适的加工工艺是促进复合材料双极板商业化的重要途径。

1.7 燃料电池水热管理

水管理在 PEMFC 中的研究占有相当重要的地位，它包括质子交换膜的加湿和产物水从阴极向阳极的反向扩散管理以及产物水的去除。在质子交换膜燃料电池的阴阳极反应中，阳极发生氧化反应，生成的质子透过膜与阴极的氧气反应，在阴极生成产物水。在这个过程中，需要膜保持水合状态来促进质子的传输，同时阴极生成的产物水需要及时适当排出，否则会产生淹膜现象，影响气体的扩散[62]。因此，将质子膜中的水含量控制在一个合理的范围内是提高燃料电池性能和使用寿命的关键。研究发现，未加湿获得的电池性能远低于外部加湿获得的电池性能[63]。目前，关于质子膜的加湿设计，已经提出了水蒸气喷射和直接液态水喷射两种方案[64]。水蒸气注入设计需要复杂的电极和隔板，构造成本更高且难以操作。直接液态水注入简单、效率高，但是容易导致电极溢流。在加湿方法中，预先加湿反应气体可能是使聚合物电解质水合的最简单可靠的方法[65]。入口反应气体由位于供应气体和排放气体之间的加湿交换器加湿。气体的相对湿度从电池入口会持续增加到出口[1]。因此，当电池入口处反应气体的相对湿度较高时［图 1-18(a)］，可能会存在液态水，从而导致电极溢流。另外，在入口气体相对湿度较低的情况下［图 1-18(b)］，有可能在电池入口区域附近发生高分子电解质干燥。因此，任何不适当的水平衡（太湿或太干）不仅会导致性能损失，还会加速电池的降解。更好的水管理是可以减少或消除额外的加湿需求，这可以通过 PEMFC 的设计和操作来实现。例如，通过对气体扩散层的适当改进，可以预期获得水管理功能，从而使聚合物电解质充分水合，并减轻电极溢流。

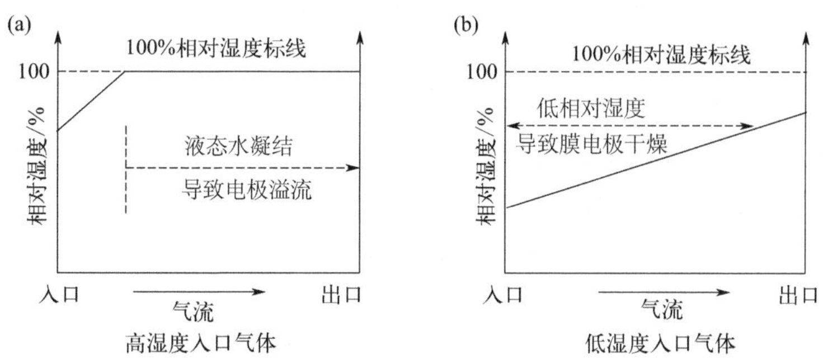

图 1-18　在入口气体高湿度（a）和低湿度（b）的情况下 PEMFC 电极中相对湿度的分布

目前，无论是哪种加湿方式，均需要实现水管理的实时监控，才能及时做出调整。但是测量 PEMFC 中的水分含量并非易事，因为这些需要专门设计的燃料电池和/或仪器。研究人员提出了不同的水计量方法。Mench 等[66] 使用气相色谱法测量了运行中燃料电池中的原位水蒸气分布，直接绘制了运行中燃料电池的阳极和阴极的水分布。Nishikawa 等[67] 使用相对湿度（RH）传感器在沿气流场的六个位置测量 RH，但是其结果仅显示了水蒸气的分布，而没有显示液态水的含量。所以，这些结果可能并不十分可靠。Tüber 等[68] 设计了一种透明的燃料电池，该燃料电池具有双直流通道和一个覆盖有机玻璃的阴极。在他们的实验中，通过数码相机记录了在气流通道内形成的水的图像。但是，量化通道中的水量并不容易，并且光学方法无法测量气体扩散层中的液态水含量。观察水分布的另一种方法是采用中子射线照相术，它可用于工作中的质子交换膜燃料电池（PEMFC）中液态水的原位、无损可视化和测量。然而，由于多电池堆以及阳极通道和阴极通道的重叠，将阳极侧的水与阴极侧的水区分开并不容易，这就需要对电解槽进行特殊设计来分开阴阳极通道以便于观测。

在燃料电池的运行过程中，热管理也是一项重大技术挑战，热管理包括电堆操作温度的设定和电化学反应产生的反应热。通常，质子交换膜燃料电池的运行温度在 0～100℃ 范围内。适当提高电池运行温度，可以提升电化学反应速率，同时有利于减弱质子交换膜的欧姆极化[69]。实际上质子交换膜燃料电池只能承受很小的温度变化，更精准的温度范围则由不同的质子交换膜特性所决定。针对 Nafion 膜，当前的质子交换膜燃料电池在 60～80℃ 的温度范围内运行。若温度低于 60℃ 可能导致水凝结和电极溢流，结果是增加了反应物的传质阻力，从而导致电压损失[70]。若温度过高，一方面会加速水分的流失，不仅会造成干膜现象，还有可能使膜发生收缩破裂；另一方面 Nafion 膜在高温下的电导率和稳定性都会降低，从而影响电池性能和寿命。另外，电池的运行温度还会对催化剂的活性和抗 CO 中毒能力等有影响[71]。然而，除了设定的运行温度，燃料电池内部电化学反应还会产生大量的热量，由于两个电极上的熵变化和超电势的不对称会导致阴极上产生更大的热量，不仅会提高电池的温度还会使整个电极的温度分布不均[72]。因此，在确定燃料电池运行温度的同时，更要关注如何使电极温度分布均匀以及释放电池运行所产生的大量热量。

在 PEMFC 中产生的热量通常由冷却系统去除或通过传导-对流的热传递排热。排热速率由 PEMFC 中各个组件［即聚合物电解质、催化剂层、气体扩散层（GDL）和双极板（BPP）］的热性能决定。不同组件中具有不同的传热机理。通过聚合物电解质的热传递几乎完全是通过热传导，而热传导和对流都对催化剂层和气体扩散层中的热传递有重要贡献。常见的燃料电池堆冷却方法涉及双极板的设计，以使阳极和阴极之间有内部冷却通道。在依赖蒸发过程的冷却方法中，将液态水直接引入反应物体系中，可提供质子交换膜的加湿和蒸发冷却。另外，在设计用于 PEMFC 的冷却系统时，需要考虑两个关键因素：首先，PEMFC 的标准工作温度大约在 80℃，这意味着用于散热的驱动力远远小于典型的内燃机冷却系统中的驱动力；其次，由于排气流对热量的贡献很小，因此几乎所有的废热负荷都必须通过辅助冷却系统除去。这两个因素说明在汽车燃料电池系统中需要有相对较大的散热器。

由于在 PEMFC 中水的蒸发和冷凝过程分别伴随着潜在热量的吸收和释放，另外由于热管效应，水和热传输会同时发生，所以水管理和热管理紧密地联系在一起。这就要求我们在进行水热管理时，要考虑到它们互相之间的影响，清楚地了解每个组件中基本的水和热传递机理。对于单个组件，不仅需要设计出更好的质量和传热性能的新型材料，还需要开发更好的水热传递模型。

参考文献

[1] Ellis M W，von Spakovsky M R，Nelson D J. Fuel cell systems：efficient，flexible energy conversion for the 21st century [J]. Proceedings of the IEEE，2001，89（12）：1808-1818.

[2] Perry M L，Fuller T F. A historical perspective of fuel cell technology in the 20th century [J]. J Electrochem Soc，2002，149（7）：S59.

[3] 弗朗诺・巴尔伯 . PEM 燃料电池：理论与实践[M]. 北京：机械工业出版社，2016.

[4] Bossel U. The birth of the fuel cell[J]. European Fuel Cell Forum，2000：1835-1845.

[5] Grove W R. XXIV. On voltaic series and the combination of gases by platinum[J]. Dublin Philosophical Magazine Journal of Science，1839，14（86-87）：127-130.

[6] Grove W R. LXXII. On a gaseous voltaic battery[J]. Dublin Philosophical Magazine Journal of Science，1842，21（140）：417-420.

[7] Ostwald W. Die wissenschaftliche Elektrochemie der Gegenwart und die technische der Zukunft[J]. Zeitschrift für Physikalische Chemie，1894，15（1）：409-421.

[8] Nadal M，Barbir F. Development of a hybrid fuel cell/battery powered electric vehicle[J]. Int J Hydrogen Energy，1996，21（6）：497-505.

[9] Stone C，Morrison A E. From curiosity to "power to change the world®"[J]. Solid State Ionics，2002，152：1-13.

[10] Chu S，Majumdar A. Opportunities and challenges for a sustainable energy future[J]. Nature，2012，488（7411）：294-303.

[11] Steele B C H，Heinzel A. Materials for fuel-cell technologies[J]. Nature，2001，414（6861）：345-352.

[12] Wang C Y. Fundamental models for fuel cell engineering[J]. Chem Rev，2004，104（10）：4727-4266.

[13] Lide D R. CRC handbook of chemistry and physics[M]. CRC Press，2004.

[14] Hirschenhofer J，Stauffer D，Engleman R. Fuel cells：A handbook[M]. US Department of Energy，Office of Fossil Energy，1994.

[15] Hoogers G. Fuel cell technology handbook[M]. CRC Press，2002.

[16] 查全性 . 电极过程动力学导论[M]. 北京：科学出版社，1976.

[17] Atkins P W，de Paula J. Physical Chemistry[M]. Oxford University Press，1998.

[18] 邵元华，朱果逸，董现堆 . 电化学方法原理和应用[M]. 2 版 . 北京：化学工业出版社，2008.

[19] Gileadi E. Electrode kinetics for chemists，chemical engineers，and materials scientists [M]. Capstone，1993.

[20] Bockris J O, Srinivasan S. Fuel Cells: Their Electrochemistry [M]. New York: McGraw-Hill, 1969,

[21] Larminie J, Dicks A, Mcdonald M S. Fuel cell systems explained[M]. J Wiley Chichester, 2003.

[22] Newman J, Thomas-Alyea K E. Electrochemical systems [M]. John Wiley & Sons, 2012.

[23] Gasteiger H, Gu W, Makharia R, et al. Tutorial: catalyst utilization and mass transfer limitations in the polymer electrolyte fuel cell[C]. Proceedings of the the 2003 Electrochemical Society Meeting, 2003.

[24] Oiwa T, Chen J, Hori M. Study on the MEA water management in polymer electrolyte fuel cell. The Proceedings of the JSME Annual Meeting, 2003, 3: 291-292

[25] Ferreira R B, Falcão D S, Oliveira V B, et al. Experimental study on the membrane electrode assembly of a proton exchange membrane fuel cell: effects of microporous layer, membrane thickness and gas diffusion layer hydrophobic treatment[J]. Electrochimica Acta, 2017, 224: 337-345.

[26] Smitha B, Sridhar S, Khan A A. Solid polymer electrolyte membranes for fuel cell applications—a review[J]. Journal of Membrane Science, 2005, 259 (1-2): 10-26.

[27] Banerjee S, Curtin D E. Nafion® perfluorinated membranes in fuel cells[J]. Journal of Fluorine Chemistry, 2004, 125 (8): 1211-1216.

[28] Kannan R, Parthasarathy M, Maraveedu S U, et al. Domain size manipulation of perflouorinated polymer electrolytes by sulfonic acid-functionalized MWCNTs to enhance fuel cell performance[J]. Langmuir, 2009, 25 (14): 8299-8305.

[29] Bébin P, Caravanier M, Galiano H. Nafion®/clay-SO_3H membrane for proton exchange membrane fuel cell application[J]. Journal of Membrane Science, 2006, 278 (1-2): 35-42.

[30] Yee R S L, Rozendal R A, Zhang K, et al. Cost effective cation exchange membranes: A review[J]. Chemical Engineering Research and Design, 2012, 90 (7): 950-959.

[31] Paganin V, Ticianelli E, Gonzalez E. Development and electrochemical studies of gas diffusion electrodes for polymer electrolyte fuel cells[J]. Journal of Applied Electrochemistry, 1996, 26 (3): 297-304.

[32] Ralph T, Hogarth M. Catalysis for low temperature fuel cells[J]. Platinum Met Rev, 2002, 46 (3): 117-135.

[33] Uribe F, Zawodzinski T, Valerio J, et al. Fuel cell electrode optimization for operation on reformate and air[C]. Proceedings of the Proc 2002Fuel Cells Lab R&D Meeting, DOE Fuel Cells for Transportation Program, 2002.

[34] Qi Z, Kaufman A. Low Pt loading high performance cathodes for PEM fuel cells[J]. J Power Sources, 2003, 113 (1): 37-43.

[35] Sasikumar G, Ihm J, Ryu H. Dependence of optimum Nafion content in catalyst layer on platinum loading[J]. J Power Sources, 2004, 132 (1-2): 11-17.

[36] Wang X L, Zhang H M, Zhang J L, et al. Micro-porous layer with composite carbon black for PEM fuel cells[J]. Electrochimica Acta, 2006, 51 (23): 4909-4915.

[37] Gostick J T，Ioannidis M A，Fowler M W，et al. On the role of the microporous layer in PEMFC operation[J]. Electrochemistry Communications，2009，11 (3)：576-579.

[38] Han M，Xu J H，Chan S H，et al. Characterization of gas diffusion layers for PEMFC [J]. Electrochimica Acta，2008，53 (16)：5361-5367.

[39] Chen T，Liu S，Zhang J，et al. Study on the characteristics of GDL with different PTFE content and its effect on the performance of PEMFC[J]. International Journal of Heat and Mass Transfer，2019，128 (11)：68-74.

[40] Tang H，Wang S，Pan M，et al. Porosity-graded micro-porous layers for polymer electrolyte membrane fuel cells[J]. Journal of Power Sources，2007，166 (1)：41-46.

[41] Wang X，Zhang H，Zhang J，et al. A bi-functional micro-porous layer with composite carbon black for PEM fuel cells [J]. Journal of Power Sources，2006，162 (1)：474-479.

[42] Jiang B，Stübler N，Wu W，et al. Manufacturing and characterization of bipolar fuel cell plate with textile reinforced polymer composites[J]. Materials & Design (1980—2015)，2015，65 (10)：11-20.

[43] Song Y，Zhang C，Ling C Y，et al. Review on current research of materials，fabrication and application for bipolar plate in proton exchange membrane fuel cell[J]. International Journal of Hydrogen Energy，2020，45 (54)：29832-29847.

[44] Liu Y，Hua L，Lan J，et al. Studies of the deformation styles of the rubber-pad forming process used for manufacturing metallic bipolar plates[J]. Journal of Power Sources，2010，195 (24)：8177-8184.

[45] Shi X. Research progress of bipolar plate material for proton exchange membrane fuel cells[J]. New Chemical Materials，2008，32 (15)：2584-2595.

[46] Jin C K，Jeong M G，Kang C G. Fabrication of titanium bipolar plates by rubber forming and performance of single cell using TiN-coated titanium bipolar plates[J]. International Journal of Hydrogen Energy，2014，39 (36)：21480-21488.

[47] Besmann T M，Klett J W，Henry J J，et al. Carbon/carbon composite bipolar plate for proton exchange membrane fuel cells[J]. Journal Of the Electrochemical Society，2000，147 (11)：4083-4086.

[48] Park B Y，Madou M J. Design，fabrication，and initial testing of a miniature PEM fuel cell with micro-scale pyrolyzed carbon fluidic plates [J]. Journal of Power Sources，2006，162 (1)：369-379.

[49] Peng L，Yi P，Lai X. Design and manufacturing of stainless steel bipolar plates for proton exchange membrane fuel cells[J]. International Journal of Hydrogen Energy，2014，39 (36)：21127-21153.

[50] Yu H，Yang L，Lei Z，et al. Anticorrosion properties of Ta-coated 316L stainless steel as bipolar plate material in proton exchange membrane fuel cells[J]. Journal of Power Sources，2010，191 (2)：495-500.

[51] Jin J，Liu H，et al. Effects of Mo content on the interfacial contact resistance and corrosion properties of CrN coatings on SS316L as bipolar plates in simulated PEMFCs environment[J]. International Journal of Hydrogen Energy，2018，43 (21)：10048-10060.

[52] Lee S H, Kakati N, Maiti J, et al. Corrosion and electrical properties of CrN-and TiN-coated 316L stainless steel used as bipolar plates for polymer electrolyte membrane fuel cells[J]. Thin Solid Films, 2013, 529: 374-379.

[53] Wang H C, Hou K H, Lu C E, et al. The study of electroplating trivalent CrC alloy coatings with different current densities on stainless steel 304 as bipolar plate of proton exchange membrane fuel cells[J]. Thin Solid Films, 2014, 570: 209-214.

[54] Jinlong L, Zhuqing W, Tongxiang L, et al. Enhancing the corrosion resistance of the 2205duplex stainless steel bipolar plates in PEMFCs environment by surface enriched molybdenum[J]. Results in Physics, 2017, 7: 3459-3464.

[55] Ouyang C. Physical and electrochemical properties of Ni-P/TiN coated Ti for bipolar plates in PEMFCs[J]. International Journal of Electrochemical Science, 2020, 15 (1): 80-93.

[56] Lawrance R J. Low cost bipolar current collector-separator for electrochemical cells[J]. U S Patent and Trademark Office, 1980, 4 (214): 969.

[57] Emanuelson R C, Luoma W L, Taylor W A. Separator plate for electrochemical cells [J]. U S Patent and Trademark Office, 1981, 4 (301): 222.

[58] Pellegri A, Spaziante P M. Bipolar separator for electrochemical cells and method of preparation thereof[J]. U S Patent and Trademark Office, 1980, 4 (197): 178.

[59] Wilson M S, Busick D N. Composite bipolar plate for electrochemical cells[J]. U S Patent and Trademark Office, 2001, 6 (248): 467

[60] Mathur R B, Dhakate S R, Gupta D K, et al. Effect of different carbon fillers on the properties of graphite composite bipolar plate[J]. Journal of Materials Processing Tech, 2008, 203 (1-3): 184-192.

[61] Heo S I, Oh K S, Yun J C, et al. Development of preform moulding technique using expanded graphite for proton exchange membrane fuel cell bipolar plates[J]. Journal of Power Sources, 2007, 171 (2): 396-403.

[62] Paquin M, Fréchette L G. Understanding cathode flooding and dry-out for water management in air breathing PEM fuel cells[J]. Journal of Power Sources, 2008, 180 (1): 440-451.

[63] Yang B, Fu Y Z, Manthiram A. Operation of thin Nafion-based self-humidifying membranes in proton exchange membrane fuel cells with dry H_2 and O_2[J]. Journal of Power Sources, 2005, 139 (1-2): 170-175.

[64] Hyun D, Kim J. Study of external humidification method in proton exchange membrane fuel cell[J]. Journal of Power Sources, 2004, 126 (1-2): 98-103.

[65] Kuhn R, Krüger P, Kleinau S, et al. Dynamic fuel cell gas humidification system[J]. International Journal of Hydrogen Energy, 2012, 37 (9): 7702-7709.

[66] Mench M M, Dong Q L, Wang C Y. In situ water distribution measurements in a polymer electrolyte fuel cell[J]. Journal of Power Sources, 2003, 124 (1): 90-98.

[67] Nishikawa H, Kurihara R, Sukemori S, et al. Measurements of humidity and current distribution in a PEFC[J]. Journal of Power Sources, 2006, 155 (2): 213-218.

[68] Tüber K, Pócza D, Hebling C. Visualization of water buildup in the cathode of a trans-

parent PEM fuel cell[J]. Journal of Power Sources, 2003, 124 (2): 403-414.

[69] Santarelli M G, Torchio M F, Cochis P. Parameters estimation of a PEM fuel cell polarization curve and analysis of their behavior with temperature [J]. Journal of Power Sources, 2006, 159 (2): 824-835.

[70] Kandlikar S G, Lu Z. Thermal management issues in a PEMFC stack——A brief review of current status[J]. Applied Thermal Engineering, 2009, 29 (7): 1276-1280.

[71] Baschuk J J, Li X. Carbon monoxide poisoning of proton exchange membrane fuel cells [J]. International Journal of Energy Research, 2001, 25 (8): 695-713.

[72] Stone C, Morrison A E. From curiosity to "power to change the world?" [J]. Solid State Ionics, 2002, 152: 1-13.

第 2 章

膜电极设计

2.1 膜电极简介

膜电极（membrane electrode assembly，MEA）是质子交换膜燃料电池（PEMFC）的核心组件，是电池运行过程中发生电化学反应的场所，是燃料电池的“心脏”。膜电极的性能和耐久性直接决定着质子交换膜燃料电池的工作性能及使用寿命，它一般由质子交换膜、阴/阳极催化层（catalyst layer，CL）与阴/阳极气体扩散层（gas diffusion layer，GDL）5个部分组成，其结构示意图如图2-1所示[1]。其中，质子交换膜主要起传递质子、防止阴阳极短路等作用。催化层是电化学反应的主要场所，同时也是质子、电子、反应气体和水的传输通道。催化层的结构性能对MEA性能影响很大，一般由催化剂（如Pt/C）和有机聚合物离子导体（如Nafion）组成。气体扩散层为反应气体提供传质通道，还具有水管理和传递电子等作用，通常采用石墨化碳纸或碳布。在燃料电池运行过程中，MEA各功能层相互配合，控制着MEA的传质、催化、传导等，从而决定了PEMFC的性能。因此，高性能的膜电极应具有下列特性：

① 质子交换膜具有优异的质子传导性能，能够隔绝阴阳极的反应物，有良好的化学稳定性和热稳定性。

② 催化层中不仅存在丰富的三相反应界面，而且具有良好的离子和电子通

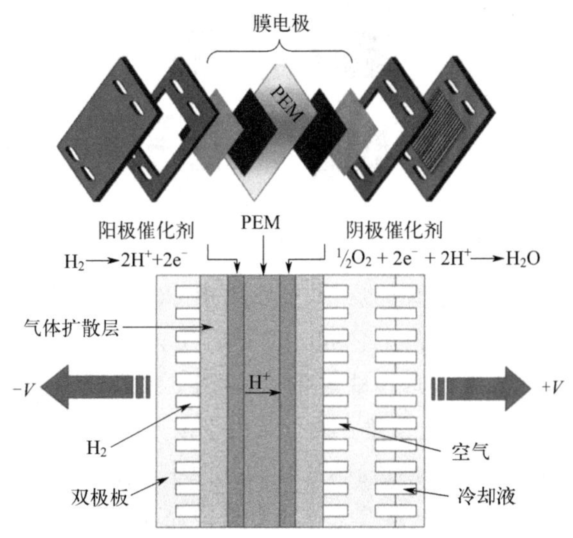

图 2-1　质子交换膜燃料电池工作原理示意图[1]

道，离子和电子传输的阻力小。

③ 气体扩散层具有良好的导热性、导电子能力及机械强度，能够最大限度减小气体的传输阻力。

④ 膜电极内部需要具有良好的排水能力，及时将产生的产物水排出，防止发生水淹。

2.2 传统膜电极的制备

质子交换膜燃料电池运行过程中，必须具有气体、质子及电子的传输通道，因此扩散层和催化层的结构设计以及 MEA 本身的制备工艺直接决定了 MEA 的性能。根据 MEA 制备过程中催化剂层支撑基体的不同，传统 MEA 一般可以分为两类（图 2-2）[2]：一类是以 GDL 作为催化剂层的支撑基体，将催化剂活性组分涂覆于经过预处理的碳纸或碳布上得到多孔气体扩散电极，然后通过热压的方法将多孔气体扩散电极与膜材料压制得到 MEA，即催化剂涂覆基底（CCS，catalyst-coated substrate）技术；另一类是催化剂涂覆膜（CCM，catalyst-coated membrane）技术，通常采用质子交换膜作为催化剂层的支撑基体，通过不同方法将催化剂直接覆盖于膜上形成 MEA，然后再和 GDL 经热压得到 MEA。

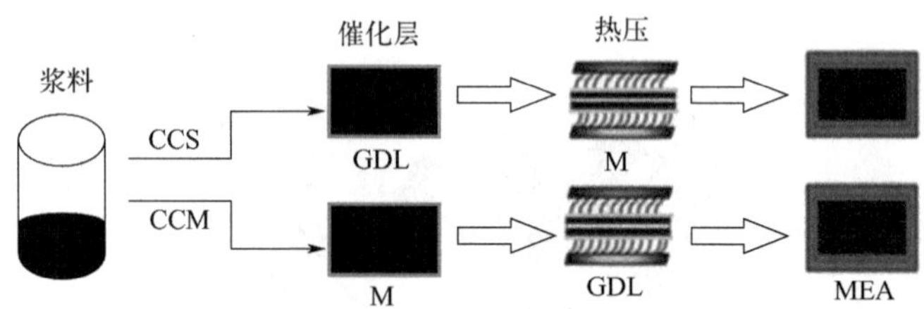

图 2-2 不同路线 MEA 制备示意图[2]

早期的第一代燃料电池膜电极[4] 主要采用 CCS 技术在扩散层上制备催化层。这类膜电极的优点是制备工艺相对简单，工艺成熟，有利于气孔的形成，PEM 不会因“膜吸水”而变形。缺点是 CL 与 PEM 结合力差，离子电导率差，界面电阻大，导致 MEA 性能较差。此外，由于该方法将催化剂直接包覆在多孔的 GDL 材料上，催化剂容易渗透到 GDL 的孔隙中，阻碍三相反应界面的形成，导致催化剂利用率降低[5]。这就要求在膜电极中提高铂负载，增加了 MEA 的成本。因此，目前这类膜电极技术已基本淘汰。

第二代膜电极[6] 主要采用CCM技术，是将催化剂直接涂覆在质子交换膜上，然后将阴极气体扩散层和阳极气体扩散层放在两侧进行热压，从而制得膜电极。与第一代膜电极相比，第二代膜电极直接在质子交换膜上生成催化层，可以显著提高催化剂利用率，降低贵金属负载。此外，在开发并使用Nafion溶液取代聚四氟乙烯溶液作为黏结剂后，质子电导率进一步增加，并降低了催化层和质子交换膜之间的接触电阻，显著提高了MEA的性能，并促进了CCM电极制备方法的发展。该制备方法已成为制备膜电极最常用的方法之一，其构筑方法如图2-3所示。这种膜电极的主要缺陷是催化层结构在整个反应过程中不稳定，使用寿命短。此外，因为催化层由催化剂和电解质组合构成，所以电极过程中的电化学极化和浓差极化会导致电子和质子的长距离传输、水和氧扩散通道曲折以及扩散空隙尺寸不可控，如图2-4所示。这将对膜电极在大电流放电时的性能产生影响。目前，可用于制备基于CCM技术的MEA的方法，包括转印、喷涂、电化学沉积等[7-10]。

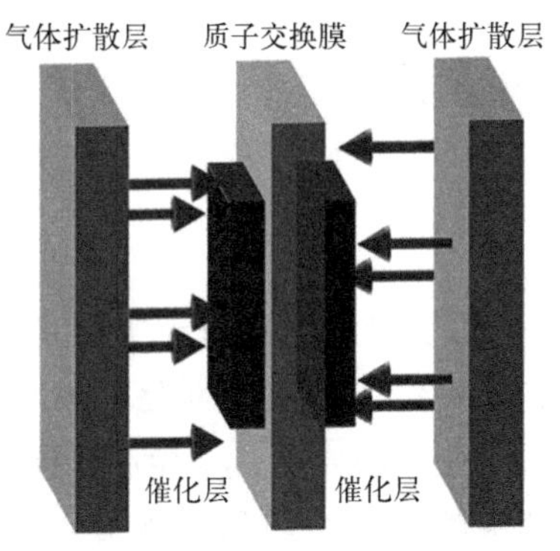

图2-3 CCM膜电极构筑方法[3]

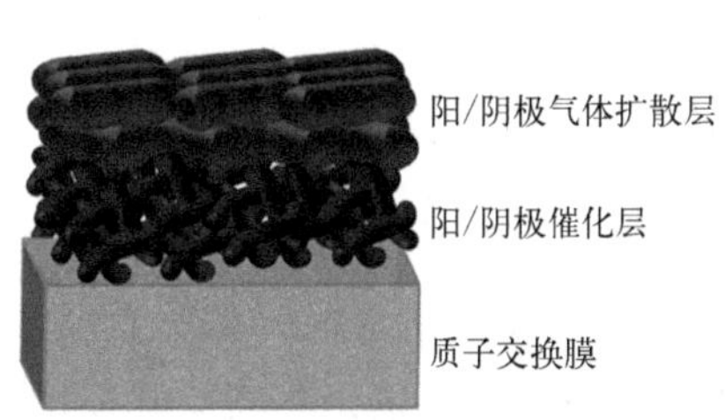

图2-4 第一代及第二代膜电极结构[3]

2.2.1 转印法

Wilson等[11] 在20世纪90年代初发明了转印法（decal transfer method）。该过程首先使用超声波将高分子离聚体、溶剂和碳载Pt基催化剂分散均匀制备成催化剂浆料，然后将催化剂浆料涂覆在转印基质（如Teflon）上。催化剂浆料干燥后，再进行热压（温度约为210～250℃），实现CL从转印基质向载体的转移，然后去除转印基质，即可形成MEA [12,13]。

采用转印技术大规模生产MEA是一条直接的技术路线，但在生产过程中还存在一些必须解决的缺点[14,15]：①催化剂不能完全从转印基板转移到膜上；②催化剂浆料分散不均匀，影响Pt和质子电导率；③时间长，压制温度高。为了解决这些问题，研究人员不断更新转印法的制备工艺。与传统的基于溶液浆料的方法相比，Saha 等[9] 改进了制造 CCM 膜电极的转印方法（基于胶体浆液），使电极具有更丰富的孔隙结构和更高的 Pt/C 催化剂负载量（图 2-5）。在高电流密度下，还具有更大的电化学表面积和优越的传质能力。

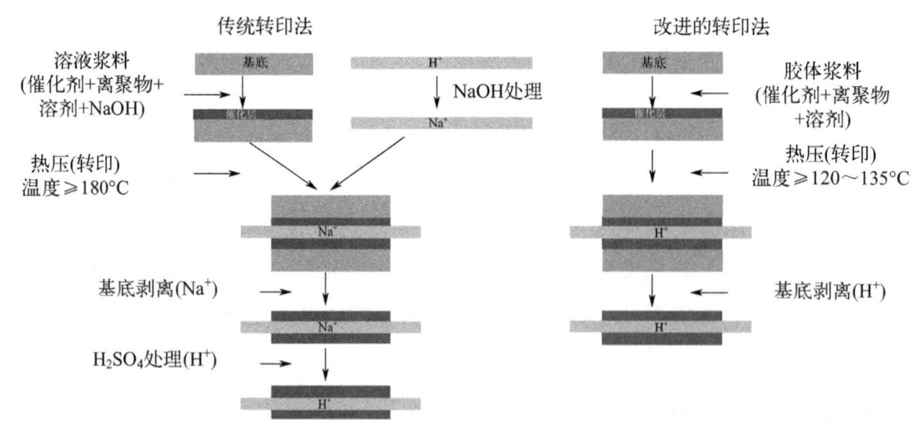

图 2-5　传统与改进转印法制备 MEA 示意图[9]

2.2.2 喷涂法

喷涂法（decal transfer method）操作简单、易于应用，常用于实验室制备 MEA。在采用喷涂法时，催化剂浆料的配制非常关键，配制好催化剂浆料后，用喷枪设备将催化剂浆料喷涂到经过预处理的质子交换膜两侧，干燥后，再与膜组装成 MEA。为了进一步提高喷涂的质量，解决喷涂不均匀和喷嘴堵塞问题，研究人员开发了超声喷涂法。超声喷涂法有如下优点[16,17]：①不易过喷涂，节约催化剂成本；②催化剂高度分散，团聚减少，喷嘴处不易发生堵塞，催化剂分布也非常均匀，利于制备薄膜涂层；③操作简单，自动化流程，适合 MEA 的批量化生产。Sassin 等[18] 通过自动化超声喷涂法快速制备了 MEA，具体过程如图 2-6 所示。实验结果发现，喷嘴高度显著影响燃料电池的性能，当高度为 3.5cm 时制得的 MEA 与高度为 5.0cm 或 6.4cm 时制得的 MEA 相比，电池电流密度较小，这可能是因为较低喷嘴高度会增加催化层表面裂缝，使 CL 中产生的水难以及时排出，进而降低电极性能。但是超声喷涂法能耗较大，不能喷

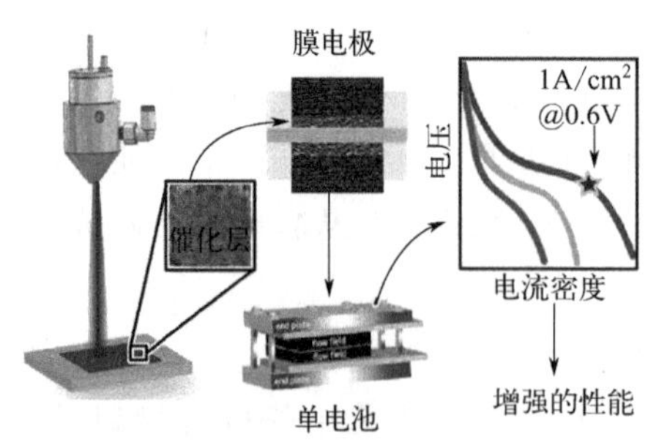

图 2-6　超声喷涂法制备 MEA[18]

涂高黏度的浆料，成为其大规模应用的一个障碍[19]。

2.2.3 电化学沉积法

电化学沉积法（electrodeposition method）是一种高效、精确、可扩展的 MEA 制备方法，通常在三电极电镀槽中进行。在外加电场的作用下，该方法不仅可以将催化剂颗粒直接沉积到 MEA 核心三相反应区，还可以将活性物质（Pt 或 Pt 合金）从其混合溶液或熔融盐中电解出来并与 Nafion 紧密结合。因此，在保证燃料电池性能的前提下，该方法能够有效提高 Pt 的利用率（图 2-7）。

电化学沉积法所使用的电流类型可以分为直流和脉冲两种。Taylor 等[20] 最早发明了电化学沉积法，他们先在 Nafion 溶液中浸泡无催化活性的碳电极，然后将碳电极置入工业电镀槽内，采用直流电流进行电镀，电镀过程中电解液内的 Pt 离子穿过电极表面的 Nafion 薄层，并沉积在具有离子和电子导电性的区域，但该方法制备的膜电极中催化剂颗粒尺寸较大且大小不均匀。

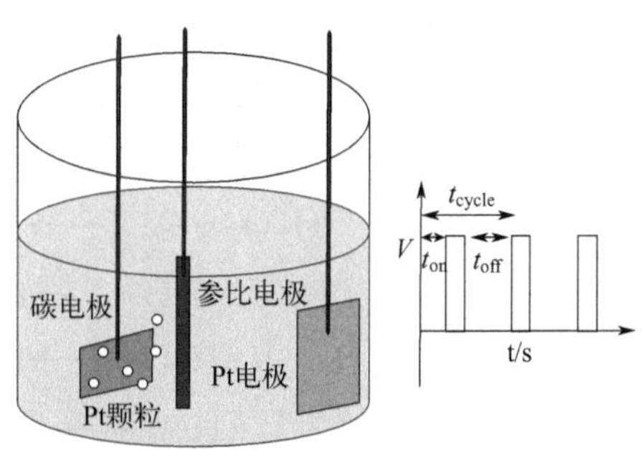

图 2-7 电化学沉积法制备 MEA[21]

为了制备粒径小、Pt 载量高的催化剂，Kim 等[22] 采用脉冲电沉积技术（pulse electro-deposition method）在 GDL 上沉积了 $0.25mg/cm^2$ 的 Pt 催化剂，Pt 颗粒粒径小于 5nm，Pt 载量（质量分数）最高可达 75%。用其制备的 MEA，在 0.8V 的工作电压下电流密度最大能达到 $0.38A/cm^2$，而作为参照的 Pt/C 电极只有 $0.2A/cm^2$。与直流电相比，脉冲电流会导致电极表面沉积条件不断变化，这使得在整个沉积过程中沉积颗粒的大小和形状更容易改变，通常会使得颗粒的尺寸更小。Adilbish 等[23] 通过脉冲电泳沉积法（pulsed electrophoresis deposition），在脉冲电流 $30mA/cm^2$、循环时间 1s、占空比 25%的条件下，制备出粒径 2～4nm、厚度 2～2.5μm 的超薄 CL。但是，采用电化学沉积法制备 MEA 的过程中，催化剂团聚、分布不均等问题还有待解决[24]。

2.3 膜电极的降解机制

要实现燃料电池的大规模商业化，就必须解决电池寿命和成本的问题。膜电极作为 PEMFC 的核心部件，由质子交换膜、催化层和气体扩散层组成，其耐久性对 PEFMC 寿命有显著影响，因此，研究膜电极的衰减机理及影响膜电极寿命的因素对实现 PEFMC 的商业化至关重要。

2.3.1 质子交换膜衰减机理

目前，最常用的质子交换膜是 Dupont 公司开发的全氟磺酸（PFSA）质子交换膜，商品名为 Nafion。PFSA 质子交换膜由 PFSA 树脂组成，PFSA 树脂以疏水的聚四氟乙烯（PTFE）为主链，以亲水的磺酸基团为支链，其结构如图 2-8 所示。PFSA 质子交换膜的衰减类型有化学衰减、机械衰减和热衰减。

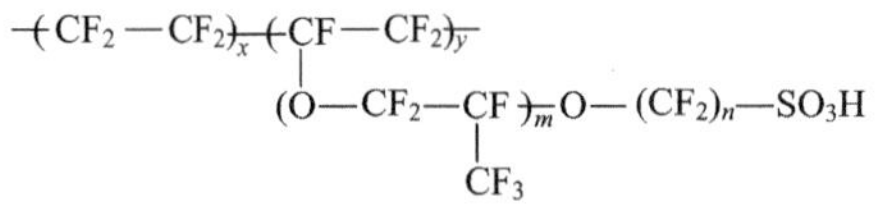

$$-(CF_2-CF_2)_x-(CF-CF_2)_y-$$
$$(O-CF_2-CF)_m-O-(CF_2)_n-SO_3H$$
$$CF_3$$

图 2-8 PFSA 树脂结构[25]

化学衰减主要由气体渗透造成。气体渗透会降低电池的断路电压、性能和效率，甚至会导致氢气和空气发生反应，生成 H_2O_2，再与金属离子 Fe^{2+}、Cu^{2+} 反应产生自由基 HO· 和 HOO·[26]。这会使质子交换膜发生化学结构降解，膜厚度减小，甚至穿孔形成针孔，造成膜电极气体渗透通量加大，从而导致膜电极性能下降。具体反应路径如下：

$$H_2O_2+Fe^{2+}\longrightarrow HO\cdot+OH^-+Fe^{3+} \tag{2-1}$$

$$Fe^{2+}+HO\cdot\longrightarrow Fe^{3+}+OH^- \tag{2-2}$$

$$H_2O_2+HO\cdot\longrightarrow HO_2\cdot+H_2O \tag{2-3}$$

$$Fe^{2+}+HO_2\cdot\longrightarrow Fe^{3+}+HO_2^- \tag{2-4}$$

$$Fe^{3+}+HO_2\cdot\longrightarrow Fe^{2+}+H^++O_2 \tag{2-5}$$

质子交换膜的机械衰减指膜产生了蠕变、开裂或针孔。导致膜机械衰减的原因包括膜电极制备过程中产生缺陷、膜电极装配不当、双极板压缩不均匀[27]。双极板的流道和筋部会对膜电极产生不均匀的机械应力，引起质子交换膜发生机械衰减。由于 PFSA 树脂是亲水性的，当相对湿度大时，质子交换膜会吸水溶胀；反之，当相对湿度较低时，质子交换膜会脱水收缩。因此，若膜电极工作环境的相对湿度发生循环变化，则质子交换膜在机械应力的作用下，会产生蠕变或形成针孔[28]。当膜电极工作温度循环变化时，也会导致质子交换膜发生机械衰减：当温度低于冰点时，质子交换膜中的水会结冰；启动时，质子交换膜内的冰融化；这一循环过程改变了质子交换膜的体积，进而使质子交换膜受到机械应力的作用而发生衰减。

另外，当 PEMFC 内部有严重的气体渗透或燃料供给不足时，内部会出现局部高温，也会导致 PFSA 树脂支链的磺酸基降解，质子交换膜发生热衰减[29]。

2.3.2 催化层衰减机理

催化层的衰减包括催化层中催化剂的衰减、催化剂碳载体的腐蚀及催化层中PFSA树脂的降解，这三种衰减都会导致催化层的电化学反应面积减小，降低PEMFC的性能。催化剂衰减指铂颗粒容易受到反应气体中杂质气体的影响，特别是CO、CO_2、SO_x等杂质气体会毒化铂颗粒，降低铂的反应活性，导致铂发生可逆或不可逆衰减[30]。目前，主要有三种理论解释铂的衰减现象：①小颗粒铂溶解迁移进入离子交联聚合物内，并且在大颗粒铂的表面沉积，导致铂颗粒尺寸变大[31]。并且，被溶解的铂进入离子交联聚合物内，当渗透通过的氢气将其还原为铂颗粒时，会降低质子交换膜的稳定性和质子传导率[32]。②催化剂碳载体在工作过程中被腐蚀导致催化剂铂颗粒脱落[33]。③为了减小吉布斯自由能，铂颗粒发生原子尺度上的团聚现象[34]。

由于良好的电子电导率和低成本，碳载体广泛应用于燃料电池催化剂的载体，可以提高催化剂的比表面积，减少催化剂颗粒的团聚现象，提高催化剂的利用率。理论上，当电位高于0.207V时，碳载体会发生腐蚀，生成CO、CO_2。但实际上，只有当电位高于1.2V时，碳腐蚀速率才会比较明显。PEMFC在实际工作时导致碳腐蚀现象的工况有两种：整体燃料饥饿现象和局部燃料饥饿现象[35]。整体燃料饥饿指PEMFC电堆内部存在单片或多片电池缺少氢气，缺少氢气的电池出现负电压，使得阳极电位高于阴极电位，导致碳载体发生腐蚀。局部燃料饥饿指难于启动、停机等不良因素造成阳极出现空气，氢气进入阳极时，产生氢气-空气界面。局部燃料饥饿现象对电池的影响难以检测，是PEMFC电堆管理的难题。

此外，上文提到PFSA树脂是膜电极催化层的重要组成部分，其质量通常占催化层的30%～40%，PFSA树脂含量对膜电极性能有至关重要的影响[16]。PFSA树脂生成的HO·和HOO·自由基会向催化层迁移，从而导致催化层中的PFSA树脂发生衰减。

2.3.3 气体扩散层衰减机理

气体扩散层的衰减主要有两方面：一是气体扩散层的疏水性降低；二是气体扩散层中的碳发生氧化或腐蚀。气体扩散层的疏水性使扩散层可以有效排出反应所生成的水，减少膜电极的浓差极化。St-Pierre等[36]研究发现，在运行11000h后，PEMFC气体扩散层的疏水性降低，从而导致电池性能衰减。Borup等[30]研究发现，PEMFC的工作温度越高，气体扩散层的疏水性降低就越快。

同时，他们认为微孔层的衰减是气体扩散层疏水性降低的主要原因。Schulze 等[37] 采用恒电流放电法对膜电极进行耐久性测试，结果表明，气体扩散层基底层中的聚四氟乙烯发生了降解，使疏水性降低，不利于 PEMFC 内部水排出，导致内部水增多，产生水淹现象，进而使 PEMFC 性能急剧下降。Schulze 等[37] 认为，气体扩散层衰减比催化层衰减对 PEMFC 性能的影响更大。

PEMFC 在实际运行中，气体扩散层中微孔层的碳粉会因为出现高电位而导致碳腐蚀和氧化衰减。Park 等[38] 在 1.2V 的恒电位下研究气体扩散层的碳腐蚀现象。研究结果表明，微孔层中的碳粉发生了碳腐蚀，使扩散层和电极界面的多孔层传质阻力增大。若采用石墨化碳粉，可以缓解碳腐蚀的现象。Frisk 等[39] 在 82℃的条件下，将气体扩散层浸入质量分数为 15％的双氧水溶液中，发现气体扩散层质量减小，并且微孔层中的碳粉发生了氧化现象，导致微孔层疏水性降低。Borup 等[40] 将气体扩散层浸入具有不同氧浓度的液态水中。结果表明，浸泡后气体扩散层的疏水性随着氧含量和水温的增加而降低。

2.4 膜电极的优化设计

传统方法制备的 MEA 在结构上有很多缺陷并由此会引发一系列问题，严重阻碍了 PEMFC 性能的提升。例如 CL 中催化剂颗粒、Nafion 等的堆积导致催化剂利用率低、使用寿命短、电池极化严重等问题；再如 GDL 中的孔隙杂乱分布，这在一定程度上制约了 GDL 的排水和通气功能。为了解决上述问题，MEA 在结构设计上必须采取多维度、多方向的改进措施，增加三相界面上质子、电子、气体和其他材料的多相传输能力，提高贵金属铂的利用率，并提高质子交换膜燃料电池的整体性能。近年来，越来越多的研究通过改进制备方法、优化功能层结构来提高 PEMFC 的性能。

2.4.1 催化层优化设计

CL 是 MEA 最核心的部件，既是电化学反应的场所，又是气体、水、电子、质子等物质的传递通道。电化学反应是在由催化剂、电解质和气体构成的“三相区”进行的，因此理想的 CL 要有足够多的满足“三相区”的催化活性位点。而 CL 的优化则要考虑多种因素的影响，包括催化剂载体、离聚物以及分散介质的性质等[41]。

催化剂载体的性质对催化层的性能和耐久性起着至关重要的作用。碳载体是目前最常用的 PEMFC 催化剂载体，其整体结构决定着催化层中的电子传导和耐腐蚀性[42]。大的比表面积和良好的亲和性有利于催化剂颗粒的分散和锚固。此外，碳载体形貌、尺寸和孔隙率决定了质子和氧/氢的可及性，这对整个电化学反应的动力学有直接影响。

除了碳载体外，离聚物膜也会对催化剂的性能造成显著影响[43]。通过扫描电镜（SEM）、透射电镜（TEM）等图像分析可知，离聚物可以在催化剂表面形成离聚物膜。离聚物膜太厚会导致气体扩散阻力过大，而离聚物膜太薄或缺失又会严重限制质子传导。如图 2-9 所示，实际上，只有少数铂催化剂颗粒可以接触到最佳厚度的离聚物膜，而大多数铂催化剂颗粒根本没有离聚物覆盖层或离聚物层过厚。因此，离聚物在催化层中的分布对离聚物和 Pt/C 催化剂的相互作用方式有重要影响。研究表明，碳载体的多孔结构和离聚物含量（I/C 比）是决定离聚物与 Pt/C 催化剂之间相互作用的关键参数。

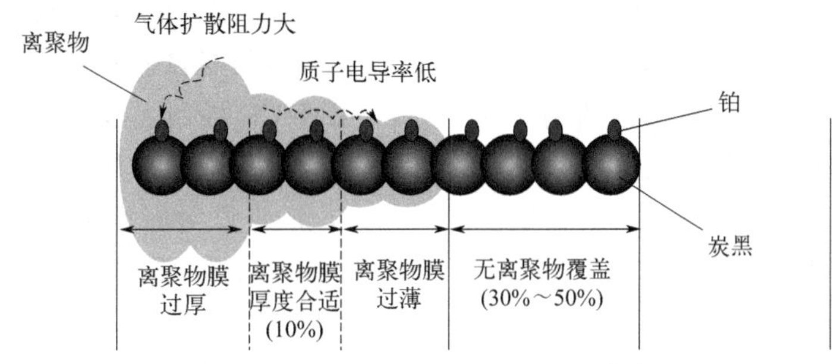

图 2-9　离聚物膜厚度影响示意图[43]

全氟磺酸聚合物（PFSA）是 PEMFC 中最常用的离子交联聚合物。PFSA 的主要特性可以通过离子交换当量（EW）和侧链长度来表征。Kongkanand 等[44] 发现，磺酸基团在 Pt 表面的吸附使得 1～10nm 厚的离聚物薄膜失去相分离能力，从而增加了 O_2 和水的传输阻力。根据这一理论，改善局部氧气传质的主要思路是降低 Pt 表面附近的磺酸基浓度、通过采用短侧链离聚物来限制磺酸基的迁移、用较弱的吸附基团来取代磺酸基、修饰主链离聚物以避免磺酸基聚集。这为离聚物的选择和开发提供了一个指导性方向，亦为 CL 优化的一个关键领域。

分散介质的性质决定了催化剂浆料的性质，例如聚集尺寸、黏度和催化剂/离聚物颗粒的固化速度，最后决定了 CL 的物理特性以及传质特性[41]。催化剂浆料中分散介质的微观结构对催化层的结构和性能有很大的影响。由于催化剂浆料是一种高度动态的不透明非均相液体，它们之间的关系尚不完全清楚，除了超小角 X 射线散射和低温电子显微镜外，缺乏其他可靠的方法来表征其微观结构。

且离聚物的分布受所选溶剂的影响，电极的制备也与其密切相关。分散介质的选择取决于催化剂浆料的涂覆方法：丝网印刷或辊涂法需要高固含量（>5%）和高黏度的浆料，因此需要高沸点的添加剂；喷涂法则需要低固含量（<2%）的浆料，此时，介质通常是乙醇或水溶剂，且要求蒸发速度足够快。不同过程可能需要不同的浆料黏度，这意味着必须考虑催化层浆料的流变性。另外，浆料中含有离聚物，当聚合物大分子在沉积过程中发生转化时，必须考虑剪切力或张力，因为它可能会影响离聚物的结构。

此外，CL 还要有足够小的传质阻力，以便于电子、质子以及反应物的传递。为了满足上述要求，提高 CL 性能，需要对 CL 结构进行改进，其中 CL 梯度化和有序化结构设计是非常有效的途径。

2.4.1.1 CL 梯度化结构

理论分析表明，CL 内各处的电化学反应速率是不相同的，因此为了提高反应活性、降低 Pt 负载量，需要对 CL 中的催化剂进行梯度化设计[45]。当 MEA 引入梯度化设计后，在较高的离子通量下，PEM/CL 界面上较高的离聚物含量可最大限度地提高质子传导能力，而在 GDL/CL 界面下相对较低的离聚物含量可最大限度提高孔隙率以降低传质阻力。此外，还可以对催化层中的 Pt 含量进行梯度化设计，最接近 PEM 的区域具有最高的铂含量，而距 PEM 最远的区域具有最低的铂含量。实验表明，在几乎相同的铂负载量下，梯度化催化层结构的性能优于均匀分布的催化剂。Pt 的梯度分布可以有效地改善电池性能，特别是在高电流密度区域，这归因于当铂集中在 PEM/CL 界面附近时，铂的利用效果更优。

此外，越来越多的研究者认为催化剂梯度化设计要依据具体操作条件而定，比如 Matsuda 等[46] 根据加湿条件和氧含量的变化，设计了两种梯度化催化层：低加湿情况下，由于质子电导率较低，PEM 侧的反应要比 GDL 侧剧烈，因此需要提高 PEM 侧 Pt 负载量［图 2-10(a)］；而在高加湿且阴极氧分压较低的情况下，氧气扩散系数低，GDL 侧反应更剧烈，因此有必要增加 GDL 侧 Pt 负载量［图 2-10(b)］。在随后的实验中考察了理论模型对反应分布的影响，结果进一步证实了在不同操作条件下，电池的性能依赖于催化层结构。

更为有效的 CL 梯度化设计是综合催化剂、Nafion 及孔隙含量的梯度化[47]。在氧还原的高反应区域，提高 Nafion 含量和 Pt 负载能够降低质子传递阻力，提高电化学反应活性；而在低反应区域，由于不太需要高质子电导率和催化活性，可以降低催化剂和 Nafion 的含量，这不仅提高了 Pt 的利用率，还降低了氧气扩散和水排出的传质阻力。然而，虽然梯度化设计在一定程度上改善了 MEA 性

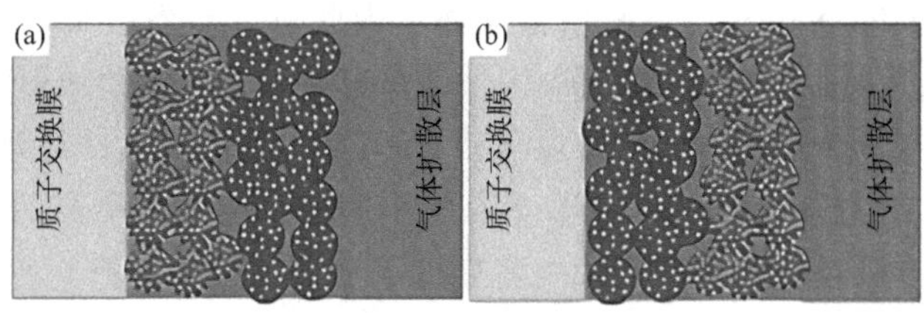

图 2-10　阴极双层 CL 设计方案[21]

能，但是 CL 中孔隙和物质的分布呈无序状态，传质过电位仍然很高，有待进一步改进。

2.4.1.2　CL 有序化结构

Middelman[48] 最早提出了有序化电极模型，以实现 CL 中催化剂载体、催化剂、质子导体（Nafion）等物质的有序分布，以扩大三相反应界面、形成优良的多相传质通道，进而降低电子、质子及反应物的传质阻力，提高催化剂的利用率。近年，CL 有序化结构得到快速发展，成为 MEA 制备技术领域的研究热点。对于常规 CL 或梯度化 CL 而言，质子、电子、气体、水和其他物质的多相传输通道处于无序状态，导致催化剂利用率低，电荷传输与气体传质阻力大。图 2-11 展示了 MEA 的理想电极结构。在该理想电极中，电子导体和质子导体均垂直于 PEM 表面。在电子导体的表面上有均匀分散的铂，其粒度约为 2nm，并涂有一层质子传导聚合物[49]。理论计算表明，小于 10nm 的质子导体薄层厚度有助于三相界面中产物水的扩散和排出。在理想电极中，仅需使用常规 MEA 中 20％的贵金属即可满足性能要求。因此，有序的电极微观结构可以实现电子、质子和气体传输通道的分离与有序化，有助于提高电极中催化剂的利用率，减少 Pt 的用量，扩大反应的三相界面。

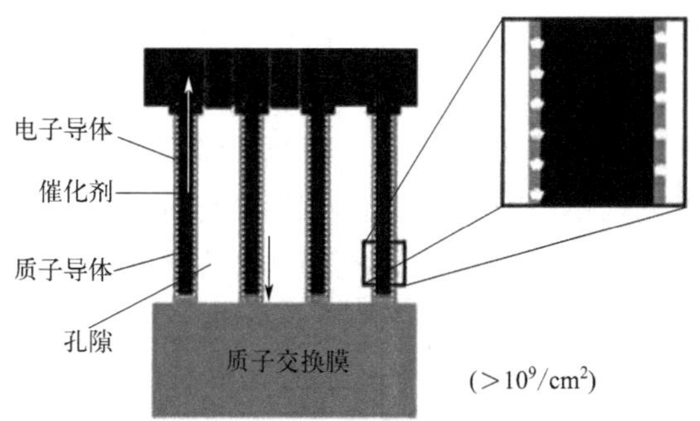

图 2-11　理想 MEA 电极结构示意图[49]

有序化 MEA 不仅催化剂利用率高、CL 厚度较薄，而且制备过程中甚至可以不添加质子导体 Nafion、不使用碳载体，因此可以有效降低传质阻力，增加电池催化活性。目前，有序化 MEA 中性能最好的是由 3M 公司研发的 NSTF 电极，其性能已有部分达到 MEA 商业化指标要求，但是耐久性还远低于目标值。此外，与常规 CL 相比，有序化 CL 具有更小的储水空间和更高的亲水性，这导致了有序化膜电极在低温启动和大电流密度下更容易发生水淹。所以，仍需寻找合适的催化剂及其支撑材料，并优化制备工艺改善 CL 结构，以期强化对水的管理以及进一步提升 PEMFC 耐久性。目前，有序化催化层的主要研究方向包括优化电子传输通道（基于垂直碳纳米管阵列[50]、金属氧化物纳米阵列[51]、导电聚合物纳米阵列[52] 的有序化膜电极）、优化质子传输通道（Nafion 纳米线[53]）以及优化催化剂结构（铂基催化剂纳米阵列[54]）。

2.4.2 质子交换膜优化设计

质子交换膜（PEM）位于 MEA 最中心的位置，具有隔绝电子，分隔阴、阳两极并传导质子的功能。对于性能优异的 PEM 要满足如下条件：①质子传导能力强；②力学性能好，不易变形；③热稳定性和电化学稳定性高。因此目前 PEM 的优化方向主要集中在：更高的质子电导率（尤其是在低湿度条件下）、更好的电化学和力学稳定性以及更优的热稳定性[55]。

商业化质子交换膜呈现出不断减薄的趋势，例如 Mirai 一代电堆中采用了厚度仅为 10μm 的超薄增强膜，而 Mirai 二代电堆采用的 Gore-Select 膜更是在一代的基础上进一步减薄了 30%[56]。超薄质子交换膜一方面缩短了质子传输距离，降低了质子传递阻抗；另一方面缩短了水传输距离，有助于实现膜的自增湿，避免了“膜干”现象的发生。同时，质子膜减薄后所带来的机械强度、化学腐蚀等方面的问题也已获得了较好的解决。例如，基于聚四氟乙烯（polytetrafluoroethylene，PTFE）增强的复合超薄膜在机械强度方面已基本满足要求，其自由基淬灭剂的掺入也可大幅缓解质子膜受到的电化学腐蚀。

此外，为了扩大 PEM/CL 的接触面积，降低系统的传质阻力，PEM 的结构设计也被纳入到 MEA 的制备过程中。可生产新型结构膜（如图案膜、多孔膜、直接沉积膜等），以取代 NL-211、Nafion XL 等传统商用 PEM。比如在质子交换膜表面构造 3D 图案，可以有效增加 PEM/CL 界面面积、提高催化层的 ECSA（电化学活性面积）值，进而提升 MEA 电化学性能[57]。Sang 等[58] 在膜表面刻印了菱形图案阵列（如图 2-12 所示），并产生 3 种与设备性能直接相关的综合效果：①在膜表面刻印图案会使膜局部变薄，因此电化学阻抗谱显示膜的阻力明显降低；②菱形图案增加了膜的几何表面积，电池电化学活性表面也随之增加；③菱形图案强化了阴极 CL 的排水能力，因为垂直不对称的菱形结构使 CL 具有疏水性，因此电化学反应过程中形成的水汽容易汇聚成水滴并排出。随着水管理能力的提升，MEA 功率密度也明显增加，与传统 MEA 相比增加了 50%。多孔膜的设计能有效增强水反向扩散能力（阴极到阳极），以实现膜的自润湿，缓解高温（90～95℃）条件下 MEA 失水的问题。此外，通过制备方法的调节，还可以制备全孔 MEA[59]。虽然全孔膜无法完全隔离氢气和氧气，目前还不能在 PEMFC 中应用，但是全孔膜 MEA 有诸多优点：①完全润湿的孔壁能为质子从阳极到阴极的迁移提供高效的传输通道；②利用穿透的气体在渗入孔中的催化剂附近生成水，可直接润湿膜而无需预加湿反应气体；③膜与气体的接触面积增加，水传输界面阻力明显降低。这些特点使得全孔膜具有可观的潜在应用价值，值得进一步研究。

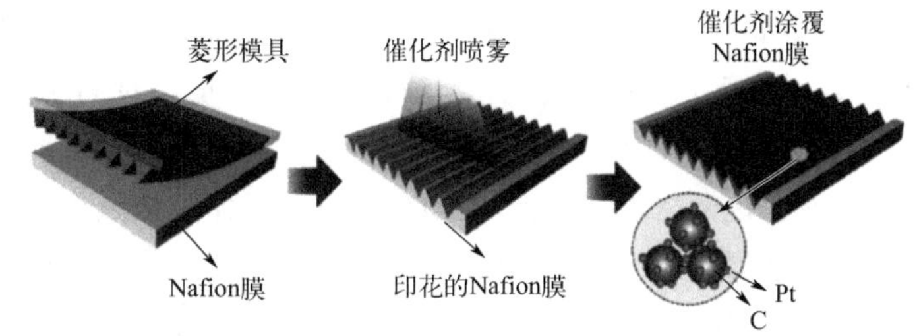

图 2-12　PEM 表面刻印菱形图案阵列构造[21]

提高 PEMFC 的工作温度也可带来许多优点，如加快电极反应、提高电催化剂中 Pt 对 CO 的耐受性、简化系统的水热管理等，但高温 PEMFC 对质子交换膜的热稳定性及低湿度下的质子电导率提出了更高的要求。聚苯并咪唑（PBI）及其衍生物是一种具有较高杨氏模量的半结晶聚合物，热分解温度高，氧化稳定性、耐酸碱稳定性优良。吸附磷酸后的 PBI 膜可以达到燃料电池的机械强度要求，被广泛作为高温质子交换膜材料研究[60]。吴魁等[61] 基于质子传递机理，将高温质子交换膜分为非水质子溶剂膜、水质子溶剂膜以及无机固态质子导体膜三类，综述了其研究进展，并指出改性的全氟磺酸膜热稳定性较差，无法应用于真正的高温条件；有机/无机复合膜和非水质子溶剂膜是高温质子交换膜的发展方向，尤其是磷酸掺杂的 PBI 膜。李金晟等[60] 介绍了 PBI 衍生物膜、PBI 复合膜、新型芳基聚合物膜等几类高温质子交换膜，阐明了聚合物的主链结构、官能团结构及复合填料对高温质子交换膜性能的影响。近来，创新结构高温质子交换膜亦取得了诸多进展，例如受到仙人掌结构的启发，Park 等[62] 开发出一种纳米裂纹结构的自增湿膜，即使在低湿度、120℃高温环境下，PEM 表面带有纳米裂纹的纳米薄膜疏水层也可以起到调节、保水的作用，保证了 PEM 的质子电导率。

2.4.3 扩散层优化设计

在 PEMFC 中，由于双极板与催化剂层的孔径差距高达三个数量级，因此夹在双极板与催化剂层之间辅助气体和水传导的扩散层格外重要。GDL 具有多种功能，包括输气、排水、传热、集流以及支撑 CL 等，尤其在水管理方面具有重要作用，其通常由具有大孔的支撑层和微孔层构成，后经聚四氟乙烯处理调整孔的亲疏水性，获得憎水的输气孔道和亲水的排水孔道。为了保证反应气体的有效扩散和产物水的顺利流出，最优的 GDL 必须具有合适的孔隙率和孔径分布。通常情况下，增加 GDL 的孔隙率有利于反应气体的扩散，但会降低电极的导电性；而若降低孔隙率，虽然能增强导电性但也阻碍了气体的传输。此外，孔隙度梯度设计是必要的，因为孔隙度的分布对反应气体在 CL 中的均匀分布和电流密度有重要影响[63]。除了孔隙率梯度化，PTFE 含量的梯度化对 GDL 水管理性能也有显著的增强作用。Vijay 等[64] 制备了 PTFE 含量在纵向与横向梯度化分布的 GDL，并通过能量色散 X 射线光谱（EDS）表征了样品中氟含量的分布，以此测得 GDL 中 PTFE 含量分布以及经 PTFE 处理后 GDL 疏水性能的变化。结果显示，PTFE 含量的梯度化使得 GDL 内接触角也呈梯度化分布，表明各处排水能力不同，实现了对 PEMFC 的有效增强。

总的来说，梯度化设计增强了 GDL 的排水和气体输送能力，能够有效防止水淹现象的发生，但是为了提高电池性能，还需增强 PEMFC 的自润湿能力。Kong 等[65] 开发了拥有双层 GDBL 结构的 GDL-A′B 和 GDL-A′C 两种 GDL（图 2-13），其中 GDL-A′B 的双层使用了相同的基质材料，而 GDL-A′C 中 GDL-C 层的孔隙率要比 GDL-A′层低，目的是提高其保留水的能力。测量上述两种 GDL 的接触角、电阻和蒸汽通透率等物性参数，并与单层 GDBL 结构的 GDL-A 进行比较，发现虽然基质材料对物性的影响并不大，但 GDBL 的双层结构设计的作用明显。随后在不同化学计量比和相对湿度设置下的电池性能测试结果表明，在低湿度环境下使用双层 GDL-A′C 可以显著提高电池的功率密度。因此，双层 GDBL 结构的设计有助于提高 PEMFC 的自润湿能力。

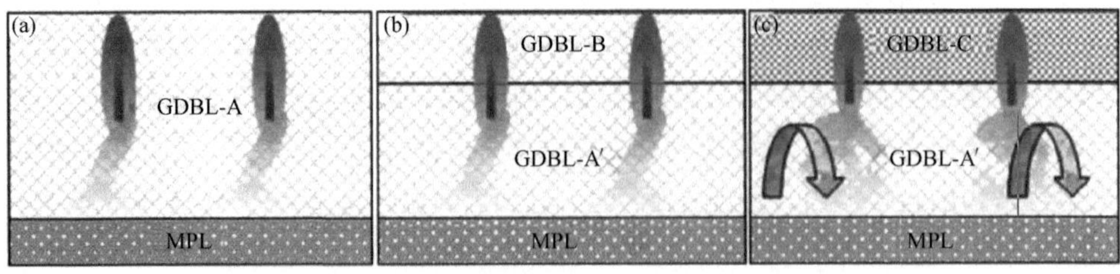

图 2-13 GDBL 原始结构与改良后结构示意图[65]

2.4.4 GDL/CL/PEM 界面结构优化

PEMFC 内部层间界面结构的优化已引起越来越多研究者的关注。如图 2-14 所示，燃料电池的欧姆极化主要由层间界面的内阻造成[66]。

将 PEM/CL 界面结构由 2D 界面结构转变为 3D 工程界面，可提升催化剂的电化学活性面积（ECSA）和 Pt 利用率，这对 MEA 的传质和电荷传递过程有重要影响。实现上述转变的两种基本方法是表面图案化膜和直接沉积膜技术。例如 Koh 等[67] 报道了一种在环境温度下形成图案化膜的方法。该方法使用弹性聚二甲基硅氧烷（PDMS）模具，在不需要热压的情况下，制备出具有良好排列的大面积微/纳米图案化膜。研究表明，通过上述方法制备的 PEM，比没有表面图案的膜性能高 53%（0.6V 电压下）。该结果表明，PEM/CL 界面性质可以通过制备表面图案化膜来进行优化。

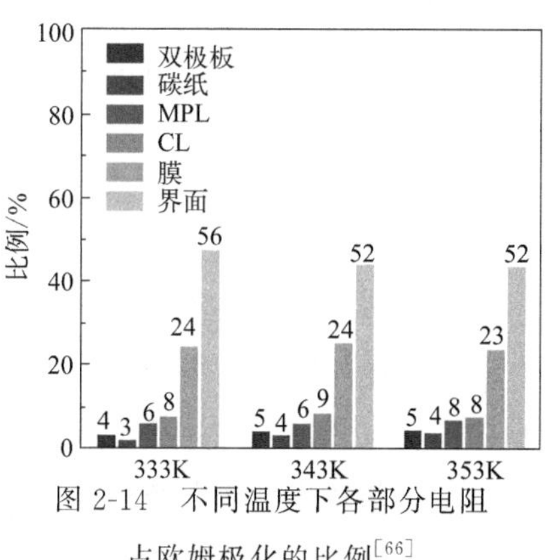

图 2-14 不同温度下各部分电阻占欧姆极化的比例[66]

MPL（或 GDL）与 CL 之间的界面往往也是不完美的，因为它们的表面粗糙且存在龟裂的可能。这种不完美的接触可能会导致在 MPL（或 GDL）与 CL 表面之间因不均匀压缩而形成界面间隙，从而减小接触面积并增加欧姆阻抗。MPL/CL 界面的接触电阻一般比 GDL/双极板之间的接触电阻大一个数量级，甚至可以与 PEM 的离子阻抗相比拟[41]。另外，相关文献表明，MPL（或 GDL）与 CL 之间不完美的接触不仅会产生接触电阻，而且还会导致液态水在界面空隙中积聚。这种积水将使反应气体更难进入 CL，增加了电池的传质阻抗。因此，MPL 与 CL 之间的界面也是值得研究人员关注和优化的。

2.5 有序化膜电极

对于第一代和第二代膜电极而言，其催化层都是催化剂（电子导体）与电解质溶液（质子导体）以一定比例混合制备而成，水、气、电子和质子传输通道处于无序状态，电子、质子扩散路径长，而水氧扩散需要的通道曲折程度大，同时扩散空隙大小不可控，存在较强的电化学极化和浓差极化，制约了膜电极的大电流放电性能，膜电极结构存在缺陷，催化剂利用率和物质传输效率较低。

对于质子交换膜燃料电池，美国能源部（DOE）提出的2020年技术目标为成本50美元/kW，耐久性大于5000h，最大功率密度达到1000mW/cm^2，高催化活性（铂族元素PGM用量0.125g/kW），低Pt负载量下的高电流密度（在0.9V时PGM用量达到0.44A/mg）。到2025年成本为40美元/kW，到2030年后最终达到30美元/kW。然而，第一代和第二代膜电极技术目前仅能部分达到DOE的技术目标要求。

燃料电池电化学反应是在由催化剂、电解质和气体组成的三相界面处进行的，碳颗粒传导电子，聚合物传导质子，理想的催化层要有足够的符合三相界面的催化活性位点。为此，新一代（第三代）膜电极必须从实现三相界面中质子、电子、气体和水等物质的多相传输通道的有序化角度出发（图2-15），极大地提高催化剂利用率，进一步提高燃料电池的综合性能。这种有序的结构在一定程度上提高了贵金属催化剂的利用率，降低了Pt负载量（35μg/cm^2），并且保持了较高的功率密度，同时有序的结构起到水管理的作用，减少了催化剂的聚集现象，有效地延长了膜电极的寿命。下文依据实现有序化的方式不同将有序化膜电极分为三类进行介绍：①载体材料有序化催化层；②催化剂有序化膜电极；③质子导体有序化膜电极。

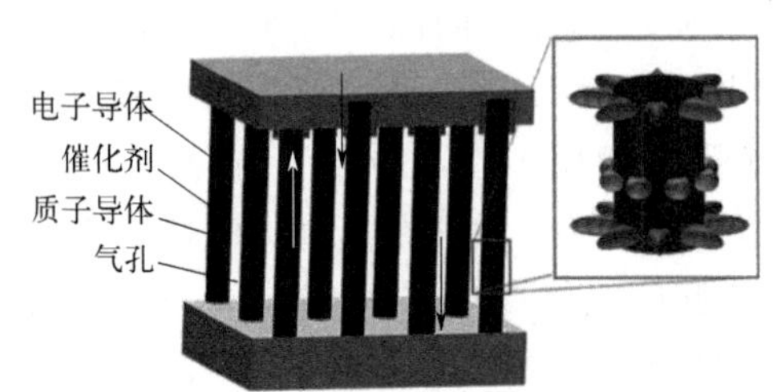

图2-15　第三代膜电极结构示意图

2.5.1 载体材料有序化催化层

载体材料有序化是在有序的载体材料上将Pt颗粒均匀分散。该方法不仅可以有效加强三相传输，同时还能提高Pt的利用率，并且载体材料相较于炭黑在高电位下具有更好的稳定性，能够提升膜电极的耐久性。目前，有序化载体的选择一般有两大类，分别为有序化的碳材料和金属氧化物阵列。

2.5.1.1 基于碳纳米管的有序化膜电极

在碳材料中，一维纳米结构的碳纳米管不仅具有高比表面积、高电导率等优异结构特性，其石墨化结构更是有助于提升膜电极的耐久性，并提升其与 Pt 粒子的相互作用，提高催化剂催化活性，因而受到了广泛的研究。

对于有序化碳纳米管薄膜，其沿管的方向的电子电导率高于径向方向，并且沿管的方向电子传输没有能量损耗，同时还具有更高的透气性和疏水性[68]。对有序化碳纳米管、非有序化碳纳米管和普通碳载体进行电池测试，发现无论在低电流密度还是高电流密度，有序化碳载体性能都明显高于其他两种。这主要是因为高电流密度时，有序化碳纳米管能提供更好的水管理通道，防止水淹；在低电流密度时，由于有序化碳纳米管工艺制备过程中没有电子绝缘体聚四氟乙烯，降低了欧姆阻抗，并且有序化在一定程度上会改善 Pt 的利用率。

以碳纳米管为载体的有序化膜电极最早由丰田中央研发室报道。他们在硅基板的表面生长碳纳米管并喷涂 Pt 的硝酸盐进行还原，阳极 Pt 载量为 0.09mg/cm^2，阴极 Pt 载量为 0.26～0.52mg/cm^2。再将其放在 Nafion 的乙醇溶液中进行包覆，使其表面得到一层 Nafion 树脂，最后在 150℃下热压到质子交换膜上形成膜电极。通过极化曲线测试和阻抗分析证明，这种有序化膜电极具有良好的传质能力。

此外，通过在气体扩散层纤维上直接生长碳纳米管进而沉积催化剂是一种有效的碳纳米管有序化膜电极制备方法，可有效保证所有铂颗粒均与外电路有良好的电接触并提升 Pt 的利用率。对此，丰田公司在不锈钢基板上利用氧化物制备出垂直碳纳米管[69]，并通过浸渍-氢还原在碳纳米管上沉积粒径为 2nm 的 Pt 颗粒。将制得的催化剂用 Ionomer 溶液对其浸渍得到催化层，并用转印法将催化层热压到 Nafion 膜表面制得膜电极，催化层形貌如图 2-16 所示。该膜电极在低铂载量下依然能展示出优异的电化学性能，在阴极催化层 Pt 载量仅为 0.1mg/cm^2 的情况下仅需 0.6V 便可达到 2.6A/cm^2 的电流密度。

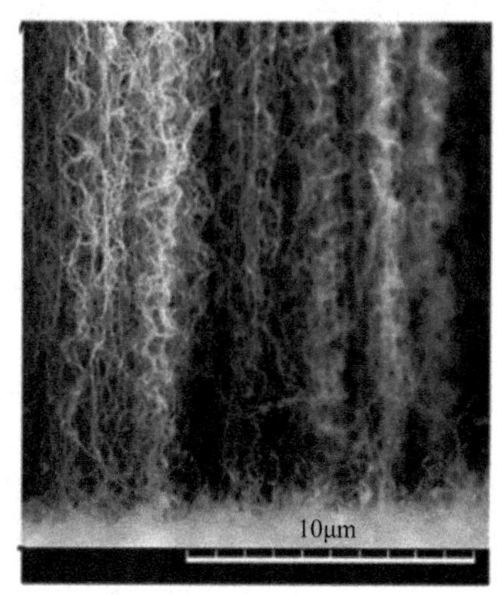

图 2-16 垂直碳纳米管形貌

综上所述，碳纳米管及其类似的碳载体作为有序化膜电极载体提供了良好的传质能力和导电能力，并且拥有足够大的比表面，在使催化剂性能得到提升的同时稳定性也高于 Pt/C 催化剂。

2.5.1.2 基于金属氧化物阵列的有序化膜电极

虽然碳纳米管因上述优势在作为有序化膜电极载体时可使膜电极具有更为优异的性能，然而其耐酸碱、抗氧化能力较差的缺点严重限制了其进一步发展。而金属氧化物因其与 Pt 的强相互作用力，可有效提升膜电极的稳定性。

早期的一些研究中已制备出较多类型的金属氧化物基有序化膜电极，并展示出优异的性能及稳定性。例如，以磁控溅射法制备的 TiO_2 纳米管阵列作为载体制备的 Pt 催化剂可在旋转圆盘电极上测试循环 10000 圈后仍能表现出良好的稳定性［图 2-17(a)］[70]。此外，通过在碳纸上生长 TiO_2 纳米棒阵列制得的复合载体也可有效增加金属氧化物的导电性，以此为载体制得的 Pt 催化剂具有远胜于商业气体扩散电极的性能及稳定性［图 2-17(b)］[71]。还有研究证明，通过调控氧化物阵列中纳米管之间的空间、管的长度和催化剂的分布，可显著提升膜电极在电池中的性能[72]。

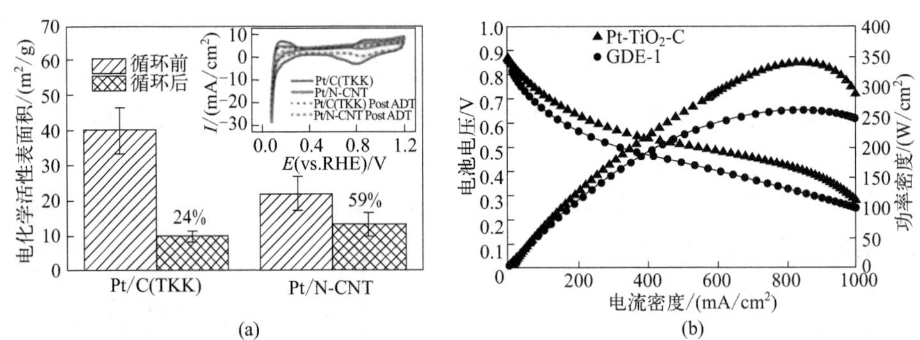

图 2-17 基于 TiO_2 纳米管阵列有序膜电极稳定性（a）和基于 TiO_2-碳纸复合载体有序膜电极单电池性能（b）

2.5.2 催化剂有序化膜电极

催化剂有序化膜电极是催化剂本身具有有序结构的一类膜电极，同样可以实现水、热、电子、质子的有序化传输。如催化剂纳米线（Pt 纳米线）、Pt 纳米棒、Pt 纳米管以及纳米结构薄膜催化剂。

3M 公司已商业化的纳米超薄膜（NSTFs）电极[73] 就是典型的催化剂有序化膜电极。该膜电极是通过向基底上溅射一层金属，退火制备单层定向有机染料晶须，然后通过物理气相沉积溅射 Pt 在晶须上形成催化层，最后通过热辊压法将其转移至质子交换膜上形成膜电极，其形貌如图 2-18 所示，为具有体心立方结构垂直生长的板条状晶须。由于该膜电极中没有碳载体，因此其厚度相较 Pt/C 催化层明显减薄，仅为 Pt/C 催化层的 3.3%～5%。此外，该催化剂还具有更强的抗反极性能，能更好地应对关闭/启动、接近开路电压的操作和缺 H_2 环境。3M 公司制备的 NSTFs 电极性能参数指标如表 2-1 所示，从表中可以看出，除了 NSTFs 电极的耐久性低于 DOE 技术指标，其他性能指标都比较接近 DOE 的目标值。

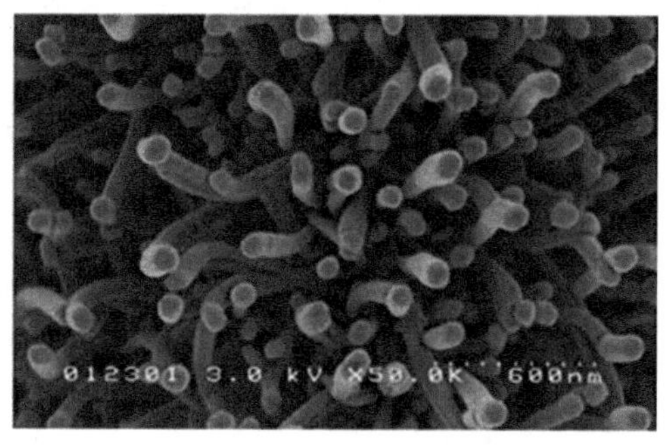

图 2-18　NSTFs 微观形貌

表 2-1　NSTFs 电极性能与 DOE 指标

指标	单位	DOE 2020 目标值	3M 数值
$Q/\Delta T$	kW/℃	1.45	1.45
成本	$/kW	7	8.62
循环耐久性	h	5000	656～1864
0.8V 性能	mA/cm^2	300	310
额定功率性能	mW/cm^2	1000	861
铂基金属总含量	g/kW	0.125	0.147
铂基金属载量	mg/cm^2	0.125	0.131

除了纳米薄膜结构，近年来 Pt 纳米线也在有序化膜电极的制备和应用中展示出优异的性能。例如，以电子导电性聚合物聚吡咯（PPy）纳米线作为有序催化剂载体[74]，使 PtPd 催化剂沿 PPy 纳米线的长轴形成薄晶须层，制得结构有序的 PtPd 合金膜电极。该膜电极具有较高的铂利用率，以及在高电流密度条件下高效的反应物和产物质量输运能力，在没有质子导体离子交联聚合物时的最高功率密度为 762.1mW/cm^2。而通过模板辅助下的欠电位沉积（UPD）和电流位移制备的开壁 PdCo 纳米管阵列同样是一种优异的有序催化剂载体[75]，在其上覆盖超薄 Pt 层制得的 3D 有序化膜电极，最大功率密度可达 222.5kW/g，在 ADT 循环 5000 圈以后功率密度保留率达到 63.5%，相比于传统的膜电极（17.5%），其稳定性有显著提高，并且其电化学活性表面积保留率为 60.7%，也远高于传统 GDE 膜电极（37.6%）。此外，一种基于 ZnO 的硬模板策略也被证实可用于设计并构建一种用于质子交换膜燃料电池的具有有序铂纳米管阵列的纳米结构超薄催化剂层[76]，这种铂纳米管由均匀的铂颗粒组成，即铂纳米晶须。

在性能方面表现优异，在 1A/cm^2 时的峰值功率密度为 6.0W/mg，比常规 Pt/C 电极的功率密度大 11.6%。

2.5.3 质子导体有序化膜电极

质子导体有序化膜电极又可称为聚合物有序化膜电极，主要作用是引入纳米线状高聚物材料来促进催化层中质子的高效传输。与催化剂载体有序化膜电极和催化剂有序化膜电极在制备过程中先制备出纳米阵列催化层再热压或转印到质子交换膜上不同，质子导体有序化膜电极一般是在质子膜上原位生长纳米阵列，有序化质子导体阵列形成了催化层中三相物质的传输通道。这种一体化有序膜电极可以有效保持有序阵列的形貌，并具有较小的接触界面阻抗，因此具有巨大的性能提升潜力。

质子导体有序化膜电极与前两种第三代有序化膜电极进展相同，早期也仅仅是为了提高催化层中质子传导的效率，将快质子传导纳米线状结构材料引入膜电极中研究。其中，通过静电纺丝法制备出质子传导纳米纤维并将其压制成的纳米纤维膜具有优于 Nafion 膜的质子传导率[77-79]。这种质子传导纳米纤维膜可以通过四步法制造：①利用静电纺丝技术制备出缠绕在一起的质子导体材料纳米纤维垫；②压缩这种纳米纤维垫来增加纤维体密度从而形成膜；③在聚合物纤维交叉处形成熔接点得到一个三维连接网络；④用惰性聚合物填充纤维的空白区域。Pan 等[80] 将带有正电的二氧化硅、负电的 HPW（磷钨酸）及 Nafion，通过自组装的工艺制备出不同 Nafion 含量的 Nafion-二氧化硅-HPW 电极。通过扫描电子显微镜观察发现：当 Nafion 含量小于 30%时，表面形貌为间隔 5～6nm 的长程有序化纳米阵列。

质子导体有序化膜电极的发展在近几年方取得较大的进展。有研究通过阳极氧化铝模板制备锥形 Nafion 阵列展示出优异的性能和耐久性（图 2-19）[81]，其单电池的峰值功率密度高达 1240mW/cm^2、铂载量为 17.6μg/cm^2（DOE：25μg/cm^2），最大功率密度为 70.5kW/g，在稳定性上该阵列的最小寿命达到 300h。在质子交换膜燃料电池催化层中，质子传导是在 Nafion 或其他类似的质子传导聚合物帮助下完成的，因此，制备具有质子传导聚合物的纳米线状材料是质子导体有序化膜电极的研究重点。当 Nafion 线状材料的直径达到纳米尺度后，质子传导率表现出尺寸效应。随着纳米线直径的减小，质子传导率急剧升高，如图 2-20 所

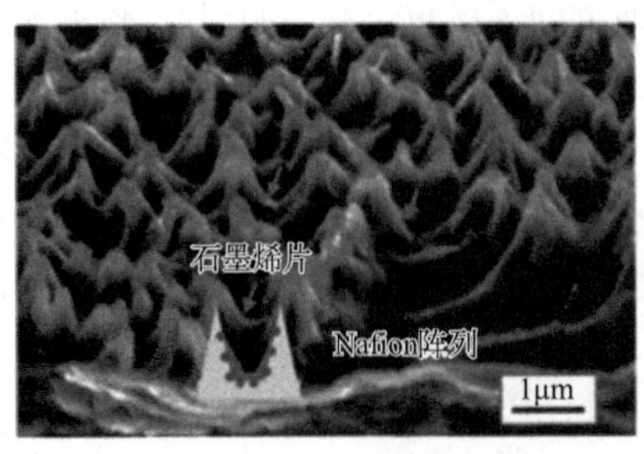

图 2-19 锥形 Nafion 阵列微观形貌

示。这是 Elabd 等在改进了纺丝液的基础上制备出 99.9%的高纯度 Nafion 纳米纤维，测试不同直径 Nafion 纳米纤维的质子传导率，结果表明，最高质子传导率为直径 400nm 的 Nafion 纳米纤维，其值达到 1.5S/cm（商业化的 Nafion 膜质子传导率低于 0.1S/cm）。

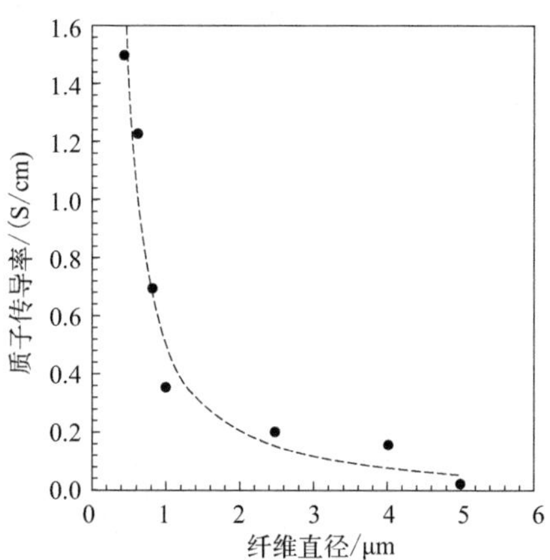

图 2-20　高纯度 Nafion 纳米线不同直径的质子传导率（30℃，湿度 90%）

2.5.4　有序化膜电极发展前景

膜电极的结构和材料对其电化学性能起着关键作用，第三代膜电极的有序结构对于燃料电池运行过程中电子、质子、气体和水的传输非常有利，不仅有效地降低了传质阻力，增加了电池催化活性从而降低 Pt 载量，更提高了膜电极的耐久性。上述三类有序化膜电极中除了 3M 公司的 NSFTs 催化剂可以实现产业化以外，其他还处于实验室研发阶段。就目前而言，膜电极的有序化是降低 Pt 载量、促进物质多相传输、提高耐久性的有效解决路径，但仍需考虑以下 3 个方面的问题：①研究气体扩散层、催化层、质子交换膜之间的协同作用和相互关系；②关注自增湿、冷启动、水管理等燃料电池发电系统的辅助功能；③寻找具有优良质子及电子传导能力的材料，优化制备工艺和流程，为大规模制备提供可能性。

参考文献

[1] Debe M K. Electrocatalyst approaches and challenges for automotive fuel cells[J]. Nature, 2012, 486 (7401): 43-51.

[2] Lim B H, Majlan E H, Tajuddin A, et al. Comparison of catalyst-coated membranes and catalyst-coated substrate for PEMFC membrane electrode assembly: A review[J]. Chi-

nese Journal of Chemical Engineering, 2021, 33 (5): 1-16.
[3] 李云飞，王致鹏，段磊，等．质子交换膜燃料电池有序化膜电极研究进展[J]. 化工进展，2021，40 (S1)：101-110.
[4] Wang J, Yin G, Shao Y, et al. Effect of carbon black support corrosion on the durability of Pt/C catalyst[J]. Journal of Power Sources, 2007, 171 (2): 331-339.
[5] Wang Q, Zheng J, Pei F, et al. Structural optimization of PEMFC membrane electrode assembly[J]. Journal of Materials Engineering, 2019, 47 (4): 1-14.
[6] Tang H, Wang S, Jiang S P, et al. A comparative study of CCM and hot-pressed MEAs for PEM fuel cells[J]. Journal of Power Sources, 2007, 170 (1): 140-144.
[7] Lee H K, Park J H, Kim D Y, et al. A study on the characteristics of the diffusion layer thickness and porosity of the PEMFC[J]. J Power Sources, 2004, 131 (1-2): 200-206.
[8] Sun L, Ran R, Wang G, et al. Fabrication and performance test of a catalyst-coated membrane from direct spray deposition[J]. Solid State Ionics, 2008, 179 (21): 960-965.
[9] Saha M S, Paul D K, Peppley B A, et al. Fabrication of catalyst-coated membrane by modified decal transfer technique[J]. Electrochem Commun, 2010, 12 (3): 410-413.
[10] Cho D H, Lee S Y, Shin D W, et al. Swelling agent adopted decal transfer method for membrane electrode assembly fabrication[J]. J Power Sources, 2014, 258: 272-280.
[11] Wilson M S, Gottesfeld S. Thin-film catalyst layers for polymer electrolyte fuel cell electrodes[J]. J Appl Electrochem, 1992, 22 (1): 1-7.
[12] Yoon Y J, Kim T H, Kim S U, et al. Low temperature decal transfer method for hydrocarbon membrane based membrane electrode assemblies in polymer electrolyte membrane fuel cells[J]. J Power Sources, 2011, 196 (22): 9800-9809.
[13] Wilson M S, Valerio J A, Gottesfeld S. Low platinum loading electrodes for polymer electrolyte fuel cells fabricated using thermoplastic ionomers[J]. Electrochim Acta, 1995, 40 (3): 355-363.
[14] Cho H J, Jang H, Lim S, et al. Development of a novel decal transfer process for fabrication of high-performance and reliable membrane electrode assemblies for PEMFCs[J]. Int J Hydrogen Energ, 2011, 36 (19): 12465-12473.
[15] Cho J H, Kim J M, Prabhuram J, et al. Fabrication and evaluation of membrane electrode assemblies by low-temperature decal methods for direct methanol fuel cells[J]. J Power Sources, 2009, 187 (2): 378-386.
[16] Millington B, Whipple V, Pollet B G. A novel method for preparing proton exchange membrane fuel cell electrodes by the ultrasonic-spray technique[J]. Journal of Power Sources, 2011, 196 (20): 8500-8508.
[17] Su H, Jao T C, Barron O, et al. Low platinum loading for high temperature proton exchange membrane fuel cell developed by ultrasonic spray coating technique[J]. J Power Sources, 2014, 267: 155-159.
[18] Sassin M B, Garsany Y, Gould B D, et al. Fabrication Method for laboratory-scale high-performance membrane electrode assemblies for fuel cells[J]. Anal Chem, 2017, 89 (1): 511-518.
[19] de las Heras A, Vivas F J, Segura F, et al. From the cell to the stack. A chronological

walk through the techniques to manufacture the PEFCs core[J]. Renewable and Sustainable Energy Reviews, 2018, 96: 29-45.

[20] Taylor E J, Anderson E B, Vilambi N R K. Preparation of high-platinum-utilization gas diffusion electrodes for proton-exchange-membrane fuel cells[J]. Journal of The Electrochemical Society, 2019, 139 (5): L45-L46.

[21] 王倩倩，郑俊生，裴冯来，等．质子交换膜燃料电池膜电极的结构优化[J]. 材料工程，2019，47 (4): 1-14.

[22] Kim H, Popov B N. Development of novel method for preparation of PEMFC electrodes [J]. Electrochemical and Solid-State Letters, 2004, 7 (4): A71-A74.

[23] Adilbish G, Yu Y T. Effect of the Nafion content in the MPL on the catalytic activity of the Pt/C-Nafion electrode prepared by pulsed electrophoresis deposition[J]. International Journal of Hydrogen Energy, 2017, 42 (2): 1181-1188.

[24] Egetenmeyer A, Radev I, Durneata D, et al. Pulse electrodeposited cathode catalyst layers for PEM fuel cells[J]. International Journal of Hydrogen Energy, 2017, 42 (19): 13649-13660.

[25] 郎万中，许振良．全氟磺酸离子膜的结构与应用研究进展[J]. 膜科学与技术，2005，25 (6): 69-74.

[26] Inaba M, Kinumoto T, Kiriake M, et al. Gas crossover and membrane degradation in polymer electrolyte fuel cells[J]. Electrochimica Acta, 2006, 51 (26): 5746-5753.

[27] Tang H, Peikang S, Jiang S P, et al. A degradation study of Nafion proton exchange membrane of PEM fuel cells[J]. Journal of Power Sources, 2007, 170 (1): 85-92.

[28] Kreitmeier S, Schuler G A, Wokaun A, et al. Investigation of membrane degradation in polymer electrolyte fuel cells using local gas permeation analysis[J]. Journal of Power Sources, 2012, 212: 139-147.

[29] Surowiec J, Bogoczek R. Studies on the thermal stability of the perfluorinated cation-exchange membrane Nafion-417 [J]. Journal of Thermal Analysis, 1988, 33 (4): 1097-1102.

[30] Borup R, Meyers J, Pivovar B, et al. Scientific aspects of polymer electrolyte fuel cell durability and degradation[J]. Chem Rev, 2007, 107 (10): 3904-3951.

[31] Watanabe M, Tsurumi K, Mizukami T, et al. Activity and stability of ordered and disordered Co-Pt alloys for phosphoric acid fuel cells[J]. Journal of The Electrochemical Society, 2019, 141 (10): 2659-2668.

[32] Akita T, Taniguchi A, Maekawa J, et al. Analytical TEM study of Pt particle deposition in the proton-exchange membrane of a membrane-electrode-assembly[J]. Journal of Power Sources, 2006, 159 (1): 461-467.

[33] Shao Y, Yin G, Gao Y. Understanding and approaches for the durability issues of Pt-based catalysts for PEM fuel cell[J]. Journal of Power Sources, 2007, 171 (2): 558-566.

[34] Wu J, Yuan X Z, Martin J J, et al. A review of PEM fuel cell durability: Degradation mechanisms and mitigation strategies[J]. Journal of Power Sources, 2008, 184 (1): 104-119.

[35] 王诚，王树博，张剑波，等．车用燃料电池耐久性研究[J]．化学进展，2015，27（4）：424.

[36] St-Pierre J，Jia N. Successful demonstration of Ballard PEMFCS for space shuttle applications[J]．Journal of New Materials for Electrochemical Systems，2002，5（4）：263-271.

[37] Schulze M，Wagner N，Kaz T，et al. Combined electrochemical and surface analysis investigation of degradation processes in polymer electrolyte membrane fuel cells[J]．Electrochimica Acta，2007，52（6）：2328-2336.

[38] Park J，Oh H，Ha T，et al. A review of the gas diffusion layer in proton exchange membrane fuel cells：Durability and degradation[J]．Applied Energy，2015，155：866-880.

[39] Frisk J W，Hicks M T，Atanasoski R T，et al. MEA component durability[Z]．2004 Fuel Cell Seminar，San Antonio，TX，2004.

[40] Borup R L，Davey J R，Garzon F H，et al. PEM fuel cell electrocatalyst durability measurements[J]．Journal of Power Sources，2006，163（1）：76-81.

[41] 高帷韬，雷一杰，张勋，等．质子交换膜燃料电池研究进展[J]．化工进展，2022，41（3）：17.

[42] Ma R，Lin G，Zhou Y，et al. A review of oxygen reduction mechanisms for metal-free carbon-based electrocatalysts[J]．npj Computational Materials，2019，5（1）：78.

[43] Lee M，Uchida M，Yano H，et al. New evaluation method for the effectiveness of platinum/carbon electrocatalysts under operating conditions[J]．Electrochimica Acta，2010，55（28）：8504-8512.

[44] Kongkanand A，Mathias M F. The priority and challenge of high-power performance of low-platinum proton-exchange membrane fuel cells[J]．J Phys Chem Lett，2016，7（7）：1127-1137.

[45] Wang Q P，Eikerling M，Song D T，et al. Functionally graded cathode catalyst layers for polymer electrolyte fuel cells：Ⅰ. Theoretical modeling[J]．Journal of the Electrochemical Society，2004，151（7）：A950-A957.

[46] Matsuda H，Fushinobu K，Ohma A，et al. Structural effect of cathode catalyst layer on the performance of PEFC[J]．Journal of Thermal Science and Technology，2011，6（1）：154-163.

[47] Su H N，Liao S J，Wu Y N. Significant improvement in cathode performance for proton exchange membrane fuel cell by a novel double catalyst layer design[J]．Journal of Power Sources，2010，195（11）：3477-3480.

[48] Middelman E. Improved PEM fuel cell electrodes by controlled self-assembly[J]．Fuel Cells Bulletin，2002，2002（11）：9-12.

[49] Qiu Y，Zhang H，Zhong H，et al. A novel cathode structure with double catalyst layers and low Pt loading for proton exchange membrane fuel cells[J]．International Journal of Hydrogen Energy，2013，38（14）：5836-5844.

[50] Tian Z Q，Lim S H，Poh C K，et al. A highly order-structured membrane electrode assembly with vertically aligned carbon nanotubes for ultra-low Pt loading PEM fuel cells

[J]. Advanced Energy Materials, 2011, 1 (6): 1205-1214.

[51] Zhang C, Yu H, Li Y, et al. Highly stable ternary tin-palladium-platinum catalysts supported on hydrogenated TiO_2 nanotube arrays for fuel cells[J]. Nanoscale, 2013, 5 (15): 6834-6841.

[52] Xia Z, Wang S, Jiang L, et al. Bio-inspired construction of advanced fuel cell cathode with Pt anchored in ordered hybrid polymer matrix[J]. Scientific Reports, 2015, 5 (1): 16100.

[53] Pan C F, Wu H, Wang C, et al. Nanowire-based high performance "micro fuel cell": One nanowire, one fuel cell[J]. Advanced Materials, 2008, 20 (9): 1644.

[54] Zeng Y, Shao Z, Zhang H, et al. Nanostructured ultrathin catalyst layer based on open-walled PtCo bimetallic nanotube arrays for proton exchange membrane fuel cells[J]. Nano Energy, 2017, 34: 344-355.

[55] Kraytsberg A, Ein-Eli Y. Review of advanced materials for proton exchange membrane fuel cells[J]. Energy & Fuels, 2014, 28 (12): 7303-7330.

[56] Durante V A, Delaney W E. Highly stable fuel cell membranes and methods of making them: US7989115[P]. 2009-06-18.

[57] Lee D H, Jo W, Yuk S, et al. In-plane channel-structured catalyst layer for polymer electrolyte membrane fuel cells[J]. ACS Appl Mater Interfaces, 2018, 10 (5): 4682-4688.

[58] Sang M K, Yun S K, Ahn C, et al. Prism-patterned Nafion membrane for enhanced water transport in polymer electrolyte membrane fuel cell[J]. Journal of Power Sources, 2016, 317: 19-24.

[59] Joseph D, Büsselmann J, Harms C, et al. Porous Nafion membranes[J]. Journal of Membrane Science, 2016, 520: 723-730.

[60] 李金晟，葛君杰，刘长鹏，等. 燃料电池高温质子交换膜研究进展[J]. 化工进展，2021，40 (9)：4894-4903.

[61] 吴魁，解东来. 高温质子交换膜研究进展[J]. 化工进展，2012，31 (10)：2202-2206.

[62] Park C H, Lee S Y, Hwang D S, et al. Nanocrack-regulated self-humidifying membranes[J]. Nature, 2016, 532 (7600): 480-483.

[63] Huang Y X, Cheng C H, Wang X D, et al. Effects of porosity gradient in gas diffusion layers on performance of proton exchange membrane fuel cells[J]. Energy, 2010, 35 (12): 4786-4794.

[64] Vijay R, Seshadri S K, Haridoss P. Gas diffusion layer with PTFE gradients for effective water management in PEM fuel cells[J]. T Indian I Metals, 2011, 64 (1-2): 175-179.

[65] Kong I M, Choi J W, Kim S I, et al. Experimental study on the self-humidification effect in proton exchange membrane fuel cells containing double gas diffusion backing layer[J]. Applied Energy, 2015, 145: 345-353.

[66] Sun R L, Xia Z X, Yang C R, et al. Experimental measurement of proton conductivity and electronic conductivity of membrane electrode assembly for proton exchange membrane fuel cells[J]. Prog Nat Sci-Mater, 2020, 30 (6): 912-917.

[67] Koh J K, Jeon Y, Cho Y I, et al. A facile preparation method of surface patterned poly-

mer electrolyte membranes for fuel cell applications[J]. Journal of Materials Chemistry A, 2014, 2 (23): 8652-8659.

[68] Li W, Wang X, Chen Z, et al. Carbon nanotube film by filtration as cathode catalyst support for proton-exchange membrane fuel cell [J]. Langmuir, 2005, 21 (21): 9386-9389.

[69] Murata S, Imanishi M, Hasegawa S, et al. Vertically aligned carbon nanotube electrodes for high current density operating proton exchange membrane fuel cells[J]. Journal of Power Sources, 2014, 253: 104-113.

[70] Lim D H, Lee W J, Wheldon J, et al. Electrochemical characterization and durability of sputtered Pt catalysts on TiO_2 nanotube arrays as a cathode material for PEFCs[J]. Journal of the Electrochemical Society, 2010, 157 (6): 535-541.

[71] Jiang S, Yi B, Zhang C, et al. Vertically aligned carbon-coated titanium dioxide nanorod arrays on carbon paper with low platinum for proton exchange membrane fuel cells[J]. Journal of Power Sources, 2015, 276: 80-88.

[72] Ozkan S, Valle F, Mazare A, et al. Optimized polymer electrolyte membrane fuel-cell electrode using TiO_2 nanotube arrays with well-defined spacing[J]. ACS Applied Nano Materials, 2020, 3 (5): 4157-4170.

[73] Debe M K, Schmoeckel A K, Vernstrom G D, et al. High voltage stability of nanostructured thin film catalysts for PEM fuel cells[J]. Journal of Power Sources, 2006, 161 (2): 1002-1011.

[74] Jiang S, Yi B, Cao L, et al. Development of advanced catalytic layer based on vertically aligned conductive polymer arrays for thin-film fuel cell electrodes[J]. Journal of Power Sources, 2016, 329: 347-354.

[75] Zeng Y, Zhang H, Wang Z, et al. Nano-engineering of a 3D-ordered membrane electrode assembly with ultrathin Pt skin on open-walled PdCo nanotube arrays for fuel cells [J]. Journal of Materials Chemistry A, 2018, 6 (15): 6521-6533.

[76] Deng R, Xia Z, Sun R, et al. Nanostructured ultrathin catalyst layer with ordered platinum nanotube arrays for polymer electrolyte membrane fuel cells[J]. 能源化学（英文版）, 2020, 29 (4): 7.

[77] Choi J, Lee K M, Wycisk R, et al. Composite nanofiber network membranes for PEM fuel cells[J]. ECS Transactions, 2008, 16: 1433-1442.

[78] Chen H, Snyder J D, Elabd Y A. Electrospinning and solution properties of Nafion and poly (acrylic acid) [J]. Macromolecules, 2008, 41 (1): 128-135.

[79] Ionic liquid-nafion nanofiber mats composites for high speed ionic polymer actuators. Proceedings of the Advances in Composite Materials and Structures pt2, F, 2007[C].

[80] Lin C, Tang H, Li J, et al. Highly ordered Nafion-silica-HPW proton exchange membrane for elevated temperature fuel cells [J]. Int J Energy Res, 2012, 37 (8): 879-887.

[81] Ning F, Bai C, Qin J, et al. Great improvement in the performance and lifetime of a fuel cell using a highly dense, well-ordered, and cone-shaped Nafion array[J]. Journal of Materials Chemistry A, 2020, 8 (11): 5489-5500.

第 3 章

质子交换膜

3.1 质子交换膜简介

质子交换膜（proton exchange membrane，PEM）是一种固态电解质膜，是质子交换膜燃料电池结构中必不可少的核心部件之一。在质子交换膜燃料电池的运行过程中，质子交换膜将阳极极化反应生成的氢离子（质子）传输到阴极参与氧气的极化反应，同时阻止电子的直接穿透，迫使电子通过外电路流动输出电能，并能够阻止阴阳极上反应气体（氧气和氢气）的相互穿透而引起燃料电池性能衰减甚至爆炸[1-3]。另外，为了改善膜电极的传质能力，降低催化剂层与膜的界面电阻，提高催化效率，美国洛斯阿拉莫斯国家实验室的 Wilson 等[4] 提出将阴阳极催化层分别涂覆在质子交换膜的两面，形成“三合一”CCM（catalyst coated membrane）膜电极技术，赋予了质子交换膜另外一个功能，即阴阳极催化层的支撑基体。

质子交换膜的性能对质子交换膜燃料电池的性能和使用寿命起着至关重要的作用。性能优异的质子交换膜一般需要满足以下几点要求[1-3]：①在质子交换膜燃料电池工作条件下，具有良好的质子传导性能，以降低燃料电池中膜电极的质子传导阻抗，有效提高电池的电流密度；②在干态或湿态下，均具有较强的抗气体渗透能力，起到阻隔阴阳极上反应气体（氢气和氧气）相互穿透的作用，避免氢气和氧气在电极表面发生反应，引起阴极过电位，导致催化剂中碳载体的腐蚀，进而影响燃料电池的寿命；③在干态或湿态下，均具有一定的机械强度，方便加工和燃料电池组装，并能够满足大规模的机械化生产和燃料电池运行过程中结构稳定性的要求；④具有良好的化学和电化学稳定性能，不与电极材料发生化学反应，在电池使用电压区间内不发生分解等副反应，且不与电极材料发生氧化还原反应，保证质子交换膜燃料电池的使用寿命；⑤具有良好的热稳定性，包含化学结构热稳定性和物理尺寸热稳定性等。质子交换膜在电池组装和运行温度区间内不发生分解或降解，且具有较小的尺寸膨胀或收缩率，保证质子交换膜燃料电池的使用寿命；⑥具有优异的电子绝缘性，质子交换膜需要具有隔绝燃料电池阴阳极，防止电池短路的作用；⑦成本低廉，容易大面积成型制备，满足质子交换膜大规模商业化发展的需求等。

根据材料组分结构的不同，质子交换膜大致可分为以下五大类：全氟磺酸质子交换膜、部分氟化质子交换膜、非氟化质子交换膜、无机质子交换膜和复合质子交换膜，表 3-1 分别列出了其主要类型，本章将做详细介绍。根据燃料电池运行温度的不同，质子交换膜又可分为低温质子交换膜和高温质子交换膜[5-7]。通常，低温质子交换膜燃料电池中质子传导的介质是水，燃料电池的工作温度不超过 100℃；高温质子交换膜燃料电池中质子传导的介质是水或非水的质子溶剂，电池的工作温度范围是 100～200℃。目前，由于全氟磺酸基质子交换膜在水合状态下具有较高的质子传导率以及优异的热稳定性、力学性能、化学稳定性，综合性能优于其他膜材料，因此其在质子交换膜燃料电池中得到了广泛应用[8-10]。然而，全氟磺酸树脂的合成工艺复杂，且单体制备较为困难，合成过程产生的环境污染较为严重，导致全氟磺酸质子交换膜制品的价格昂贵，影响了燃料电池汽车的市场竞争力。部分氟化质子交换膜和非氟化质子交换膜因其成本较低且环境污染相对较少，受到了广泛关注[11-13]，但其化学稳定性有待提高，其产品目前仍然无法满足质子交换膜燃料电池商业化使用要求。无机质子交换膜因不受玻璃化温度的限制，在高温条件下具有良好的热稳定性和质子传导能力，是一类非常有前景的高温燃料电池用质子交换膜[14-16]。复合质子交换膜通常是指以全氟磺酸树脂材料为基底，通过与其他功能材料复合优化来增强膜产品的某一特殊性能而制备的复合膜产品[17-19]，主要包括机械增强型复合质子交换膜[20-22] 和高温型复合质子交换膜[5-7]。机械增强型复合质子交换膜是以提高膜产品的力学稳定性进而保证其物理结构耐久性为目的而制备的一类复合膜。高温型复合质子交换膜因其在高温或低湿度环境下具有较好的质子传导性能，能够简化燃料电池系统中的水热管理，且在高温条件下能够提高电极反应速率和克服催化剂中毒等优点，而受到越来越广泛的关注和重视。

表 3-1　质子交换膜的分类

全氟磺酸质子交换膜	长支链全氟磺酸型
	短支链全氟磺酸型
	新型结构全氟磺酸型
部分氟化质子交换膜	磺化聚三氟苯乙烯类
	辐射接枝型
非氟化质子交换膜	磺化聚醚醚酮类
	磺化聚醚砜类
	磺化聚酰亚胺类
	磺化聚苯并咪唑类
无机质子交换膜	包括磷酸、沸石、固体酸、氧化物陶瓷、金属有机框架等类型
复合质子交换膜	机械增强型复合膜
	高温型复合膜

目前，在质子交换膜燃料电池领域，全氟磺酸质子交换膜和复合质子交换膜是最主流的两类膜产品。商业化的全氟磺酸质子交换膜主要有美国杜邦公司（DuPont）开发的 Nafion 系列膜、日本旭化成公司（Asahi Chemical）开发的 Aciplex 系列膜、日本旭硝子玻璃公司（Asahi Glass）开发的 Flemion 系列膜、美国道化学公司（Dow Chemical）开发的 Dow 膜、比利时苏威苏莱克斯公司（Solvay Solexis）开发的 Hyflon Ion 膜、中国东岳集团公司开发的 DF 系列膜和 3M 公司开发的全氟磺酸膜等。商业化的复合质子交换膜主要是指采用膨体聚四氟乙烯（ePTFE）多孔膜增强全氟磺酸树脂而制备的复合膜产品，包括美国戈尔公司（Gore）开发的 Gore-select 复合膜和中国东岳集团公司开发的 DF260 复合膜等。

3.2 全氟磺酸质子交换膜

3.2.1 分子结构

全氟磺酸质子交换膜的分子结构由疏水性的全氟化碳分子主链和带有亲水性磺酸基团的全氟化聚醚类支链构成[8,10]，分子结构如图 3-1 所示。在分子结构中，氟原子取代了氢原子，使得碳链被具有强电负性的氟原子紧密包裹。相比于碳氢键的键能，碳氟键的键能较高，为 485kJ/mol，比一般的碳氢键键能高出约 84kJ/mol。因此，氟化的分子结构使得全氟磺酸树脂材料具有优异的热稳定性和化学稳定性，确保该类质子交换膜具有较长的使用寿命。另外，在分子结构中，分子支链上的亲水性磺酸基团通过吸附水分子，在质子交换膜中构建了连续的质子传导通道，可以将质子从阳极传导到阴极，确保该类质子交换膜具有良好的质子传导性能。同时，分子主链的全氟结构具有良好的疏水性，能够避免质子交换膜过多吸水，在一定程度上限制了膜材料的溶胀，从而维持了质子交换膜在使用过程中的力学稳定性。因此，全氟磺酸质子交换膜是目前在质子交换膜燃料电池中应用最广泛的电解质膜。

不同种类的商业化全氟磺酸质子交换膜的分子结构类似，差别主要体现在碳氟主链和全氟化聚醚支链共聚物链段的比例和聚合度上[10]，即图 3-1 中的 x、y、m 或 n 值不同。一般，通过分别调节主链的长度（即 x 和 y 值）和支链的长度（即 m 和 n 值）来调控质子交换膜的物理和化学性能。对于不同种类的全氟磺酸质子交换膜，通常采用全氟磺酸树脂的摩尔质量来定义。摩尔质量，又称 EW 值（equivalent weight value），是指含 1mol 磺酸基团的全氟磺酸树脂的质量

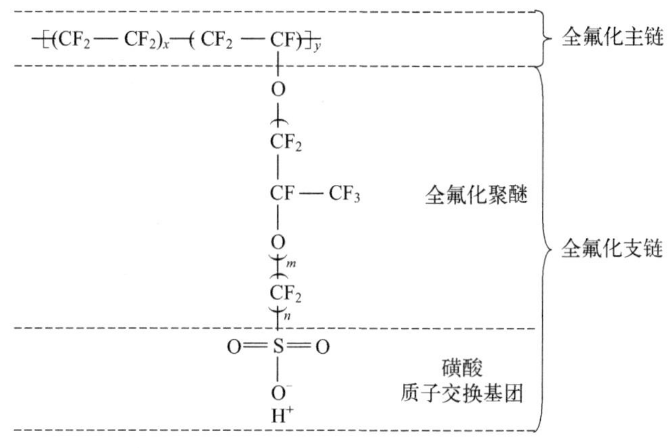

图 3-1　全氟磺酸树脂材料的分子结构图

(g)，单位为 g/mol。例如，Nafion 系列膜的 EW 值为 1100g/mol；Flemion 系列膜的 EW 值为 1000g/mol；Dow 膜的 EW 值为 800g/mol。表 3-2 列出了商业化全氟磺酸质子交换膜的几种类型及其产品参数。一般而言，质子交换膜的 EW 值越小，即相等质量膜中磺酸基团的数量越多，其在相同条件下的质子传导性能越好。质子交换膜的厚度越小，质子在膜中传导的面电阻就越小。然而，研究表明，在燃料电池中质子传导阻抗与质子交换膜的厚度成非线性关系。这是因为在燃料电池中电拖形式的质子传导只与电池的电流密度相关[23]，与质子交换膜的厚度无关；而扩散形式的质子传导将随着膜厚的减小而变好。但是，质子交换膜越薄，其力学性能通常越差，在使用过程中容易出现薄膜的快速破裂，导致阴阳极反应气体相互渗透，甚至会导致阴阳极直接接触短路，进而引起燃料电池性能的快速衰减及其他安全性问题[17]。

表 3-2　几种商业化全氟磺酸质子交换膜的产品参数

分子结构参数	生产商	产品	EW 值/(g/mol)	厚度/μm
$x=5\sim13.5$, $m=1, n=2$	DuPont	Nafion 系列	1100	25～250
$x=1.5\sim14$, $m=0, n=2\sim5$	Asahi Chemical	Aciplex 系列	1000～1200	25～100
$m=0\sim1, n=1\sim5$	Asahi Glass	Flemion 系列	1000	50～120
$m=0, n=2$	Dow Chemical	Dow 膜	800	125
$m=0, n=2$	Solvay Solexis	Hyflon Ion 膜	850～870	15～150
$x=5\sim13.5$ $m=0\sim1, n=2$	东岳集团	DF 系列	800～1200	50～150
—	Gore	Gore-Select 膜	—	5～40

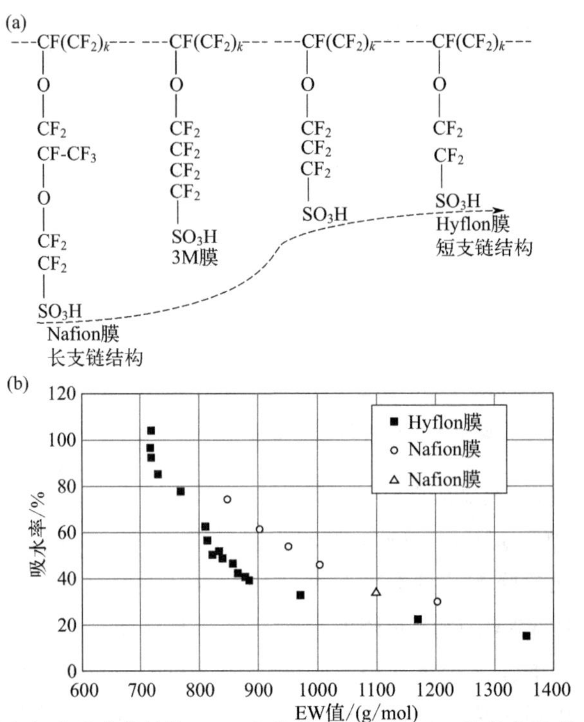

图 3-2　几种全氟磺酸膜的结构（a）和膜的吸水率随 EW 值的变化关系（b）[24,25]

一般认为，通过缩短全氟磺酸树脂材料的分子支链，可以降低质子交换膜的EW 值，提高磺酸根基团在质子交换膜中的浓度，进而能够改善质子交换膜的吸水能力（如图 3-2 所示），提高质子交换膜在高温或低湿度条件下的传导能力，满足燃料电池在高温或低湿度条件下的正常运行。例如，3M 公司的短支链全氟磺酸质子交换膜在 120℃下能够稳定运行[24,25]。尽管短支链全氟磺酸膜也存在合成困难、成本较高以及在高温下面临功能基团磺酸根侧链脱落分解和力学性能降低等一系列问题，但短支链全氟磺酸膜具有如下诸多优势：①相比于传统的长支链全氟磺酸膜，具有更高的结晶度、玻璃化转变温度和热稳定性；②具有更好的保水能力，有望实现电池在不加湿条件下的正常运行，能够有效简化燃料电池的水管理系统；③具有较低的反应气体扩散率，能够有效提高电池性能和安全性；④减少了醚基和叔碳等基团，能够有效提高质子交换膜在自由基攻击下的化学稳定性；⑤具有较高的电导率，能够满足燃料电池在高温低湿度下的正常运行。

3.2.2　分子合成

全氟磺酸树脂分子的合成[26] 一般包括如下步骤：首先合成出一种带磺酰氟

端基的全氟乙烯基醚（fluorosulfonyl vinyl ether，PSVE）单体，然后通过PSVE单体与四氟乙烯（tetrafluoroethylene，TFE）单体的共聚反应得到带—SO_2F基团的全氟化聚合物，再通过与碱溶液（一般使用NaOH溶液）的水解反应，将—SO_2F基团转化为—SO_3Na基团，最后通过酸化反应用H^+取代Na^+得到磺酸根基团（—SO_3H），最终制备得到全氟磺酸树脂分子。其中，PSVE单体的合成又有下列几种不同的方法：图3-3为Nafion膜PSVE单体的经典合成路径[27]；图3-4是Okazoe等提出的一种通过氮气稀释过的氟气对酯进行液相直接氟化合成PSVE单体的路径[28]，该反应条件温和，目标产物的产量较高，现已实现了工业化生产；图3-5为Dow膜短链PSVE单体的合成路径[29]；图3-6

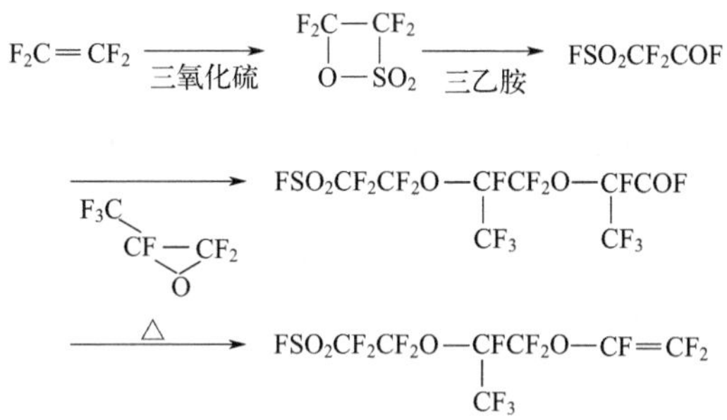

图3-3 Nafion膜全氟乙烯基醚单体的经典合成路径[27]

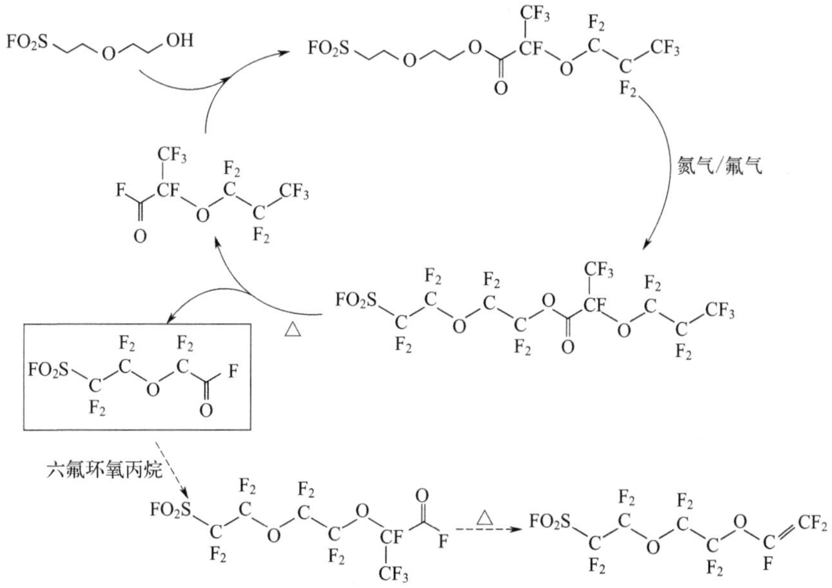

图3-4 采用氟气直接氟化路径合成全氟乙烯基醚单体[26,28]

为短链 PSVE 的其他三种合成路径[30-33]。图 3-7 列出了四种新型结构的全氟磺酸树脂分子[34]。总的来说，全氟磺酸树脂分子的合成工艺过程复杂、成本较高，且在合成过程中还会带来比较严重的环境污染问题，极大地增加了全氟磺酸质子交换膜的材料成本，一定程度上限制了质子交换膜燃料电池的商业化发展。因此，优化合成工艺及设计合成具有新型结构的全氟磺酸树脂分子，以期能够满足质子交换膜的跨温区应用需求，是全氟磺酸质子交换膜未来发展的重点方向之一。

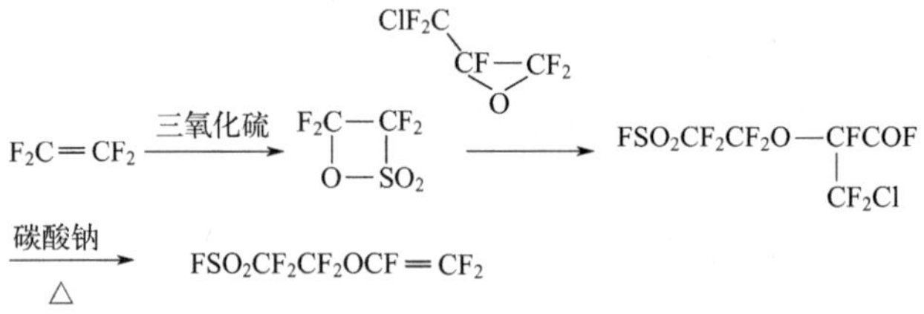

$F_2C{=}CF_2$ —三氧化硫→ $F_2C{-}CF_2$ / $O{-}SO_2$（四元环） —（$ClF_2C{-}CF{-}CF_2$，环氧）→ $FSO_2CF_2CF_2O{-}CF(CF_2Cl)COF$

—碳酸钠，△→ $FSO_2CF_2CF_2OCF{=}CF_2$

图 3-5　Dow 膜短链全氟乙烯基醚单体的合成路径[29]

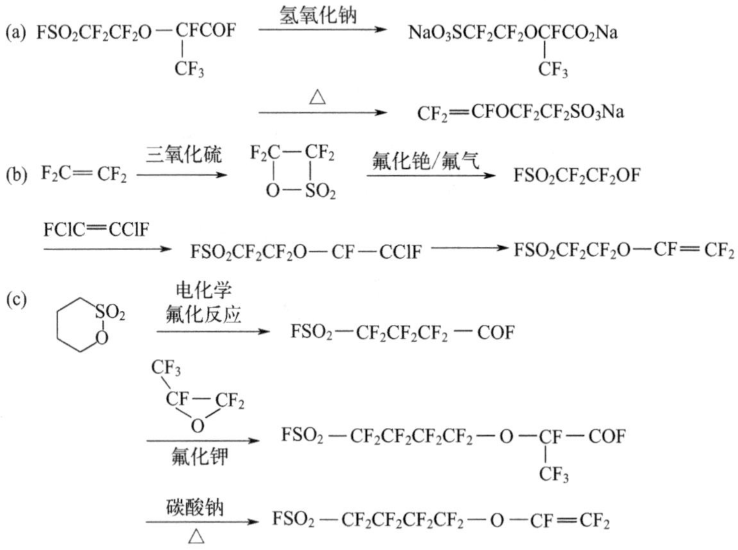

(a) $FSO_2CF_2CF_2O{-}CF(CF_3)COF$ —氢氧化钠→ $NaO_3SCF_2CF_2OCF(CF_3)CO_2Na$

—△→ $CF_2{=}CFOCF_2CF_2SO_3Na$

(b) $F_2C{=}CF_2$ —三氧化硫→ $F_2C{-}CF_2$ / $O{-}SO_2$（四元环） —氟化铯/氟气→ $FSO_2CF_2CF_2OF$

—$FClC{=}CClF$→ $FSO_2CF_2CF_2O{-}CF{-}CClF$ ——→ $FSO_2CF_2CF_2O{-}CF{=}CF_2$

(c) （六元环磺内酯，SO_2、O） —电化学氟化反应→ $FSO_2{-}CF_2CF_2CF_2{-}COF$

—（$CF_3{-}CF{-}CF_2$，环氧），氟化钾→ $FSO_2{-}CF_2CF_2CF_2CF_2{-}O{-}CF(CF_3){-}COF$

—碳酸钠，△→ $FSO_2{-}CF_2CF_2CF_2CF_2{-}O{-}CF{=}CF_2$

图 3-6　短链全氟乙烯基醚单体的其他三种合成路径[30-33]

3.2.3 微观结构和质子传导性能

质子交换膜的质子传导性能与质子交换膜的微观结构紧密相关。一般认为，质子交换膜燃料电池阳极电极反应中生成的氢质子通过跳跃机理（即格罗特斯机理（Grotthuss mechanism）和运载机理（Vehicle mechanism）两种方式在质子交换膜中进行传导[39]，如图 3-8 所示。Grotthuss 机理传导的基本特点是质子交

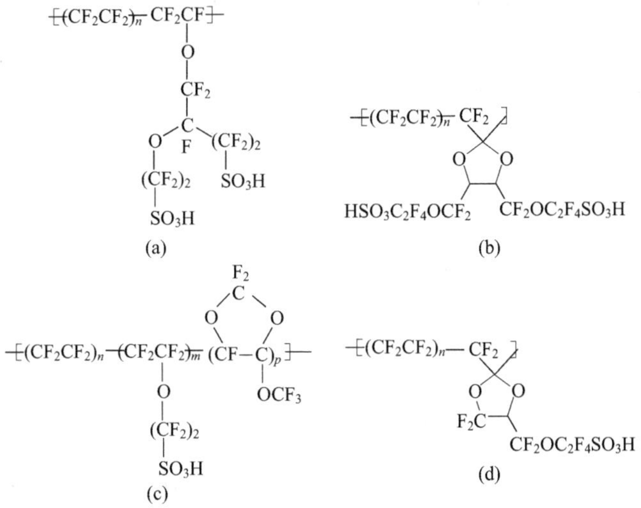

图 3-7　四种新型全氟磺酸树脂分子的结构[34-38]

换膜结构中的聚合物分子链没有发生宏观迁移，质子（图中的小球）在质子交换膜结构中的质子受体（图中的人）之间通过跳跃的方式进行传导，其质子传导能力与相邻受体间的迁移能垒密切相关。而 Vehicle 机理传导则是质子与结构中的水分子结合成水合氢离子（$H^{+} \cdot xH_2O$）后通过扩散运动的方式进行传导，未离子化的水分子逆向扩散实现质子的净通量，其传导能力与水分子的扩散速率密切相关。因此，不论通过哪种机制传导，实现良好质子传导性能的核心是在质子交换膜的结构中构建连续的质子传输通道。

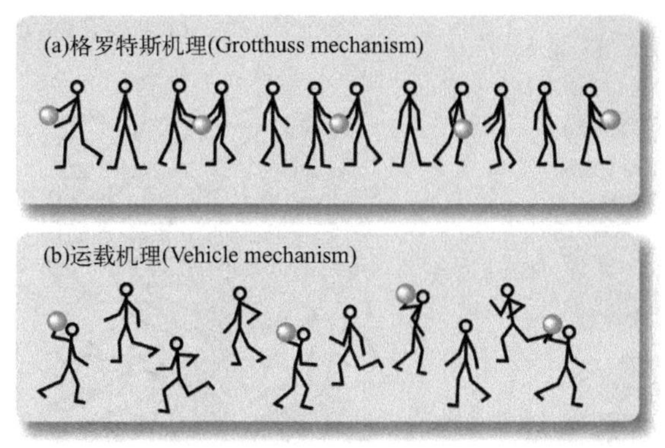

图 3-8　质子传导机制[40]

小球代表质子，人代表质子受体，连续分布的人代表连续的质子传导通道

对于全氟磺酸质子交换膜而言，磺酸根基团（$—SO_3H$）是质子交换膜的质子受体，其在膜中的微观分布直接决定质子交换膜的质子传导性能。因此，对质

子交换膜微观结构的深入研究有助于更好地理解质子交换膜的质子传导性能。然而，因聚合物材料聚集态结构的复杂特性，且全氟磺酸聚合物的结构又极易随其所处环境（如温度、湿度等）的变化而变化，传统的表征方法和测试技术很难准确地反映其真实的微观结构[10,41,42]。

目前，研究人员主要通过小角 X 射线散射和理论建模相结合的方法来研究全氟磺酸质子交换膜的微观结构[10,44,45]。基于此，Gierke 等提出了人们普遍接受的经典结构模型[44,45]，即离子簇网络模型，如图 3-9 所示。全氟磺酸质子交换膜中的磺酸根基团并非均匀地分布在质子交换膜的结构中，而是以离子团簇的形式与碳氟主链形成微观的相分离。碳氟主链相的微观分布决定质子交换膜的力学稳定性能，而离子团簇相的微观分布决定质子交换膜的质子传导性能。Gierke 离子簇网络模型认为，离子团簇的形状类似于球棒形，呈反胶束状结构，各团簇如同晶格点阵一般有规律地分布在质子交换膜的结构中。各团簇及团簇间的微结构构成了质子传输的通道，从而形成了全氟磺酸质子交换膜所特有的质子传导结构。质子交换膜侧链的磺酸根离子排布在通道内壁充当质子传输受体。质子通过与水结合成水合氢离子，以扩散（运载机制）和在相邻磺酸根离子间跳跃（跳跃机制）两种方式同时进行质子的传导。在全氟磺酸质子交换膜干态或低湿度条件下，质子主要通过跳跃机制传导，因离子簇间距离较远无法形成连续的质子传导通道，故其质子传导能力较差。因此，全氟磺酸质子交换膜的质子传导功能需要依赖水的存在。随着质子交换膜中水含量的增加，磺酸离子簇吸水溶胀，相邻离

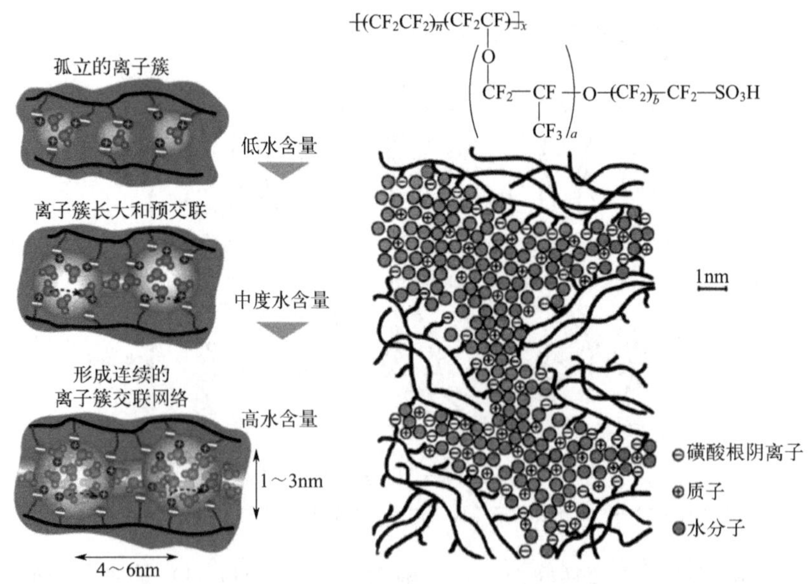

图 3-9 含水均质全氟磺酸质子交换膜的离子簇网络模型[10,43]

子簇间的间距减小，质子迁移能垒降低，质子传导能力增强。另外，当膜中水含量增多时，以扩散形式传导的水合质子数也相应增多，因而其质子传导能力也相应增强。全氟磺酸膜的质子传导能力还随着膜 EW 值的减小而增强。一方面，因为随着 EW 值的减小，单位质量全氟磺酸树脂中磺酸根离子的数量增多，导致磺酸根离子的排布更加紧密，质子迁移能垒降低，质子传导能力增强。另一方面，磺酸根离子越多，质子交换膜吸水率越大，则电导率越大。另外，据报道[23,46]，全氟磺酸质子交换膜的质子传导率与膜中水含量 λ 成线性关系，并且在电池测试过程中，随着电池输出电流密度的提高，以水合氢离子以及电拖形式通过质子交换膜的水扩散需求增加。因此，全氟磺酸质子交换膜的质子传导性能与膜中的水含量关系密切[10]。

虽然被人们普遍接受的 Gierke 离子簇网络模型第一次将小角 X 射线散射测试结果中的散射峰归因为团簇间的散射，并能够粗略地重构出全氟磺酸膜溶胀过程中的微观结构，但该模型仍然存在一些问题[8,10]。例如，提出离子团簇构成有规律的点阵结构是为了简化团簇的空间分布，以便进行空间建模计算，而基于聚合物材料聚集态结构的复杂特性，离子团簇在质子交换膜结构中不可能形成有序的空间分布。此外，提出的团簇间通道只是为了解释全氟磺酸质子交换膜的良好质子传导性能，并没有直接的实验证据证明这一通道的存在。此外，研究人员也通过扫描电镜、透射电镜和原子力显微镜等传统的表征技术来分析全氟磺酸聚合物膜的微观结构[47]，但均无法给出全氟磺酸质子交换膜微观结构的直观描述。

3.2.4 耐久性

质子交换膜是质子交换膜燃料电池的最核心部件之一。质子交换膜在燃料电池中主要起到传导质子和阻隔电池阴阳极反应气体的作用。前者的失效会导致电池内阻上升，电池性能下降；后者的失效则会导致反应气体相互渗透，燃料电池无法运行。提高质子交换膜燃料电池的耐久性不但可以保证电池长时间的安全稳定使用，还可以降低电池的使用成本。而质子交换膜的使用耐久性直接决定着燃料电池的使用寿命。因此，关于质子交换膜的退化行为、退化机理以及耐久性提高措施的研究引起了越来越多研究人员的关注，成为燃料电池领域的热点研究方向[17,18,48-52]。

3.2.4.1 物理结构耐久性

质子交换膜在燃料电池运行初期的失效主要是由物理结构退化引起的。质子交换膜的物理结构退化主要体现在燃料电池组装和使用过程中质子交换膜内出现的裂缝、撕裂和刺孔等[18,19,53]。在“三合一”CCM 膜电极的制备及燃料电池的组装过程中，热压转印、不均匀的组装应力、质子交换膜与催化层及流场板的沟和脊之间不一致的接触压力等都会导致质子交换膜物理结构的破坏[54,55]。

Prasanna 等[55] 通过 500h 和 1000h 的电池性能耐久性循环测试，发现膜电极在氢气的入口处和出口处分别减薄了 1～2μm 和 13～14μm，说明燃料电池阳极侧反应气体压力的不均匀分布也会引起质子交换膜物理结构的退化。此外，研究人员普遍认为质子交换膜在燃料电池运行过程中随着温度或湿度循环所产生的溶胀-收缩循环应力是导致质子交换膜物理结构退化的主要原因。Lai 等[56,57] 通过不同湿度循环原位测试实验发现，在干湿循环的条件下，质子交换膜内出现了穿孔，并分析得出膜中水含量与温度的协同作用加剧了质子交换膜物理结构的破坏。同时，他们在试验中还发现，经过 20000 个高低湿度循环后，全氟磺酸质子交换膜开始出现明显的气体渗透行为。而当减小质子交换膜湿度变化范围时，到达气体渗透的时间也会相应地延后。Tang 等[58] 通过设计干湿循环引起的循环应力试验，详细研究了不同湿度循环应力对全氟磺酸质子交换膜物理结构尺寸的影响，并确定了 Nafion 膜的疲劳应力以及在不同湿度循环下的收缩-溶胀循环应力，如图 3-10 所示。研究结果表明，以 Nafion-211 膜为例，在 540 个循环周期后，当循环应力为 1.5MPa 时，Nafion-211 膜能够保持稳定的形貌不变；当循环应力为 3MPa 时，膜发生了明显的尺寸变化，并在膜表面观察到了少量细小的裂缝；当循环应力增加到 4.5MPa 时，膜开始出现减薄；而在 6.5MPa 的循环应力下，膜表面出现了大量的裂缝，膜的物理结构已经受到了严重破坏。通过实验确定 Nafion-211 膜的疲劳应力仅为 1.5MPa 左右，Nafion-211 膜在室温下从饱水

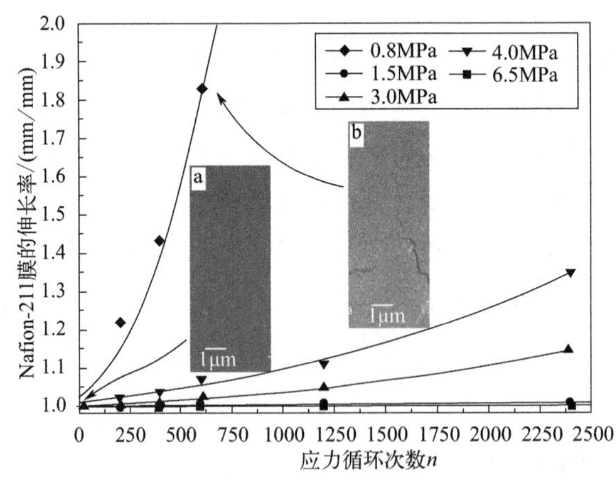

图 3-10 周期性循环应力作用下 Nafion-211 膜的生长率[58]

图内 a 为 Nafion-211 膜的原始 SEM 形貌；图内 b 为 Nafion-211 膜在 0MPa 和 6.5MPa 应力作用下交替循环 540 个周期后的 SEM 形貌

状态转变为25%湿度状态所产生的收缩应力高达2.23MPa，完全超过了Nafion-211膜的疲劳应力。这一发现充分证明了质子交换膜因不同湿度循环引起的溶胀-收缩循环应力是导致膜物理结构退化的主要原因。这是因为在燃料电池的运行过程中，由于反应气体湿度以及电池温度的瞬态变化都会引起质子交换膜内湿度的变化，从而导致膜溶胀-收缩循环应力的产生，特别是在燃料电池启停过程中，这种循环应力更加明显。Solasi等[59]通过模拟试验分析了燃料电池因启停过程而引起的湿度变化对质子交换膜物理结构稳定性的影响。研究结果表明，燃料电池中质子交换膜在被夹紧的条件下因干湿循环也会承受相应的应力变化，而这种应力变化对其物理结构稳定性产生了极大的影响。基于此，他们还发现，在干湿循环条件下，质子交换膜在表面方向上的溶胀-收缩循环是导致膜内出现较大应力从而引起燃料电池失效的主要原因。另外，质子交换膜的溶胀-收缩循环还会引起质子交换膜膜电极中催化层的剥落分层，导致膜与催化层界面阻抗增大和燃料电池性能衰减[17,18,51]。因此，限制或减少全氟磺酸质子交换膜在温度或湿度循环下的溶胀-收缩行为，是改善质子交换膜物理结构稳定性的主要手段。

普遍认为，提高全氟磺酸质子交换膜物理结构稳定性的主要方法是向全氟磺酸质子交换膜中添加增强相，从而制备出增强型复合质子交换膜，主要包括聚四氟乙烯微孔膜增强型复合质子交换膜[60]和纳米纤维增强型复合质子交换膜[61]等。该部分内容将在后续章节中详细介绍。

3.2.4.2 化学结构耐久性

与物理结构失效相比，质子交换膜的化学结构退化是一个缓慢过程，须在燃料电池长时间运行之后才能突显的问题。化学结构退化主要来源于燃料电池运行过程中质子交换膜材料本身的降解[52]。全氟磺酸树脂分子主要由全氟碳-碳主链、全氟化聚醚侧链和磺酸根基团组成。另外，有研究报道，在全氟磺酸树脂分子合成过程中全氟碳-碳主链末端存在因转移反应产生的不稳定羧基基团[62]。由于全氟化的分子结构具有良好的化学稳定性，普遍认为全氟磺酸质子交换膜的化学降解主要归因于燃料电池运行过程中产生的羟基自由基对树脂分子末端不稳定羧基基团的攻击，并将其还原成二氧化碳和氟离子，进而导致树脂分子的解压缩式分解和膜的快速降解[17,52,58,63]。此外，也有研究者认为，树脂分子中连接主链和侧链的醚键易受到羟基自由基的攻击而分解[64]。Wang等[65]通过离线实验采用芬顿（Fenton）试剂产生的羟基自由基对全氟磺酸膜进行了不同时间的降解，并运用反射红外技术对降解前后的全氟磺酸膜进行了表征分析。实验结果证实，在羟基自由基的攻击下，全氟磺酸膜出现了整个侧链的脱落现象，并随着攻击时间的增加，膜表面逐渐产生了小气泡，最终导致膜的穿孔。Tang等[58]对离线实验后的 Nafion 膜及收集到的浓缩溶液同时进行了反射红外和^{13}C核磁共振分析，也得出了类似的结论。

在燃料电池的运行过程中，羟基自由基主要通过电池阴阳极催化剂表面生成的过氧化氢与过渡金属离子反应产生，如图 3-11 所示[52]。在电池阴极侧，过氧化氢通过氧气与阳极传导过来的氢质子的电极催化氧还原反应（ORR）生成；在电池阳极侧，过氧化氢通过氢气与阴极渗透过来的氧气的电极催化反应生成。Kishi 等[66] 采用扫描电化学显微技术证实了过氧化氢在铂电极上的产生和扩散行为。Danilczuk 等[67] 将燃料电池置于电子自旋共振波谱仪中，并采用二甲基吡咯啉-*N*-氧化物（DMPO）作为捕获剂分别在电池阳极和阴极测都检测到了羟基自由基的产生。Ohguri 等[68] 采用电子自旋谱和荧光探针技术，在燃料电池的运行过程中也均发现了过氧化氢和羟基自由基的产生。普遍认为，过氧化氢本身对全氟磺酸树脂的降解影响不大，但过氧化氢反应产生的羟基自由基是导致全氟磺酸树脂降解的直接原因[69,70]。并且，燃料电池开路状态下的高电位能够加速羟基自由基的产生，进而导致质子交换膜化学结构的加速退化[71-73]。此外，Pozio 等[74] 采用不同材质的金属端板分别与 Nafion 膜组装成单电池进行测试，发现当金属端板材质不同时，Nafion 膜的化学结构退化速度也不一样，并通过进一步分析得出，Nafion 膜化学结构退化速度的差异与膜内部金属离子（Fe^{2+}、Cr^{3+}、Ni^{2+}）的含量密切相关。更详细的分析表明，质子交换膜中氟离子的流失速度随膜内金属离子含量的增加几乎成线性增长关系，即金属离子的存在可以加速质子交换膜化学结构的退化。这是因为过渡金属离子能够催化过氧化氢加速

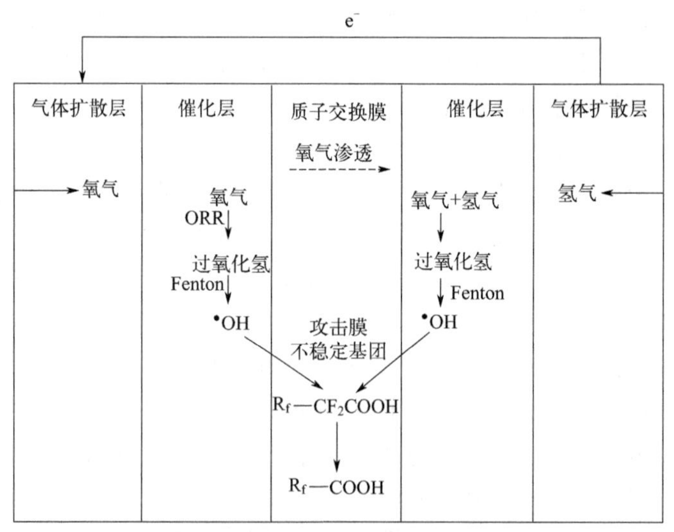

图 3-11 燃料电池中自由基的典型生成路径及其对全氟磺酸膜主链末端不稳定的羧基基团的攻击反应过程[52]

自由基的产生，进而加快全氟磺酸膜的降解。Shah 等[75] 也通过理论计算详细分析了燃料电池中质子交换膜的衰减行为，发现质子交换膜的衰减速度还与电池运行的温度和气体湿度有关。这是因为羟基自由基的产生速度随着电池工作温度的升高而加快。同时，在低湿度条件下，氧气更易于从阴极扩散到阳极并在 Pt 催化剂表面与氢气反应生成双氧水。

基于以上分析，提高全氟磺酸质子交换膜在燃料电池运行过程中的化学耐久性的方法主要包括：

① 消除全氟磺酸膜主链末端不稳定的羧基基团，以增强全氟磺酸质子交换膜的化学结构稳定性。普遍认为，采用氟化的方法减少末端缺陷基团可以提高质子交换膜的稳定性[76]。DuPont 公司通过对全氟磺酸高分子进行氟化预处理有效减少了 61%的缺陷末端基团，质子交换膜的氟离子流失速度相应下降到之前的 1/25～1/10[69]。由于氟化处理的成本较高，而且很难完全消除质子交换膜的缺陷基团，Tang 等[77,78] 在强碱性条件下通过多元醇将质子交换膜的缺陷基团进一步转化为相对更加稳定的 CH 基团，并通过 Fenton 自由基试剂加速老化实验发现，稳定处理后的质子交换膜的氟离子流失速度仅为处理前的 1/8 左右，且在开路条件下，采用稳定处理后的质子交换膜组装的电池的电压衰减速度为处理前的$\frac{1}{4}$。

② 在全氟磺酸膜中复合具有变价能力的自由基捕获剂以降低自由基的浓度。如 Danilczuk 等[79] 采用硝酸铈将全氟磺酸膜中 10%的氢离子取代为铈离子后，在开路电压（OCV）和邻近开路电压（CCV）处运行单电池没有发现全氟磺酸膜分解的产物；而对于未处理的全氟磺酸膜，在同等条件下采用电子自旋共振波谱仪能够检测到膜分解产生的基团。随后，他们[72] 以 Nafion、3M 和 Aquivion 全氟质子交换膜为研究对象，将全氟磺酸膜中 4%的氢离子取代为铈离子后，发现处理后全氟磺酸膜分解产物的含量相比于处理前降低了 12 个数量级。除了铈离子，其他具有变价能力的离子或氧化物（如 CeO_2[80,81]、MnO_2 等）也具有类似的功能。

③ 降低自由基的生成速率。例如，保证质子交换膜在较低的温度和较高的湿度下运行；提高全氟磺酸膜的致密性或增加膜的厚度进而降低氧气的渗透率；保证质子交换膜在较高的电流密度下运行以降低阴极氧浓度等。

3.3 部分氟化质子交换膜

尽管全氟磺酸质子交换膜能够基本满足质子交换膜燃料电池的使用需求，但全氟磺酸膜制备工艺复杂、成本较高及制备过程中造成的环境污染问题等在一定程度上制约了质子交换膜燃料电池的商业化应用。因此，各国科学家对部分氟化或非氟化质子交换膜也开展了大量的研究。

3.3.1 磺化聚三氟苯乙烯结构

目前，报道较多的部分氟化质子交换膜主要是磺化聚三氟苯乙烯质子交换膜。早在20世纪60年代美国通用电气公司（GE）就在宇宙飞船上应用了采用磺化聚三氟苯乙烯质子交换膜组装的燃料电池。根据磺酸基团引入方式的不同，磺化聚三氟苯乙烯质子交换膜材料的合成方式可分为下列几种：①先将全氟主链聚合，然后将带有磺酸基团的单体接枝到主链上；②先将全氟主链聚合，然后将取代的苯单体接枝到主链上，最后磺化；③将磺化后的三氟苯乙烯单体直接聚合；④将取代的三氟苯乙烯直接聚合或与三氟苯乙烯单体共聚，然后再磺化。基于第4种合成方式，加拿大Ballard公司开发出了BAM3G质子交换膜，成为部分氟化聚苯乙烯质子交换膜的典型代表[82-87]，其分子结构如图3-12所示。

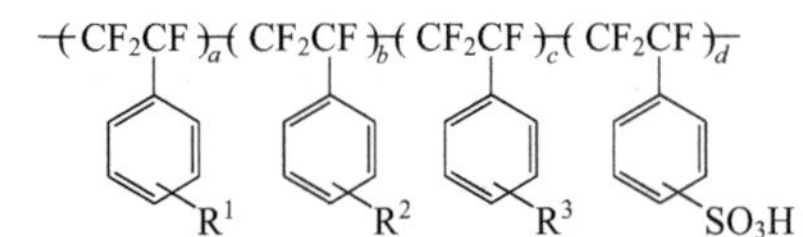

R^1, R^2, R^3=烷基、卤代、醚、三氟乙烯基、氰基、硝基、羟基

图3-12 BAM3G部分氟化聚苯乙烯质子交换膜的分子结构图

BAM3G膜的分子主链结构与全氟磺酸膜的分子主链结构相似，为全氟碳链骨架结构，保证了其优异的化学稳定性和电化学稳定性。与此同时，由于主链上氟元素的高电负性降低了支链苯环上的电子云密度，提高了苯环侧链的稳定性（如抗氧化性），使其在燃料电池工作条件下呈现出较好的稳定性。

由于磺化度的差异，BAM3G树脂的EW值一般在375～920g/mol之间，低于商业化的Nafion膜。由于其较低的EW值，BAM3G膜表现出较高的吸水性和较好的质子传导性能，其性能甚至超过了Dow膜，在部分情况下已经能够替代全氟磺酸质子交换膜在燃料电池中使用，但相比于全氟磺酸树脂材料，磺化聚三氟苯乙烯类材料的分子量较小，因而成膜机械强度不足，且容易老化变脆，无法满足燃料电池对质子交换膜的长期使用要求，在一定程度上限制了其在燃料电池中的广泛应用。

3.3.2 辐射接枝型结构

辐射接枝型部分氟化质子交换膜通常按照以下三个步骤制备：首先，采用电子束或γ射线对含氟聚合物基材进行预辐射；然后，将预辐射后的基材浸入苯乙烯或其他可自由基聚合的单体中，形成非传导性接枝材料，并将交联剂加入接枝聚合物中形成交联型材料；最后，用氯磺酸磺化交联接枝材料，得到辐射接枝型部分氟化质子交换膜材料。图 3-13 为辐射接枝法合成的部分氟化质子交换膜的两种典型分子的结构图[86-88]。然而，在燃料电池运行过程中，辐射接枝型部分氟化膜支链上苄基的碳氢键易受到自由基的攻击，导致苯乙烯磺酸支链降解脱落，使得辐射接枝膜在燃料电池中的使用寿命大大降低，尤其是在较高的温度下更易降解，限制了其实际应用。

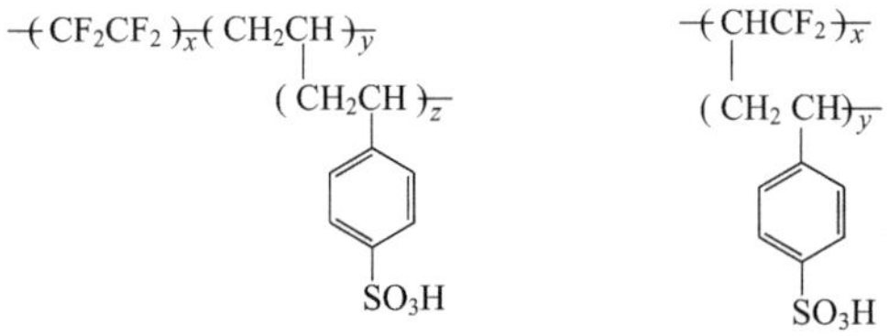

$$\text{-}\!(CF_2CF_2)_x\!(CH_2CH)_y\text{-} \quad \text{侧链：} (CH_2CH)_z\text{-}C_6H_4\text{-}SO_3H$$

$$\text{-}\!(CHCF_2)_x\text{-} \quad \text{侧链：} (CH_2CH)_y\text{-}C_6H_4\text{-}SO_3H$$

图 3-13 辐射接枝型部分氟化质子交换膜的两种典型分子的结构图[86-88]

3.4 非氟化质子交换膜

非氟化质子交换膜是指采用碳氢高分子材料制备的质子交换膜。目前开发的非氟化质子交换膜主要采用主链上包含苯环结构的磺化芳香聚合物材料制备而成，包括磺化聚醚醚酮（SPEEK）、磺化聚醚砜（SPAES）、磺化聚酰亚胺（SPI）、磺化聚苯并咪唑（SPBI）等。非氟化质子交换膜的优点是合成工艺简单、原材料价格低廉、合成过程中造成的环境污染较少及具有多样化的可设计性等，但与全氟磺酸质子交换膜相比，非氟化质子交换膜的化学稳定性较差，在电化学环境下容易降解，无法满足燃料电池的长期使用要求[13,89]。

3.4.1 磺化聚醚醚酮

聚醚醚酮（poly-ether-ether-ketone，PEEK）是一种主链含酮键和醚键的特种高分子材料。PEEK 属于一种半结晶型聚合物，具有高达 334℃的熔点和优良的化学物理稳定性。但纯 PEEK 材料不具有质子传导性能，且除了浓硫酸，其不溶于任何溶剂和强酸、强碱，不能直接作为质子交换膜使用，必须将 PEEK 磺化。磺化聚醚醚酮（SPEEK）因其具有良好的热稳定性、化学稳定性、成膜性能以及较高的机械强度和质子传导率，被认为是最有希望取代全氟磺酸树脂的一种无氟类聚合物质子交换膜材料[90,91]。

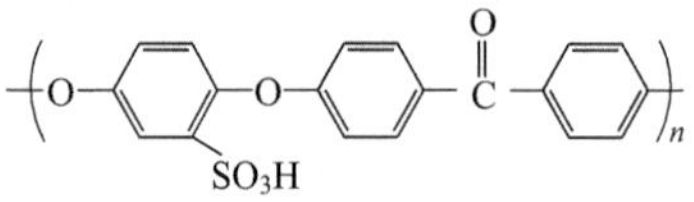

SPEEK 的分子结构由聚醚醚酮（PEEK）主链和磺酸根基团（—SO_3H）构成，如图 3-14 所示。磺酸根基团的引入增加了材料分子的空间位阻效应，从而降低了 PEEK 主体结构的结晶性，因此，相比于 PEEK 的半晶型结构，SPEEK 材料通常是无定形结构。SPEEK 的 PEEK 主体结构具有憎水性，而磺酸根基团具有亲水性，与全氟磺酸膜类似，SPEEK 膜也具有相分离的微观结构[43]，但由于 SPEEK 膜中苯环刚性骨架的存在，憎水区和亲水区的相分离不明显。另外，磺酸根基团的引入也增加了材料在极性溶剂中的溶解性能。

图 3-14 磺化聚醚醚酮质子交换膜的典型分子结构图

目前，SPEEK 的制备方法主要分为直接磺化法和磺化单体共聚法。直接磺化法是采用磺化试剂对 PEEK 进行磺化。磺化试剂可采用浓硫酸、发烟硫酸、甲基磺酸-浓硫酸、三氧化硫-磷酸三乙酯、三氧化硫-氯磺酸等。该磺化反应是亲电取代反应，也是一种可逆反应。磺化位置一般是在与双醚键相连的电子云密度较高的苯环上。磺化反应生成的副产物是水，会对浓硫酸等磺化剂有稀释作用。随着反应的进行，浓硫酸的浓度下降，反应速率降低，平衡向逆反应方向进行，SPEEK 的磺化度（degree of sulfonation，DS，即每一个重复单元含有磺酸基的个数）也随之降低。当硫酸的浓度达到一个临界点时，磺化反应及其逆反应达到了动态平衡。SPEEK 的各项性能与其 DS 密切相关。例如，SPEEK 的水溶性、保水率、质子电导率等随着 DS 的升高而增加，但 DS 的提高会导致分子内交联和降解等副反应发生。并且，由于磺酸基连接于双酚单元苯环上醚氧的邻位碳原子上，氧原子的给电子效应使得磺酸基易发生水解而失去。另外，DS 较高时，SPEEK 膜的溶胀程度较大，导致膜的机械强度降低。因此，中等 DS 的 SPEEK 膜更加适合应用于质子交换膜燃料电池中。直接磺化法的优点是 SPEEK 膜的制备工艺简单，易于大量生产；缺点是磺化位置及 DS 不能精确控制，可能出现副反应和聚合物基团的降解。

磺化单体共聚法是先合成出磺化单体，再聚合得到磺化聚醚醚酮。该方法通过控制磺化单体的用量进而控制 SPEEK 的 DS。一般是将单体二氟二苯甲酮磺化，再与酚类进行缩聚反应，先制备含有磺酸钠侧基的聚醚醚酮，最后质子化得到磺化聚醚醚酮。利用磺化单体直接聚合不仅能够控制 SPEEK 的 DS，还避免了交联和降解等其他副反应。但此工艺过程复杂、原料有毒且通常难以得到大分子量的磺化聚合物等。

由于 SPEEK 膜在低磺化度时，其质子电导率较低，因而需要提高 SPEEK 膜的磺化度，但磺化度的提高又带来了溶胀的问题，膜又会失去力学稳定性。另外，高磺化度的 SPEEK 膜在干燥条件下较脆，机械柔韧性较差。改进 SPEEK 膜电导率的方法主要有两种：第一种是提高 SPEEK 膜的保水能力，即将吸湿性较强的无机氧化物（如 SiO_2、TiO_2、SnO_2 等）及无机质子导体（如杂多酸、磷酸盐类、磷酸硼和磷酸等）掺杂到 SPEEK 膜中[92,93]；第二种是向 SPEEK 膜中复合非水质子传导载体，使 SPEEK 膜的质子传导能力不依靠水的存在，如以咪唑类、吡啶类等离子液体作为质子传导载体。改进 SPEEK 膜力学稳定性的方法主要是交联改性法[94]。通过交联改性，可以限制 SPEEK 膜的过度溶胀，同时提高 SPEEK 膜的热稳定性和力学性能。交联改性法主要包括共价键交联和离子键交联。共价键交联是通过共价键在磺化物的分子链之间形成交联结构来抑制高聚物的溶胀。离子键交联是通过在分子链之间形成酸碱基团离子键或金属离子键的作用进行交联。

3.4.2 磺化聚醚砜

聚醚砜（PAES）具有耐热等级高、力学性能好、尺寸稳定性好、热膨胀系数低和易成型等优异性能。磺化聚醚砜（SPAES）能够在保持其良好热稳定性和机械强度的同时，还具有较高的质子传导率，可作为质子交换膜应用于质子交换膜燃料电池中[95,96]。

图 3-15 为磺化聚醚砜质子交换膜的一种典型的分子结构，主要包括 PAES 主链和磺酸根基团（$—SO_3H$）。与 SPEEK 的合成方法类似，SPAES 的合成主要也分为下面两种方法[97,98]：第一种是聚合物的后磺化法，先合成出聚醚砜，然后选用适当的磺化试剂和磺化条件对其进行磺化处理得到磺化聚醚砜，通常要在保持其良好的热稳定性和机械强度的情况下使其具有高的质子电导率；第二种是磺化单体的直接缩聚法，先合成得到磺化单体，然后将制得的磺化单体和非磺化单体共聚，得到磺化聚醚砜。因此，SPAES 的合成方法优缺点及其磺化度对膜结构及性能的影响可参考 SPEEK 质子交换膜进行类比分析。

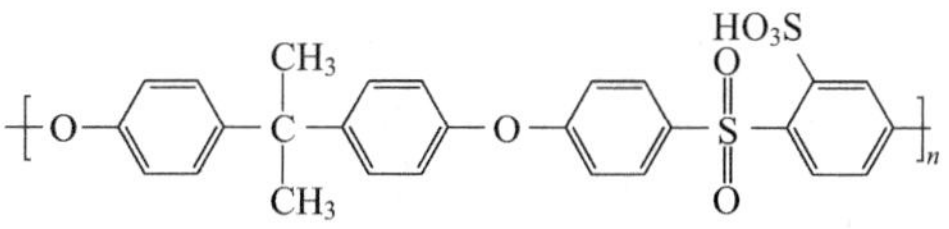

图 3-15 磺化聚醚砜质子交换膜的典型分子结构

3.4.3 磺化聚酰亚胺

聚酰亚胺（PI）是指分子主链结构上含有酰亚胺环的一类聚合物。该类聚合物具有较好的热稳定性、力学性能、氧化稳定性以及较低的气体渗透率，是一种性能优良的特种工程塑料，也是迄今为止耐热等级最高的高分子材料，可广泛应用于航空航天、机械、电子等高科技领域。磺化聚酰亚胺（SPI）在保持 PI 原有性能的同时，还具有了良好的质子传导能力，成为一类比较有前途的质子交换膜材料。

根据主链酰亚胺环结构的不同，可将聚酰亚胺分为五元环和六元环。因传统五元环聚酰亚胺作为特种工程材料在很多领域都有广泛的应用，磺化五元环聚酰亚胺成为质子交换膜材料的早期研究对象，但磺化五元环聚酰亚胺在酸性条件下因酰亚胺环水解而快速降解，表现出较差的性能，无法满足质子交换膜燃料电池的使用需求。随着对不同类型磺化聚酰亚胺的深入研究，Genies 等[99,100] 发现，采用 1,4,5,8-萘四甲二酐（NDTA）作为酸酐合成的六元环磺化聚酰亚胺具有更好的耐水解稳定性，使得磺化聚酰亚胺材料在质子交换膜燃料电池中的应用成为了可能。因此，目前用于燃料电池质子交换膜的磺化聚酰亚胺绝大多数由六元环酸酐合成[101,102]。

与五元环聚酰亚胺合成方法不同，六元环酸酐较稳定，反应活性较低，在低温条件下几乎不发生聚合反应，而且六元环酸酐在常温下的溶解度也比较低，因此六元环聚酰亚胺普遍采用一步法在高温条件下合成。通常，磺化六元环聚酰亚胺的合成方法主要也是分为：磺化单体直接聚合法和六元环聚酰亚胺的后磺化法。

磺化单体直接聚合法通常是以间甲基苯酚为溶剂，以苯甲酸为催化剂，以异喹啉为脱水剂，在高温条件下将二酐单体、磺化二胺单体和非磺化二胺单体进行三元共聚，最后得到磺化六元环聚酰亚胺，常见的二酐单体如图 3-16 所示[102-105]。通过调控磺化二胺单体的含量可以精准调控磺化聚酰亚胺的磺化度和化学结构。另外，在二胺单体上引入磺酸根基团后，所得聚酰亚胺材料的溶解度得到大大改善，更有利于聚酰亚胺膜的成型加工。同时，这种方法能够制备出磺化度和结构可控的磺化聚酰亚胺，为研究其结构与性能的关系提供了良好的途

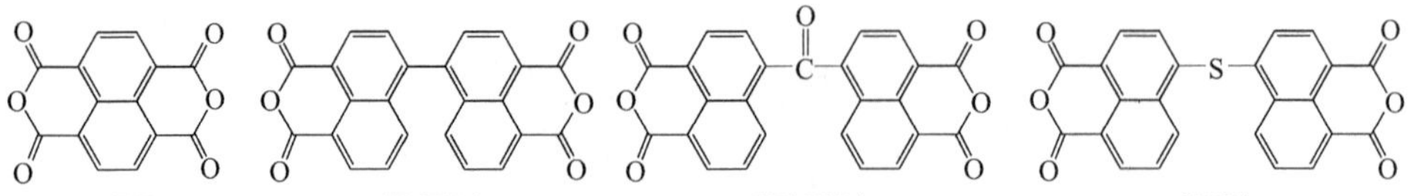

NDTA　BNTDA　KBNTDA　SBNA

图 3-16　常见二酐单体的化学结构[102-105]

径。通过调控磺化度，绝大多数磺化聚酰亚胺膜都可以满足质子交换膜燃料电池在一定条件下的质子传导率要求。然而，在燃料电池运行条件下，六元酰亚胺环仍然存在一定的水解问题，容易影响燃料电池的使用寿命，因此提升六元酰亚胺环的水解稳定性仍然是目前开发磺化聚酰亚胺质子交换膜的重要研究方向之一。

六元环磺化聚酰亚胺主链上酰亚胺环的水解是由酰亚胺环上酰胺键被水分子亲核攻击引起的，如图 3-17 所示[99,106]。通常，酰亚胺环上氮原子和羰基碳原子的电子云密度越低，酰胺键越容易受到水分子的攻击，导致酰亚胺环水解开环反应的发生，进而影响磺化聚酰亚胺质子交换膜的水解稳定性。因此，科学工作者一般通过设计调控聚合物单体（包括二酐、磺化二胺和二胺）的化学结构来提高酰亚胺环上碳原子或羰基碳原子的电子云密度，进而改善磺化聚酰亚胺质子交换膜的水解稳定性。例如，图 3-16 中 BNTDA 二酐单体上联萘环结构的共轭效应相比 NTDA 二酐单体更强，进而会导致酰亚胺环上羰基碳的电子云密度更大，因此基于 BNTDA 二酐单体合成的磺化聚酰亚胺的水解稳定性相对要更好[103]。

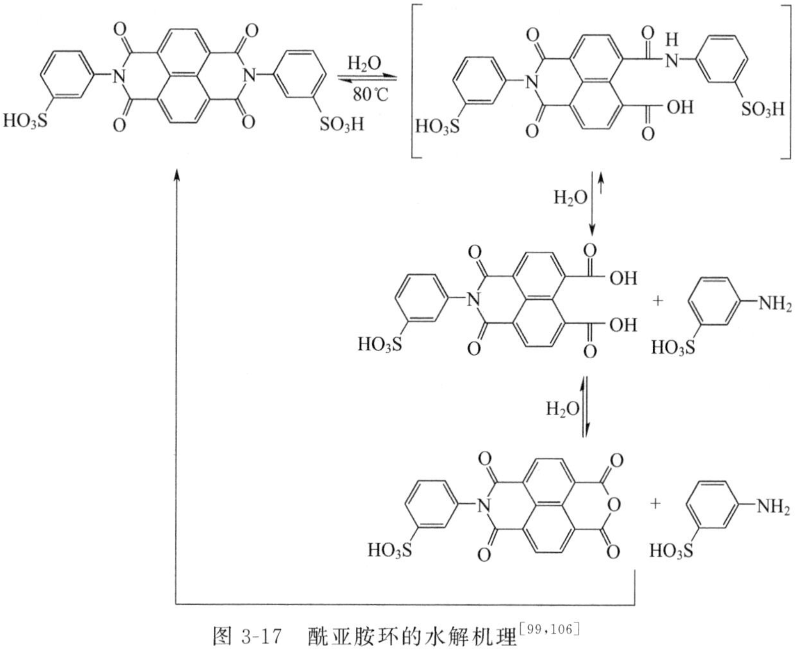

图 3-17　酰亚胺环的水解机理[99,106]

六元环聚酰亚胺的后磺化制备方法与磺化聚醚砜和磺化聚醚醚酮的后磺化制备方法相似。后磺化法的优点是制备工艺简单，易于大量生产，而且可以使用高分子量的聚酰亚胺进行磺化制备高分子量的磺化聚酰亚胺。缺点是磺化位置以及磺化度不易精确控制，可能出现副反应和聚酰亚胺的降解；另外，由于聚酰亚胺的溶解性普遍不好，只有少数特殊结构才能使用这种方法。所以，寻找可控的磺化反应方法和从化学结构上设计可溶的聚酰亚胺是后磺化方法需要探索的主要方向。

3.4.4 磺化聚苯并咪唑

聚苯并咪唑（PBI）是指主链上含有苯并咪唑环重复单元的一类高分子材料，是由 Vogel 和 Marvel 于 1961 年首次成功合成[107]，其分子结构如图 3-18 所示，塞拉尼斯公司（Celanese）成功实现了商业化应用。因 PBI 材料具有优异的耐热性能、力学性能和阻燃性能，且在强酸、强碱和强氧化剂介质中都具有良好的化学稳定性，常作为耐高温材料被广泛应用于航空航天、化工机械、石油开采、汽车、消防等领域，如作为消防员的防火服材料和耐高温手套材料等。但由于 PBI 分子链的强刚性结构，以及分子链间的强氢键作用，使其在有机溶剂中的溶解性较差，导致材料加工困难，因此商业化合成 PBI 需要控制分子质量在 23～40kDa 以保持 PBI 材料的溶解性和可加工性能。

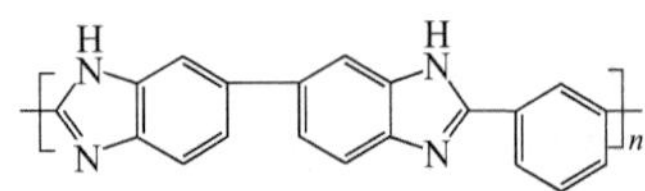

图 3-18 聚苯并咪唑的分子结构

从理论上来说，聚苯并咪唑在无水的条件下也拥有一定程度的质子传导性能，但其质子传导率极低（10^{-12}S/cm 左右），无法满足质子交换膜燃料电池的应用需求。因此，一般通过酸掺杂和磺化改性两种方法来提高聚苯并咪唑材料的质子传导率[101,108]。

酸掺杂的聚合物膜通常是指聚合物中含有碱性基团如醚键、羟基、亚胺、氨基或酰亚胺等，可以与强酸或者中强酸发生酸碱反应，并作为质子受体形成质子对。Paddison 等[109] 发现，大多数的无机酸能够在水存在的条件下发生解离，具有高的质子传导率，但在无水条件下其质子传导率很低。而磷酸（PA）既能给出质子又能接受质子，且 PA 分子间能够形成动态的氢键网络，质子可以通过氢键形成与断裂的方式实现质子传输，即使在无水条件下依然能够保持较高的质子传导率。采用 PA 掺杂聚苯并咪唑时，每个 PBI 的重复单元中含有两个路易斯碱性氮原子（酰亚胺）可以和 PA 分子发生酸碱相互作用而被质子化，产生键合酸，如图 3-19 所示[110]。在低 PA 掺杂量时，每一个 PA 分子都可以与聚苯并咪唑膜中的咪唑基团发生酸碱相互作用而产生一个键合酸；在高 PA 掺杂量时，PBI 中的咪唑基团被质子化后，过量的 PA 分子成为了游离酸，并通过氢键作用构建成 PA 分子网络结构。因此，在低 PA 掺杂量时，质子在膜中主要通过在 H_3O^+ 和 H_2O 分子之间进行传导，质子传导能力需要依赖水的存在；在高 PA 掺杂量时，质子可以直接在氢键网络结构中的 $H_4PO_4^+$ 和 H_3PO_4 分子之间进行传导，质子传导能力可以不依赖水的存在。因此，PA 被广泛用作 PBI 的掺杂剂来制备 PA-PBI 质子交换膜。

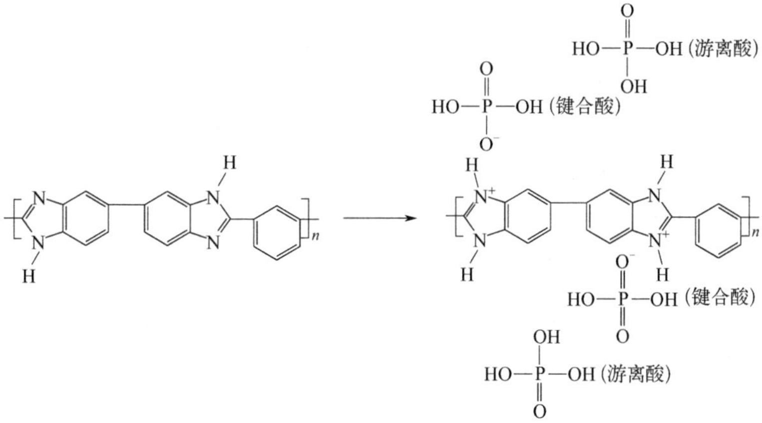

图 3-19 磷酸掺杂聚苯并咪唑发生的酸碱相互作用[110]

PA-PBI 质子交换膜的制备方法可分为一步法和两步法：一步法是指在成膜过程中将磷酸（或能够原位生成磷酸的前驱体）直接加入 PBI 的成膜溶液中制备出 PA-PBI 质子交换膜；两步法是指先用 PBI 溶液制备成 PBI 膜，然后将 PBI 膜浸泡在磷酸溶液中，通过吸附磷酸分子而得到 PA-PBI 质子交换膜。相比于两步法，一步法的工艺相对简单，易于工业化生产，且制备得到的 PA-PBI 膜具有更高的质子传导率，但其力学性能较差；而两步法制备的 PA-PBI 膜具有较好的机械性能，但其质子传导率较差。

尽管 PA-PBI 膜有望作为高温质子交换膜应用于高温燃料电池中，但其仍存在一些亟待解决的问题：①PA-PBI 膜的质子传导能力严重依赖于磷酸，通常需要较高的磷酸掺杂量来保证一定的质子电导率。而当大量的磷酸分子掺杂入 PBI 聚合物膜中时，将破坏 PBI 分子链间原本的氢键作用，造成 PBI 膜力学性能下降，进而影响膜产品的加工及其电池的组装。②PA-PBI 膜中掺杂的磷酸分子在燃料电池运行过程中产生的水环境下容易从膜中浸出，造成磷酸流失，导致膜电导率下降，进而影响燃料电池的性能。另外，流失的磷酸还会腐蚀燃料电池的相关材料，导致材料功能的衰退或失效，影响电池的使用寿命。因此，探索新颖的方法以期获得具有较高质子传导率、良好力学性能以及较强磷酸保留能力的 PA-PBI 质子交换膜是目前该领域研究的重点方向。

采用磺化改性法制备磺化聚苯并咪唑（SPBI）是提高聚苯并咪唑质子传导能力的另一种方法。SPBI 不但保持了 PBI 材料良好的耐热性能、力学性能和化学稳定性等，而且能够有效提高材料的质子传导能力。另外，相比于 PBI，SPBI

具有较好的溶解性，可以溶解在强酸、强碱以及一些有机溶剂中，如二甲基亚砜等，具有较好的材料加工性和回收再利用性。

磺化聚苯并咪唑的制备一般可分为：化学接枝法、后磺化法和直接缩聚法，如图 3-20 所示[111-116]。化学接枝法是由于聚苯并咪唑上重复单元中的咪唑环含有活性的弱酸性—NH—基团，其在碱金属氢化物的作用下可以发生金属取代反应，然后与磺内酯或卤代烷反应生成接枝产物，最后得到磺化聚苯并咪唑。后磺化法是指将聚苯并咪唑直接放入浓硫酸、发烟硫酸或氯磺酸等磺化试剂中，在一定的反应条件下制备出相应的磺化聚苯并咪唑。直接缩聚法是指通过磺化二羧酸单体与联苯四胺单体的缩聚反应而直接合成出磺化聚苯并咪唑。

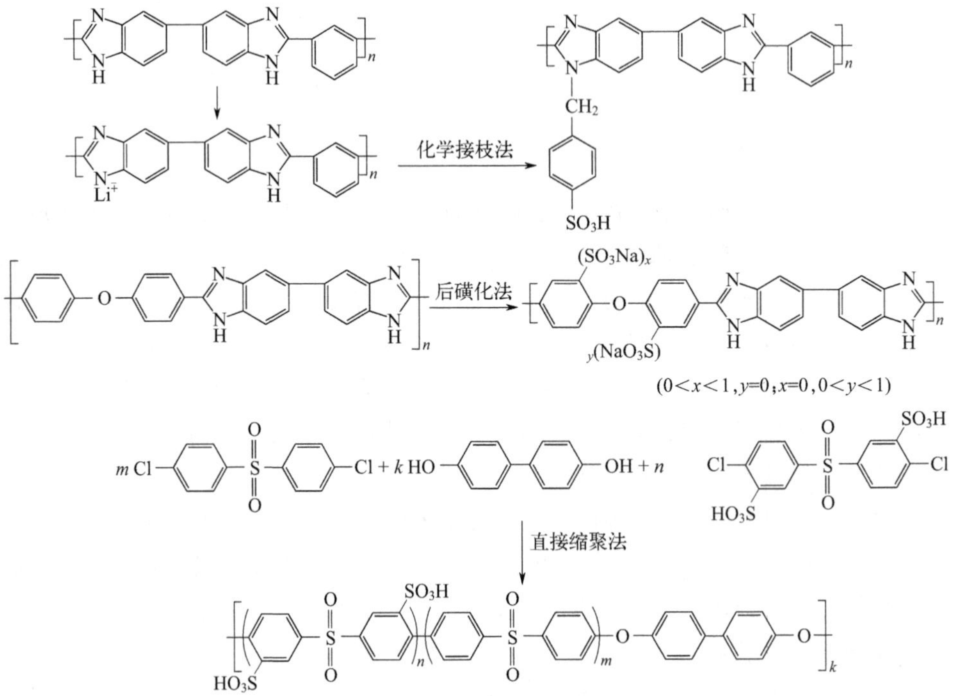

图 3-20 磺化聚苯并咪唑的制备方法[111-116]

3.5 复合质子交换膜

全氟磺酸质子交换膜因其较好的热稳定性、化学稳定性、力学性能以及良好的质子传导性能而成为目前广泛使用的一类质子交换膜，但其仍然存在一些问题：①全氟磺酸树脂合成工艺复杂导致的价格昂贵问题；②燃料电池干湿循环运行环境导致的质子交换膜机械性能退化问题；③质子传导性能受周围水环境的影响较大，膜内水含量降低导致的质子传导率降低问题；④燃料电池工作时由于氧化还原反应而产生的过氧自由基导致质子交换膜化学降解和缩短电池寿命的问题等。为了解决以上问题，科学工作者对全氟磺酸质子交换膜进行了优化增强改性，制备了功能型复合质子交换膜，主要研究方向包括机械增强型复合质子交换膜和高温型复合质子交换膜等。

3.5.1 机械增强型复合质子交换膜

将质子导体与增强组分复合制备机械增强型复合质子交换膜是改善质子交换膜物理耐久性的一种非常有效的方法。基于全氟磺酸树脂质子导体制备的复合质子交换膜，利用增强组分的力学增强作用能够有效提高全氟磺酸质子交换膜的力学强度，特别是在湿度环境下的结构稳定性，从而可以显著降低质子交换膜的厚度（低至 5μm），减少全氟磺酸树脂的用量，进而降低质子交换膜的成本；同时，厚度的降低还可以改善膜内水的传递与分布，降低膜的欧姆面电阻，提高燃料电池的运行性能。

目前，最主流的增强型复合质子交换膜是聚四氟乙烯增强型复合质子交换膜[21,22,60,117]。图 3-21 为聚四氟乙烯微孔膜和聚四氟乙烯增强型复合膜的 SEM 图[117]。聚四氟乙烯微孔膜（ePTFE）是一种柔韧而富有弹性的微孔材料，孔隙率高，孔径分布均匀，具有透气不透水的特性，在杀菌滤膜、电解质隔膜、气体透析膜、过滤膜等多个领域均具有广泛的应用，一般通过双向拉伸工艺制备而成。聚四氟乙烯多孔膜增强型复合质子交换膜最早由美国 Gore 公司成功开发并实现商业化[21,22]，其商品型号为 Gore-Select，目前膜厚可减薄至 5μm，且尺寸稳定性明显得到改善，聚四氟乙烯多孔膜的网络结构能够有效地限制全氟磺酸树脂的吸水溶胀，降低质子交换膜因干湿循环引起的溶胀或收缩应力，湿态下 Gore-Select 膜的机械强度明显优于商业化的 Nafion 膜。同时，由于聚四氟乙烯

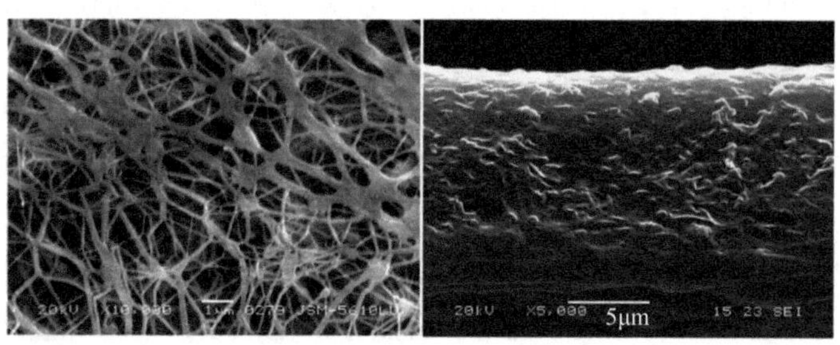

图 3-21　聚四氟乙烯微孔膜（左）和聚四氟乙烯增强型复合膜（右）的 SEM 图

全氟化的分子结构而具有优异的化学稳定性、良好的耐温性能和机械性能，可以确保复合膜兼具良好的物理和化学稳定性。

对于多相复合材料来说，复合结构的电导率与复合材料的相结构分布以及不同相间的界面接触情况有着密切的关系[118,119]。同样，在增强型全氟磺酸复合质子交换膜中，增强相在复合膜中的分布、增强相与全氟磺酸树脂的界面接触以及增强相本身所固有的传导特性将直接影响复合质子交换膜的质子传导能力。在早期制备的聚四氟乙烯增强型复合质子交换膜中，由于全氟磺酸树脂在聚四氟乙烯多孔膜中的填充度较低，只有少量树脂承担质子传导的作用，因此复合膜的质子传导能力较低[120]。尽管采用负压浸渍[60]、基体膜表面修饰[117]以及高温热处理相缠绕的方法有效提高了树脂的填充度以及树脂与聚四氟乙烯增强基体的界面相容性，使得复合膜的质子传导率得到了很大程度的提高（常温、100%加湿条件下电导率为 0.061S/cm），但与均质全氟磺酸膜（Nafion-211 膜）相比（常温、100%加湿条件下电导率为 0.091S/cm），仍然存在一定的差距。Liu 等[121]研究发现不具有质子传导能力的增强相与全氟磺酸树脂的接触界面阻碍了质子的传导，或者迫使质子绕过非传导性介质进行传导作用，延长了质子传导路径，降低了复合膜的质子传导能力。Ramya 等[122]也通过研究得出聚四氟乙烯微孔膜的增强作用降低了质子交换膜的电导率，并且还分析了低湿度下复合膜的性能，发现在低湿度条件下未被树脂完全填充的细孔阻碍了质子的传导。而在高湿度条件下，这些细孔被水分子填充，质子可通过水扩散作用在微孔结构中传导，降低了质子传导的阻抗，因此质子传导能力随着水含量的增加而快速增加。Tang 等[117]采用阻抗分析发现聚四氟乙烯多孔膜增强型复合膜的电荷转移阻抗（R_{CT}）高于同等条件下均质全氟磺酸膜，说明由于非传导性聚四氟乙烯增强相的存在，接触界面间形成了阻碍质子传导的阻抗，延长了质子传导的路径。

在聚四氟乙烯增强型全氟磺酸复合膜中，聚四氟乙烯微孔膜只起到增强的作用，其质子传导能力仍然依赖于全氟磺酸树脂，因此，复合膜中仍然存在 Grotthuss 传导和 Vehicle 传导。然而，疏水性的聚四氟乙烯纤维在一定程度上阻碍了水在复合膜中的扩散，降低了以 Vehicle 机制传导的质子电导率。同时，由于聚四氟乙烯本身不具有质子传导能力，聚四氟乙烯增强相的存在干扰了均质全氟磺酸质子交换膜有序的微观传导结构，并且，由于循环溶胀应力的存在，复合膜在长期使用过程中出现界面剥离的现象[123]，从而增大了材料的界面质子传导势垒，显著降低了质子交换膜中以 Grotthuss 机制传导的质子电导率。虽然聚四氟乙烯增强组分本身不具有导质子能力，且膜中的全氟磺酸树脂含量又较低，导致其室温电导率低于 Nafion 膜，但由于复合膜厚度较薄，相对厚的均质膜而言，其面电阻较低，水扩散较为容易，因而具有较好的质子面电导和电池性能，表3-3分别列出了ePTFE增强型复合膜与Nafion-211膜的性能参数。

表3-3 ePTFE增强型复合膜与Nafion-211膜的性能参数对比

性能参数	Nafion-211膜	ePTFE增强型复合膜
厚度/μm	25	15
质子电导率/(S/cm)	0.091	0.062
质子面电导率/(S/cm^2)	36.4	44.2
机械强度/MPa	21.3	34
氢气透过率/(mA/cm^2)	0.82	1.05
吸水率/%	27	25
吸水溶胀率/%	9.8	6.6

除了聚四氟乙烯纤维膜，玻璃纤维或其他纳米纤维材料也被用于制备增强型复合质子交换膜。英国Johnson Matthery公司[124]采用造纸工艺制备了自由分散的玻璃纤维基材，并将Nafion溶液填充到玻璃纤维的微孔结构中，最后通过层压方法制备了玻璃纤维增强型复合质子交换膜。Liu等[121]向全氟磺酸树脂中掺杂碳纳米管制备了增强型复合膜，结构显示纳米纤维确实具有增强能力，但碳纳米管具有导电子能力，容易导致电子直接穿透质子交换膜而引起燃料电池短路。Wang等[61]通过在全氟磺酸树脂溶液中掺杂二氧化钛纳米线制备了复合膜，也获得了良好的增强效果。然而，这些不具有质子传导能力的增强纤维材料在一定程度上限制了质子交换膜中的水扩散以及质子传导能力。因此，要制备性能和耐久性兼优的物理结构增强型复合质子交换膜，理想的增强成分需要满足以下几个基本条件：①能够起到增强效果；②具有一定的亲水能力，即不阻碍质子交换膜中水的扩散；③具有一定的质子传导能力。

3.5.2 高温型复合质子交换膜

质子交换膜燃料电池根据工作温度的不同可分为低温质子交换膜燃料电池（60～80℃）和高温质子交换膜燃料电池（>100℃）。虽然低温质子交换膜具有较高的功率密度和低温快速启动等优点，但高温质子交换膜因具有以下诸多优势引起了科学家们的广泛研究[5-7]：

① 具有更快的电极反应动力学。燃料电池的电化学动力学主要取决于阴极处较慢的氧气还原反应。迟钝的阴极反应会产生过电势，造成燃料电池的电压损失。在高温条件下，两电极特别是阴极的反应活性提高，反应速度加快，电池的

整体性能得到改善。

② 能够减弱 CO 对 Pt 催化剂的中毒效应。Pt 催化剂对 CO 分子具有很强的吸附性，CO 在 Pt 表面的吸附会造成催化剂中毒，使其失去反应活性。提高燃料电池的运行温度，能够大幅度降低 CO 在 Pt 催化剂表面的吸附，减弱 CO 对 Pt 催化剂的中毒效应。因此，高温时，可以直接采用重整氢气作为燃料，降低了提纯氢气燃料所消耗的成本。

③ 仅需要简单的水管理系统。当温度低于 80℃时，水会以气液两相存在于燃料电池中。当湿度很高时，水蒸气会冷凝成液体，过多的液体会造成电极水淹，影响燃料电池的性能，因此需要复杂的系统来管理燃料电池中的水。当温度高于 100℃ 时，水只以蒸汽相存在于电池中。此时，水在膜电极及扩散层中的传递就变得更加容易，阴极也不会出现水淹现象，燃料电池的水管理系统得到大幅度简化。

④ 具有高效的热管理。燃料电池虽然具有很高的能效，但其反应过程仍有 40%～50%的能量转化为热量，这些废热需要及时从电池里排出以避免电池温度过高，造成材料性能过快退化。当燃料电池的工作温度低于 80℃时，因电池与环境的温差较小传热速率较慢，需要采用专门的冷却技术才能有效地将热量排出。当电池的工作温度升高时，电池与环境的温度梯度变大，传热速率变快，这就使得应用现有的内燃机冷却系统来冷却燃料电池成为了可能。较高温度的废热排出后还可以回收利用，用于给电池直接加热、蒸汽重整以及热电联用等，能够提高能量利用率。

⑤ 可以使用廉价催化剂。高温下，燃料电池具有较高的电极反应动力学，这使得其他廉价非 Pt 催化剂的性能也能够满足燃料电池的工作要求，可以大幅度降低燃料电池的成本。

虽然高温质子交换膜燃料电池具有上述众多优势，有望解决质子交换膜燃料电池面临的几大技术难题，但其商业化仍然面临着许多难题和挑战。其中，一个关键的问题是目前普遍使用的以 Nafion 系列为代表的全氟磺酸质子交换膜在高温条件下由于失水造成质子传导性能急剧下降，无法满足燃料电池的使用需求。为此，高温质子交换膜的研究开发得到了科学家们的广泛关注。一般向质子导体材料中复合一定量功能性添加剂而制备成高温型复合质子交换膜，以保证质子交换膜在高温条件下的良好质子传导性能，从而满足燃料电池在高温下的有效运行。高温型复合质子交换膜的研究主要有以下两种。

(1) 自增湿高温型复合质子交换膜

目前，自增湿高温型复合膜主要有亲水性纳米颗粒掺杂自增湿型和 H_2-O_2 自增湿型。

亲水性纳米颗粒掺杂自增湿型一般是利用二氧化硅（SiO_2）[125]、二氧化钛（TiO_2）[61]、金属有机框架（MOFs）类新型材料[126] 等亲水性纳米粒子与聚合物电解质材料如 Nafion 或 SPEEK 等均匀复合而成，图 3-22 为 SiO_2 纳米颗粒/Nafion 复合膜的一种制备方法[125]。由于复合膜中均匀分散的亲水性纳米粒子具有良好的保水性能，能够提高质子交换膜在高温条件下的保水能力，同时能够增强阴极生成的水向阳极的反扩散，降低水从阳极向阴极的电渗，实现阳极侧的自增湿效果，保证在不对反应气体加湿的条件下质子交换膜的良好传导质子性能，从而能够简化燃料电池中的水管理系统。该类复合膜的制备方法主要包括以下两种：a. 浇铸法。将亲水性纳米颗粒加入聚合物质子导体溶液中混合均匀后，进行浇铸和干燥成膜。此法简单，易规模化生产，但无机纳米粒子由于其高表面能往往容易团聚，导致复合不均匀，影响电池性能；b. 溶胶-凝胶法。将合成亲水性纳米颗粒的前驱体加入聚合物质子导体溶液中混合均匀后，在一定条件下使得前驱体在聚合物质子导体内原位反应生长亲水性纳米颗粒而制备成复合膜。此法通常能够制备出纳米颗粒均匀分散的复合膜，但反应条件难以精确控制。

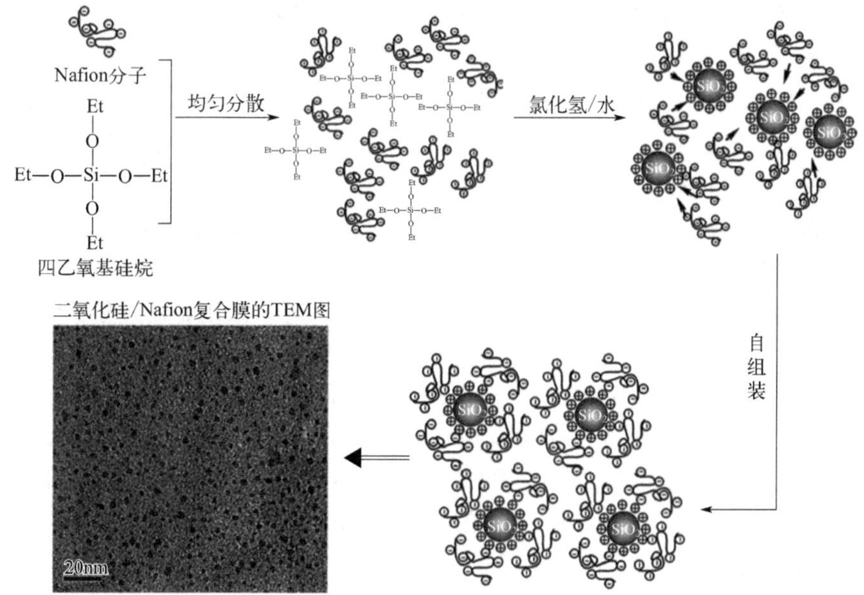

图 3-22　SiO_2 纳米颗粒/Nafion 复合膜的一种制备方法[125]

H_2-O_2 自增湿型复合膜的工作原理是在质子交换膜中复合微量的 Pt 催化剂，让扩散至膜内的氢气和氧气反应生成水[127,128]。这种方式不但实现了质子交换膜的实时自增湿效果，还能阻止气体渗透产生混合电位，提高电流效率，增加电池的安全性。缺点是无法对膜内的 Pt 纳米颗粒固定，纳米颗粒在聚合物中容易聚集长大导致电子导通，引起电池短路。

（2）非水质子溶剂类高温型复合质子交换膜

这类复合膜主要采用具有与水相类似的强氢键和质子传导机制的高温质子溶剂代替水作为质子传导介质，不依赖水的存在。其中一种有代表性的技术路线是前文已描述的利用无机强酸（磷酸）掺杂的聚苯并咪唑膜。据报道[129]，在200℃、相对湿度5%的条件下，磷酸掺杂的PBI膜（每个重复BI单元5.6个磷酸分子）的电导率为0.068S/cm。如果在上述膜中加入15%的磷酸氢锆，在相同的测试条件下（200℃，5% RH），膜的电导率可以提高到0.096S/cm。另一种技术路线是采用咪唑类化合物代替水作为质子传导介质。咪唑类化合物与水具有相似的特性（两性化合物、自离解、强氢键以及由其形成的质子传导网络结构等），同时还具有低挥发性、较宽的电化学工作窗口、高离子传导率、较强的热和化学稳定性。研究表明[130]，Nafion膜可以在咪唑熔融体或者咪唑溶液中发生溶胀，而且被咪唑溶胀过的Nafion膜的工作温度可以达到180℃以上。在给定工作温度（80℃以下）的情况下，Nafion-咪唑杂化重铸膜的离子传导率比相同条件下完全加湿的Nafion膜低近一个数量级。然而，随着温度的升高，这种重铸膜在不加湿情况下的质子传导率逐渐增加。当工作温度升高到180℃的时候，Nafion-咪唑杂化的复合膜在未加湿条件下的质子传导率与80℃条件下完全加湿的Nafion膜相当，接近0.1S/cm。研究者还发现，Nafion-咪唑杂化复合膜的质子传导率还取决于成膜工艺：Nafion-咪唑重铸膜的质子传导率在相同条件下比在熔融的咪唑以及咪唑溶液中浸渍过的Nafion膜高出近一个数量级。Dolye等[131]证实了被咪唑盐类化合物溶胀的Nafion膜在100～200℃的温度范围内也表现出了较高的质子传导率和稳定性。他们观察到在180℃，被1-丁基-3-甲基咪唑三氟甲磺酸盐溶胀的全氟磺酸膜的电导率可以达到0.1S/cm。另外，采用非氟高分子磺化的聚二苯醚-咪唑膜[132]在200℃、相对湿度为33%的条件下，膜的质子传导率可以达到6.92×10^{-3}S/cm。虽然此类质子交换膜在高温低湿条件下可以保持较好的质子传导性能，但膜内非水质子溶剂易随电池反应生成的水而流失，造成电池性能下降。另外，流失的磷酸还会腐蚀电池材料，影响电池的使用寿命；流失的咪唑类化合物自由移动到催化层界面，通过与铂催化剂的络合反应，会造成催化剂中毒。因此，如何将非水质子溶剂固定在聚合物质子导体上是需要解决的关键科学问题。

3.6 无机质子交换膜

无机质子导体材料主要包括小分子无机酸、氧化物陶瓷、无机沸石材料、固体酸无机材料、金属有机框架类新型质子传导材料等[14-16]。如前文所述，小分子无机酸如磷酸一般作为非水质子溶剂负载在聚合物或者无机固体材料上制备成高温复合质子交换膜。氧化物陶瓷和无机沸石材料的固有质子传导率较低，一般需要设计构筑成有序多孔的氧化物陶瓷结构[133]，以构建出有序的质子传输通道来提高其质子传导能力。另外，通过在多孔氧化物陶瓷表面的羟基功能团修饰上具有高质子传导能力的其他物质，也能够进一步提高该材料的质子传导性能。$CsHSO_4$ 和 CsH_2PO_4 是具有代表性的固体酸无机材料。此类化合物在高温条件下能够发生“超质子相转变”现象[134]，即从低温的有序相向高温的无序相转变时质子传导率会提高几个数量级，这是因为相变后固态酸的氢键网络变得无序，产生空质子位，质子可利用这些空位传递。文献报道，$CsHSO_4$ 的结构在低温时是单斜晶系，在 141℃时变换成四方晶系，同时质子电导率增大了 2～3 个数量级，达到了 10^{-2}S/cm。金属有机框架（MOFs）是由金属离子或团簇与有机配体相互配位自组装而成的一类具有周期性框架结构的晶态多孔材料[135,136]。因其结构多样性、可设计性、多孔性、超高比表面积以及化学功能化途径丰富等优异特性，MOFs 在催化、传感、气体储存与分离等诸多研究领域呈现出潜在的应用前景。近 20 年来，超过 10 万种不同结构的 MOFs 材料被设计和制备出来，深度研发其潜在的功能应用已成为当今的研究热点[137]。MOFs 应用于质子传导材料领域的优势主要包括：①具有高度有序的可设计性功能结构，能够设计并构建出有序的质子传导通道；②固有的微孔结构及其超高的比表面积，能够吸附质子传输溶质获得丰富的质子传输活性位点；③高度有序的质子传导结构有利于理论建模分析，能够合理地分析材料的质子传导机理，有望推动 MOFs 质子传导材料的材料基因工程设计合成。需要指出的是，无机传导材料通常需要压片成膜或作为功能添加剂掺杂到其他聚合物传导材料中制成块体膜。该无机质子交换膜柔韧性且易碎，极大地限制了其在燃料电池中的实际应用。这部分内容在本章将不展开详细介绍，感兴趣的读者可参考相关综述论文[138-141]。

3.7 质子交换膜的成膜工艺

质子交换膜的成膜工艺主要包括挤出成型、溶液成型和复合成型等。

3.7.1 挤出成型工艺

挤出成型工艺是指在高于全氟磺酸树脂材料的熔融温度和低于其起始分解温

度的条件下，直接将树脂熔体从挤出机挤出成膜的一种成型方法。DuPont 公司生产的第一代质子交换膜（Nafion-111、Nafion-112、Nafion-115 和 Nafion-117 等）就是采用熔融挤出成型的方法。该方法制备的质子交换膜厚度均匀，具有强度高和易放大生产等特点，但由于在成膜过程中，全氟磺酸高分子链易沿挤出方向取向排布，造成质子交换膜的结构和性能各向异性，最终导致质子交换膜稳定性较差。因此，DuPont 公司的第二代质子交换膜（Nafion-211 和 Nafion-212 等）改用了溶液浇铸成型工艺。

3.7.2 溶液成型工艺

溶液成型工艺又包括溶液浇铸成型和溶液流延成型。溶液浇铸成型是指将全氟磺酸树脂溶液注入固有模具，然后通过溶剂挥发加热成膜。该成型工艺的全氟磺酸树脂溶液的黏度通常较低，且得到的质子交换膜的性能与使用的溶剂成分和加热温度有关。此外，这种方法得到的质子交换膜虽然结构和性能各向同性，但难以连续化生产。溶液流延成型是先将全氟磺酸树脂溶解在溶剂中得到树脂溶胶，然后将溶胶涂布在可剥离的载体上，然后加热干燥成膜，最后将质子交换膜从载体中剥离下来。与溶液浇铸成型的差别在于成型设备及全氟磺酸树脂溶液黏度，流延成型采用的树脂溶液的黏度要求较大。溶液成型工艺操作简单可控，成本较低。

3.7.3 复合成型工艺

复合成型工艺是将全氟磺酸树脂材料与其他基体材料如聚四氟乙烯多孔薄膜材料一起复合制备成复合质子交换膜。复合成型工艺又分为热压复合和溶液复合。热压复合是将全氟磺酸树脂和基体薄膜在高于全氟磺酸树脂材料的熔融温度和低于其起始分解温度的条件下一起热压成膜的工艺方法。溶液复合是通过浸渍、涂布或喷涂等工艺将溶液中的全氟磺酸树脂分子填充到多孔基体薄膜中，然后进行干燥成膜的工艺方法。

3.8 质子交换膜的性能参数和表征方法

本部分重点介绍质子交换膜的厚度、离子交换容量、质子电导率、氢气渗透率、机械强度、吸水溶胀率、机械稳定性、化学稳定性等关键物性参数及其测试方法。质子交换膜的电池性能受阴阳极催化剂、微孔层、扩散层等相关材料和测试条件的影响，本章中不做讨论。

3.8.1 厚度

厚度是质子交换膜最基本的物性参数之一，与质子交换膜的质子面电阻成反比，和膜的力学性能成正比。通常情况下，在满足质子交换膜机械强度应用需求的条件下应尽可能地减小膜的厚度以降低膜的面电阻，进而提升燃料电池的性能。另外，厚度的减薄还能够节约材料，降低燃料电池的成本，但又会提高燃料电池阴阳极反应气体（H_2 或 O_2）的透过率，从而影响燃料电池的性能，增加电池的安全隐患。因此，针对不同的膜材料，选择合适的厚度是保证质子交换膜良好应用的关键。

自 20 世纪 60 年代美国 DuPont 公司发明全氟磺酸树脂以来，商业化质子交换膜产品不断革新，质子交换膜的厚度也不断降低，第一代膜产品 Nafion-117 膜和 Nafion-115 膜的厚度分别为 178μm 和 127μm，到第二代膜产品如 Nafion-212 膜和 Nafion-211 膜的厚度降低到 50μm 和 25μm，再到 Gero-Select 系列 ePTFE 增强型复合质子交换膜的厚度为 15μm（目前最薄的可达 5μm）。因此，在保证较低的反应气体扩散率的前提下，开发高强度的超薄型复合质子交换膜成为了未来发展的趋势。

关于厚度测试的标准主要有 GB/T 6672—2001《塑料薄膜和薄片 厚度测定 机械测量法》、GB/T 20220—2006《塑料薄膜和薄片 样品平均厚度、卷平均厚度及单位质量面积的测定 称量法（称量厚度）》、ASTM D374M-13 *Standard Test Methods for Thickness of Solid Electrical Insulation*、DIN 53370：2006 *Testing of Plastics Films-Determination of the Thickness by Mechanical Scanning* 和 JIS Z1702—1994《包装用聚乙烯薄膜》等。由于质子交换膜主要以聚合物作为制膜材料，聚合物膜材料质地柔软，在测量厚度时应尽可能减小接触压力对膜变形的影响。尤其是在实验室中利用小型手持式测厚仪进行测量时，若接触压力过大可能因变形而使测量结果失真，因此可借助非接触式测厚仪进行测量。非接触式测厚仪可以做到快速、无损测量，但测试是基于光学原理的点测量，相对于接触式的面测量方法，点测量容易受到膜微观结构的影响，因此其测试结果波动较大，不利于平均厚度的准确测量。

3.8.2 离子交换容量

离子交换容量，即 IEC 值（ion-exchange capacity），是指每克质子交换膜干膜与外界溶液中相应离子进行等量交换的毫摩尔数，单位为 mmol/g。IEC 值的大小标志着质子交换膜离子交换能力的大小，是衡量质子交换膜性能的重要参数。离子交换容量可分为全交换容量和工作交换容量。在一定操作条件下实际测得的交换容量为工作交换容量，是指在实际操作条件下，单位质量质子交换膜中实际参加交换的活性基团。它的大小不是固定不变的，与溶液的离子浓度、树脂粒度的大小以及交换基团类型等因素有关。

关于离子交换容量测试的标准主要有 GB/T8144—2008《阳离子交换树脂交换容量测定方法》等。常用的测试方法为滴定法。一般是将一定质量（m）的质子交换膜装入交换柱中，用 Na_2SO_4 溶液中的 Na^+ 与交换柱内质子交换膜上的 H^+ 进行交换，交换下来的 H^+ 用已知浓度的 NaOH 溶液滴定，直到 pH 值与加入的 Na_2SO_4 溶液相同时停止滴定。具体反应如下：

$$RH + Na^+ \longrightarrow RNa + H^+$$

$$H^+ + OH^- \longrightarrow H_2O$$

最后根据 NaOH 的浓度 c 和滴定消耗的体积 V 来计算交换容量 Q，单位为 mmol/g。计算公式如下。

$$Q = \frac{cV}{m}$$

3.8.3 质子电导率

质子电导率是质子交换膜传导质子能力的体现，是衡量质子交换膜和质子交换膜燃料电池性能的关键指标之一。目前，世界上的主流膜产品全氟磺酸质子交换膜的质子传导性能与质子交换膜的微观结构密切相关，而膜的微观结构又易受到测试温度和测试环境中水含量的影响。

对于质子交换膜电导率的测试主要有直流电法、同轴探针法和交流阻抗法。其中，交流阻抗法是目前最主流的测试方法，它是一种常用的电化学测试技术，用于分析样品的复杂平面频率响应，是使用最为广泛的方法。该方法具有频率范围广、对体系扰动小的特点，是研究电极过程动力学、电极表面现象以及测定固态电解质电导率的重要工具。由于电极中电解质在交变电场的作用下，在平衡位置做简谐振动，正、负离子不会长时间向一个方向移动，使得电极上的双电荷层减少，因此，交流阻抗法可使电极上的极化效应得到最大程度的抑制，被认为是测定固态电解质电导率最准确的方法。交流阻抗法可采用两电极测量系统和四电极测量系统。对两电极系统而言，在较高的频率范围（100～500kHz）内测得的电导率是可信的，而界面的阻抗主要在＜100Hz 的范围内产生，因此，在低频段无法得到准确的信息。采用四电极测试时，电压降由一对分别连到仪器内的高阻抗输入端测得，两个外电极用来测量电流，交流电极与检测电极相互独立，诱导阻抗在总阻抗中可以忽略，只有电容的容抗是影响总阻抗（包括欧姆阻抗）的主要因素。因此，采用四电极交流阻抗法可以较准确地测量质子交换膜的质子电导率。具体的测试步骤可查看质子交换膜电导率的测试标准 GB/T 20042.3—2022《质子交换膜燃料电池 第 3 部分：质子交换膜测试方法》。

另外，电导率的测试需要将样品膜夹紧在平面电极之间（横向测量），以阻止正、负离子与外加电场平衡化。同时，膜与电极的接触是否良好也会影响质子电导率的测量，因为测量的阻抗包括欧姆阻抗、接触阻抗、由于连续的欧姆降而产生的低接触电阻以及 Pt 电极自身的电阻。因此，电导率的测试需要系统地考虑测量方法、测量装置、具体测试操作及实验条件（如测试温度和湿度等）等外部因素对电导率的影响。

3.8.4 氢气渗透率

在质子交换膜燃料电池实际运行过程中，少量的燃料（H_2）会从燃料电池阳极穿透质子交换膜渗透到阴极，与阴极的氧化剂（O_2）直接发生反应，造成燃料的浪费。另外，阴极氧化剂气体通过质子交换膜扩散到阳极会稀释燃料浓度，降低燃料的利用率，更为严重的是燃料的渗透会导致燃料电池开路电压（OCV）降低，引起自由基的产生，进而加速质子交换膜的化学降解，甚至引起安全性问题。因此，氢气渗透率是考察质子交换膜性能的一个重要参数。影响质子交换膜氢气渗透率的因素主要包括质子交换膜本征因素（如膜材料的微观结构和膜厚等）和外界因素（如温度、湿度）以及燃料电池中阴阳极的气压差等。氢气的扩散机制主要包括膜内微孔通道的扩散机制和溶解扩散机制。当膜处于干态时，氢气渗透主要受膜内微孔通道扩散机制主导，可以通过电解质材料成分以及制膜工艺条件的调控来降低氢气的渗透率。当膜处于湿态时，氢气的直接微通道扩散减少，溶解扩散增加，氢气渗透率同时受两种扩散机制影响。另外，当温度升高时，气体分子运动加剧，气体渗透率也会相应增加。气体渗透率与阴阳极压差成线性关系，压差越大，氢气渗透率越大。在相同条件下，氧气的渗透率通常为氢气的一半。

目前，氢气渗透率的测试方法主要包括测定体积法、气相色谱分析法以及线性扫描电压法（LSV）。相比较而言，LSV 测试可以在真实的燃料电池工作条件下在线进行，不需要拆卸燃料电池系统，获得的气体渗透率能够准确反映质子交换膜在实际工作条件下的真实状况，因此，LSV 成为了质子交换膜氢气渗透率最主流的测试方法。

LSV测试与CV测试相似，在燃料电池的阳极和阴极分别通入氢气和氮气。这种情况下，阳极作为参比电极和对电极，阴极作为工作电极。在测试时，使用可以产生低扫描速率的可控电源，工作电极在低扫描速率下用线性扫描电池从起始电位扫描到结束电位。为了防止Pt/C催化剂的氧化，电位一般不超过0.8V。当控制阴极电压的时候，电化学反应会以电流的形式在电极之间被检测到。在选定的高电位下，从阳极渗透到阴极的氢气会被全部氧化，同时产生极限电流。由于阴极只通过氮气，所以产生的电流只和渗透过去的氢气有关，因此LSV可以用来评估从阳极渗透到阴极的氢气量。具体的测试步骤可查看质子交换膜电导率的测试标准GB/T 20042.3—2022《质子交换膜燃料电池 第3部分：质子交换膜测试方法》。

3.8.5 机械强度

鉴于质子交换膜生产过程中的卷曲缠绕和包装、膜电极的制备，以及燃料电池的组装等因素，质子交换膜必须具备一定的机械强度，能够克服上述过程中产生的物理冲击、穿刺、磨损和压缩等作用带来的损坏，因此，需要对其机械强度进行考察。质子交换膜的机械强度主要包括穿刺强度和拉伸强度。质子交换膜的机械强度不但与质子交换膜本身的结构和成分有关，还与测试的环境条件如温度或湿度等有关。具体测试方法可以参照相应的测试标准ASTM D3763-10 *Standard Test Method for High Speed Puncture Properties of Plastics Using Load and Displacement Sensors*、ASTM D882-10 *Standard Test Method for Tensile Properties of Thin Plastic Sheeting* 和GB/T 20042.3—2022《质子交换膜燃料电池 第3部分：质子交换膜测试方法》等。

3.8.6 吸水溶胀率

全氟磺酸质子交换膜只有在吸水后才能成为良好的质子导体，因此，在通常情况下需要对质子交换膜进行加湿以保证其良好的传导质子的能力。然而，全氟磺酸膜吸水后会出现溶胀，导致膜尺寸（长度、宽度和厚度）的变化和力学性能的下降。另外，在薄膜生产、运输和保存的过程中，因环境湿度的变化或膜局部吸水的不均匀性引起的溶胀现象，会导致质子交换膜局部的褶皱或凹凸不平，不但影响膜的美观，还会给后续的加工或应用带来极大的影响。因此，吸水溶胀率是质子交换膜的一个重要参数。具体测试方法可以参照相应的测试标准GB/T 20042.3—2022《质子交换膜燃料电池 第3部分：质子交换膜测试方法》。

3.8.7 机械稳定性

从前文的分析可知，质子交换膜的机械失效主要是由质子交换膜在吸水溶胀和失水收缩过程中产生的循环应力导致的。较大的循环应力作用会导致质子交换膜的撕裂、穿孔以及催化剂从膜电极上剥离脱落，进而导致燃料的直接渗透、电池性能的快速衰退，甚至会导致燃料电池的直接失效以及相应的安全问题。因此，考察质子交换膜的力学稳定性十分必要。目前，考察质子交换膜稳定性的方法主要是通过机械耐久性加速试验的方法来进行，如唐浩林等在国际上最早提出的质子交换膜溶胀应力疲劳破坏理论和快速测试方法[123]。该方法主要是通过电池测试过程中干湿循环工况来实现，即膜电极运行过程中在大电流下产生的水较多，质子交换膜吸水溶胀；在小电流或不运行时，质子膜失水收缩；不断循环这两个工况，以获得加速试验的方式得到质子交换膜的力学稳定性。具体测试方法可以参照中国汽车工业协会团体标准 T/CAAMTB 12—2020《质子交换膜燃料电池膜电极测试方法》。

3.8.8 化学稳定性

质子交换膜的化学退化主要是由于自由基攻击全氟磺酸膜末端不稳定羧基基团，进而引起主链重复单元逐步脱落，而且随着主链重复单元的逐渐脱落，Nafion 膜表面开始逐渐出现小气泡，这些气泡最终将导致膜穿孔以及电池失效。因此，质子交换膜化学稳定性的测试也就是考察质子交换膜在自由基攻击环境下的化学结构稳定性。测试可通过离线测试和在线测试两种方式进行。离线测试一般是将全氟磺酸膜浸泡在 Fenton 溶液中，一定时间后对浸泡过的 Nafion 膜以及收集的浓缩溶液进行系统的表征分析，考察膜形貌和化学结构的变化，如图 3-23 所示[65]，Nafion-111 膜在 Fenton 试剂中浸泡 48 h 后，膜表面出现了大量的气泡和孔洞，说明 Nafion 膜发生了降解。在线测试主要是在电堆运行过程中，设定特殊的工况条件（如在电池温度为 90℃ 和 OCV 条件下运行），加速氢气的渗透并发生不完全的氧化反应产生 H_2O_2，进而分解为 ·OH 自由基对全氟磺酸膜进行攻击，从而能够在线考察电池的性能变化，并收

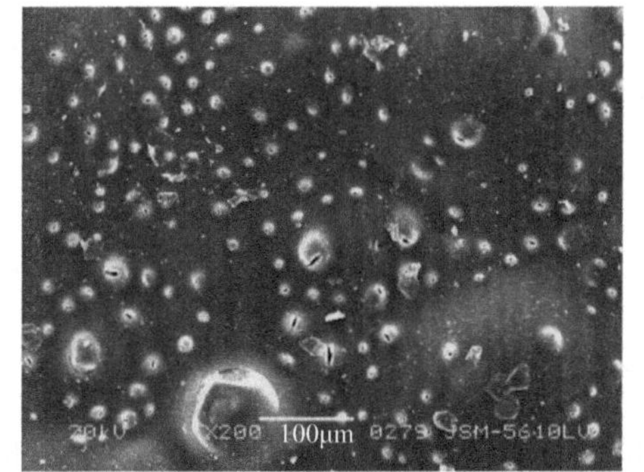

图 3-23 Nafion-111 膜在 Fenton 试剂中浸泡 48 h 后的 SEM 图[65]

集反应生成的浓缩液进行相应的表征分析。具体测试方法可以参照中国汽车工业协会团体标准 T/CAAMTB 12—2020《质子交换膜燃料电池膜电极测试方法》。

3.9 总结与展望

目前，全球质子交换膜的产业化发展方向主要包括：

① 从均质膜向复合膜发展。机械增强型复合膜具有较低的成本、较高的力学性能、较好的物理结构稳定性以及较低的吸水溶胀率，能够有效改善燃料电池的性能和耐久性，成为质子交换膜发展的一个重要方向。高温型复合膜能够保证燃料电池在高温条件下的正常稳定运行，不但可以提高质子交换膜的反应动力学，还可以简化燃料电池的水管理系统等一系列重大技术问题，甚至还有望匹配非贵金属催化剂，极大地降低燃料电池的成本。尽管目前高温燃料电池在低温条件下启动较慢，使燃料电池车无法在短途行驶中获得应用，但高温质子交换膜因其诸多优势一直是科研工作者期待成功实现大规模生产和应用的方向。

② 从高膜厚向低膜厚发展。自从 DuPont 公司发明全氟磺酸树脂以来，商业化全氟磺酸膜的厚度不断降低，从 178μm 的 Nafion-117 膜发展到目前 5μm 的 Gore-Select 复合膜。在能够保证燃料电池稳定运行的前提下，膜厚的降低不但可以减少全氟磺酸树脂的用量，降低膜成本，还可以提高质子交换膜的面电导，有效提高质子交换膜及燃料电池的性能和寿命。

③ 从高 EW 值向低 EW 值发展。早期 Nafion 膜的 EW 值为 1100，而目前 3M 公司最新全氟磺酸膜的 EW 值最低达到 700。EW 值越低，作为质子传导载体的磺酸基团浓度越高，从而具有更好的吸水性能，能够保证质子交换膜在高温条件下的质子传导能力。EW 值的降低通常通过短支链全氟磺酸树脂结构实现，这种短支链结构不但能够提高质子传导性能，还能够减少树脂材料中醚键等缺陷基团，有效改善质子交换膜的化学稳定性。

另外，为了满足质子交换膜在燃料电池中的跨温区应用，开发新型结构全氟磺酸膜及相应的复合膜先进制备技术，也将是未来重点发展的方向之一。

参考文献

[1] 衣宝廉. 燃料电池——原理·技术·应用[M]. 北京：化学工业出版社，2003.
[2] 毛宗强，等. 燃料电池[M]. 北京：化学工业出版社，2005.
[3] 章俊良，蒋峰景. 燃料电池—原理·关键材料和技术[M]. 上海：上海交通大学出版

社，2014.
[4] Wilson M S，Gottesfeld S. Thin-film catalyst layers for polymer electrolyte fuel cell electrodes[J]. Journal of Applied Electrochemistry，1992，22 (1)：1-7.
[5] Shao Y，Yin G，Wang Z，et al. Proton exchange membrane fuel cell from low temperature to high temperature：Material challenges[J]. Journal of Power Sources，2007，167 (2)：235-242.
[6] Devanathan R. Recent developments in proton exchange membranes for fuel cells[J]. Energy & Environmental Science，2008，1 (1)：101-119.
[7] Dupuis A C. Proton exchange membranes for fuel cells operated at medium temperatures：Materials and experimental techniques[J]. Progress in Materials Science，2011，56 (3)：289-327.
[8] Mauritz K A，Moore R B. State of understanding of Nafion[J]. Chemical Reviews，2004，104 (10)：4535-4586.
[9] Smitha B，Sridhar S，Khan A A. Solid polymer electrolyte membranes for fuel cell applications—a review[J]. Journal of Membrane Science，2005，259 (1)：10-26.
[10] Kusoglu A，Weber A Z. New insights into perfluorinated sulfonic-acid ionomers[J]. Chemical Reviews，2017，117 (3)：987-1104.
[11] And J R，Jones D J. Non-fluorinated polymer materials for proton exchange membrane fuel cells[J]. Annual Review of Materials Research，2003，33 (1)：503-555.
[12] Souzy R，Ameduri B，Boutevin B，et al. Functional fluoropolymers for fuel cell membranes[J]. Solid State Ionics，2005，176 (39)：2839-2848.
[13] Esmaeili N，Gray E M，Webb C J. Non-fluorinated polymer composite proton exchange membranes for fuel cell applications——A review[J]. ChemPhysChem，2019，20 (16)：2016-2053.
[14] 王颖锋，李凯，李水荣，等. 用于质子交换膜燃料电池的高温无机质子传导材料研究进展[J]. 化工进展，2019，332 (05)：153-162.
[15] 马桂林，许佳，张明，等. 无机质子导体的研究进展[J]. 化学进展，2011，23 (002)：441-448.
[16] 陈林，唐浩林，潘牧. 燃料电池用高温无机质子传导材料研究进展[J]. 电源技术，2011，35 (10)：1313-1316.
[17] Wu J，Yuan X Z，Martin J J，et al. A review of PEM fuel cell durability：Degradation mechanisms and mitigation strategies[J]. Journal of Power Sources，2008，184 (1)：104-119.
[18] De Bruijn F A，Dam V A T，Janssen G J M. Review：Durability and degradation issues of PEM fuel cell components[J]. Fuel Cells，2008，8 (1)：3-22.
[19] Borup R，Meyers J，Pivovar B，et al. Scientific aspects of polymer electrolyte fuel cell durability and degradation[J]. Chemical Reviews，2007，107 (10)：3904-3951.
[20] 李雷，尚玉明，谢晓峰，等. 微孔聚四氟乙烯增强复合质子交换膜研究[J]. 化学进展，2009，21 (007)：1611-1618.
[21] Bahar B，Hobson A R，Kolde J A. Integral composite membrane：US 5599614. 1997-02-04.

[22] Bahar B, Hobson A R, Kolde J A, Zuckerbrod D. Ultra-thin integral composite membrane: US 5547551. 1996-8-20.

[23] Ren X, Gottesfeld S. Electro-osmotic drag of water in poly (perfluorosulfonic acid) membranes[J]. Journal of The Electrochemical Society, 2001, 148 (1): A87.

[24] Arcella V, Troglia C, Ghielmi A. Hyflon ion membranes for fuel cells[J]. Industrial & Engineering Chemistry Research, 2005, 44 (20): 7646-7651.

[25] Merlo L, Ghielmi A, Cirillo L, et al. Membrane electrode assemblies based on HYFLON® ion for an evolving fuel cell technology[J]. Separation Science and Technology, 2007, 42 (13): 2891-2908.

[26] Yoshitake M, Watakabe A. Perfluorinated ionic polymers for PEFCs (including supported PFSA) [M]//Scherer G G. Fuel cells Ⅰ. Springer, 2008.

[27] Vaughan D. DuPont Innovation 43: 101973.

[28] Okazoe T, Watanabe K, Itoh M, et al. A new route to perfluorinated vinyl ether monomers: synthesis of perfluoro (alkoxyalkanoyl) fluorides from non-fluorinated compounds[J]. Journal of Fluorine Chemistry, 2001, 112 (1): 109-116.

[29] Ezzell B R, Carl W P, Mod W A. Preparation of vinyl ethers: US 4358412L. 1982-11-09.

[30] Guerra M A. Preparation of perfluorinated vinyl ethers haing a sulfonyl fluoride endgroup: US 6624328. 2003-9-23.

[31] Hamrock S J, Rivard L M, et al. Polymer electrolyte membrane: US 7348088. 2008-5-25.

[32] Hoshi N, Uematsu N, Gronwald O, et al. Vinyl monomer with superacid ester group and polymer of the same: US 0209421 A1. 2005-9-22.

[33] Ikeda M, Uematsu N, Saitou H, et al. Novel fluorinated polymer electrolyte for fuel cell. Polymer Preprints, 2005, 54: 4521-4522.

[34] Yandrasits M A, Lindell M J, Hamrock S J. New directions in perfluoroalkyl sulfonic acid-based proton-exchange membranes[J]. Current Opinion in Electrochemistry, 2019, 18: 90-98.

[35] Kaneko I, Watakabe A, Tayanagi J, Saito S. Fluorosulfonyl group-containing compound, method for its production and polymer thereof: US 7667083B2. 2010-2-23.

[36] Saito S, Shimohira T, Hamazaki K. Method for producing fluorinated polymer: US 9593190B2. 2017-5-14.

[37] Kinoshita S, Tanuma T, Yamada K, et al. (Invited) Development of PFSA ionomers for the membrane and the electrodes[J]. ECS Transactions, 2014, 64 (3): 371-375.

[38] Rolfi A, Oldani C, Merlo L, et al. New perfluorinated ionomer with improved oxygen permeability for application in cathode polymeric electrolyte membrane fuel cell[J]. Journal of Power Sources, 2018, 396: 95-101.

[39] Kreuer K D, Rabenau A, Weppner W. Vehicle mechanism, a new model for the interpretation of the conductivity of fast proton conductors[J]. Angewandte Chemie International Edition in English, 1982, 21 (3): 208-209.

[40] Ueki T, Watanabe M. Macromolecules in ionic liquids: Progress, challenges, and op-

portunities[J]. Macromolecules, 2008, 41 (11): 3739-3749.

[41] Gebel G. Structural evolution of water swollen perfluorosulfonated ionomers from dry membrane to solution[J]. Polymer, 2000, 41 (15): 5829-5838.

[42] Saito M, Hayamizu K, Okada T. Temperature dependence of ion and water transport in perfluorinated ionomer membranes for fuel cells[J]. The Journal of Physical Chemistry B, 2005, 109 (8): 3112-3119.

[43] Kreuer K D. On the development of proton conducting polymer membranes for hydrogen and methanol fuel cells[J]. Journal of Membrane Science, 2001, 185 (1): 29-39.

[44] Gierke T D, Munn G E, Wilson F C. The morphology in nafion perfluorinated membrane products, as determined by wide-and small-angle x-ray studies[J]. Journal of Polymer Science: Polymer Physics Edition, 1981, 19 (11): 1687-1704.

[45] Hsu W Y, Gierke T D. Ion transport and clustering in nafion perfluorinated membranes [J]. Journal of Membrane Science, 1983, 13 (3): 307-326.

[46] Siu A, Schmeisser J, Holdcroft S. Effect of water on the low temperature conductivity of polymer electrolytes [J]. The Journal of Physical Chemistry B, 2006, 110 (12): 6072-6080.

[47] Mclean R S, Doyle M, Sauer B B. High-resolution imaging of ionic domains and crystal morphology in ionomers using AFM techniques[J]. Macromolecules, 2000, 33 (17): 6541-6550.

[48] Yuan X Z, Li H, Zhang S, et al. A review of polymer electrolyte membrane fuel cell durability test protocols[J]. Journal of Power Sources, 2011, 196 (22): 9107-9116.

[49] 王诚，王树博，张剑波，等．车用燃料电池耐久性研究[J]．化学进展，2015，027 (004)：424-435.

[50] Pan M, Pan C, Li C, et al. A review of membranes in proton exchange membrane fuel cells: Transport phenomena, performance and durability[J]. Renewable and Sustainable Energy Reviews, 2021, 141: 110771.

[51] Dubau L, Castanheira L, Maillard F, et al. A review of PEM fuel cell durability: materials degradation, local heterogeneities of aging and possible mitigation strategies[J]. WIREs Energy and Environment, 2014, 3 (6): 540-560.

[52] 程宇婷，唐浩林，潘牧．全氟质子交换膜的化学降解及其稳定化研究进展[J]．材料导报，2011，21：33-46.

[53] 王正帮．纳米纤维增强全氟磺酸质子交换膜的制备技术与复合原理[J]．武汉：武汉理工大学，2011.

[54] Schmittinger W, Vahidi A. A review of the main parameters influencing long-term performance and durability of PEM fuel cells[J]. Journal of Power Sources, 2008, 180 (1): 1-14.

[55] Prasanna M, Cho E A, Lim T H, et al. Effects of MEA fabrication method on durability of polymer electrolyte membrane fuel cells[J]. Electrochimica Acta, 2008, 53 (16): 5434-5441.

[56] Lai Y H, Mittelsteadt C K, Gittleman C S, et al. Viscoelastic stress analysis of constrained proton exchange membranes under humidity cycling[J]. Journal of Fuel Cell Sci-

ence and Technology, 2009, 6 (2): 021002.

[57] Lai Y H, Mittelsteadt C K, Gittleman C S, et al. Viscoelastic stress model and mechanical characterization of perfluorosulfonic acid (PFSA) polymer electrolyte membranes [C]. Proceedings of the ASME 2005 3rd International Conference on Fuel Cell Science, Engineering and Technology, 2005.

[58] Tang H, Peikang S, Jiang S P, et al. A degradation study of Nafion proton exchange membrane of PEM fuel cells[J]. Journal of Power Sources, 2007, 170 (1): 85-92.

[59] Solasi R, Zou Y, Huang X, et al. On mechanical behavior and in-plane modeling of constrained PEM fuel cell membranes subjected to hydration and temperature cycles[J]. Journal of Power Sources, 2007, 167 (2): 366-377.

[60] Tang H, Wang X, Pan M, et al. Fabrication and characterization of improved PFSA/ePTFE composite polymer electrolyte membranes[J]. Journal of Membrane Science, 2007, 306 (1): 298-306.

[61] Wang Z, Tang H, Mu P. Self-assembly of durable Nafion/TiO_2 nanowire electrolyte membranes for elevatedtemperature PEM fuel cells[J]. Journal of Membrane Science, 2011, 369 (1-2): 250-257.

[62] Vielstich W, Lamm A, Gasteiger H A. Handbook of fuel cells: Fundamentals, technology, applications. New York: John Wiley&Sons, 2003.

[63] Rhoades D W, Hassan M K, Osborn S J, et al. Broadband dielectric spectroscopic characterization of Nafion® chemical degradation[J]. Journal of Power Sources, 2007, 172 (1): 72-77.

[64] Akiyama Y, Sodaye H, Shibahara Y, et al. Study on degradation process of polymer electrolyte by solution analysis[J]. Journal of Power Sources, 2010, 195 (18): 5915-5921.

[65] Wang F, Tang H, Pan M, et al. Ex situ investigation of the proton exchange membrane chemical decomposition[J]. International Journal of Hydrogen Energy, 2008, 33 (9): 2283-2288.

[66] Kishi A, Fukasawa T, Umeda M. Microelectrode-based hydrogen peroxide detection during oxygen reduction at Pt disk electrode[J]. Journal of Power Sources, 2010, 195 (18): 5996-6000.

[67] Danilczuk M, Coms F D, Schlick S. Visualizing chemical reactions and crossover processes in a fuel cell inserted in the ESR resonator: detection by spin trapping of oxygen radicals, nafion-derived fragments, and hydrogen and deuterium atoms[J]. Journal of Physical Chemistry B, 2009, 113 (23): 8031.

[68] Ohguri N, Nosaka A Y, Nosaka Y. Detection of OH radicals formed at PEFC electrodes by means of a fluorescence probe[J]. Electrochemical & Solid State Letters, 2009, 12: B94.

[69] Curtin D, Lousenberg R D, Henry T J, et al. Advanced materials for improved PEMFC performance and life[J]. Journal of Power Sources, 2004, 131 (1): 41-48.

[70] Fang X, Pei K S, Song S, et al. Degradation of perfluorinated sulfonic acid films: An in-situ infrared spectro-electrochemical study[J]. Polymer Degradation & Stability,

2009, 94 (10): 1707-1713.

[71] Kim T, Lee H, Sim W, et al. Degradation of proton exchange membrane by Pt dissolved/deposited in fuel cells[J]. Korean Journal of Chemical Engineering, 2009, 26 (5): 1265-1271.

[72] Danilczuk M, Perkowski A J, Schlick S. Ranking the stability of perfluorinated membranes used in fuel cells to attack by hydroxyl radicals and the effect of Ce(Ⅲ): A competitive kinetics approach based on spin trapping ESR[J]. Macromolecules, 2010, 43 (7): 3352-3358.

[73] Casciola M, Alberti G, Sganappa M. On the decay of Nafion proton conductivity at high temperature and relative humidity[J]. Journal of Power Sources, 2006, 162 (1): 141-145.

[74] Pozio A, Silva R F, de Francesco M, et al. Nafion degradation in PEFCs from end plate iron contamination[J]. Electrochimica Acta, 2003, 48 (11): 1543-1549.

[75] Shah A A, Ralph T R, Walsh F C. Walsh modeling and simulation of the degradation of perfluorinated ion-exchange membranes in PEM fuel cells[J]. Journal of the Electrochemical Society, 2009, 156 (4): B465.

[76] Schiraldi D A. Perfluorinated polymer electrolyte membrane durability[J]. Journal of Macromolecular Science Part C, 2006, 46 (3): 315-327.

[77] Tang H, Pan M, Wang F, et al. Highly durable proton exchange membranes for low temperature fuel cells [J]. Journal of Physical Chemistry B, 2007, 111 (30): 8684-8690.

[78] Cheng Y, Haolin T, Pan M. A strategy for facile durability improvement of perfluorosulfonic electrolyte for fuel cells: Counter ion-assisted decarboxylation at elevated temperatures[J]. Journal of Power Sources, 2012, 198: 190-195.

[79] Danilczuk M, Schlick S, Coms F D. Cerium(Ⅲ) as a stabilizer of perfluorinated membranes used in fuel cells: In situ detection of early events in the ESR resonator[J]. Macromolecules, 2009, 42 (22): 8943.

[80] Xiao S, Zhang H, Bi C, et al. Degradation location study of proton exchange membrane at open circuit operation[J]. Journal of Power Sources, 2010, 195 (16): 5305-5311.

[81] Wang Z, Tang H, Zhang H, et al. Synthesis of nafion/CeO_2 hybrid for chemically durable proton exchange membrane of fuel cell[J]. Journal of Membrane Science, 2012, 421: 201-210.

[82] Wei J, Steck A E. Trifluorostyrene and substituted trifluorostyrene copolymeric compositions and ion-exchange membranes formed therefrom: US 5422411 A[P]. 1995-06-06.

[83] Basura V, Beattie P, Holdcroft S. Solidstate electrochemical oxygen reduction at Pt | Nafion® 117 and Pt | BAM3G™ 407 interfaces[J]. Journal of Electroanalytical Chemistry, 1998, 458 (1): 1-5.

[84] Steck A E, Stone C. Development of the BAM membrane for fuel cell applications. Ecole Polytechnique de Montreal, 1997.

[85] Agostino V F, Lee J Y, Cook E H. Trifluorostyrene sulfonic acid membranes: US04113922A (P). 1978-09-12.

[86] Chuy C, Basura V I, Simon E, et al. Electrochemical characterization of ethylenetetrafluoroethylene-g-polystyrenesulfonic acid solid polymer electrolytes[J]. Journal of the Electrochemical Society, 2000, 147 (12): 4453-4458.

[87] Flint S D, Slade R C T. Investigation of radiation-grafted PVDF-g-polystyrene-sulfonic-acid ion exchange membranes for use in hydrogen oxygen fuel cells[J]. Solid State Ionics, 1997, 97 (1): 299-307.

[88] Chuy A C, Ding J, Swanson E, et al. Conductivity and electrochemical ORR mass transport properties of solid polymer electrolytes containing poly (styrene sulfonic acid) graft chains[J]. Journal of the Electrochemical Society, 2003, 150 (5): E271-E279.

[89] Miyake J, Miyatake K. Fluorine-free sulfonated aromatic polymers as proton exchange membranes[J]. Polymer Journal, 2017, 49 (6): 487-495.

[90] Li L, Zhang J, Wang Y. Sulfonated poly (ether ether ketone) membranes for direct methanol fuel cells[J]. Journal of Membrane Science, 2003, 226: 159-167.

[91] 孙媛媛，屈树国，李建隆．质子交换膜燃料电池用磺化聚醚醚酮膜的研究进展[J]．化工进展，2016，35 (9)：2850-2860.

[92] Elumalai V, Kavya Sravanthi C K, Sangeetha D. Synthesis characterization and performance evaluation of tungstic acid functionalized SBA-15/SPEEK composite membrane for proton exchange membrane fuel cell[J]. Applied Nanoscience, 2019, 9: 1163-1172.

[93] Kawamura T, Makidera M, Okada S. Proton conductivity and fuel cell property of composite electrolyte consisting of Cs-substituted heteropoly acids and sulfonated poly (ether-ether ketone) [J]. Journal of Power Sources, 2005, 146: 27-30.

[94] Luu D X, Kim D, et al. Strontium cross-linked SPEEK proton exchange membranes for fuel cell[J]. Solid State Ionics, 2011, 192: 627-631.

[95] Nolte R, Ledjeff K, Bauer M, et al. Partially sulfonated poly (arylene ether sulfone)——A versatile proton conducting membrane material for modern energy conversion technologies[J]. Journal of Membrane Science, 1993, 83 (2): 211-220.

[96] Lade H, Kumar V, Arthanareeswaran G, et al. Sulfonated poly (arylene ether sulfone) nanocomposite electrolyte membrane for fuel cell applications: A review[J]. International Journal of Hydrogen Energy, 2017, 42: 1063-1074.

[97] Johnson B C, Yilgör İ, Tran C, et al. Synthesis and characterization of sulfonated poly (acrylene ether sulfones) [J]. Journal of Polymer Science Polymer Chemistry Edition, 1984, 22 (3): 721-737.

[98] 高智琳．新型磺化聚醚砜类质子交换膜的制备和性能研究[D]．南京：南京理工大学，2010.

[99] Genies C, Mercier R, Sillion B, et al. Stability study of sulfonated phthalic and naphthalenic polyimide structures in aqueous medium [J]. Polymer, 2001, 42 (12): 5097-5105.

[100] Genies C, Mercier R, Sillion B, et al. Soluble sulfonated naphthalenic polyimides as materials for proton exchange membranes[J]. Polymer, 2001, 42 (2): 359-373.

[101] Zhang H, Shen P K. Recent development of polymer electrolyte membranes for fuel cells[J]. Chemical Reviews, 2012, 112 (5): 2780-2832.

[102] Akbarian-Feizi L, Mehdipour-Ataei S, Yeganeh H. Survey of sulfonated polyimide membrane as a good candidate for nafion substitution in fuel cell[J]. International Journal of Hydrogen Energy, 2010, 35 (17): 9385-9397.

[103] Yan J, Liu C, Wang Z, et al. Water resistant sulfonated polyimides based on 4,4′-binaphthyl-1,1′,8,8′-tetracarboxylic dianhydride (BNTDA) for proton exchange membranes[J]. Polymer, 2007, 48 (21): 6210-6214.

[104] Chen X, Yan Y, Pei C, et al. Synthesis and properties of novel sulfonated polyimides derived from naphthalenic dianhydride for fuel cell application[J]. Journal of Membrane Science, 2008, 313 (1-2): 106-119.

[105] Wei H, Fang X. Novel aromatic polyimide ionomers for proton exchange membranes: Enhancing the hydrolytic stability[J]. Polymer, 2011, 52 (13): 2735-2739.

[106] Perrot C, Gonon L, Marestin C, et al. Hydrolytic degradation of sulfonated polyimide membranes for fuel cells[J]. Journal of Membrane Science, 2011, 379 (1): 207-214.

[107] Vogel H, Marvel C S. Polybenzimidazoles, new thermally stable polymers[J]. Journal of Polymer Science, 1961, 50 (154): 511-539.

[108] Asensio J A, Sánchez E M, Gómez-Romero P. Proton-conducting membranes based on benzimidazole polymers for high-temperature PEM fuel cells. A chemical quest[J]. Chemical Society Reviews, 2010, 39: 3210-3239.

[109] Paddison S J, Kreuer K D, Maier J. About the choice of the protogenic group in polymer electrolyte membranes: Ab initio modelling of sulfonic acid, phosphonic acid, and imidazole functionalized alkanes[J]. Physical Chemistry Chemical Physics, 2006, 8 (39): 4530-4542.

[110] Nawn G, Pace G, Lavina S, et al. Interplay between composition, structure, and properties of new H_3PO_4-doped PBI4N-HfO_2 nanocomposite membranes for high-temperature proton exchange membrane fuel cells[J]. Macromolecules, 2015, 48 (1): 15-27.

[111] Xu H, Chen K, Guo X, Fang J, Yin J. Synthesis of novel sulfonated polybenzimidazole and preparation of cross-linked membranes for fuel cell application[J]. Polymer, 2007, 48 (19): 5556-5564.

[112] Hickner M, Yu S K, Zawodzinski T A, et al. Direct polymerization of sulfonated poly (arylene ether sulfone) random (statistical) copolymers: candidates for new proton exchange membranes[J]. Journal of Membrane Science, 2002, 197: 231-242.

[113] Wang F, Hickner M, Ji Q, et al. Synthesis of highly sulfonated poly (arylene ether sulfone) random (statistical) copolymers via direct polymerization[J]. Macromolecular Symposia, 2015, 175 (1): 387-396.

[114] Glipa X, El Haddad M, Jones D J, et al. Synthesis and characterisation of sulfonated polybenzimidazole: a highly conducting proton exchange polymer[J]. Solid State Ionics, 1997, 97 (1): 323-331.

[115] Qing S, Huang W, Yan D. Synthesis and properties of soluble sulfonated polybenzimidazoles[J]. Reactive and Functional Polymers, 2006, 66 (2): 219-227.

[116] Qing S, Huang W, Yan D. Synthesis and characterization of thermally stable sulfonated

polybenzimidazoles[J]. European Polymer Journal, 2005, 41 (7): 1589-1595.

[117] Tang H, Pan M, Jiang S P, et al. Fabrication and characterization of PFSI/ePTFE composite proton exchange membranes of polymer electrolyte fuel cells[J]. Electrochimica Acta, 2007, 52 (16): 5304-5311.

[118] Louis P, Gokhale A M. Computer simulation of spatial arrangement and connectivity of particles in three-dimensional microstructure: Application to model electrical conductivity of polymer matrix composite[J]. Acta Materialia, 1996, 44 (4): 1519-1528.

[119] Ottavi H, Clerc J, Giraud G, et al. Electrical conductivity of a mixture of conducting and insulating spheres: an application of some percolation concepts[J]. Journal of Physics C Solid State Physics, 1978, 11 (7): 1311.

[120] Ahn S Y, Lee Y C, Ha H Y, et al. Properties of the reinforced composite membranes formed by melt soluble ion conducting polymer resins for PEMFCs[J]. Electrochimica Acta, 2004, 50 (2-3): 571-575.

[121] Liu Y, Yi B, Shao Z, et al. Carbon nanotubes reinforced nafion composite membrane for fuel cell applications. Eelectrochemical and Solid State Letters, 2006, 9: A356.

[122] Ramya K, Velayutham G, Subramaniam C K, et al. Effect of solvents on the characteristics of Nafion® /PTFE composite membranes for fuel cell applications[J]. Journal of Power Sources, 2006, 160 (1): 10-17.

[123] Tang H L, Pan M, Wang F. A mechanical durability comparison of various perfluocarbon proton exchange membranes[J]. Journal of Applied Polymer Science, 2008, 109 (4): 2671-2678.

[124] Denton J, Gascoyne J M, Hards G A, et al. Composite membranes: EP0875524A2. 1998-11-4.

[125] Tang H L, Pan M. Synthesis and characterization of a self-assembled Nafion/silica nanocomposite membrane for polymer electrolyte membrane fuel cells[J]. The Journal of Physical Chemistry C, 2008, 112 (30): 11556-11568.

[126] Patel H A, Mansor N, Gadipelli S, et al. Superacidity in Nafion/MOF hybrid membranes retains water at low humidity to enhance proton conduction for fuel cells[J]. ACS Applied Materials & Interfaces, 2016, 8 (45): 30687-30691.

[127] Mirfarsi S H, Parnian M J, Rowshanzamir S. Self-humidifying proton exchange membranes for fuel cell applications: Advances and challenges [J]. Processes, 2020, 8: 1069.

[128] Tang H, Mu P, Jiang S, et al. Self-assembling multi-layer Pd nanoparticles onto Nafion membrane to reduce methanol crossover[J]. Colloids & Surfaces A: Physicochemical & Engineering Aspects, 2005, 262 (1-3): 65-70.

[129] He R, Li Q, Xiao G, et al. Proton conductivity of phosphoric acid doped polybenzimidazole and its composites with inorganic proton conductors[J]. Journal of Membrane Science, 2003, 226 (1-2): 169-184.

[130] Yang C, Costamagna P, Srinivasan S, et al. Approaches and technical challenges to high temperature operation of proton exchange membrane fuel cells[J]. Journal of Power Sources, 2001, 103 (1): 1-9.

[131] Doyle M, Choi S K, Proulx G. High-temperature proton conducting membranes based on perfluorinated ionomer membrane-ionic liquid composites[J]. Journal of the Electrochemical Society, 2000, 147 (1): 34-37.

[132] Liu Y, Yu Q, Wu Y. More studies on the sulfonated poly (phenylene oxide) +imidazole Brønsted acid-base polymer electrolyte membrane[J]. Journal of Physics and Chemistry of Solids, 2007, 68 (2): 201-205.

[133] Fan R, Huh S, Yan R, et al. Gated proton transport in aligned mesoporous silica films [J]. Nature Materials, 2008, 7 (4): 303-307.

[134] Boysen D A, Uda T, Chisholm C R I, et al. High-performance solid acid fuel cells through humidity stabilization[J]. Science, 2004, 303 (5654): 68-70.

[135] Kitagawa S, Kitaura R, Noro S I. Functional porous coordination polymers[J]. Angewandte Chemie, 2004, 43 (18): 2334-2375.

[136] Furukawa H, Cordova K E, Keeffe M, et al. The chemistry and applications of metal-organic frameworks[J]. Science, 2013, 341 (6149): 974.

[137] Wang Z, Wöll C. Fabrication of metal-organic framework thin films using programmed layer-by-layer assembly techniques [J]. Advanced Materials Technologies, 2019, 4 (5): 1800413.

[138] Lim D W, Kitagawa H. Proton transport in metal-organic frameworks[J]. Chemical Reviews, 2020, 120 (16): 8416-8467.

[139] Lim D W, Kitagawa H. Rational strategies for proton-conductive metal-organic frameworks[J]. Chemical Society Reviews, 2021, 50: 6349-6368.

[140] Yoon M, Suh K, Natarajan S, et al. Proton conduction in metal-organic frameworks and related modularly built porous solids[J]. Angewandte Chemie International Edition, 2013, 52 (10): 2688-2700.

[141] Li A L, Gao Q, Xu J, et al. Proton-conductive metal-organic frameworks: Recent advances and perspectives[J]. Coordination Chemistry Reviews, 2017, 344: 54-82.

第 4 章

阴极氧气还原反应催化剂研究进展——贵金属催化剂

4.1 研究背景

随着经济的快速发展，我们对于能源的需求也不断增加。但是目前，我们依赖的能源仍是不可再生的化石能源。据报道，目前我国的能源结构中，化石能源占了约 85%，而核电、水电等可再生清洁能源仅占 10%（图 4-1）。另外，受限于卡诺循环，化石能源转化为日常生产所需的能源形式，例如电能、机械能等，效率较低，大量的能量以废热形式浪费。以汽轮机为例，假设进气温度为 600℃，冷却温度为 20℃，则整个热机的最大效率为：1－(20＋273)/(600＋273)＝66%。而实际生产过程中的转换效率只有 39%左右，大量的能量以废热的形式浪费，极大地加快了能源的消耗，能源形势严峻。

同时，传统化石能源的开采与排放带来的环境污染问题日益显著，例如雾霾、酸雨和温室效应等环境问题。在高速发展的今天，把握好能源与环境之间的平衡已经成为众多研究者关注的焦点。特别是 2016 年《巴黎协定》的签署，更表明了人类对于处理未来全球污染问题的决心，因此世界各国积极采取措施共同商讨经济发展、环境污染、能源危机之间的平衡等问题，增加新能源比重、提高能源利用效率、减少污染物排放成了未来发展的重要方向[1]。

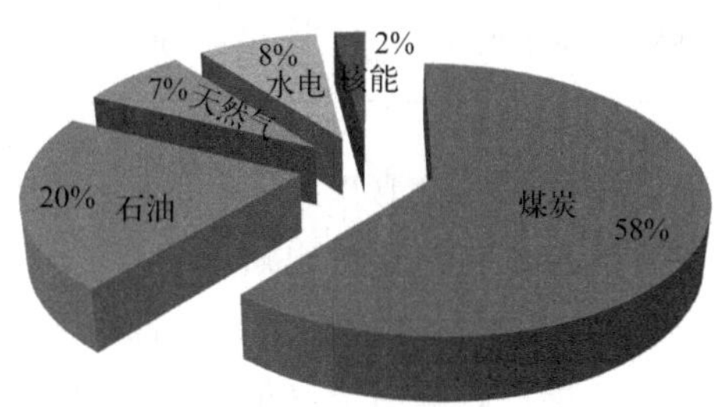

图 4-1　2020 年我国能源结构

基于上述能源、环境问题，科研工作者做出大量的努力寻找合适的替代能源，例如金属-空气电池、锂离子电池、太阳能电池和燃料电池等。其中，质子交换膜燃料电池可以通过电化学过程，将储存在燃料/氧气中的化学能转化为电能，由于中间不经过热机，燃料电池不受卡诺循环限制，理论上转换效率能够达到 100%。同时其产物为无毒无害的水和二氧化碳，为环境友好型能源。

根据电解质的不同，燃料电池可划分为五大类：

① 质子交换膜燃料电池（proton exchange membrane fuel cell，PEMFC）；

② 碱性燃料电池（alkaline fuel cell，AFC）；

③ 磷酸盐燃料电池（phosphoric acid fuel cell，PAFC）；

④ 熔融碳酸盐燃料电池（molten carbonate fuel cell，MCFC）；

⑤ 固体氧化物燃料电池（solid oxide fuel cell，SOFC）。

各类电池因其不同的工作温度及燃料类型等特点被赋予不同的用途，表 4-1 简要地对各类电池进行了分类。

表 4-1 燃料电池的分类

类型	电解质	导电离子	工作温度/℃	燃料	氧化剂	可能应用领域
碱性燃料电池	KOH	OH^-	50～200	纯氢	纯氧	航天，特殊地面应用
质子交换膜燃料电池	全氟磺酸膜	H^+	室温～100	氢气，重整氢	空气	电动车和潜艇动力源，可移动动力源
磷酸燃料电池	H_3PO_4	H^+	100～200	重整气	空气	特殊需求，区域性供电
熔融碳酸盐燃料电池	Li_2CO_3，K_2CO_3 等	CO_3^{2-}	650～700	天然气，重整气	空气	区域性供电
固体氧化物燃料电池	氧化钇，稳定的氧化钴	O^{2-}	900～1000	净化煤气，天然气	空气	区域性供电，联合循环发电

其中，燃料电池较为著名的应用是应用于阿波罗计划中。阿波罗宇宙飞船搭载的燃料电池包括自由电解液型 PC3A-电池和担载型 PCI7-C 电池。除此之外，PEMFC 具有尺寸小、便携、运行噪声低、可靠性高等优势，被认为是最有潜力取代传统能源，应用于汽车、生产的设备[2]。PEMFC 燃料的来源大约有以下几种：氢气、甲醇、乙醇等。以氢氧 PEMFC 为例，其结构如图 4-2 所示。

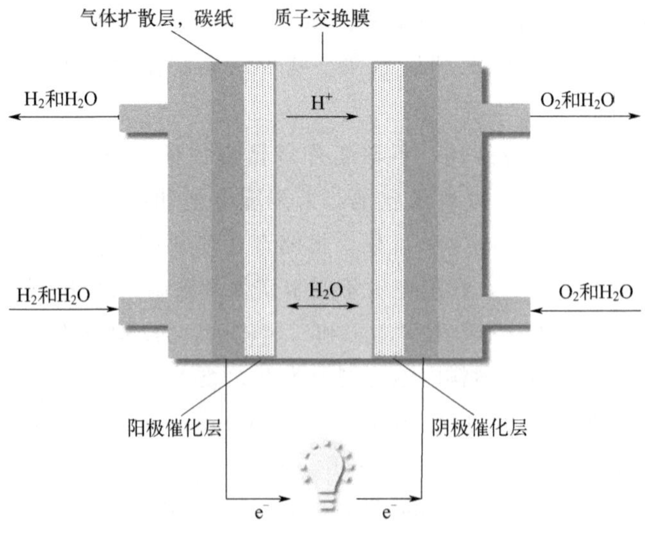

图 4-2 质子交换膜燃料电池结构图

质子交换膜燃料电池主要包括质子交换膜、催化层、气体扩散层和集流板等部件。湿润的氢气经过气体流道、气体扩散电极送至阳极，在催化剂表面发生电化学氢氧化反应（hydrogen oxidation reaction，HOR），生成大量的 e^- 和 H^+。电子经过外电路运输到阴极，而质子则通过质子交换膜到达阴极；在阴极，氧气在催化剂表面发生电化学氧还原反应（oxygen reduction reaction，ORR），与质子偶合生成水分子。其具体的反应过程如下：

阳极：$$H_2 = 2H^+ + 2e^-$$

阴极：$$O_2 + 4e^- + 4H^+ = 2H_2O$$

总反应为：$$O_2 + 2H_2 = 2H_2O$$

虽然燃料电池具有如此多的优点，但目前尚未能商业化，主要瓶颈就在于 PEMFC 高昂的价格以及较低的活性和稳定性。归结到底，其关键问题在于 PEMFC 阴极的 ORR 速率远小于阳极 HOR，需要贵金属铂（Pt）作为催化剂来加快 ORR 的速率[3,4]。目前商业化燃料电池的主要成本在于，阴阳极都需要采用商业化铂碳（Pt/C）作为催化剂，即 3～5nm 的 Pt 粒子负载到炭黑上，负载量一般为 20%。对于阳极较快的 HOR 过程，所需要的铂载量仅为 0.05mg/cm^2，而对于动力学缓慢的 ORR 过程，铂载量需要提高到 0.4mg/cm^2 才可达到可行的电池性能。目前国际市场上，铂的价格达到 1500 美元/盎司（1 盎司＝28.350g），约占电池成本的 38%～56%。地球上有限的 Pt 资源和日益增长的能源需求，将使得 Pt 的价格进一步上涨，从而使得 PEMFC 的成本不断上升[5-8]。另外在催化剂活性方面，目前商业化碳载铂（Pt/C）催化剂的活性仍然不足，其 0.9V 时的单位质量 Pt 的活性（约 0.11A/mg）仍低于美国能源部设定的 2020 年目标（0.44A/mg）。而在稳定性方面，由于 Pt 颗粒 Ostwald 熟化、团聚、迁移以及碳腐蚀等原因，导致催化剂老化，使得催化层稳定性及寿命低于商业化的需求。尽管非贵金属 ORR 催化剂的研发取得了一定进展[6]，但离实际使用的要求还有较大差距。因此，开发具有高 ORR 催化活性并且在 PEMFC 的 60～80℃酸性环境中具有高稳定性的低铂（low Pt）ORR 催化剂，推动 PEMFC 在新能源汽车等领域的早日实现应用，是国内外电催化和 PEMFC 领域研究工作者们努力的目标。

近年来，大量的研究致力于从理论上研究氧还原反应的机理，从实验上开发先进、高效的低铂催化剂，其策略包括设计铂基合金催化剂、构筑核壳结构催化剂以及一系列的形貌调控等，在接下来的章节，我们将介绍如何合理设计低铂催化剂，以及总结近年来的一些研究进展，探究催化剂的结构-性能之间的构效关系。

4.2 低铂氧还原催化剂的理论研究

4.2.1 氧还原过程的机理研究

ORR 涉及多个质子/电子的转移，反应过程较为复杂。通过两电子转移，氧气可以部分还原得到过氧化氢；而通过四电子转移，氧气则可以完全反应得到水，其反应路径如下：

$$O_2+H^++e^-=={}^*OOH \tag{4-1}$$

$$^*OOH+H^++e^-==H_2O+{}^*O \tag{4-2}$$

$$^*O+H^++e^-=={}^*OH \tag{4-3}$$

$$^*OH+H^++e^-==H_2O \tag{4-4}$$

对于这些多电子转移步骤，中间会存在较多的反应中间体，例如*O、*OH和*OOH 等（其中 * 代表吸附在催化剂表面的物种）。因此，研究这些中间吸附物种在催化剂表面的行为，对于理解 ORR 的过程和机理、合理设计催化剂结构，具有十分重要的参考意义。

由于单晶具有确定的表面结构，易于模型化，大量的基础研究均以单晶铂（111）面为研究对象，来研究 ORR 的反应机理[9]。例如，Hansen[10] 等通过密度泛函理论（density functional theory，DFT）计算模拟了铂（111）面上的 ORR 过程，如图 4-3(a) 所示。

对于电势 $U=0.0$V 的情况，四个步骤的自由能变化（ΔG_1 到 ΔG_4）均为负值，表面此时的 ORR 是热力学有利的，反应过程可以较快地进行。而对于平衡状态，即 $U=1.23$V 的情况，步骤（1）[式(4-1)] 以及步骤（4）[式(4-4)] 的自由能变化为正值，此时*OOH 的形成以及*OH 的还原会受到限制，从而限制了整个 ORR 过程的进行。因此在电压为 1V 以上时，对于大部分催化剂，几乎检测不到氧还原反应的发生，其根本原因在于步骤（1）[式(4-1)] 以及步骤（4）[式(4-4)] 的限制。特别地，当电势达到某一特定值时，所有步骤的自由能变化均小于或等于零，此时的电势称为“热力学极限电势（U_L）”，其中，铂（111）面的 U_L 为 0.8V。根据以上分析可以推测的是，在平衡电位（1.23V）下，一个优异的催化剂，其 ORR 过程的 ΔG_1 以及 ΔG_4 越接近 0 越好，此时仅需要较小的过电势，即可驱动 ORR 四个步骤顺利进行，产生可以观测的电流密

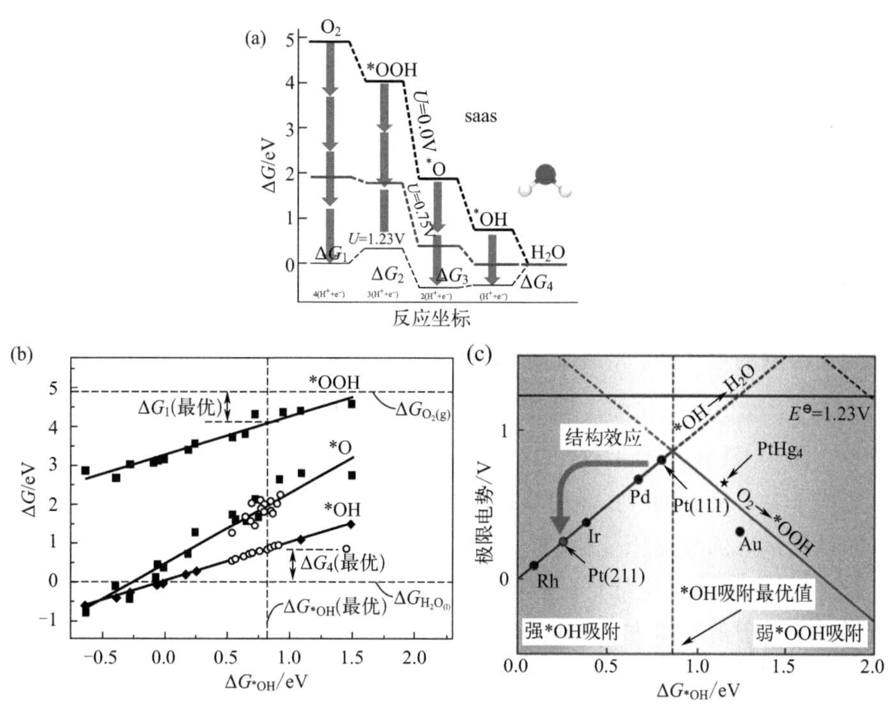

图 4-3 反应过程自由能变化图（a）、*O、*OH 和 *OOH 吸附能之间的关系（b）和 U_L 与 $\Delta G_{^*OH}$ 的关系（c）

度。而要使 ΔG_1 以及 ΔG_4 接近于 0，则需要催化剂对 *OOH 中间体具有较强的吸附能力（$\Delta G_{^*OOH}$，也有的文献表示为 $\Delta E_{^*OOH}$，后同），同时对 *OH 的吸附能力较弱（$\Delta G_{^*OH}$）。然而事实证明，由于 *O、*OH 和 *OOH 物种均以 O 原子吸附在催化剂表面，催化剂对于 *O、*OH 和 *OOH 物种的吸附能力存在一定的线性相关关系。例如，对 *O 具有较强吸附能力的催化剂，其吸附 *OH 和 *OOH 物种的能力也会较强，如图 4-3(b) 所示[11,12]。值得一提的是，仔细分析图 4-3(b) 的线性关系，我们可以得出以下的近似关系[11,12]：

$$\Delta G_{^*OOH} = \Delta G_{^*OH} + 3.2 \tag{4-5}$$

$$\Delta G_{^*O} = 2\Delta G_{^*OH} \tag{4-6}$$

此关系也从侧面表明，*OOH 与 *OH 均通过单个的金属-氧键连接，而 *O 则通过两个金属-氧键连接。同时，此关系也表明尽管 ORR 过程有较多的反应中间体，但是这些中间体与铂原子的结合均可以用一个单一的变量来描述。虽然有的文献会采用 $\Delta G_{^*O}$ 来衡量 ORR 活性，但目前文献较多采用的描述符为 $\Delta G_{^*OH}$[13,14]。采用 DFT 计算以及结合描述符 $\Delta G_{^*OH}$ 进一步分析氧还原的四个步骤的过电势可以得出以下公式[15]：

$$U_{L1}=-\Delta G_{*OH}+1.72 \tag{4-7}$$

$$U_{L2}=-\Delta G_{*OH}+3.3 \tag{4-8}$$

$$U_{L3}=\Delta G_{*OH} \tag{4-9}$$

$$U_{L4}=\Delta G_{*OH} \tag{4-10}$$

式中，U_{Ln} 脚标 n 为第 n 个步骤（$n=1\sim4$）。根据以上公式，以 ΔG_{*OH} 为横坐标、U_L 为纵坐标作图，如图 4-3(c) 所示，其中 ORR 过程的 U_L 由四个步骤中最小的 U_{Ln} 所决定。从图中可以看出，不同金属催化剂对于 ORR 过程表现出一个火山型的趋势，根据不同催化剂的 ΔG_{*OH}，其 ORR 决定步骤有所不同。对于 ΔG_{*OH} 较小的催化剂，即与 $^*OH$ 结合较强的催化剂，其 ORR 决定步骤为第四步，即 $^*OH$ 还原成 H_2O 的过程；而对于 ΔG_{*OH} 较大的催化剂，其 ORR 决定步骤为第一步，即 O_2 形成 $^*OOH$ 的过程。该图也从理论上解释了为何铂是目前性能最好的氧还原催化剂。

除了通过 DFT 理论计算预测 ORR 过程的中间物种，Dong 等采用了原位表面增强拉曼散射的实验方法，从实验上追踪了 Pt 单晶不同晶面以及不同电解质中，ORR 过程的中间物种[9]。由于表面增强拉曼散射的应用受限于金属种类，例如 Cu、Ag、Au 等具有自由电子的金属，在 Pt 表面可能存在一定的限制。因此，作者巧妙地设计了 Pt 单晶表面负载 Au 纳米粒的结构，通过 Au 纳米粒作为桥梁来探测 Pt 单晶表面的反应物种，如图 4-4(a) 所示。解析拉曼光谱发现，随着电压下降至 0.8V，在 $732cm^{-1}$ 附近出现一个新的峰，该位置代表吸附的 $^*OOH$ 物种，而进一步降低电压，其峰强度逐渐升高，如图 4-4 中 (b) 和 (c) 所示。而在 Pt(100) 以及 (110) 单晶上，作者仅仅检测出 $^*OH$ 吸附物种，其可能的原因归结为：这两个晶面的原子配位数较低，$^*OOH$ 在这两个晶面上不稳定，容易与紧邻的原子进一步反应生成 $^*OH$ 与 $^*O$；在碱性溶液中，三种晶面的表现则较为相似，均表现出形成 O_2^- 的结果。基于这些实验的观察，作者提出了 ORR 的机理：在 Pt(111) 面上，ORR 过程以形成 $^*OOH$ 为开始，而在 (110) 以及 (100) 晶面上，则以形成 $^*OH$ 为开始，$^*OH$ 进一步通过质子、电子转移，与 H 结合生成 H_2O。当然目前的工作还存在一些不足之处，例如在动力学方面，由于反应物种浓度较低，难以被检测，因此目前仍未完全明确 ORR 动力学过程。更加灵敏的检测方法将对于追踪反应物种、理解 ORR 过程大有裨益。

4.2.2 d 带重心理论

从以上的机理研究我们知道，ΔG_{*OH} 可以作为催化剂活性的一个描述符，

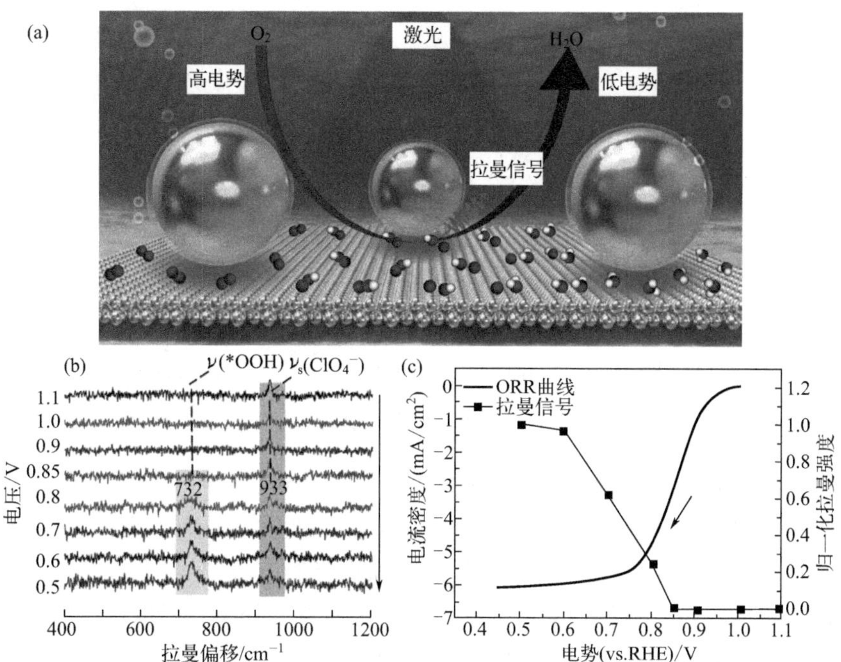

图 4-4 Pt 单晶表面负载 Au 增强拉曼散射信号的示意图（a）、（b）不同电势下的拉曼散射光谱（b）和拉曼强度与施加电势的关系（c）

通过计算、测量 ΔG_{*OH} 的大小，可以定性了解一个催化剂的催化活性。同时，从图 4-3(c) 的火山型曲线可以发现，虽然 Pt 单金属是目前最优的 ORR 催化剂，但 Pt 与 *OH 的结合偏强，距离火山型顶端具有一定的距离，还存在一定的优化空间，即当催化剂的 ΔG_{*OH} 比铂（111）的 ΔG_{*OH} 大 0.1eV 时，催化剂的活性能达到火山型的顶端［图 4-5(a)］[11,15]。如何进一步调整 ΔG_{*OH} 的大小，从而进一步提高催化剂的活性，成为研究者的共同目标。

要调控 ΔG_{*OH}，关键问题在于了解 ΔG_{*OH} 与催化剂何种性质相关联。大量的表面科学以及异相催化研究表明，催化剂表面原子与反应物种的结合能，与表面原子 d 带的平均能量相关（d 带重心）。Nørskov 等基于此提出了 d 带重心理论[16]，以铂原子为例，d 带重心与 Pt-O 结合能 ΔE_{*O}（或 ΔG_{*O}）的关系如图 4-5(b) 所示。

随着 d 带重心的下移（往负方向移动），ΔE_{*O}(ΔG_{*O}) 逐渐增大，表明 Pt-O 结合能逐渐减弱，同时根据式(4-6) 可得，ΔG_{*OH} 也逐渐增大。因此，要调整 ΔG_{*OH} 的大小达到最优的 ORR 性能，关键在于通过催化剂的精细设计来调控表层原子的 d 带重心，使其达到适中的位置，从而调控催化剂表面原子对含氧

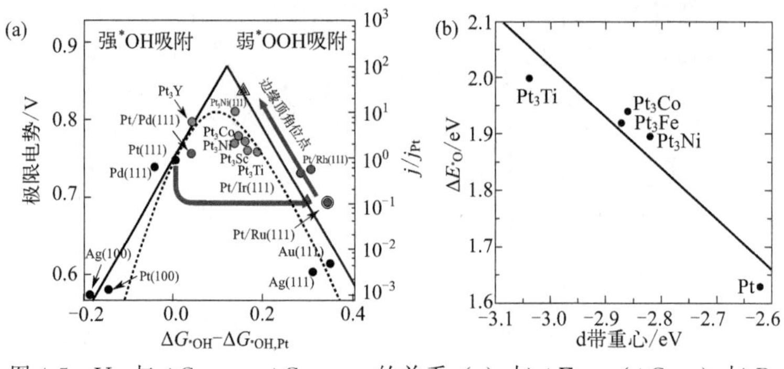

图 4-5 U_L 与 $\Delta G_{*OH}-\Delta G_{*OH,Pt}$ 的关系（a）与 ΔE_{*O}（ΔG_{*O}）与 Pt d 带重心的关系（b）

中间体的吸附能力，达到吸附/脱附平衡，最终达到优化催化剂 ORR 活性的目的。调控催化剂表层原子的 d 带重心，可以通过两种方法来实现：①将 Pt 与其他过渡金属（M）合金化；②对表层 Pt 施加适当的应力。

合金化手段，就是将铂金属与其他过渡金属混合处理，形成连续固溶体。在这方面，Nørskov、Markovic 等做了大量的理论和实验研究[16-19]。Markovic 等以实验手段研究了单晶 Pt_3M（M＝Ti，V，Fe，Co，Ni）的电子结构（d 带重心）与 ORR 活性的关系[18]。其中，他们采用紫外光电子能谱（ultraviolet photoemission spectroscopy，UPS）测试来表征催化剂的电子结构，采用旋转圆盘电极测试催化剂的 ORR 活性，发现其关系表现出火山型的趋势，几乎与理论预期相吻合。此外，他们还发现采用不同的预处理手段，即直接溅射和后处理退火两种方式，催化剂表面结构有所不同。直接溅射得到的表面铂原子排列不规则（铂骨架，Pt-skeleton），而进一步后处理退火，表面的铂原子将扩散形成较为完整的结构（铂皮肤，Pt-skin）。进一步的表征发现，Pt-skin 结构的催化剂 d 带重心相对于 Pt-skeleton 会有一定程度下移，同时也表现出更好的 ORR 活性。此外，他们还研究了单晶 Pt_3Ni 不同晶面的电子结构及其 ORR 行为，发现 $Pt_3Ni(111)$ 面是 ORR 活性最高的晶面，能够实现 90 倍的活性提高（相对于 Pt/C）[17]。基于这些开创性的研究，后续有大量的工作跟进，进一步推进低铂催化剂的发展，我们将在后面的章节展开讨论。

合金化能够通过第二种金属的引入来调控表面铂原子的电子结构，上述一些工作均在表面为单层铂原子的结构下展开研究，但是在酸性条件下，一些过渡金属会被刻蚀溶出，实际催化剂的表面可能不止一层铂原子。当表面铂原子大于三层的时候，这种合金化效应就会被削弱。因此，除了合金化效应之外，还可能存在其他效应来调控铂原子的电子结构以及催化剂的 ORR 活性。其中，应力效应是一种比较重要的效应。应力效应主要是指表面原子处于压缩或拉伸的应变状态，导致其电子结构相应地发生变化。这种应变一般是壳层原子的晶格参数与核不同，导致晶格错配而产生的，如图 4-6(a) 所示。

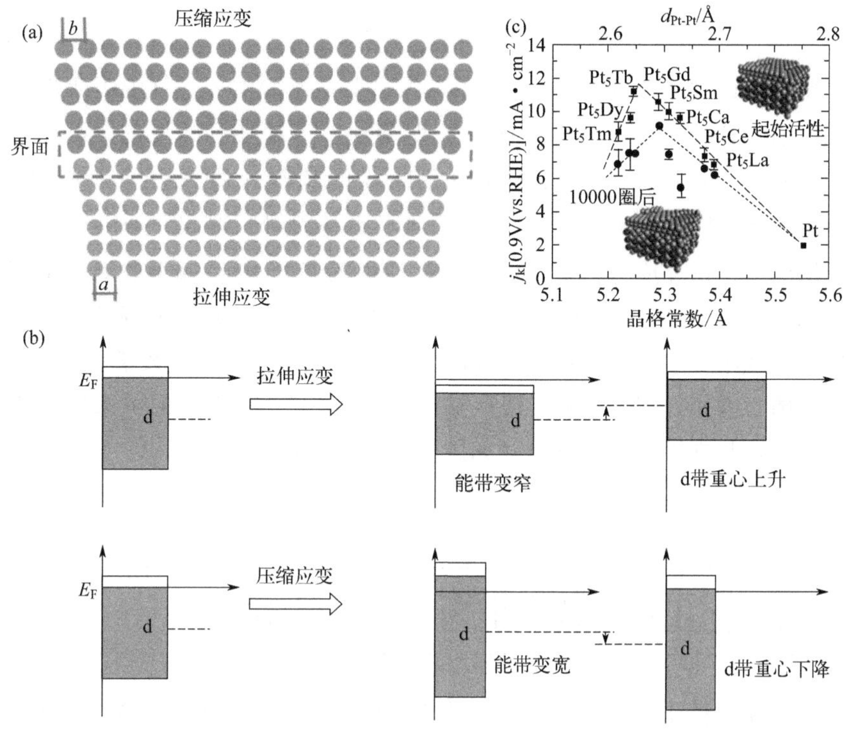

图 4-6 晶格错配导致应力的示意图（a）、应力对 d 带重心位置的影响（b）和 ORR 活性与 Pt_5Ln（Ln 为镧系金属）的晶格常数、d_{Pt-Pt} 之间的关系（c）

一般来说，当核的晶格常数（*a*）小于壳层的晶格常数（*b*）时，壳层原子会受到压缩应变，而核原子会受到拉伸应变。而应变则会导致相邻原子的电子轨道交叠发生变化，例如压缩应变会导致 d 带变宽，拉伸应变则会导致变窄，如图 4-6(b) 所示。对于后期过渡金属（d 带电子填充超过半满），d 带变宽会导致 d 带重心下移以保持 d 带的填充度；而 d 带变窄则会导致 d 带重心上移，如图 4-6 (b) 所示。同理，对于前期过渡金属（d 带电子填充低于半满），结论将会相反[20]。因此，根据以上分析，要降低表层铂原子的 d 带重心，使其达到适中的位置，从而减弱催化剂表面原子对含氧中间体的吸附能力，达到吸附/脱附平衡，最终达到优化催化剂 ORR 活性的目的，就需要对表层铂原子施加合适的压缩应力。在这方面，研究者也做出了大量的工作，例如 Peter Strasser 等以 Pt-Cu 纳米粒子为研究对象，对不同 Pt/Cu 比例的纳米粒子做脱合金处理，去除表面的铜原子，形成 Pt_xCu_{1-x}/Pt 的核壳结构[21]。由于 Cu 的原子半径比 Pt 的小，因此表面的铂原子会受到一定的压缩应力，随着 Cu 的含量增加，压缩应力也相应增强，其表达式如下：

$$\varepsilon_{Pt}=\frac{a_{shell}-a_{bulk}}{a_{bulk}}$$

电化学测试结果表明，引入 Cu 调控压缩应力能够提高 ORR 活性，其中 $Pt_{25}Cu_{75}$ 纳米粒子的活性最高；而 DFT 计算进一步表明，适度的压缩应力（约 2%）能够使催化剂的活性到达火山型曲线的顶端。而在另外一篇报道中，Chorkendorff 等以 Pt_5Ln（Ln 为镧系金属）单晶为研究对象，通过镧系收缩来引入压缩应力，研究应力对 Pt 合金 ORR 活性的影响[22]。镧系收缩是指镧系金属随着原子序数增加，f 层电子填充增加，原子半径依次减小的现象，平均每两个相邻元素减小 1pm（$1pm=10^{-12}m$）左右。随着 Ln 原子序数增加，Pt_5Ln 的晶格常数随之减小，最终 ORR 活性与晶格常数、Pt-Pt 键长的关系曲线表现出火山型曲线，与理论预测相吻合，如图 4-6(c) 所示。

4.3 低铂氧还原催化剂的性能评估

对于氧还原催化剂来说，要想评估其催化性能，理想状况下应该是将催化剂制备成膜电极（membrane electrodes assembly，MEA），组装成燃料电池来测试其输出性能，同时跟基准催化剂（即商业化铂碳催化剂）相比较，从而判断催化剂性能的优劣。然而在实际过程，由于组装燃料电池的工艺较为复杂、耗时、耗财，而且组装工艺对性能影响较大，此方法在大部分情况下都不太实用，因此，大部分学者一般采取其他较为简便的方法来评估催化剂的性能。例如，在大部分实验室中，人们常常采用旋转圆盘电极（rotate disk electrode，RDE）来快速而可靠地测试新材料的 ORR 催化性能。旋转圆盘圆环电极装置的结构如图 4-7 所示。

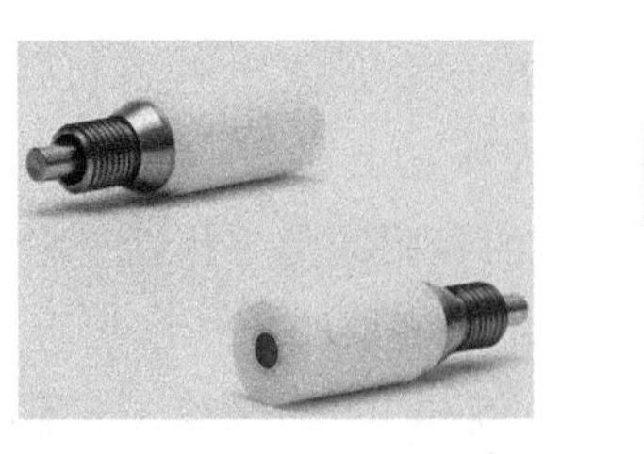

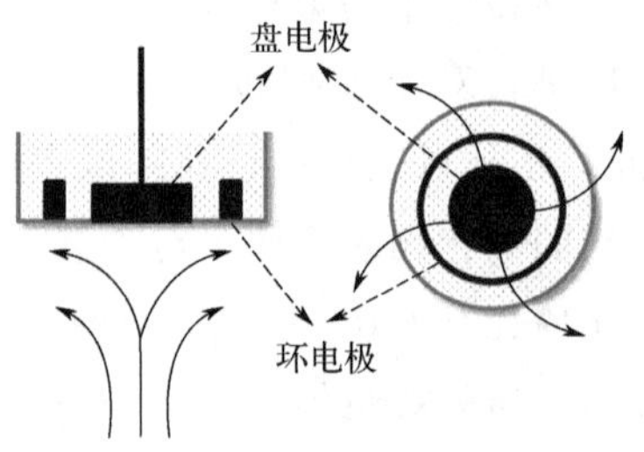

图 4-7　旋转圆盘圆环电极实物图以及结构示意图

具体来说，催化剂会先分散在水-乙醇-Nafion的混合溶液中形成浆料；根据一定的载量，浆料会涂在旋转圆盘电极上，得到一层较薄的催化层。完成电极的制备之后，催化剂首先会在电解液（例如 N_2 饱和的 0.5mol/L H_2SO_4，0.1mol/L $HClO_4$，0.1mol/L KOH 等）中做循环伏安测试（cyclic voltammogram，CV）；在得到稳定的CV曲线之后通入 O_2，通过线性扫描伏安测试来得到ORR的极化曲线，由于 O_2 在溶液中的溶解有限，为了排除物质传输的影响，电极通常需要一定速度的旋转（一般为900r/min或1600r/min）。最后根据CV曲线和LSV曲线，可以进一步评估催化剂的相关催化性能。

例如，在CV曲线上，我们可以观察到 H^+ 在铂基催化剂上的吸附以及脱附峰（约0.05～0.4V，vs. RHE），由于这种吸脱附是单层吸附，因此可以根据通过的电量（单层H吸附，约 $210\mu C/cm^2$），来计算铂基催化剂的电化学活性面积（electrochemical surface area，ECSA），如下：

$$\mathrm{ECSA}=\frac{Q}{210\times m_{\mathrm{Pt}}}$$

此外，我们可以根据ORR极化曲线（LSV曲线）评估催化剂的ORR催化活性。定性地，从极化曲线可以读出ORR的起始电位以及半波电位（$E_{1/2}$），其数值越正，代表材料的催化性能越好；定量地，动力学电流可以根据Koutecky-Levich方程计算得出：

$$\frac{1}{j}=\frac{1}{j_{\mathrm{k}}}+\frac{1}{j_{\mathrm{l,c}}}=\frac{1}{j_{\mathrm{k}}}+\frac{1}{0.62nFAc_{\mathrm{O}}^{*}D_{\mathrm{O}}^{2/3}\nu^{-1/6}\omega^{1/2}}$$

$$j_{\mathrm{k}}=\frac{j_{\mathrm{l,c}}j}{j_{\mathrm{l,c}}-j}$$

式中，j 为某电位的测量电流；j_{k} 为该电位的动力学电流；$j_{\mathrm{l,c}}$ 为极限扩散电流。而极限扩散电流则由电子转移数 n、法拉第常数 F、电极面积 A、溶解氧气的浓度 c_{O}^{*}、氧气的扩散系数 D_{O}、溶液的动力学黏度 ν 以及旋转圆盘的转速 ω 所共同决定。进一步地，根据催化剂的载量以及ECSA对动力学电流进行归一化，我们可以算出某电位下，催化剂对于ORR的质量活性（mass activity，MA）以及面积比活性（specific activity，SA）。目前，在大部分文献报道中，我们一般采用0.9V（vs. RHE）（reversible hydrogen electrode，RHE）的MA和SA作为衡量催化剂活性的指标。对此，美国能源部制定了相关的技术指标，2020年，单位质量Pt催化剂的MA在0.9V的电压下应达到0.44A/mg。

除了活性之外，稳定性也是一项比较重要的催化剂评估参数。实验室条件下，为了缩短实验周期，我们一般采用加速稳定性测试的方法（accelerated durability test，ADT）来评估催化剂的稳定性。催化剂的稳定性包括纳米晶的稳定性以及载体的稳定性。具体的方案是，在 O_2 饱和的溶液中，①在 0.6～1.0V 的电压范围内，以 100mV/s 的速度进行循环伏安测试，以检验纳米晶的稳定性；②在 1.0～1.5V 的电压范围内，以 500mV/s 的速度进行循环伏安测试，以检验催化剂载体的稳定性；进行一定圈数的循环之后（一般是 10000～50000 圈），再进行上述 ORR 性能测试。

值得一提的是，由于现阶段燃料电池一般采用传导质子的全氟磺酸膜，因此测试催化剂在酸性溶液中的 ORR 性能更有意义。

上述基础和理论研究对于发展低铂氧还原催化剂具有十分重要的作用。首先，从理论上解释了为何铂金属是最好的氧还原催化剂，而铂金属的 ORR 活性还存在进一步的提升空间；其次，为设计高效低铂氧还原催化剂提供了坚实的理论基础。后续的大部分低铂催化剂都是基于合金化、应力效应设计，并且取得了显著的效果。在后续章节，我们将对低铂氧还原催化剂的研究进展展开讨论，进一步理解这些催化剂的设计思想，阐述材料性能-结构间的构效关系。

4.4 低铂氧还原催化剂的研究进展

传统 PEMFC 采用的阴极催化剂为铂黑，即极为细小的铂金属粉末。但此类催化剂的尺寸较大，Pt 金属利用率较低，因而会导致 PEMFC 的成本提高。纳米材料是指在三维空间中至少有一维处于纳米尺寸（0.1～100nm）或由它们作为基本单元构成的材料。由于纳米材料的尺寸相对于普通块体材料小得多，通常会表现出较为特殊的效应，包括体积效应、表面效应、量子尺寸效应、量子隧穿效应以及介电限域效应。因此，制备铂基纳米晶材料，能够很大程度提高铂原子的利用率，从而在保证 ORR 活性的同时，降低 Pt 的用量和 PEMFC 的成本。例如商业化铂碳催化剂，就是将 2～5nm 的铂纳米粒子负载到炭黑上（如 Vulcan XC-72 等）。

4.4.1 零维铂基纳米晶催化剂

（1）晶面效应

铂金属的晶体结构主要是面心立方结构（*fcc*），其表面能较低的晶面是（111）、（100）以及（110）晶面，由于不同晶面的原子排布不同，其表现出的 ORR 活性也有所不同。对于晶面取向的影响，Feliu 等做了较为系统的研究工作[23-25]。在硫酸溶液中，由于硫酸根在（111）面上较强的吸附能力，Pt(111)面的ORR活性会受到较大的影响，而在（100）面的吸附则相对较弱，因此Pt(100)面表现出更优的催化活性。当电解液是吸附较弱的高氯酸时，Pt(111)面则表现出更好的活性。此外，当Pt暴露于高指数晶面（至少一个密勒指数大于1）时，催化剂的活性也相对较高。对于高指数晶面活性提高的原因，研究者们一般归结于高指数晶面具有较高密度的台阶、边缘和扭结位点，这些位点相对于晶面上的原子具有更高的催化活性，例如Xia等通过Br^-的吸附作用，成功制备了内凹的Pt立方块[26]。透射电子显微镜表征发现，这些内凹Pt立方块暴露了（720)、(510）以及（830）晶面；同时电化学测试结果表明，这些内凹Pt立方块的面积比活性分别是立方块和截角立方块的3倍和2倍。但是这种高指数晶面表面能较大，相对不稳定，在电化学测试过程中容易发生变化，从而导致催化剂失活。因此，如何稳定这些高活性晶面，仍然是个挑战。

（2）尺寸效应及稳定性问题

随着纳米粒子的尺寸减小，表面铂原子的比例迅速增加，铂原子的利用率也大大增加，那么Pt纳米粒子的ORR活性是否也会增加呢？实际上，Pt纳米粒子的尺寸效应在早期就被Chorkendorff[27]以及Shao[28]等所研究，他们都得出了相似的结论：随着Pt纳米粒子的尺寸减小，其ORR质量活性呈现出先增加后减小的趋势。如图4-8(a)所示，Pt纳米粒子的尺寸在大于2nm时，其面积比活性变化不大，而其质量活性随尺寸的减小则增加，在约2nm时达到最高值。质量活性的变化主要是由电化学活性面积（electrochemical surface area，ECSA）的变化引起的。而进一步减小粒子尺寸，其活性反而下降。DFT计算分析发现，其活性下降的原因在于：随着粒子尺寸的减小，其边界位点（edge site）的数量逐渐增加，而边界位点的配位数较低（配位数为7)，这些配位数低的位点与氧中间体的结合能较强（ΔE_{*O}或ΔE_{*OH})，根据前面的分析，较大的ΔE_{*O}会导致*OH脱附困难，从而导致ORR活性降低。因此，要制备高活性的催化剂，一个重要的设计思路是尽量制备小尺寸的纳米晶，例如商业化铂碳中的Pt纳米粒子，其粒子尺寸就是2～3nm，接近最优的尺寸范围。值得注意的是，配位数较低的位点，例如空位、晶界等缺陷位，对催化过程是否有帮助，目前仍存在争论：有的学者认为这些低配位的原子容易被反应物种/中间物种占据，不利于进行后续的反应，因而是没有活性的；而有的学者则认为，这些位点是催化中心，精细调控催化剂的结构，增加这些位点能够大大提高催化剂的活性。要进一步了解这些缺陷位点对催化性能的影响，以及缺陷本身在电化学过程中的演变，需要发展更加精密的表征手段，同时也要结合理论计算等有力工具，通过理论联系实验，更加清楚地认识这些缺陷的性质。

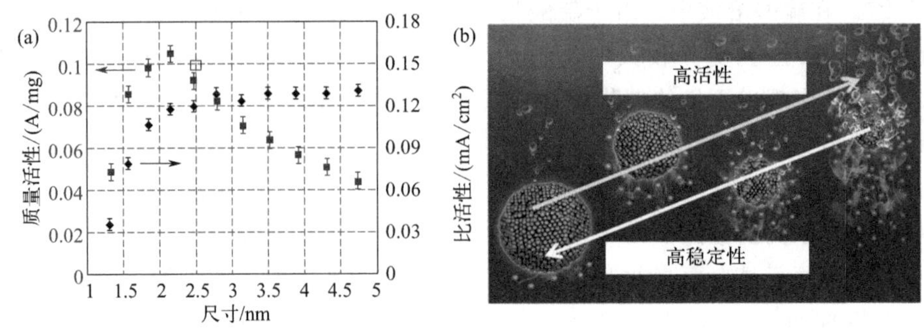

图 4-8 Pt 纳米粒子的 MA、SA 与尺寸的关系（a）和纳米粒子的尺寸与活性、稳定性的关系示意图（b）

尽管小尺寸的纳米粒子可以实现较高的 ORR 活性，但是随之而来的稳定性问题也不得忽略。Yano 以及 Yang 等研究了 Pt 纳米粒子的稳定性与尺寸的关系，发现尺寸较大的粒子相对较稳定[29,30]。例如在稳定性测试之后，7nm 的 Pt 纳米粒子的质量活性仅衰减 7%，而 2nm 样品则衰减了 48%。造成材料性能衰减的主要原因是，在电化学循环过程中，Pt 纳米粒子与碳基底的结合相对较弱，容易发生迁移、团聚，导致 ECSA 减小，从而导致性能下降。因此，如何设计高效 ORR 催化剂，同时保证循环稳定性，平衡两者的矛盾，对于发展低铂 ORR 催化剂是一个较为重要的研究方向［图 4-8(b)］。

为了提高 Pt 纳米粒子的稳定性，Khlobystov 等也采用了一种具有多级台阶的碳纳米管作为保护层以及载体，以提高 Pt 纳米粒子的稳定性[31]。同样，Sun 等通过原子层沉积的方法，在 Pt 纳米粒子周围沉积了一圈 ZrO_2 作为物理限域的障碍，防止 Pt 纳米粒子在电化学测试中发生迁移、团聚，从而提高催化剂的稳定性[32]。最近，Xu 等同样采用了原子层沉积技术来制备 Pt/C 催化剂，在制备的过程中，他们引入了一氧化碳作为保护气/封端气，实现了 Pt 纳米晶在二维尺度上的生长[33]。得益于 Pt 纳米晶的二维形貌，其比表面积、与碳载体的作用大大提高，从而实现了较高的 ORR 活性以及稳定性。除此之外，Adzic 等发现，在 Pt 纳米粒子周围修饰少量的金团簇，能够大大提高 Pt 纳米粒子的稳定性，即使在 0.6～1.1V（vs. RHE）的范围内循环 30000 圈，催化性能和 ECSA 也几乎没有变化，其内在原因在于，金团簇的引入能够提高 Pt 的氧化电势，从而降低 Pt 的溶解和迁移，提高材料的稳定性[34]。最近，Li 等采用铜欠电位沉积的方法，在纳米多孔金上沉积亚纳米厚的 Pd-Pt 壳层，发现该催化剂不仅表现出优异的氧还原性能（质量活性达到 1.14A/mg），同时在 30000 循环圈后，性能还略有提高，达到 1.471A/mg，随后，催化剂的 ORR 活性保持稳定（70000 循环）[35]。为了探究催化剂 ORR 性能变化的原因，作者采用了球差校准的透射电子显微镜以及原子级分辨的能谱仪来分析材料结构的演变。结果发现初始催化剂表现出以 Au 为核、Pd-Pt 合金为壳层的核壳结构，而电化学循环 10000 圈后，催化剂演变为 Au/Pd/Pt 的分层结构，进一步循环至 30000 圈，催化剂表面变为 Au-Pd-Pt 的三金属合金结构，催化剂的结构演变改变了 Pt 原子对含氧物种的吸附能力，因此改变了催化剂的 ORR 活性。

虽然上述方法能够在一定程度上保持 Pt 纳米粒子的尺寸，实现较高的 ORR 活性，同时通过物理保护的方法或协同效应来提高催化剂的稳定性，但是单纯 Pt 金属的催化活性仍然较低，需要进一步设计催化剂来实现更加优异的性能。

（3）铂基合金纳米粒子

从第 4.2 节的讨论可知，Pt 与含氧物种的结合能相对较强，尚存在一定的优化空间以达到火山型曲线的顶端（即 $\Delta G_{*OH}-\Delta G_{*OH,Pt}=0.1eV$）。将 Pt 和其他过渡金属 M（M=Fe，Co，Ni 等）进行合金化处理，一方面能够部分替代 Pt 金属，降低 Pt 用量；另一方面能够通过引入压缩应力以及合金化效应来调控表层 Pt 的 d 带重心，弱化 Pt 与含氧物种的结合能，从而进一步提高铂基催化剂的 ORR 活性。例如，Choi 等采用化学气相沉积（chemical vapor deposition，CVD）的方法，成功制备了尺寸均一、高度分散的 Pt-Co 纳米粒，如图 4-9(a) 所示[36]。通过调控 Pt 前驱体和 Co 前驱体的沉积时间以及沉积温度，可以控制产物中 Pt/Co 的比例。电化学测试结果表明，在不同比例的 Pt-Co 催化剂中，Pt_3Co 表现出最佳的性能［图 4-9(b)］。对于不同比例引起的催化剂性能区别，Jia 等做了一些工作来阐明其中的原理[37]。如图 4-9(c) 所示，他们采用同步辐射的测试手段，解析不同比例 Pt-Co 催化剂的精细结构，发现随着 Co 在催化剂中含量的提升，Pt-Pt 的键长（$d_{Pt\text{-}Pt}$）逐渐减小，$d_{Pt\text{-}Pt}$ 的减小能够对纳米粒子表面的 Pt 施加压应力，根据 4.2 章节的分析我们知道，压缩应力能够降低 Pt 的 d 带重心，减弱 Pt 与含氧中间体的结合能，从而提高催化剂的活性。因此，ORR 活性随比例的变化主要归结于应力的调控。当然，该原理不仅局限于 Pt-Co 体系，同时也适用于其他体系，例如 Pt-Ni、Pt-Cu 以及 Pt-Fe 等等。因此，合理地调控催化剂中 Pt-M 的比例，对于制备高活性 ORR 催化剂十分关键。

另外，由于 Markovic 等在 $Pt_3Ni(111)$ 晶面上的一些开创性研究，Pt-Ni 合金纳米晶引起了大量研究者的兴趣。在早期的一些工作当中，研究工作者能够制备成分可控、尺寸可调的 Pt-Ni 纳米粒，虽然这些催化剂的 ORR 活性要优于商业化 Pt/C，但与 Markovic 等预测的活性仍有较大的差距，因此，如何进一步精细设计 Pt-Ni 纳米晶的结构，包括纳米晶的成分分布、尺寸以及形貌，来实现模型预测的活性，是一个比较大的挑战。根据晶体学的知识，我们知道｛111｝晶面族所围成的几何形状是八面体，因此，制备纳米 $Pt_3Ni(111)$ 晶面催化剂，

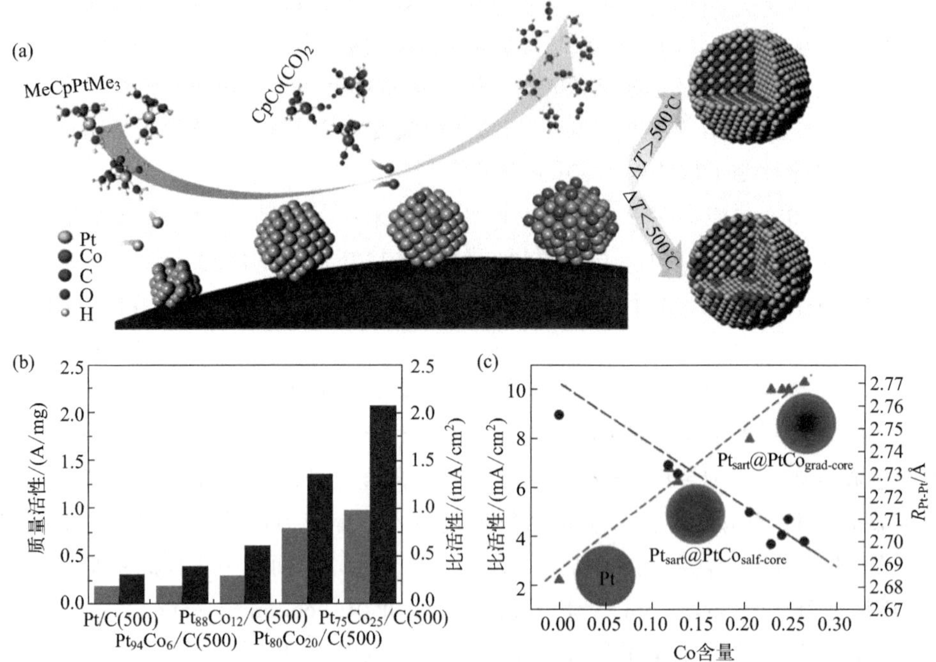

图 4-9 CVD 制备 Pt-Co 纳米粒子的示意图（a）、MA、SA 与 Pt-Co 纳米晶成分的关系（b）和 SA、d_{Pt-Pt} 与 Co 含量的关系（c）

即制备 Pt_3Ni 纳米八面体，关键在于如何稳定（111）面。得益于纳米技术在近十年来的发展，研究者发展了较多方法来精确控制 Pt 纳米晶的成核以及生长过程，从而制备出形貌以及成分可控的 Pt-Ni 纳米八面体。例如，采用湿化学法合成纳米晶的过程中，引入一氧化碳作为封端剂（capping agent），能够制备出高度单分散的 Pt_3Ni 纳米八面体。2010 年，Zhang 等采用有机相合成的方法，以油胺/油酸作为溶剂，乙酰丙酮铂以及乙酰丙酮镍作为金属前驱体，羰基钨作为一氧化碳源，在 230℃反应 1h 后，制备出高度单分散的 Pt_3Ni 纳米八面体，如图 4-10(a) 和 (b) 所示[38]。有趣的是，通过改变镍前驱体加入的顺序，即在羰基钨前加入或者在羰基钨之后加入，制备出的纳米晶的形貌可以从八面体转变成立方体，如图 4-10(c) 所示。对于八面体或者立方体的形成机理，在后续的一些工作中得到了解释。Choi 等在纳米晶的制备过程中，调控了金属盐的比例以及溶剂的比例来研究 Pt_3Ni 纳米八面体的形成过程[39]。他们发现 Ni 的含量对于八面体的形成至关重要：随着 Ni 含量的降低，纳米晶逐渐从八面体转变为截角八面体，当 Ni 含量降到 0 时，产物就只剩下立方体。前期的大量实验证明，Pt 的（100）面对一氧化碳具有很强的吸附，在制备 Pt 纳米晶的过程中引入一氧化碳或羰基化合物能够制备单分散的 Pt 纳米立方体[40-42]。由此可见，Ni 的引入能够改变一氧化碳在 Pt 上的吸附行为，从吸附在（100）面上转变为（111）面，从而稳定/限制（111）面的生长，进而得到八面体的形貌。另外，溶剂的种类对八面体的形貌，包括尺寸的均匀性、棱边以及顶点的尖锐程度，也有一定的影响。把部分油胺换成苄醚后，油胺对 Pt 的吸附减弱，使得一氧化碳在 Pt 表面具有更好的吸附，从而得到棱角较为分明的 Pt_3Ni 纳米八面体。过渡金属的种类也对一氧化碳的吸附有影响，当 Ni 换成 Co 或者 Fe 之后，产物就变成了纳米立方体[43]。Chan 等追踪了产物的形貌以及成分随反应温度变化产物的演化过程[44]。他们发现在较低的温度（140℃）下，产物主要是直径约 3～4nm 的球形 Pt 纳米粒子，而当温度升到 170℃以上时，在一氧化碳的辅助下，Pt 以及 Ni 慢慢沉积到原始的 Pt 晶种上，最终形成八面体形貌，如图 4-10(d) 所示。从以上这些实验可知，材料制备的过程中，一氧化碳以及 Ni/Pt 的比例对于八面体的形成至关重要。

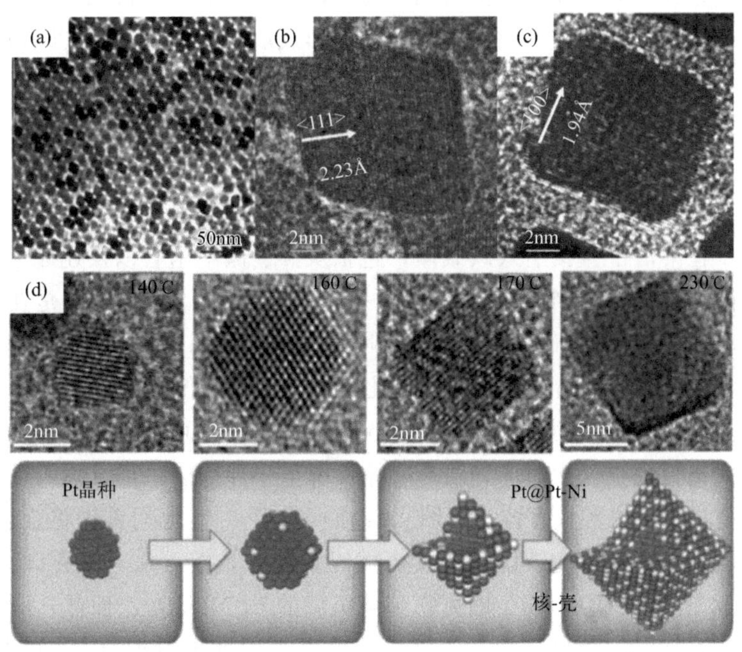

图 4-10　Pt_3Ni 纳米八面体的透射电镜图（a)、(b）和 Pt_3Ni 纳米立方体的透射电镜图（c）以及 Pt_3Ni 纳米晶随温度的演变示意图（d）

然而，在有机相合成过程中，人们常常会采用油胺作为封端剂来制备形貌/成分可控的纳米晶。但是油胺与 Pt 纳米晶直接接触具有较强的吸附，一般需要高温处理或者酸洗来去除吸附的油胺，去除过程可能较为复杂，甚至会破坏纳米晶原有的结构以及改变纳米晶的成分；另外，残余的配体会对材料的催化性能产生影响。因此，设计其他的制备方法来制备表面清洁、成分可控的 Pt-Ni 八面体，具有重要的研究意义。溶剂热制备方法在这方面具有较大的优势[45-47]。例如，Cui 等以 *N*,*N*-二甲基甲酰胺（*N*,*N*-dimethylformamide，DMF）作为溶剂以及弱还原剂，乙酰丙酮铂和乙酰丙酮镍作为金属前驱体来制备 Pt-Ni 八面体[48]。实验研究发现，采用较高的升温速率（10℃/min）以及较低的反应温度（120℃）能够较好地控制纳米晶的形核以及生长过程，从而较好地控制纳米晶的尺寸和形貌；金属盐的配体对纳米晶长成八面体的形貌至关重要，当改变金属前驱体，即将乙酰丙酮基团改变为醋酸根或氯离子时，八面体的形貌将会消失，其内在原因可能是合适的配体能够调控金属盐的还原速率，优化纳米晶的成核或生长过程；另外，反应时间对纳米晶近表面的比例具有很大的影响，随着反应时间从 16h 延长至 42h，Pt/Ni 的比例从 3/7 逐渐提高至 4/6，而纳米晶的形貌几乎不受影响。在随后的报道中，同一个课题组发现 Pt 与 Ni 在纳米晶的内部并非均匀分布，而是存在成分偏析，由富铂的棱边以及富镍的（111）面组成[49]。通过追踪纳米晶的生长过程，他们发现在纳米晶形成的早期阶段（8h 以前），产物主要是富 Pt 多枝结构（Pt_3Ni）；而当反应进行到 16h，Ni 开始在富 Pt 多枝结构的台阶位沉积，最终形成富 Ni 的（111）面以及完整的 $Pt_{40}Ni_{60}$ 八面体；而催化剂进一步经过 ORR 测试之后，由于高电位的氧化以及酸性介质的刻蚀，富 Ni 的（111）面最终消失，留下 Pt 的框架，如图 4-11 所示[50]。Huang 等在此基础上，进一步在溶液中直接引入碳载体，包括炭黑、碳纳米管以及还原氧化石墨烯等，可以简单、快速地制备碳负载的 Pt-Ni 纳米八面体。另外，若是在制备过程中引入乙酰丙酮钴，则可以制备出 Pt-Ni-Co 三元纳米八面体[51]。

考虑到 Pt-Ni 纳米晶在未来的实用化需求，我们不仅仅需要在实验室范围内小批量合成样品，更多的是要成功地将这些尺寸、成分可控的 Pt-Ni 纳米晶实现大规模、大批量的生产。对此，Zhang 等发展了一种快速、基于固相反应的方法大批量制备 Pt-Ni 纳米八面体，如图 4-12(a) 所示[52]。他们首先将金属前驱体，即乙酰丙酮铂、乙酰丙酮镍以及炭黑机械混合均匀，随后在一氧化碳/氢气的混合气氛中，在 200℃退火 1h，即可得到碳负载的 Pt-Ni 纳米八面体，而单次制备的量可高达 2g。Niu 等则采用连续液滴反应器来大批量制备 Pt-Ni 纳米八面体，如图 4-12(b) 所示[53]。在制备过程中，纳米晶的尺寸以及成分可以简单地通过 Pt、Ni 前驱体的比例，以及溶液相油胺与油酸的比例来调控，而八面体的形貌则与之前的报道类似，由引入的羰基钨辅助而成。

这些实验成功地将理论模型转化为实际的催化剂，建立起了块体单晶和纳米晶之间的关系。与 Markovic 等预测的相似，Pt_3Ni 纳米八面体表现出优异的

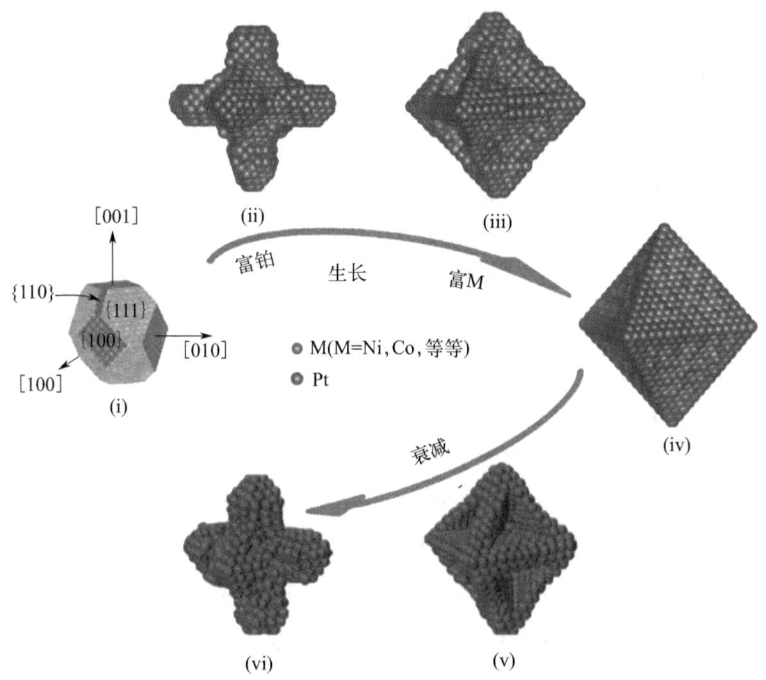

图 4-11 Pt_3Ni 纳米八面体成分随时间的演变过程

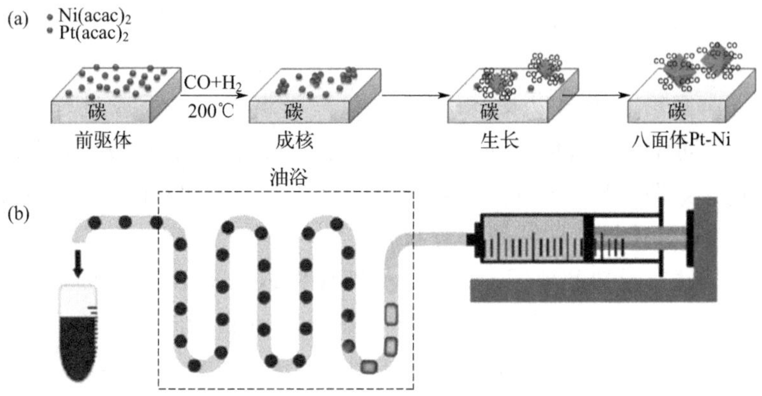

图 4-12 固相反应制备 Pt-Ni 纳米八面体（a）和连续液滴反应器制备 Pt-Ni 纳米八面体（b）

ORR 活性，相比于立方块、商业 Pt/C 均有较大的提高。例如，Zhang 等以羰基钨为辅助制备的 Pt_3Ni 纳米八面体，ORR 质量活性分别是 Pt_3Ni 纳米立方体和 Pt 纳米立方体的 2.8 倍和 3.6 倍[38]。另外，进一步降低或清除 Pt_3Ni 纳米八面体表面吸附的油胺，催化剂的 ORR 活性进一步得到提高：Cui 等[48] 采用溶剂热制备的 Pt-Ni 八面体达到了 1.45A/mg 的质量活性，而 Choi 等[39] 制备的催化剂更进一步实现了3.3A/mg的高质量活性。同时，与上述Pt或者Pt-Co例子相似，催化剂的尺寸以及成分会对其ORR活性有较大影响。Choi等[54] 采用湿化学法，通过调控油胺的比例成功制备了6nm、9nm以及12nm的Pt-Ni纳米八面体，电化学测试结果表明，Pt-Ni纳米八面体的ORR质量活性随着尺寸的增加呈现先增加后降低的火山型关系，其中9nm的样品具有最高的活性，达到了3.1A/mg。其可能的原因是尺寸小的样品配位数较低，催化活性受限制；而尺寸过大，样品的ECSA降低，从而导致ORR的质量活性下降。在此基础上，作者进一步通过调控Ni前驱体的比例来调控产物Pt/Ni的比例（从1.4/1到3.7/1），同样，催化剂的ORR活性随着Pt/Ni比例的变化也呈现出火山型的关系，以2.4/1的样品性能最佳。比例对于催化剂ORR性能的影响，可能的原因在于Ni的掺入会影响纳米晶的晶格常数，从而使得表面原子受到不同程度的压缩应力，同时也会存在配体效应，应力效应与配体效应会共同影响Pt的d带重心。随着d带重心的变化，Pt对含氧物种的吸附发生改变，最终表现出火山型的ORR活性。类似的现象（尺寸效应或比例效应）也被许多研究者观察到[28,55]。需要注意的是，纳米晶近表面的元素比例、表面结构对ORR活性的影响是主要的，因此可以引入更多的精细调控近表面的结构，来优化催化剂的ORR活性。

结合Pt-Ni合金纳米晶在ORR过程中的优势以及表面结构的精细调控，有望制备出性能更加优异的催化剂。例如Zhu等在上述溶剂热制备方法的基础上，引入溴离子（Br^-）。正如前文所述，溶剂热制备得到的Pt-Ni纳米八面体存在成分偏析，由富铂的棱边以及富镍的（111）面组成。在反应过程中，引入的Br^-与氧气共同作用，对偏析在（111）面上的Ni进行刻蚀，从而制备出Pt-Ni内凹八面体，如图4-13(a) 所示。电化学测试表明，内凹八面体表现出更加优异的ORR活性，其质量活性约是普通八面体的6倍[56]。类似地，Ding等采用有机相合成的方法，成功制备了Pt-Ni二十四面体以及菱形十二面体[57]。在制备的过程中，十二烷基三甲基氯化铵（dodecyltrimethylammonium chloride，DTAC）对纳米晶形貌的调控起了关键作用，若采用其他结构类似而碳链长度不同的表面活性剂，例如十八烷基三甲基氯化铵或十六烷基三甲基氯化铵，形貌则大不相同；同时油胺和油酸的比例也有很大的影响，当油胺和油酸的比例为1∶1时可以制备出二十四面体，当比例为4∶1时则可以制备出菱形十二面体，如图4-13中（b）和（c）所示。电化学测试结果表明，两种催化剂都表现出优异的ORR活性，二十四面体略好一点。这些催化剂表现出更加优异的ORR活性，主要与其表面结构有关。这些纳米晶都暴露了高指数晶面，这些晶面具有较高密度的台阶、边缘和扭结位点，同时对含氧物种的结合能较为合适，因此具有更加优异的ORR活性。

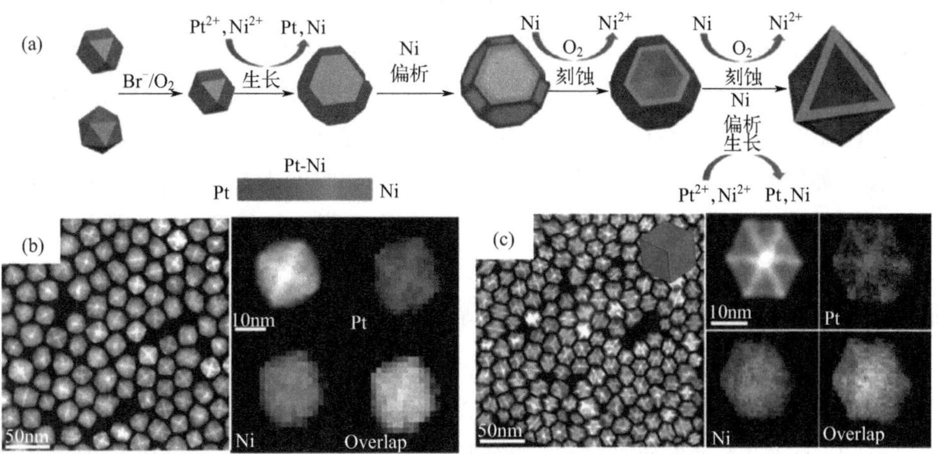

图 4-13 Pt-Ni 内凹八面体的制备流程图（a）与 Pt-Ni 二十四面体（b）和菱形十二面体（c）的扫描透射电镜图以及元素分布图

尽管 Pt-Ni 纳米八面体具有优异的 ORR 活性，但其稳定性仍存在一定的问题，例如上述 Choi 等报道的催化剂，经过 5000 圈加速稳定性测试之后，Pt_3Ni 纳米八面体的质量活性下降了约 40%[39]；其他 Pt-Ni 纳米八面体也均表现出一定的活性下降，主要原因在于 Ni 的标准氧化还原电势较负（−0.257V, vs. SHE)，在电化学测试的环境下，例如高电位、酸性介质，Ni 容易发生氧化、溶解流失，导致纳米晶的结构、成分发生变化，引起性能的下降[58]。因此，如何进一步设计纳米晶的结构，从而提高催化剂的稳定性，则是另外一个较为重要的研究方向。Chattot 等研究了两类催化剂，即“结构完整”以及“结构不完整”的催化剂，在 ORR 过程中，提出了表面扭曲（surface distortion）能够作为催化剂 ORR 活性以及稳定性的一个描述符[59]。表面扭曲度小的纳米晶，虽然可以表现出极为优异的 ORR 起始活性，但在长循环过程中结构会受到较为严重的破坏，导致性能下降；而表面扭曲度大的纳米晶，虽然起始活性稍低于前者，但是其表现出更好的循环稳定性。

在 Pt-Ni 二元纳米晶的基础上，可以通过掺杂少量第三种金属，进一步调控纳米晶局部的配位环境以及应力分布，从而进一步优化催化剂的活性，改善催化剂的稳定性。Beermann 在 Pt-Ni 纳米八面体的基础上，引入了少量的 Rh 来改善催化剂的稳定性[60]。电化学测试结果表明，尽管 Pt-Rh-Ni 纳米八面体的 ORR 活性稍低于 Pt-Ni 纳米八面体，但是其稳定性大大提高：稳定性测试循环 4000 圈之后，Pt-Rh-Ni 纳米八面体的 ORR 质量活性从 0.82A/mg 上升至 1.14A/mg，而 Pt-Ni 纳米八面体则从 0.99A/mg 下降至 0.30A/mg；进一步循环至

8000 圈，Pt-Rh-Ni 纳米八面体仍然保持 0.72A/mg，而 Pt-Ni 纳米八面体进一步下降至 0.12A/mg。透射电子显微镜结果表明，Rh 的掺入能够抑制 Pt 的迁移，因此在电化学循环过程中，纳米晶的八面体形貌能够被很好地稳定，即高活性的 Pt-Ni(111) 面能够在电化学循环过程中稳定存在，从而表现出优异的 ORR 稳定性，如图 4-14(a) 所示。相反，没有掺入 Rh 的纳米晶，仅仅在 4000 圈循环后，八面体的形貌就已经消失，导致性能急剧下降。除了 Rh 外，类似的元素还有 Ga[61]、Cu[62]、Fe[63] 等，这些元素的掺入均在一定程度上提高了 Pt-Ni 催化剂的 ORR 稳定性。此外，Huang 等在 Pt-Ni 八面体的基础上引入 Mo，实现了里程碑式的进展：Mo-Pt_3Ni 催化剂实现了 6.98A/mg 的质量活性以及 10.3mA/cm^2 的面积比活性，同时在 8000 圈循环之后，质量活性仅仅衰减 5.5%，从活性以及稳定性方面看，该催化剂均表现出极大的应用潜力，如图 4-14(b) 所示[64]。在随后的一篇报道中，同一个课题组的研究者采用同步辐射研究了 Mo 的具体作用[65]，结果发现 Mo 主要以氧化态形式存在，Mo 的存在能够稳定近邻的 Pt，从而稳定纳米晶的八面体形貌；而纳米晶内部的 Ni 则可以被表面的 Pt 壳层保护，阻止 Ni 被刻蚀、流失，这两者均能够保护 Pt-Ni(111) 晶面，从而提高催化剂的稳定性。

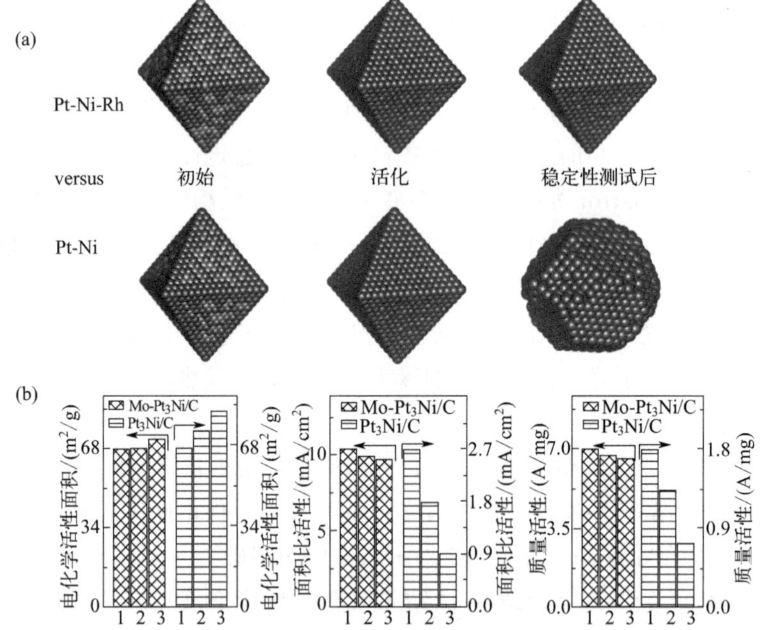

图 4-14　Pt-Ni 以及 Pt-Ni-Rh 纳米八面体随电化学测试过程的演变示意图 (a) 与 Mo-Pt_3Ni 纳米八面体的 ORR 稳定性 (b)

1—初始；2—4000 圈循环；3—8000 圈循环

除了对纳米晶本身的结构、成分进行调控之外，对催化剂载体的调控也可以在一定程度上提高催化剂的活性以及稳定性。通常来说，低铂氧还原催化剂一般采用炭黑（包括 KJ-EC300、Vulcan XC-72 等）作为载体来负载纳米晶。氮掺杂的碳，由于氮原子的引入，其电荷分布发生改变，导电性会有所提高；同时氮原子的引入也会产生较多的缺陷位点，有利于提高载体与纳米晶的结合，也会有利于催化反应的发生[66,67]。因此，假如将常用的炭黑载体替换成氮掺杂碳，催化剂的 ORR 活性或许会有所提升。最近，Chong 等以超低载量的 Pt 催化剂，实现了极为优异的 ORR 活性以及燃料电池性能[68]。他们首先以 ZIF-67 以及 ZIF-67 包裹的 ZIF-8 作为前驱体，经过热处理以及酸洗后得到氮掺杂碳（PF-1 以及 PF-2），随后分别以这两者为基底，引入少量 Pt 前驱体，经过还原、热处理等过程后得到最终的催化剂：氮掺杂碳负载的 Pt-Co 纳米粒子（LP@PF-1 以及 LP@PF-2）。这两种催化剂在半电池中表现出极为优异的电化学性能，ORR 质量活性最高达到 12.36A/mg；采用这两种催化剂组装的燃料电池，也表现出优异的性能：在 Pt 载量为 0.035$\mu g/cm^2$ 的情况下，催化剂的质量活性达到 1.77A/mg，而且功率密度也要高于商业化铂碳（载量为 0.35mg/cm^2）。类似的现象许多其他研究者也有报道[69-71]。与氮掺杂碳不同，He 等在 Pt-Ni 基础上引入无定形的硼化镍纳米片，其 ORR 活性也得到了较大的提高[72]。而且硼化镍纳米片的作用不仅局限于 Pt-Ni 纳米晶，对商业化 Pt/C 也具有较大的提升作用。理论计算结果表明，硼化镍与 Pt 之间通过电子转移来优化 Pt 与含氧物种的结合能，从而实现对 Pt 纳米晶 ORR 性能的提高。

总的来说，本小节以铂基零维纳米粒子为主要对象，讨论了纳米粒子的晶面效应、尺寸效应等，同时以 Pt-Ni 合金为例，介绍了纳米晶的结构设计对于材料 ORR 活性、稳定性的影响，而相应的结论不仅仅局限于 Pt-Ni 纳米晶，同样适用于 Pt-Co、Pt-Fe 等等，因此也需要我们更多地思考、探索，推动铂基纳米晶的实用化进程。

4.4.2 铂基核壳结构纳米晶催化剂

一般来说，核壳结构是指纳米晶内部材料的成分或结构与近表面数个原子层的区域有所不同，如图 4-15(a) 所示。通常在电化学测试情况下，由于过渡金属容易被刻蚀，Pt-M（M＝Ni、Cu、Co 等）纳米晶会呈现以 Pt-M 为核、Pt 为壳层的核壳结构。除此以外，研究者还可以直接制备以非贵金属为核、贵金属为壳层的纳米晶，在保持催化剂活性的同时，进一步降低贵金属的用量，贵金属的用量以及比表面积随半径的变化如图 4-15(b) 所示；贵金属作为壳层，能够在一定程度上保护内部的过渡金属，从而提高催化剂的稳定性。由于核壳结构的内核以及壳层的晶格常数通常存在差异，这些差异会在界面引起应力，应力的分布随着距离的增加而逐渐减小，如图 4-15(c) 所示。如前所述，对表层的铂原子施加合适的压缩应力，有利于降低铂原子的 d 带重心，减小 Pt 与含氧物种的结合能（ΔG_{*O}），从而提高催化剂的 ORR 活性。因此，调控纳米晶内核的结构，能够在降低 Pt 用量的同时，提高催化剂的 ORR 活性。接下来我们将讨论关于铂基核壳结构纳米晶催化剂的一些研究进展，以更加深入地理解核壳结构的设计思路。

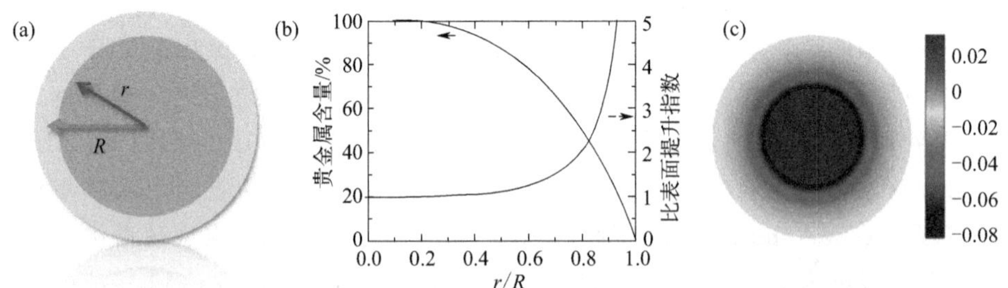

图 4-15　核壳结构示意图（a）、贵金属的用量以及比表面积与 r/R 的变化关系（b）与核壳结构的应力分布示意图（c）

通常核壳结构纳米晶的制备方法包括：①脱合金方法，即通过电化学或化学处理的方法，将纳米粒子近表面的过渡金属去除，留下相对稳定的贵金属壳层；②Cu 欠电位沉积法，即在晶种表面采用欠电位沉积的方法，先制备原子单层的 Cu 壳层，再通过 Cu-Pt 之间的置换反应，将单原子层的 Pt 沉积到晶种表面；③种子法，即先制备形貌、成分可控的晶种，再通过化学方法控制后续金属的成核、生长及扩散过程，制备出厚度可控的核壳结构纳米晶。

正如前文所述，一般 Pt-M 纳米晶在电化学测试过程中，表层的过渡金属均会受到刻蚀而形成 Pt-M/Pt 的核壳结构。例如 Strasser 等以不同比例的 Pt-Cu（即 $PtCu_3$、PtCu 以及 Pt_3Cu）为对象，采用电化学脱合金的方法将表层的 Cu 去除，形成 3～4 原子层厚的 Pt 壳层[21]。通过反常 X 射线衍射发现，随着 Cu 含量的增加，纳米晶的晶格常数逐渐下降，导致表层的铂原子受到的压缩应力增加，电化学测试结果表明，随着压缩应力的提高，ORR 活性也逐渐提高。随后，他们以 Pt-Co 以及 Pt-Cu 为研究对象，研究了纳米晶尺寸对脱合金产物形貌的影响[73]。研究结果表明：在纳米晶尺寸小于 10nm 的范围内，产物以“单核/Pt 壳层”的核壳结构纳米晶为主；当尺寸增加到 15～30nm 时，产物以“多核/Pt 壳层”的纳米晶为主；当尺寸进一步增加到大于 30nm 时，产物开始出现表面凹坑以及内部的孔道。Wang 等采用有机相合成的方法，制备了不同成分、单分散的

Pt-Ni 纳米粒子（即 $PtNi_3$、$PtNi_2$、PtNi 以及 Pt_3Ni）来排除尺寸的影响，系统研究纳米晶成分对其电化学性能、表面结构的影响[74]。结果发现，当催化剂经历了电化学测试之后，四种比例的纳米晶均会形成 Pt 壳层。有趣的是，随着纳米晶比例的变化，电化学测试后 Ni 的含量呈现出火山型的趋势，其中 PtNi 纳米晶保留的 Ni 含量最多。同样，Pt 壳层的厚度也与纳米晶的比例有关，例如 PtNi 纳米晶形成的 Pt 壳层厚度为 0.5nm，而 $PtNi_3$ 纳米晶的 Pt 壳层厚度则达到 1nm，如图 4-16 中（a）和（b）所示。结合电化学测试结果分析，Pt 壳层的厚度有可能会影响催化剂整体的 ORR 活性：Pt 壳层太厚，压缩应力会相应减小，由应力效应带来的 ORR 活性提高就会受到抑制；而 Pt 壳层太薄，内核的过渡金属原子就不能很好地稳定，导致催化剂的稳定性问题，因此需要平衡两者之间的关系。值得注意的是，电化学脱合金会导致纳米晶表面的 Pt 壳层粗糙，即表面的 Pt 壳层并非完整地包裹在内核外部，通常会存在一些孔道，因此纳米晶内部的过渡金属可能会在后续进一步流失，导致催化剂活性进一步下降。对此，同一个课题组的研究者采取另外的方法制备 Pt-Ni/Pt 核壳结构纳米晶[75]。他们首先采用醋酸对制备的 Pt-Ni 纳米粒子进行化学刻蚀处理，将表层的镍原子刻蚀去除，随后对得到的产物进行低温退火处理（400℃），在退火过程中，表面的铂原

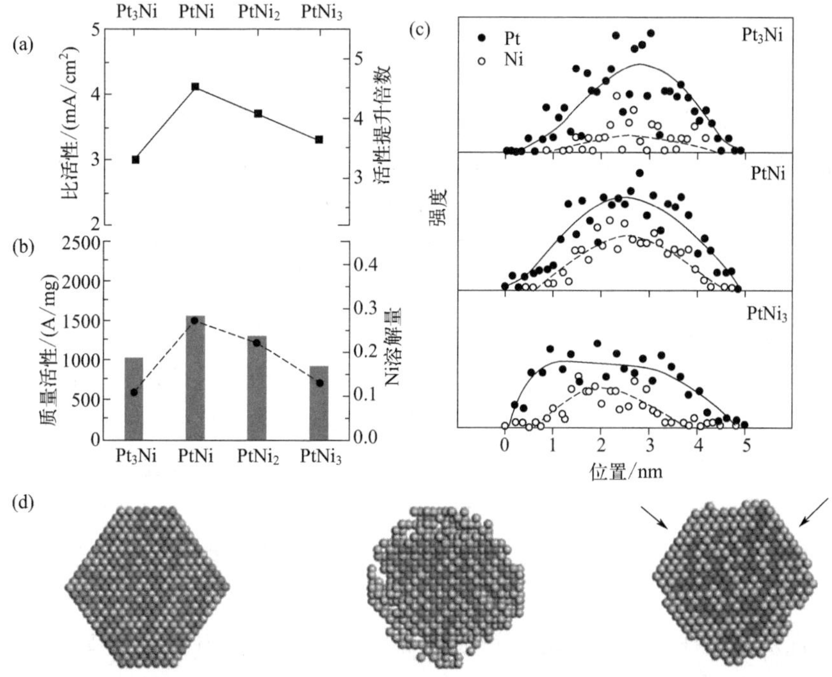

图 4-16 催化剂比活性（a）和质量活性（b）与元素比例的关系以及催化电化学测试后的线扫图（c）以及相应的结构演变图（d）

子发生迁移重构，形成较为完整的“Pt 皮肤”（Pt-skin）壳层，如图 4-16(d) 所示。得益于“Pt 皮肤”壳层的存在，催化剂的 ORR 活性以及稳定性都有一定程度的提高。后续也有许多研究者采用类似的方法来制备完整的“Pt 皮肤”壳层[76-78]。

以上例子的内核主要是 Pt-M 合金，假如将内核的 Pt 替换成其他元素，则可以进一步降低 Pt 的用量从而降低催化剂的成本。其中，钯（Pd）的性质与 Pt 类似，但价格相对较低，因此可以采用 Pd 作为内核，研究 Pd/Pt 核壳结构纳米晶的催化活性。在这方面，Xia 等做了大量的研究工作[79-82]。例如他们采用种子法，以 Pd 纳米立方为晶种，控制 Pt 前驱体的用量以及沉积与扩散的速率，制备出 1～6 原子层厚的 Pt 壳层，如图 4-17(a) 所示[80]。电化学测试结果表明，催化剂的 ORR 质量活性随着 Pt 壳层厚度的增加而下降，其中 Pt 壳层厚度为一原子层厚的纳米晶表现出最佳的 ORR 活性；然而催化剂的稳定性则有所不同：壳层太薄的催化剂，其催化性能在 5000 圈循环之后便急剧下降，而厚度适中的催化剂不仅有较好的起始活性，同时也有较好的稳定性，如图 4-17(b) 所示。进一步调控晶种的形貌，还可以制备出各种形貌的 Pd/Pt 核壳结构纳米晶，例如八面体[82]、内凹十面体[79] 以及二十面体[81] 等，如图 4-17 中 (c)～(f) 所示。Xiong 等随后采用几何相位分析（geometrical phase analysis），研究了应力在不同形貌的 Pd/Pt 核壳结构纳米粒子中的分布情况，发现对于二十面体纳米粒子，Pt 壳层主要受到压缩应力的作用，而对于八面体，压缩应力以及拉应力共同存在，应力分布的不同，可能是两种纳米晶催化性能有所差异的原因[83]。通过晶种的改变，引入孪晶、高指数晶面等独特结构，可以大大地丰富对纳米晶结构的设计。此外，Zhao 以及 Choi 等以 Pd 纳米八面体为晶种，外延生长了 Pt-Ni 壳层，进一步综合核壳结构以及 Pt-Ni(111) 面的优势，制备出性能优异的催化剂[84,85]。

在前文曾讨论过，引入金能够提高催化剂的稳定性。基于这个思路，Hu 等制备了 Au-Ti/Pt 的核壳结构纳米粒子来实现高的 ORR 活性，同时提高催化剂的稳定性[86]。其中 Au 作为纳米粒子的内核，氧化钛主要分布在 Au 十面体的棱边上，而 Pt 主要分布在 Au 十面体的面上。得益于独特的核壳结构以及合适的 ΔG_{*O}，催化剂的 ORR 质量活性达到 3.0A/mg，而由于 Au 以及棱边氧化钛的作用，催化剂在循环 10000 圈之后仍保持较高的催化活性。同样，Bian 等以星形 Au 十面体为晶种，制备了不同壳层厚度的 Au/Pt 纳米晶，也实现了较好的催化剂活性及稳定性[87]。Wang 等进一步引入铂基合金作为壳层，结合过渡金属对 Pt 电子结构的调控，设计了高效、稳定的 Au/Pt_3Fe 核壳结构纳米粒子，在循环 60000 圈之后仍保持了 93.3%的面积比活性[88]。

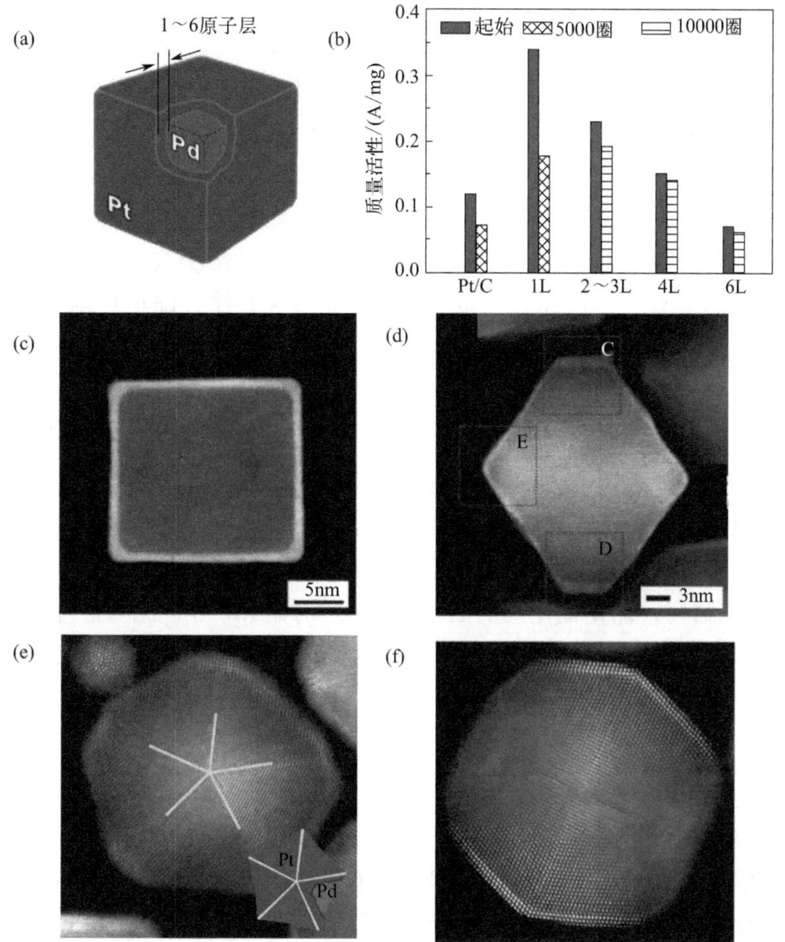

图 4-17 不同层数的 Pd/Pt 核壳结构纳米立方结构示意图（a）、ORR 活性及稳定性与 Pt 层数的关系（b）以及不同形貌的 Pd/Pt 核壳结构立方（c）、八面体（d）、十面体（e）以及二十面体（f）的扫描透射电镜图

上述例子主要以贵金属为内核，成本仍然较高，假如能够将内核完全替换为非贵金属及其化合物，充分提高壳层铂原子的利用率，则能够大大降低催化剂的成本，有利于燃料电池的推广。对此，研究者也做了大量的工作。例如，Wang 等采用种子法制备了 Co/Pt 核壳结构纳米粒子。他们首先采用有机相合成方法，通过羰基钴的热解制备了单分散的钴纳米粒子，随后引入乙酰丙酮铂，通过置换反应将铂原子沉积至 Co 晶种表面。电化学测试结果表明，Co/Pt 纳米晶表现出优异的 ORR 活性，质量活性达到 1.2A/mg，高于 Pt_3Co 纳米粒子；而两者的面积比活性则相差不大。其质量活性提高的主要原因在于：核壳结构的设计能够提

高纳米粒子表面铂原子的利用率，提高催化剂的ECSA，从而提高催化剂的质量活性。另外，由于表面Pt壳层的保护，催化剂的ORR活性在30000圈循环之后并没有太大的下降，同时纳米晶内Co的含量也仅仅由62%下降至57%。作者进一步结合透射电子显微镜、元素分布以及一氧化碳氧化实验分析，推测Co/Pt纳米粒子表面的Pt壳层在电化学循环中会发生重构，包括一些缺陷的消失、原子的迁移以及壳层厚度的变化。以Ni/Pt为研究对象，Zhang等系统地研究了内核尺寸对催化剂整体ORR性能的影响[89]。他们通过调控Ni前驱体与封端剂的比例，制备了4.2nm、7.4nm以及9nm的Ni纳米粒子，随后控制Pt前驱体的还原过程，制备了壳层厚度约为1.5nm的Pt壳层。电化学测试结果表明，三种尺寸的催化剂面积比活性相差不大，而5.8nm的Ni/Pt纳米粒子的质量活性最高，该结果说明三种催化剂的本征活性类似，对含氧中间体的吸附能比较接近，而质量活性的区别主要是由催化剂的ECSA不同引起的。除了金属单质以外，稳定的过渡金属化合物也可以作为纳米晶的内核，形成独特的核壳结构，这种核壳结构不仅可以引入适当的压缩应力，同时也可以构筑金属/半导体异质结，调控Pt的电子结构，优化催化剂的ORR活性。例如Liu等首先通过理论计算研究发现，Co_2P (001)/Pt(111) 界面的存在首先会引入压缩应力，降低Pt与含氧物种的结合能，同时通过Co_2P (001)/Pt(111) 之间的配体效应，Pt与含氧物种的结合能会稍有增强[90]。两者共同作用，使该体系内的ΔG_{*O}比最优的理论值仅仅高0.02eV。基于理论计算的结构，作者采用种子法制备了Co_2P/Pt核壳结构纳米棒，通过精细的合成条件调控，构筑了大量的Co_2P (001)/Pt(111) 界面。电化学测试结果表明，相对于Pt/C以及Pt_3Co，Co_2P/Pt核壳结构纳米棒表现出更加优异的ORR活性，与理论计算的结果相吻合。除了磷化物以外，还有许多化合物，例如氮化物[91,92]等。其中还存在许多未知需要我们进一步去探究，结合理论计算将大大加快我们探究、开发材料的进程。

虽然一般认为对纳米晶表面的铂原子施加一定的压缩应力有利于提高催化剂的ORR活性，相反，施加拉伸应力则会降低催化剂的ORR活性。然而Bu等报道了一个反常的发现：对Pt(110) 面施加双轴应力，即沿 [110] 方向的压缩应力以及沿 [001] 方向的拉伸应力，能够提高催化剂的ORR活性[93]。作者首先采用有机相方法制备了PtPb/Pt纳米片，在合成过程中，选择抗坏血酸作为还原剂是制备PtPb/Pt纳米片的关键：一方面抗坏血酸能够诱发PtPb纳米晶各向异性生长，制备出二维纳米片的形貌；另一方面抗坏血酸作为弱酸，能够将表面的铂原子去除，得到PtPb/Pt核壳结构纳米片，如图4-18(a) 所示。进一步通过透射电镜分析发现，PtPb核主要是密排六方结构，而Pt壳层是面心立方结构，两者存在一定的取向关系，如图4-18中 (b) 和 (c) 所示。同时由于两者的晶体结构、晶格常数的差别以及两者的取向关系，Pt(110) 面会受到双轴应力。理论计算研究发现，对 Pt(110) 面施加沿［110］方向的压缩应力以及沿［001］方向的拉伸应力，能够调控 ΔG_{*O}，以提高催化剂的 ORR 活性，如图 4-18 中（f）和（g）所示。电化学测试的结果也与理论计算相吻合：PtPb/Pt 核壳结构纳米片表现出最佳的 ORR 质量活性，达到 4.3A/mg；而对应的球形纳米粒子，由于没有这种取向关系，ORR 活性就相对较低，如图 4-18 中（d）和（e）所示。在随后的报道中，作者将抗坏血酸替换为葡萄糖，形貌则从纳米片转

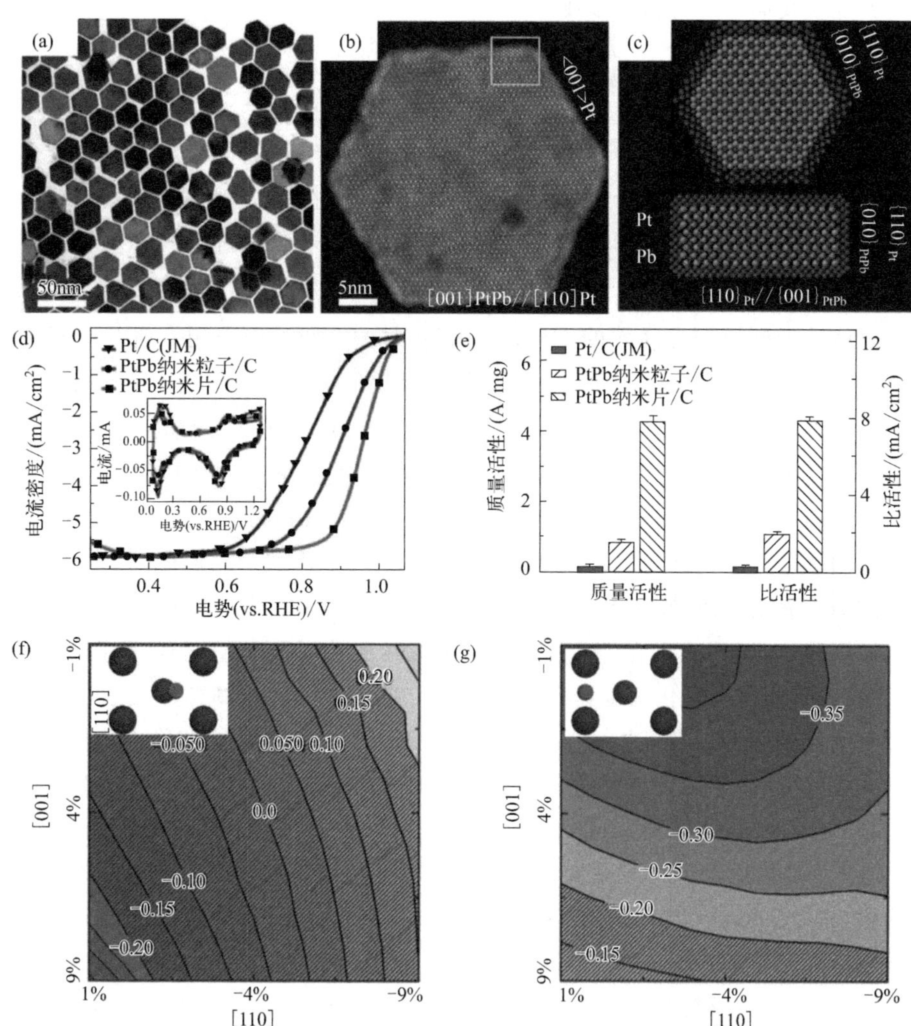

图 4-18 PtPb/Pt 纳米片的透射电镜图（a），PtPb/Pt 纳米片的取向关系示意图（b）、(c)，PtPb/Pt 纳米片 ORR 性能（d）、(e) 以及不同位点在双轴应力下 ΔE_{*O} 的变化曲线（f）、(g)

变为八面体。考虑到 Pt-Ni 八面体较高的 ORR 活性，作者进一步引入少量的 Ni 前驱体，在 PtPb 八面体的基础上制备了 PtPb/PtNi 八面体，结合双轴应力、Pt-Ni(111) 面的优势，PtPb/PtNi 八面体也表现出优异的 ORR 催化活性。

总的来说，本小节以核壳结构为主要讨论对象，介绍了核壳结构对 ORR 催化剂活性及稳定性的影响，同时也讨论了多个体系对核壳结构的设计思路。由于材料的多样性，核壳结构的设计还有许多待开发的空间，这其中将会有许多新发现。材料的开发不仅需要实验尝试，结合机器学习、理论计算来筛选目标产物，将大大加快我们开发材料的步伐。

4.4.3 铂基空心纳米框架催化剂

前文所讨论的纳米晶催化剂一般是实心的，实际起催化作用的是表层的原子，虽然核壳结构的制备能够大大提高铂原子的利用率，但假如我们能够进一步去除纳米晶内部的物质，形成开放的三维结构，铂原子的利用率以及 ECSA 将进一步提高，进而提高催化剂的 ORR 活性。2014 年 Chen 等报道了 Pt_3Ni 菱形十二面体纳米框架作为高效的 ORR 催化剂[94]。他们首先采用有机相合成的方法制备了 $PtNi_3$ 菱形十二面体，随后分散在己烷的纳米晶在空气以及油胺的共同作用下，镍原子逐渐被刻蚀，经过两周后即从 $PtNi_3$ 菱形十二面体转变为 Pt_3Ni 菱形十二面体纳米框架，随后对 Pt_3Ni 菱形十二面体纳米框架进行低温退火处理，使表面的 Pt 发生重构，形成约两个原子层厚的 Pt 皮肤结构，如图 4-19(a) 所示。当然采用酸刻蚀可以加快 Ni 的刻蚀过程，加速纳米晶形貌的转变。电化学测试结果表明，Pt_3Ni 菱形十二面体纳米框架的 ORR 活性远远高于 Pt/C，质量活性高达 5.7A/mg，在 0.95V 下质量活性也高达 1.0A/mg，如图 4-19 中 (b) 和 (c) 所示。催化剂也具有良好的稳定性，在 10000 圈循环之后性能、形貌没有明显的变化，其可能的原因在于表面的 Pt 皮肤结构能够稳定内部的 Ni，同时弱化的 Pt-O 结合能能够降低催化剂表面 O 的覆盖率，降低 Pt 的溶解。基于这项开创性的研究工作，该课题组的研究者做了大量的后续研究工作。例如，Niu 等[95] 随后追踪了纳米晶生长的过程，得出与 Gan 等[50] 类似的结论：纳米晶的生长过程中，Pt 与 Ni 存在偏析，如图 4-19(d) 所示。在反应起始阶段，铂原子先沿<111>以及<200>方向生长，形成菱形十二面体的基本骨架；随后镍原子开始还原，沉积到 Pt 骨架上，形成菱形十二面体；进一步延长反应时间，铂原子逐渐迁移到菱形十二面体的棱边上，最终形成以富 Pt 相为棱边、富 Ni 相为面的菱形十二面体结构。此时，引入酸等物质进行刻蚀，即可将富 Ni 的面去除，留下富 Pt 的框架结构。对纳米框架形成机理的认识，指导了研究者对纳米

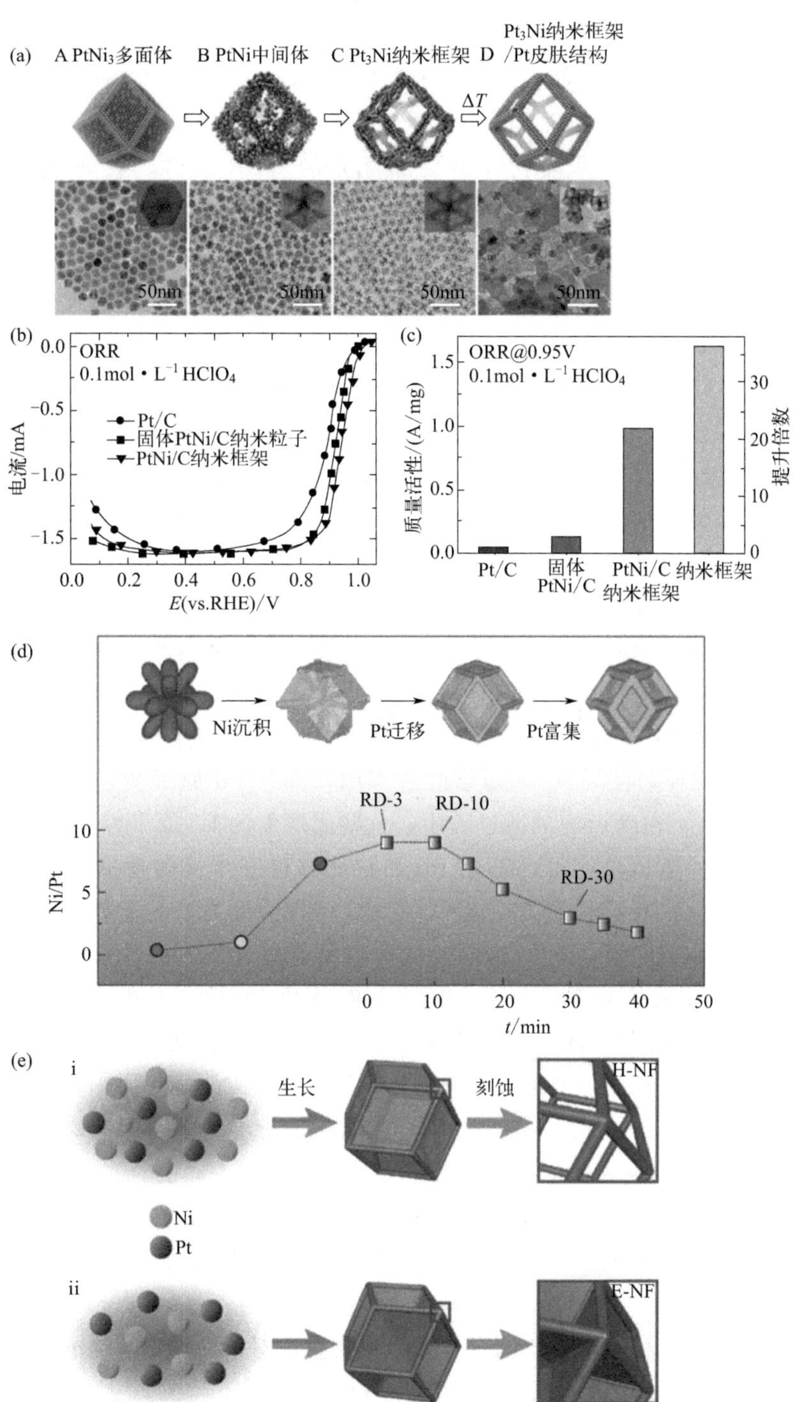

图 4-19 Pt_3Ni 纳米框架的制备流程图以及透射电镜图（a），Pt_3Ni 纳米框架的ORR 性能（b）、（c），Pt_3Ni 菱形十二面体随反应过程的演变（d）和 Pt_3Ni 内凹纳米框架的制备流程图（e）

晶结构的进一步设计。例如，Becknell 等提高了前驱体中 Pt 与 Ni 的比例，成功制备了内凹纳米框架，如图 4-19(e) 所示[96]。得益于纳米框架以及内部的片状结构，Pt_3Ni 内凹纳米框架表现出更加优异的 ORR 活性，其面积比活性为 Pt_3Ni 纳米框架的 1.5 倍。除此以外，他们还研究了不同后处理方式，包括不刻蚀、醋酸刻蚀以及硝酸刻蚀，对催化剂结构、催化性能稳定性的影响[97]。研究发现尽管醋酸刻蚀制备得到的纳米框架表现出最高的 ORR 起始活性，但是活性会随着电化学循环而逐渐下降；而硝酸处理的催化剂则表现出很好的稳定性，Ni 含量、ECSA 以及 ORR 性能几乎不随电化学循环变化。当然，Pt-M 的纳米框架不仅局限于 Pt-Ni 体系，Pt-Co[98,99]、Pt-Cu[100-103] 等也同样能够采用类似的方法来制备纳米框架结构来提高催化剂的 ORR 活性。Luo 等引入十六烷基三甲基溴化铵来调控纳米晶表面的原子结构，成功制备了多种形貌的 Pt-Cu 纳米框架结构，同时在框架结构的表面引入了高指数晶面，进一步提高了催化剂的 ORR 活性，质量活性达到 3.26A/mg[102]。

在核壳结构纳米晶的基础上，刻蚀内核也能制备出纳米框架催化剂。例如 Zhang 等以 Pd 为晶种，首先沉积了几个原子层厚的 Pt 壳层，得到 Pd/Pt 核壳结构纳米晶，随后通过化学刻蚀的方法将内部的 Pd 核去除，得到空心纳米框架[104]。他们发现，在沉积 Pt 壳层的过程中，部分 Pd 原子会迁移至 Pt 壳层，形成 PtPd 合金，在随后的刻蚀过程中，这些壳层上的 Pd 原子容易被刻蚀去除，逐渐形成开放的通道，使得内部的 Pd 晶核能够进一步接触反应物而被完全刻蚀，如图 4-20(a) 所示。正如前文所述，通过调控 Pd 晶核的形貌，能够调控核壳结构的纳米晶。同样，Pt 纳米框架的形貌也能通过该方法进行调控，例如立方框架[104]、八面体框架[104] 以及二十面体框架[105,106] 等，如图 4-20 中 (b)～(d) 所示。电化学测试结果表明，三种空心纳米框架的 ORR 催化活性顺序为：立方框架＜八面体框架＜二十面体框架，其中二十面体框架催化剂的质量活性达到 1.28A/mg，如图 4-20 中 (e) 和 (f) 所示。八面体框架以及二十面体框架都暴露着 (111) 晶面，其性能要高于立方框架所暴露的 (100) 晶面，与之前的晶面效应符合；而二十面体框架更高的 ORR 活性可能源自二十面体存在的大量孪晶晶面，其自身的压缩应力相对于八面体较大，因此具有更好的 ORR 性能。

总的来说，本小结以空心纳米框架为主要讨论对象，讨论了空心纳米框架的一些制备原理以及方法，探讨了催化剂 ORR 活性提高的原因，提供了一种 ORR 催化剂的新型设计思路。尽管空心纳米框架的催化活性能够大大提高，但是其稳定性尚存在一定的问题：①由于空心结构暴露了更多的反应位点，过渡金属的溶解问题将会更加严重；②在框架结构中，“支架”的尺寸较小，一般只有

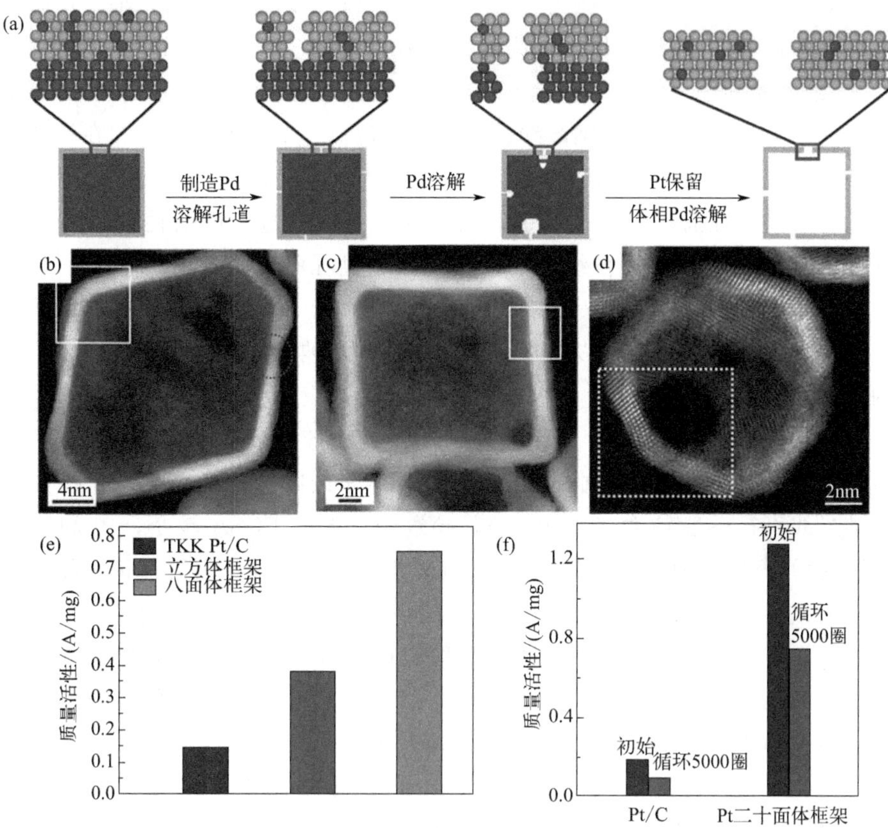

图 4-20　Pd/Pt 纳米框架的制备流程图以及透射电镜图（a），八面体、立方体、二十面体 Pd/Pt 纳米框架的扫描透射电镜图（b）～（d）及其 ORR 性能（e）、（f）

1nm 左右，相对较为脆弱，容易在电化学测试过程中坍塌、团聚，导致性能下降。因此，在设计这些高效催化剂的同时，还需要考虑稳定性的问题。

4.4.4　一维铂基纳米晶催化剂

一维纳米晶，即纳米线，通常是指纳米晶的直径为 1～100nm，长度可以达到数微米的纳米结构。由于纳米线独特的各向异性的特点，其在 ORR 催化过程中具有较多的优势：①纳米线通常具有光滑的表面、较少的缺陷、较大的电化学活性面积，能够提高催化剂的活性；②纳米线的一维形貌有助于电子以及反应物种的传输，加快反应进程；③纳米线与载体的接触面积更大，可以有效保护催化剂在电化学测试过程中的溶解、团聚等现象，从而提高催化剂的稳定性。因此，铂基纳米线催化剂也得到了研究者广泛的关注。

从晶体学上看，纳米晶的各向异性生长需要材料本身的晶体结构存在各向异性，例如氧化锌，其晶体结构为密排六方，氧化锌纳米晶容易沿 c 轴生长而得到纳米线的形貌。而 Pt 的晶体结构为对称的面心立方，{111} 晶面的表面能最小，因此 Pt 纳米晶的热力学稳定形貌为球形纳米粒子。由此可见，Pt 纳米线的制备需要考虑动力学调控。目前纳米线的制备方法包括：①硬模板法，即在一维模板例如阳极化氧化铝（AAO）等基础上制备 Pt 纳米晶，通过空间限域得到纳米线形貌；②表面活性剂导向法，即引入表面活性剂，通过表面活性剂自组装诱导 Pt 形成纳米线的形貌；③自组装法，即在反应过程中，制备的纳米粒子通过一些取向关系相互连接，从而得到纳米网络的结构。下面我们将讨论关于铂基纳米线催化剂的一些研究进展，以更加深入地理解铂基纳米线催化剂的合成方法以及结构的设计思路。

硬模板法通常可以采用 AAO[107]、介孔氧化硅[108] 以及 ZnO[109] 等作为模板，通过电化学或化学还原的方法实现 Pt 纳米线阵列的生长，但是该方法制备的纳米线直径一般较大（＞30nm），导致催化剂的 ECSA 较小，Pt 利用率较低，同时后处理过程也相对麻烦，因此在这里我们就不详细展开讨论。随着纳米线直径的减小，催化剂的 ECSA 以及 Pt 的利用率迅速增加，因此，开发超细铂基纳米线，有利于提高 ORR 活性以及稳定性。对此，研究者也开发了多种方法。例如 Teng 等在油/水微乳液系统中，以十二烷基三甲基溴化铵为表面活性剂，硼氢化钠为还原剂，成功制备了 Pt 以及 Pd 纳米线，其直径大约只有 2nm，长度可达数百纳米[110]。随后 Adzic 等在此方法基础上，制备了 Pd_xCu_{1-x}/Pt[111] 以及 Pd_xAu_{1-x}/Pt[112] 核壳结构纳米线，通过优化基底纳米线的比例，催化剂表现出优良的甲醇氧化以及 ORR 性能。Wang 等采用有机相合成的方法，以十八烯、油胺为溶剂，成功制备了 Pt-Co 以及 Pt-Fe 纳米线[113]。他们发现十八烯/油胺的比例对纳米线的长度有十分重要的影响：当十八烯/油胺比例为 3∶1 时，只能制备 3nm 的纳米颗粒；当比例为 1∶1 时，能够制备长度为 20nm 的纳米线；比例降至 1∶3 时，纳米线则可以生长至 100nm。纳米线可能的形成机理与油胺在十八烯中形成反向胶束有关，如图 4-21(a) 所示，在 A 位置，油胺组装的密度较高，阻碍了后续原子的沉积，因此该方向的生长速度较慢；B 以及 C 位置的油胺密度较低，因此在该方向的生长速度较快，生长速度的差异最终导致了纳米晶的各向异性生长。除此以外，溶剂热方法也能够制备形貌良好的超细纳米线。Chen 等以 DMF 为溶剂，在乙二胺以及 CO 的共同作用下，Pt 前驱体能够沿＜110＞方向生长，得到直径约为 2nm 的超细纳米线，如图 4-21 (b) 所示[114]。Peng 等以 Pt-Ag 为研究对象，观察到纳米粒的自组装过程与前驱体的比例以及反应时间高度相关：过多 Pt 或 Ag 的情况下，纳米晶主要以球形颗粒为主，当比例约为 1∶1 时，纳米晶能够长成直径约 2.5nm 的多晶纳米线；而充足的反应时间则是纳米晶组装成纳米线的保证[115]。随后 Liao 等采用原位透射电子显微镜技术，直接观察到溶液相中 Pt_3Fe 纳米粒子组装成纳米线的过程[116]。

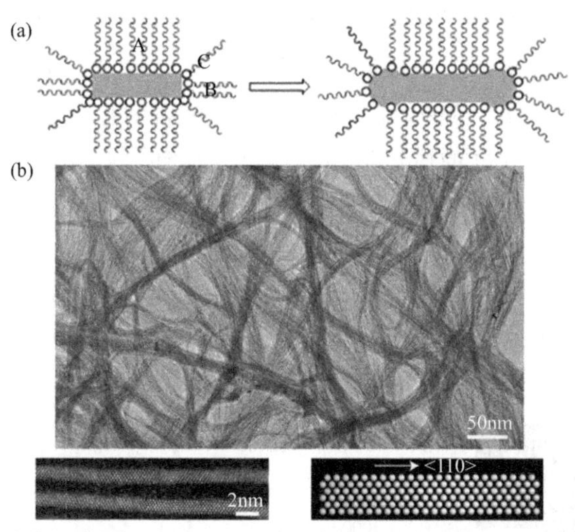

图 4-21　反向胶束示意图（a）与超细 Pt 纳米线的透射电镜图以及结构示意图（b）

考虑到合金催化剂具有更高的 ORR 活性，制备 PtM 合金纳米线催化剂可能会具有更高的催化活性以及稳定性。对此，Guo 等采用有机相合成的方法，以油酸钠为封端剂，制备了直径约为 2nm、成分可调的 PtFe 以及 PtCo 纳米线[117]。电化学测试表明，PtFe 纳米线具有更高的面积比活性，达到了 $1.53mA/cm^2$，而且在 4000 圈电化学循环后没有明显下降。尽管起始 PtFe 纳米线的成分可以调控，然而酸洗处理后，表面大量的 Fe 都会被刻蚀，形成粗糙的 Pt-骨架结构。对此，Zhu 等以 PtNiFe 纳米线为模型，对酸洗后的 PtNiFe 纳米线做低温退火处理[76]。在此过程中铂原子发生迁移，粗糙的表面发生重构，形成光滑的 Pt 皮肤结构。电化学测试表明，经过低温退火的纳米线具有更高的面积比活性，达到 $2.02mA/cm^2$。该制备纳米线的方法以及后处理方法也可以进一步推广到 PtFePd 纳米线[118,119]、PtFeAu[118] 纳米线等。Jiang 等进一步将纳米线的直径降低至亚纳米级别，仅 4～5 个原子层厚，如图 4-22(a) 所示[120]。他们采用十六烷基三甲基氯化铵作为表面活性剂，羰基钼、葡萄糖作为还原剂。作者做了大量的对比试验，探究了各个反应物对纳米晶形貌的影响，发现过渡金属离子的引入能够减小纳米线的直径，而十六烷基三甲基氯化铵以及羰基则是纳米线形成的关键。该方法具有一定的普适性，能够制备纯 Pt、PtCo、PtNi 以及 PtNiCo 等纳米线。由于纳米线超细的直径，催化剂具有较高的 ECSA，约

$80m^2/g$。其中，PtNiCo 三元纳米线具有最好的 ORR 活性，质量活性达到 4.2A/mg，而且在 30000 圈循环后没有明显的衰减，如图 4-22 中（b）和（c）所示。进一步的理论计算研究表明，PtNiCo 纳米线暴露了大量的（111）晶面，该晶面具有适中的 ΔG_{*O}，因此具有较高的 ORR 活性。由于该方法具有一定的普适性，随后也有许多相关的报道[121,122]。Huang 等进一步在 Pt 纳米线的基础上，掺入少量的金属铑（Rh），实现了催化剂超高的稳定性[14]。Rh-Pt 纳米线不仅具有高达 1.41A/mg 的质量活性，而且在循环 10000 圈之后仍保持 90.8% 的活性，具有极佳的稳定性，如图 4-22(d) 所示。理论计算表明，Rh 的掺入能够显著提高催化剂的空位形成能，降低 Pt 原子的溶解，从而保持催化剂的活性，如图 4-22(e) 所示。2016 年，Li 等取得了较大的研究进展[123]。他们以直径约为 2nm 的 Pt/NiO 核壳结构纳米线为前驱体，经过低温退火后形成 PtNi 合金纳米线，随后通过电化学脱合金的方法，制备了锯齿状 Pt 纳米线，其 ECSA 高达

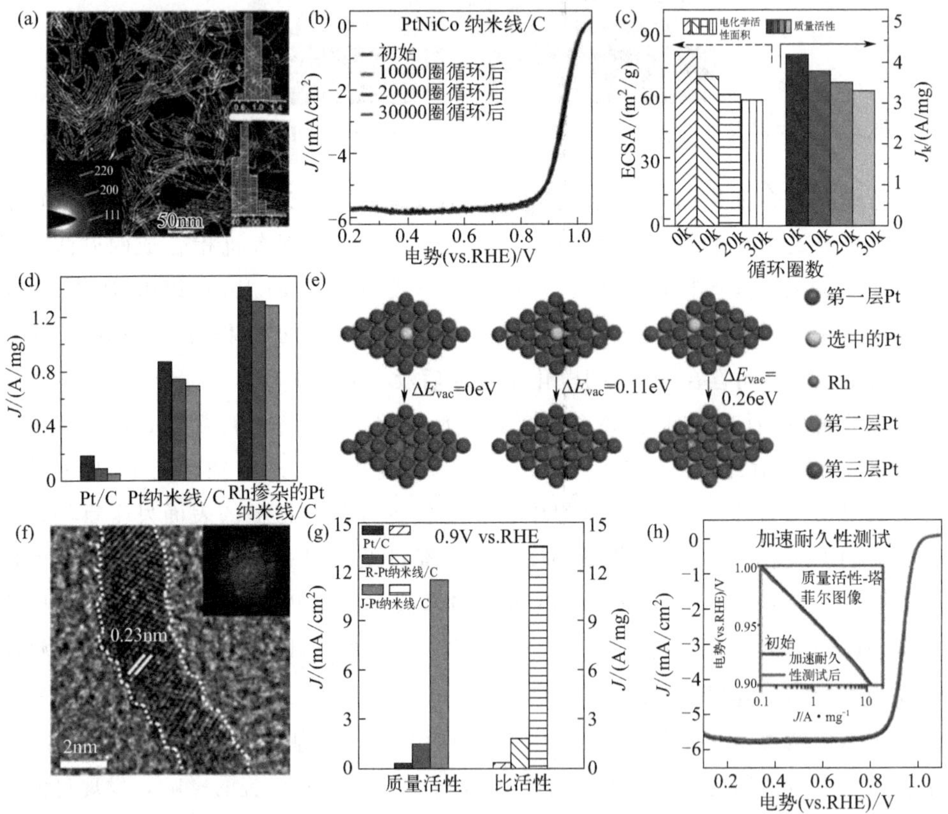

图 4-22 PtNi 超细纳米线的透射电镜图（a），PtNiCo 超细纳米线的 ORR 活性（b）、(c)，Rh-Pt 超细纳米线的 ORR 活性（d），Rh 掺杂对 Pt 空位形成能的影响（e），锯齿状 Pt 超细纳米线的透射电镜图（f）和锯齿状 Pt 超细纳米线的 ORR 活性（g）、(h)

$118m^2/g$，如图 4-22(f) 所示。同时，该催化剂具有极高的 ORR 活性，质量活性以及面积比活性分别达到 13.6A/mg 以及 $11.5mA/cm^2$，至今仍是峰值之一；在电化学循环后性能也能维持在较高水平［图 4-22 中（g）和（h）］。理论计算结果表明，该催化剂的高活性源自纳米晶内部的压缩应力以及表面锯齿状的形貌。

进一步在纳米线的基础上，引入高指数晶面，可以调控催化剂的 ORR 活性。对此，Bu 等开发了一种普适性的方法来制备直径约 20nm、表面富含高指数晶面的锯齿形纳米线[124]。在他们的合成方法中，乙酰丙酮盐作为金属前驱体、油胺作为溶剂、葡萄糖作为还原剂、十六烷基三甲基氯化铵作为表面活性剂。以 Pt-Ni 为例，在合成的初始阶段，首先形成直径约为 2nm 的 Pt 纳米线，随后 Ni 盐开始沉积，形成富 Ni 的壳层，进一步延长反应时间，Ni-Pt 之间相互扩散，最终得到 PtNi 合金纳米线，如图 4-23(a) 所示；而在扩散的过程中，表面也形成了高指数晶面，如图 4-23 中（b）和（c）所示。假如前驱体没有 Fe、Ni、Co 等过渡金属，表面则形成平整的晶面[125]。重要的是，该方法具有普适性，能够成功制备出 Pt-Rh[124]、Pt-Co[126] 以及 Pt-Fe[78] 等。这些具有高指数晶面的 PtM 纳米线均表现出优异的 ORR 催化性能，其中 Pt-Ni 纳米线的 ORR 质量活性达到 4.15A/mg，Pt-Co 达到 3.71A/mg，Pt-Fe 达到 2.11A/mg，如图 4-23 中（d）～(f) 所示。Luo 等在 Pt-Fe 高指数晶面纳米线的基础上，用弱酸处理以及配合低温退火，在纳米线表面形成 2～3 原子层厚的 Pt 皮肤结构，能够有效地稳定这些高指数晶面[78]。

总的来说，本小结以铂基纳米线为主要讨论对象，介绍了纳米线的一些制备原理以及方法。通过减小纳米线的直径，催化剂的 ORR 催化性能能够有效提高，而进一步引入高指数晶面，能够提高催化剂的本征活性（面积比活性）。目前所制备的高指数晶面纳米线尺寸较大（约 20nm），因此其质量活性相比超细纳米线还存在优化空间，这需要我们进一步探究，如何在超细纳米线的基础上引入更多的结构设计，例如空心结构、核壳结构等。另外，得益于一维结构，催化剂的稳定性相比于上述结构有了一定程度的提高。

4.4.5 铂基有序结构纳米晶催化剂

以上研究主要集中在无序固溶体（无序结构），即简单合金，两种原子在晶体内部随机分布。除了无序固溶体之外，二元金属还存在一种热力学更稳定的有序相，即金属间化合物（有序结构），指由两种或更多金属组元或类金属组元按比例组成具有金属特性和长程有序晶体结构的化合物。以 Pt-Fe 为例，Pt-Fe 合金固溶体的晶体结构为面心结构，Pt/Fe 随机分布在各个位点上；而形成 Pt-Fe

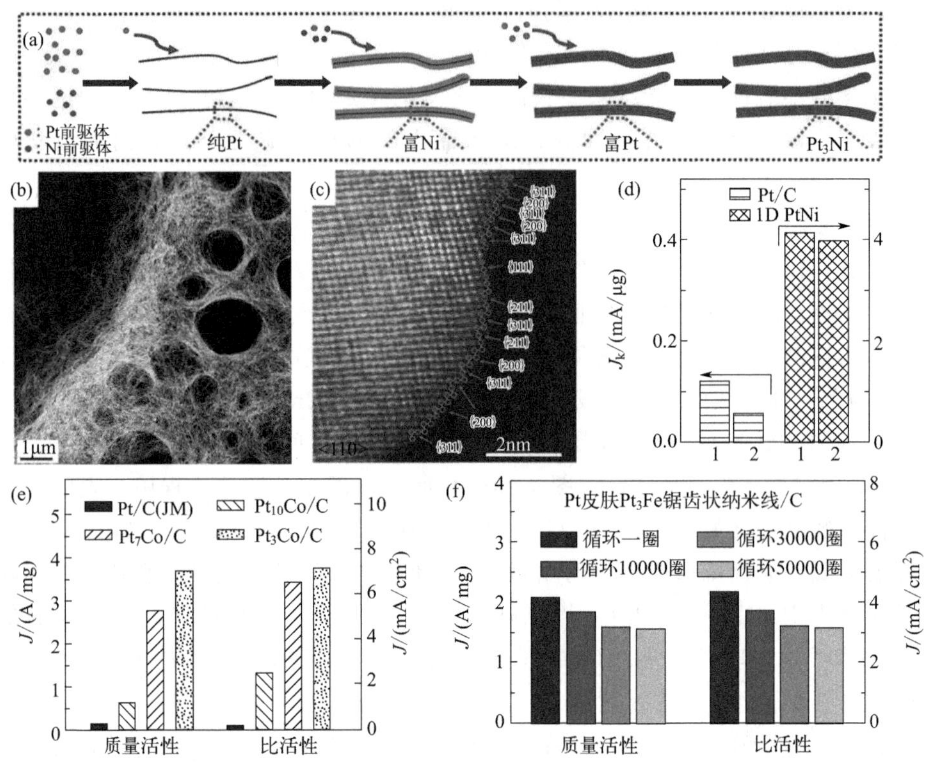

图 4-23 高指数晶面 PtM 纳米线的制备流程图（a），Pt-Ni 纳米线的扫描透射电镜图（b）、（c），以及 Pt-Ni、Pt-Co、Pt-Fe 纳米线的 ORR 活性（d）～（f）

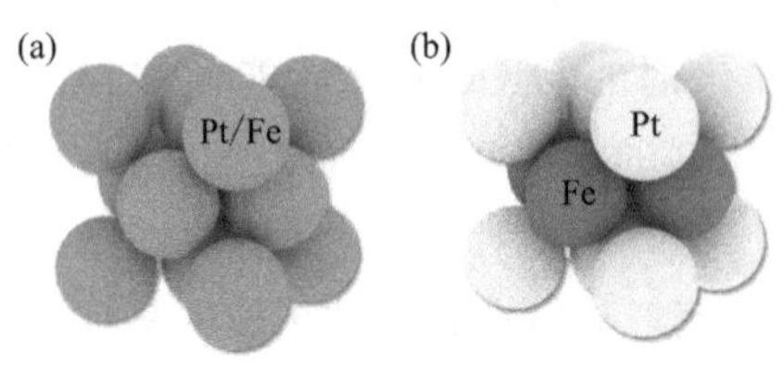

图 4-24 无序面心立方（a）以及有序面心四方（b）的结构示意图

金属间化合物之后，Fe 以及 Pt 会沿 c 轴交替排列，形成四方结构，如图 4-24 所示。最近一些研究表明，相较于无序固溶体，有序相的催化剂具有更高的活性和稳定性，其原因主要是过渡金属和铂之间 d 电子的强相互作用，其结构形成能较无序结构催化剂更负，具有更高的热力学稳定性，过渡金属在酸性环境下的抗腐蚀能力大大提高，从而提高了催化剂的稳定性。另外，有序结构的合金也保留了普通固溶体合金的优势，即通过配体效应以及应力效应，调控 Pt 原子的 d 带位置，降低其与含氧中间体的结合能，从而提高催化剂的 ORR 活性。

相图表示相平衡系统的组成与一些参数（如温度、压力）之间的关系，可以用来判断一些相的稳定性，如图 4-25(a) 所示。在较低温度时（T_1），金属间化合物是热力学稳定相，例如 $A_{25}B_{75}$ 以及 $A_{50}B_{50}$。而在较高温度时（T_2），无论比例是多少，A-B 二元合金会形成无序的固溶体。尽管低温情况下，金属间化合物是热力学稳定相，但在实际材料的制备中，由于金属的氧化还原电势以及还原速率不同，我们常常只能制备出无序固溶体。通常需要后处理高温退火（一般大于 500℃），以提高原子的迁移能力，越过扩散势垒，从而得到热力学稳定的金属间相，如图 4-25(b) 所示[58]。下面我们将讨论关于铂基金属间化合物的一些研究进展，以及催化剂的合成、结构与性能之间的关系。

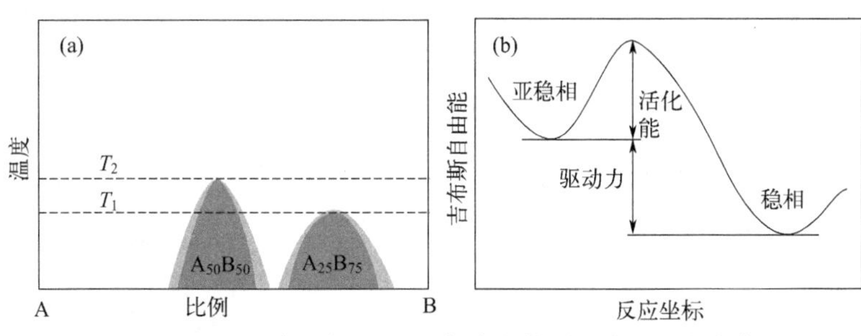

图 4-25　A-B 二元合金相图（a）与自由能随反应进程的变化（b）

Pt-Fe 以及 Pt-Co 金属间化合物具有优异的磁学性能，早期已经被用于磁性材料，例如信息存储等[127,128]。对于 ORR 领域，Watanabe 等在 20 世纪 90 年代已经开始研究 Pt-Co 有序结构以及无序结构对 ORR 活性以及稳定性的影响[129]。然而实验结果证明相对于 Pt-Co 有序结构催化剂，无序结构的催化剂具有更好的活性。主要原因可能是高温退火的过程中，Pt-Co 纳米粒子容易发生团聚，导致催化剂活性下降。因此，需要采取一些方法保护纳米颗粒，防止其团聚而导致不良的结果。得益于材料制备技术的发展，现在研究者已经可以通过在纳米粒表面包覆氧化物[130-136]、碳[137-139] 以及其他热稳定物质[140,141] 来防止纳米粒团聚的现象。例如 Chung 等在 6nm 的 PtFe 纳米粒子表面包覆聚多巴胺，在退火过程中，多巴胺原位碳化，形成一层保护层来保护 PtFe 纳米粒子，同时 PtFe 纳米粒子自身发生相变过程，形成 $L1_0$-PtFe 纳米粒子。相对于无序 PtFe 纳米粒子以及商业化 Pt/C，$L1_0$-PtFe 纳米粒子具有更好的 ORR 活性，质量活性达到 1.6A/mg。该催化剂进一步应用于燃料电池，在经过 100h 稳定性测试之后，功率密度仅仅下降 3.4%，表现出极佳的稳定性。随后，Du 等用乙炔为碳源，制备了直径只有 3nm 的 $L1_0$-PtFe 纳米颗粒，得益于有序结构以及较小的尺寸，该催化剂也表现出优异的 ORR 活性以及燃料电池性能[138]。

为了提高退火过程中原子的迁移能力，Li 等设计了哑铃状的 PtFe-Fe_3O_4 结构作为前驱体来制备完全有序 $L1_0$-PtFe 纳米颗粒[131]。在退火过程中，Fe_3O_4 会被还原成 Fe，形成大量的氧空位，增加原子移动的空间，从而得到完全有序的纳米颗粒，如图 4-26(a) 所示。从磁滞回线看，$L1_0$-PtFe 纳米颗粒的矫顽力达到 33kOe，表明结构高度有序［图 4-26(b)］。电化学结果表明，随着有序度的增加，催化剂的 ORR 性能逐渐提高，完全有序的 $L1_0$-PtFe 纳米颗粒 ORR 半波电位高达 0.958V。同时催化剂具有极佳的稳定性，在 20000 圈循环后性能没有明显变化，同时纳米晶的结构也能完好保持，如图 4-26 中（c）和（d）所示，由于 Pt 与 Fe 的原子序数不同，从扫描透射电镜中可以看出明显的亮暗差别，并且呈现明暗相间的结构。目前大部分报道的稳定性都是在室温下测试的，而实际燃料电池一般在 60～80℃下运行，催化剂的稳定性可能会受到影响，因此测试催化剂的高温稳定性可能更具有实际意义。尽管完全有序的 $L1_0$-PtFe 纳米颗粒在室温下具有优异的稳定性，但在 60℃下，其性能衰减较多[142]。对此，Li 等

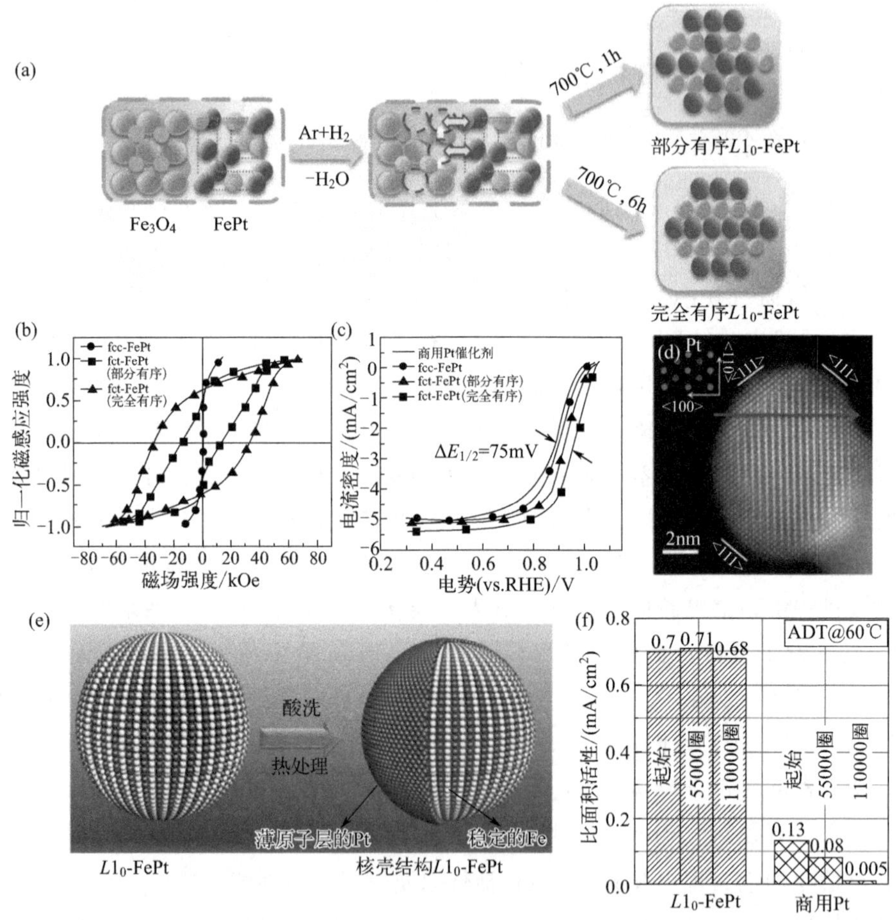

图 4-26　完全有序 $L1_0$-PtFe 纳米粒子的制备流程图（a），磁滞回线图（b），$L1_0$-PtFe 纳米粒子的 ORR 极化曲线（c），$L1_0$-PtFe 纳米粒子循环后的扫描透射电镜图（d），$L1_0$-PtFe/Pt 纳米粒子的制备流程图（e）和 $L1_0$-PtFe/Pt 纳米粒子的高温稳定性（f）

对上述制备的 $L1_0$-Pt-Fe 纳米粒子进行酸洗、后退火预处理，在纳米晶的表面形成完整的 Pt 皮肤结构［图 4-26(e)］。该 Pt 皮肤结构的存在能够进一步保护纳米晶内部的 Fe 原子，从而大大提高催化剂的稳定性，即使在 60℃下循环 10000 圈也没有明显的活性下降，如图 4-26(f) 所示。Zhang 等深入研究了 $L1_0$-PtFe 相对于无序 PtFe 纳米晶活性提高的原因[143]。他们通过理论计算发现，当无序 Pt-Fe 纳米晶向有序 $L1_0$-PtFe 相变之后，沿［100］以及［010］方向的晶格常数会变大，而沿［001］方向的晶格常数会减小，两者共同作用会导致表面 Pt 原子受到的压缩应力减小，优化了 G_{*O}，因此有序 $L1_0$-PtFe 纳米晶具有更好的 ORR 催化活性。

Pt-Co 体系也吸引了较多的关注。Wang 等将 Pt、Co 前驱体以及炭黑进行简单混合，随后在氩氢气氛下，分别在 400℃以及 700℃下退火，即可得到无序 Pt-Co 纳米粒子以及有序 Pt_3Co 纳米粒子[144]。其中 Pt_3Co 的晶体结构与 $L1_0$-PtFe 有所不同，其晶体结构为 $L1_2$、立方晶系，Co 主要占据晶胞的八个顶点位置，Pt 占据 6 个面心位置，因此沿［100］晶带轴可以看见钴原子周围被八个 Pt 原子所包围，如图 4-27 中 (a) 和 (b) 所示。电化学测试结果表明，$L1_2$-Pt_3Co 催化剂不仅具有优异的 ORR 活性，同时也表现出更好的稳定性，如图 4-27(c) 所示。最近，Li 等采用坚果状的 PtCo 纳米颗粒为前驱体，在 650℃下退火制备了有序 $L1_0$-PtCo 纳米颗粒。[145]得益于纳米颗粒独特的坚果状形貌，纳米晶不仅在退火过程中没有发生团聚，原子的迁移能力还大大提高了，得到了有序度较高的 $L1_0$-PtCo 纳米颗粒。与上述 $L1_0$-PtFe 类似，作者结合酸洗以及后退火处理，在 $L1_0$-PtCo 纳米颗粒表面形成了约 2～3 原子层厚的 Pt 皮肤结构，如图 4-27 (d) 所示。得益于 Pt 皮肤结构以及有序的 $L1_0$-PtCo 结构，该催化剂具有优异的 ORR 活性以及高温稳定性，在 60℃下循环 30000 圈仍保持了 80%的活性，如图 4-27(e) 所示。重要的是，该催化剂也成功应用于燃料电池中，表现出优异的稳定性，电池性能在 30000 圈循环之后几乎没有衰减［图 4-27(f)］。目前大部分有序结构都是通过首先制备 PtM 合金纳米晶，随后通过高温退火的方法得到 PtM 有序结构纳米晶，而 Wang 等提出了一种新的制备 $L1_2$-Pt_3Co 纳米颗粒的方法[146]。他们首先用 ZIF-67 制备了原子级分散的 Co-N-C 材料，在此基础上原位制备了 Pt 纳米颗粒，随后在高温退火过程中，原子级分散的 Co 脱碳基底进入 Pt 晶格，进而发生相转化生成 $L1_2$-Pt_3Co 纳米颗粒；与此同时，$L1_2$-Pt_3Co 纳米颗粒与 N-C 基底之间也会形成较强的相互作用，协同提高催化剂的 ORR 活性，如图 4-27(g) 所示。电化学测试结果表明，$L1_2$-Pt_3Co 纳米颗粒具有较好的 ORR 活性，在 0.85V 下面积比活性达到 $5.1mA/cm^2$；而且催化剂的稳定性也比较优异，在 30000 圈循环后半波电位仅仅下降 12mV，电镜结果表明催化剂的结构在循环之后也完整地保留［图 4-27 中（h）和（i)］。

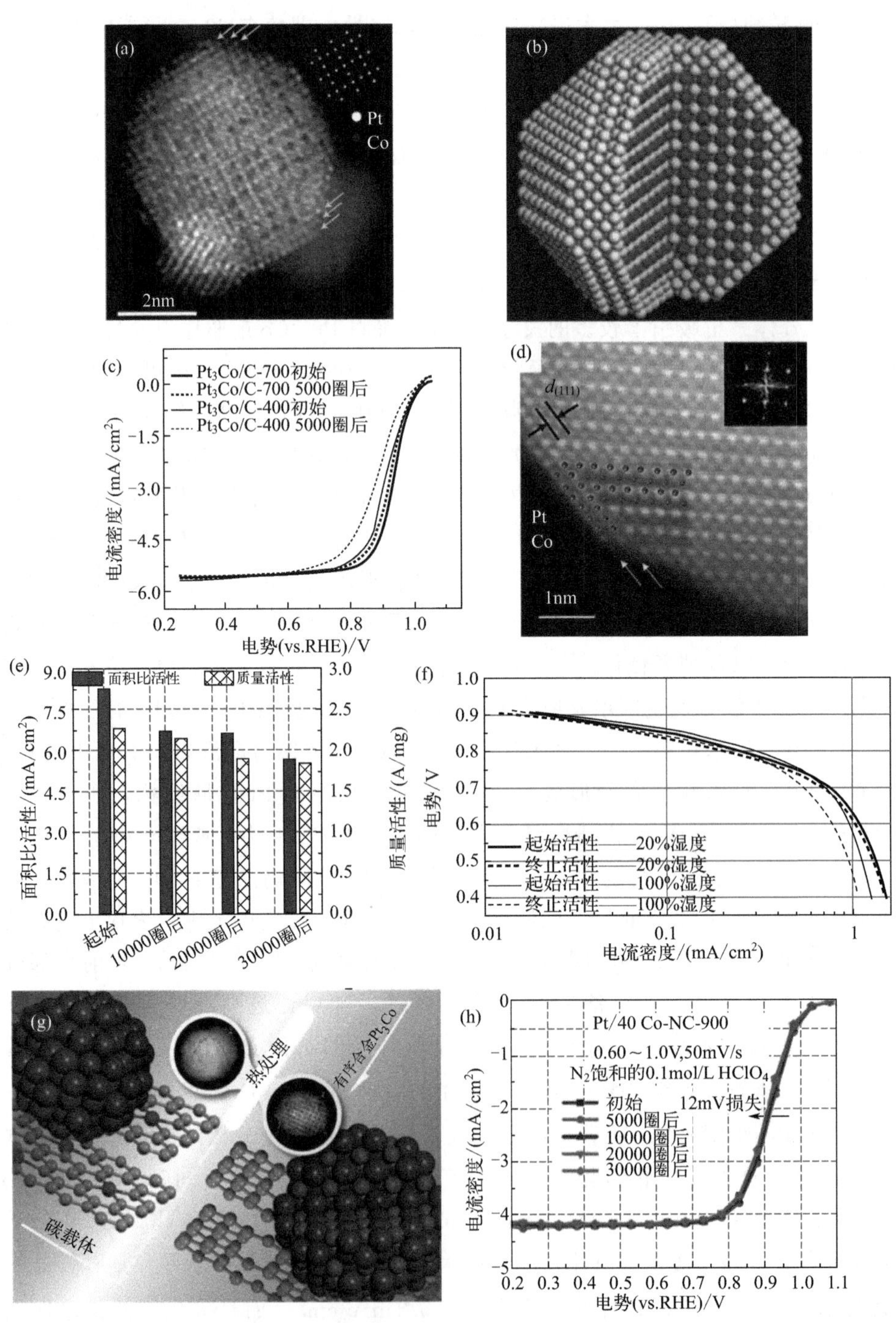

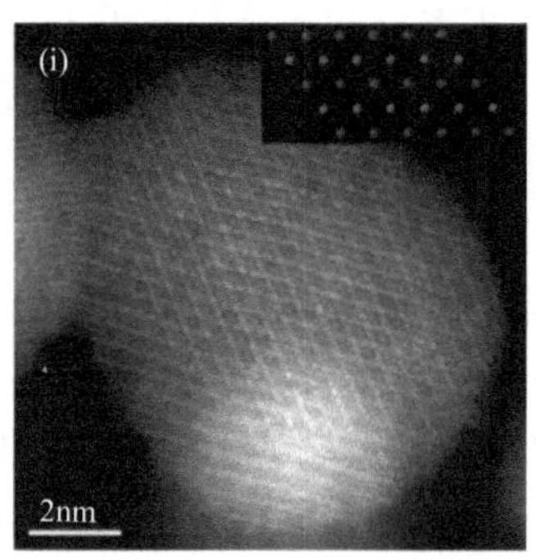

图 4-27 $L1_2$-Pt_3Co 纳米颗粒的扫描透射电镜图以及结构示意图（a）、（b），$L1_2$-Pt_3Co 纳米颗粒的 ORR 极化曲线（c），$L1_0$-PtCo/Pt 纳米颗粒的扫描透射电镜图（d），$L1_0$-PtCo/Pt 纳米颗粒的 ORR 活性（e），$L1_0$-PtCo/Pt 纳米颗粒在燃料电池中的性能（f），N-C 负载 $L1_2$-Pt_3Co 纳米颗粒的制备流程图（g），N-C 负载 $L1_2$-Pt_3Co 纳米颗粒的 ORR 稳定性（h）和循环后 $L1_2$-Pt_3Co 纳米颗粒的扫描透射电镜图（i）

总的来说，本小节以铂基金属间化合物为主要讨论对象，介绍了关于金属间化合物的基本概念以及原理，同时以 Pt-Fe 以及 Pt-Co 为例，介绍了近年来关于铂基金属间化合物的一些研究进展。相对于无序固溶体合金，铂基金属间化合物具有更加优异的 ORR 稳定性，而且相关催化剂也应用于实际 PEMFC 中，表现出一定的应用前景。其实不仅仅 Pt-Fe 以及 Pt-Co，还有其他许多体系，例如 Pt-Ni、Pt-Cu 以及 Pt-Zn 等等，而且根据相图还可以开发更多的铂基金属间化合物，具有广阔的研究空间。由于金属间化合物具有特定的成分、结构等特点，近年来也受到了广泛的关注。但值得注意的是，目前，高温退火仍是制备铂基金属间化合物的主要手段，这将会限制催化剂一些结构的设计，例如纳米线结构、空心框架结构等，因此还需要进一步探索新的材料制备方法，结合上述结构调控较高的 ORR 活性，以及铂基金属间化合物优异的稳定性，实现高效稳定的低铂 ORR 催化剂。

4.5 总结与展望

本章以低铂氧还原催化剂为主要讨论对象，介绍了低铂氧还原催化剂的一些研究进展。首先，介绍了低铂氧还原催化剂的理论研究，包括氧还原的四电子过程、火山型关系曲线以及 d 带重心理论。火山型关系曲线以及 d 带重心理论对低铂氧还原催化剂的设计具有重要影响：它揭示了 Pt 具有最佳 ORR 活性的根本原因，同时也指出了 Pt 的 ORR 活性还存在提高的空间。研究者可以通过对催化剂的设计，降低铂原子 d 带重心来弱化 Pt 与含氧物种直接的结合能（ΔG_{*O}），从而达到吸附/脱附平衡，提高催化剂的活性。基于这些理论基础，研究者做了大量的研究，通过制备 PtM 合金催化剂来提高 ORR 活性。其中，由于 Pt_3Ni(111) 晶面在理论上具有极高的 ORR 活性，因此 Pt_3Ni 纳米八面体受到了研究者的广泛关注，从纳米晶的制备到催化剂活性、稳定性的优化。除了基本的合金纳米粒子外，其他结构的设计，包括核壳结构、空心结构、一维结构以及有序结构等，也吸引了研究者的兴趣，这些精细设计的催化剂也表现出优异的 ORR 活性，具有较好的应用前景。

将实验室研究与工业化应用相连接，是一个非常重要也极具挑战的目标。目前大部分研究仅限在半电池测试，而实际在 PEMFC 中的活性、稳定性仍然未知。实际 PEMFC 的运行条件更为苛刻复杂，包括电极结构的设计、三相界面的设计以及水管理等等。因此，在目前低铂氧还原催化剂得到了极大发展的条件下，还应该进一步将研究目光投向 PEMFC，将优异的催化剂应用到 PEMFC 中，推动 PEMFC 的进一步发展和商业化进展，进而满足人们对能源、环境保护方面的需求。

参考文献

[1] Borghei M，Lehtonen J，Liu L，et al. Advanced biomass-derived electrocatalysts for the oxygen reduction reaction[J]. Adv Mater，2018，30（24）：1703691.

[2] Debe M K. Electrocatalyst approaches and challenges for automotive fuel cells[J]. Nature，2012，486（7401）：43-51.

[3] Chen Z，Waje M，Li W，et al. Supportless Pt and PtPd nanotubes as electrocatalysts for oxygen-reduction reactions[J]. Angew Chem Int Ed，2007，119（22）：4138-4141.

[4] Guo S，Zhang S，Sun S. Tuning nanoparticle catalysis for the oxygen reduction reaction [J]. Angew Chem Int Ed，2013，52（33）：8526-8544.

[5] Jaouen F，Proietti E，Lefevre M，et al. Recent advances in non-precious metal catalysis for oxygen-reduction reaction in polymer electrolyte fuel cells[J]. Energy Environ Sci，2011，4（1）：114-130.

[6] Wu G，More K L，Johnston C M，et al. High-performance electrocatalysts for oxygen reduction derived from polyaniline，iron，and cobalt[J]. Science，2011，332（6028）：443-447.

[7] Wang D W，Su D S. Heterogeneous nanocarbon materials for oxygen reduction reaction [J]. Energy Environ Sci，2014，7（2）：576.

[8] Liu M M，Zhang R Z，Chen W. Graphene-supported nanoelectrocatalysts for fuel cells：Synthesis，properties，and applications[J]. Chem Rev，2014，114（10）：5117-5160.

[9] Dong J C, Zhang X G, Briega-Martos V, et al. In situ Raman spectroscopic evidence for oxygen reduction reaction intermediates at platinum single-crystal surfaces[J]. Nat Energy, 2019, 4 (1): 60-67.

[10] Hansen H A, Rossmeisl J, Norskov J K. Surface Pourbaix diagrams and oxygen reduction activity of Pt, Ag and Ni(111) surfaces studied by DFT[J]. Phys Chem Chem Phys, 2008, 10 (25): 3722-3730.

[11] Stephens I E L, Bondarenko A S, Gronbjerg U, et al. Understanding the electrocatalysis of oxygen reduction on platinum and its alloys[J]. Energy Environ Sci, 2012, 5 (5): 6744-6762.

[12] Rossmeisl J, Logadottir A, Norskov J K. Electrolysis of water on (oxidized) metal surfaces[J]. Chem Phys, 2005, 319 (1-3): 178-184.

[13] Viswanathan V, Hansen H A, Rossmeisl J, et al. Universality in oxygen reduction electrocatalysis on metal surfaces[J]. ACS Catal, 2012, 2 (8): 1654-1660.

[14] Huang H W, Li K, Chen Z, et al. Achieving remarkable activity and durability toward oxygen reduction reaction based on ultrathin Rh-doped Pt nanowires[J]. J Am Chem Soc, 2017, 139 (24): 8152-8159.

[15] Kulkarni A, Siahrostami S, Patel A, et al. Understanding catalytic activity trends in the oxygen reduction reaction[J]. Chem Rev, 2018, 118 (5): 2302-2312.

[16] Stamenkovic V, Mun B S, Mayrhofer K J J, et al. Changing the activity of electrocatalysts for oxygen reduction by tuning the surface electronic structure[J]. Angew Chem Int Ed, 2006, 45 (18): 2897-2901.

[17] Stamenkovic V R, Fowler B, Mun B S, et al. Improved oxygen reduction activity on $Pt_3Ni(111)$ via increased surface site availability[J]. Science, 2007, 315 (5811): 493-497.

[18] Stamenkovic V R, Mun B S, Arenz M, et al. Trends in electrocatalysis on extended and nanoscale Pt-bimetallic alloy surfaces[J]. Nat Mater, 2007, 6 (3): 241-247.

[19] Greeley J, Stephens I E L, Bondarenko A S, et al. Alloys of platinum and early transition metals as oxygen reduction electrocatalysts[J]. Nat Chem, 2009, 1 (7): 552-556.

[20] Schnur S, Gross A. Strain and coordination effects in the adsorption properties of early transition metals: A density-functional theory study[J]. Phys Rev B, 2010, 81 (3): 033402.

[21] Strasser P, Koh S, Anniyev T, et al. Lattice-strain control of the activity in dealloyed core-shell fuel cell catalysts[J]. Nat Chem, 2010, 2 (6): 454-460.

[22] Escudero-Escribano M, Malacrida P, Hansen M H, et al. Tuning the activity of Pt alloy electrocatalysts by means of the lanthanide contraction[J]. Science, 2016, 352 (6281): 73-76.

[23] Macia M D, Campina J M, Herrero E, et al. On the kinetics of oxygen reduction on platinum stepped surfaces in acidic media[J]. J Electroanal Chem, 2004, 564 (1-2): 141-150.

[24] Gomez-Marin A M, Feliu J M. Oxygen reduction on nanostructured platinum surfaces in acidic media: Promoting effect of surface steps and ideal response of Pt(111) [J]. Catal

Today, 2015, 244 (15): 172-176.

[25] Kuzume A, Herrero E, Feliu J M. Oxygen reduction on stepped platinum surfaces in acidic media[J]. J Electroanal Chem, 2007, 599 (2): 333-343.

[26] Yu T, Kim D Y, Zhang H, et al. Platinum concave nanocubes with high-index facets and their enhanced activity for oxygen reduction reaction[J]. Angew Chem Int Ed, 2011, 50 (12): 2773-2777.

[27] Perez-Alonso F J, Mccarthy D N, Nierhoff A, et al. The effect of size on the oxygen electroreduction activity of mass-selected platinum nanoparticles[J]. Angew Chem Int Ed, 2012, 51 (19): 4641-4643.

[28] Shao M H, Peles A, Shoemaker K. Electrocatalysis on platinum nanoparticles: Particle size effect on oxygen reduction reaction activity[J]. Nano Lett, 2011, 11 (9): 3714-3719.

[29] Yang Z, Ball S, Condit D, et al. Systematic study on the impact of Pt particle size and operating conditions on PEMFC cathode catalyst durability[J]. J Electrochem Soc, 2011, 158 (11): B1439-B1445.

[30] Yano H, Watanabe M, Iiyama A, et al. Particle-size effect of Pt cathode catalysts on durability in fuel cells[J]. Nano Energy, 2016, 29: 323-333.

[31] Gimenez-Lopez M D, Kurtoglu A, Walsh D A, et al. Extremely stable platinum-amorphous carbon electrocatalyst within hollow graphitized carbon nanofibers for the oxygen reduction reaction[J]. Adv Mater, 2016, 28 (41): 9103-9108.

[32] Cheng N C, Banis M N, Liu J, et al. Extremely stable platinum nanoparticles encapsulated in a zirconia nanocage by area-selective atomic layer deposition for the oxygen reduction reaction[J]. Adv Mater, 2015, 27 (2): 277-281.

[33] Xu S C, Kim Y M, Park J, et al. Extending the limits of Pt/C catalysts with passivation-gas-incorporated atomic layer deposition[J]. Nat Catal, 2018, 1 (8): 624-630.

[34] Zhang J, Sasaki K, Sutter E, et al. Stabilization of platinum oxygen-reduction electrocatalysts using gold clusters[J]. Science, 2007, 315 (5809): 220-222.

[35] Li J, Yin H M, Li X B, et al. Surface evolution of a Pt-Pd-Au electrocatalyst for stable oxygen reduction[J]. Nat Energy, 2017, 2 (8): 1-9.

[36] Choi D S, Robertson A W, Warner J H, et al. Low-temperature chemical vapor deposition synthesis of Pt-Co alloyed nanoparticles with enhanced oxygen reduction reaction catalysis[J]. Adv Mater, 2016, 28 (33): 7115-7122.

[37] Jia Q Y, Liang W T, Bates M K, et al. Activity descriptor identification for oxygen reduction on platinum-based bimetallic nanoparticles: In situ observation of the linear composition-strain-activity relationship[J]. ACS Nano, 2015, 9 (1): 387-400.

[38] Zhang J, Yang H Z, Fang J Y, et al. Synthesis and oxygen reduction activity of shape-controlled Pt_3Ni nanopolyhedra[J]. Nano Lett, 2010, 10 (2): 638-644.

[39] Choi S I, Xie S F, Shao M H, et al. Synthesis and characterization of 9nm Pt-Ni octahedra with a record high activity of 3.3A mg_{Pt}^{-1} for the oxygen reduction reaction[J]. Nano Lett, 2013, 13 (7): 3420-3425.

[40] Wu B H, Zheng N F, Fu G. Small molecules control the formation of Pt nanocrystals: a

key role of carbon monoxide in the synthesis of Pt nanocubes[J]. Chem Commun, 2011, 47 (3): 1039-1041.

[41] Wang C, Daimon H, Lee Y, et al. Synthesis of monodisperse Pt nanocubes and their enhanced catalysis for oxygen reduction[J]. J Am Chem Soc, 2007, 129 (22): 6974-6975.

[42] Wang C, Daimon H, Onodera T, et al. A general approach to the size-and shape-controlled synthesis of platinum nanoparticles and their catalytic reduction of oxygen[J]. Angew Chem Int Ed, 2008, 47 (19): 3588-3591.

[43] Wu J B, Gross A, Yang H. Shape and composition-controlled platinum alloy nanocrystals using carbon monoxide as reducing agent[J]. Nano Lett, 2011, 11 (2): 798-802.

[44] Chan Q W, Xu Y, Duan Z Y, et al. Structural evolution of sub-10nm octahedral platinum-nickel bimetallic nanocrystals[J]. Nano Lett, 2017, 17 (6): 3926-3931.

[45] Carpenter M K, Moylan T E, Kukreja R S, et al. Solvothermal synthesis of platinum alloy nanoparticles for oxygen reduction electrocatalysis[J]. J Am Chem Soc, 2012, 134 (20): 8535-8542.

[46] Pastoriza-Santos I, Liz-Marzan L M. Formation and stabilization of silver nanoparticles through reduction by N,N-dimethylformamide[J]. Langmuir, 1999, 15 (4): 948-951.

[47] Jeong G H, Kim M, Lee Y W, et al. Polyhedral Au nanocrystals exclusively bound by {110} facets: The rhombic dodecahedron[J]. J Am Chem Soc, 2009, 131 (5): 1672-1673.

[48] Cui C H, Gan L, Li H H, et al. Octahedral PtNi nanoparticle catalysts: Exceptional oxygen reduction activity by tuning the alloy particle surface composition[J]. Nano Lett, 2012, 12 (11): 5885-5889.

[49] Cui C H, Gan L, Heggen M, et al. Compositional segregation in shaped Pt alloy nanoparticles and their structural behaviour during electrocatalysis[J]. Nat Mater, 2013, 12 (8): 765-771.

[50] Gan L, Cui C H, Heggen M, et al. Element-specific anisotropic growth of shaped platinum alloy nanocrystals[J]. Science, 2014, 346 (6216): 1502-1506.

[51] Huang X Q, Zhao Z P, Chen Y, et al. A rational design of carbon-supported dispersive Pt-based octahedra as efficient oxygen reduction reaction catalysts[J]. Energy Environ Sci, 2014, 7 (9): 2957-2962.

[52] Zhang C L, Hwang S Y, Trout A, et al. Solid-state chemistry-enabled scalable production of octahedral Pt-Ni alloy electrocatalyst for oxygen reduction reaction[J]. J Am Chem Soc, 2014, 136 (22): 7805-7808.

[53] Niu G D, Zhou M, Yang X, et al. Synthesis of Pt-Ni octahedra in continuous-flow droplet reactors for the scalable production of highly active catalysts toward oxygen reduction [J]. Nano Lett, 2016, 16 (6): 3850-3857.

[54] Choi S I, Xie S F, Shao M H, et al. Controlling the size and composition of nanosized Pt-Ni octahedra to optimize their catalytic activities toward the oxygen reduction reaction [J]. ChemSusChem, 2014, 7 (5): 1476-1483.

[55] Choi S I, Lee S U, Kim W Y, et al. Composition-controlled PtCo alloy nanocubes with

tuned electrocatalytic activity for oxygen reduction[J]. ACS Appl Mater Inter, 2012, 4 (11): 6228-6234.

[56] Zhu E B, Li Y J, Chiu C Y, et al. In situ development of highly concave and composition-confined PtNi octahedra with high oxygen reduction reaction activity and durability [J]. Nano Res, 2016, 9 (1): 149-157.

[57] Ding J B, Bu L Z, Guo S J, et al. Morphology and phase controlled construction of Pt-Ni nanostructures for efficient electrocatalysis [J]. Nano Lett, 2016, 16 (4): 2762-2767.

[58] Liang J S, Ma F, Hwang S, et al. Atomic arrangement engineering of metallic nanocrystals for energy-conversion electrocatalysis[J]. Joule, 2019, 3 (4): 956-991.

[59] Chattot R, le Bacq O, Beermann V, et al. Surface distortion as a unifying concept and descriptor in oxygen reduction reaction electrocatalysis[J]. Nat Mater, 2018, 17 (9): 827-833.

[60] Beermann V, Gocyla M, Willinger E, et al. Rh-doped Pt-Ni octahedral nanoparticles: Understanding the correlation between elemental distribution, oxygen reduction reaction, and shape stability[J]. Nano Lett, 2016, 16 (3): 1719-1725.

[61] Lim J, Shin H, Kim M, et al. Ga-doped Pt-Ni octahedral nanoparticles as a highly active and durable electrocatalyst for oxygen reduction reaction[J]. Nano Lett, 2018, 18 (4): 2450-2458.

[62] Zhang C L, Sandorf W, Peng Z M. Octahedral Pt_2cuni uniform alloy nanoparticle catalyst with high activity and promising stability for oxygen reduction reaction[J]. ACS Catal, 2015, 5 (4): 2296-2300.

[63] Li Y J, Quan F X, Chen L, et al. Synthesis of Fe-doped octahedral Pt_3Ni nanocrystals with high electro-catalytic activity and stability towards oxygen reduction reaction[J]. RSC Adv, 2014, 4 (4): 1895-1899.

[64] Huang X Q, Zhao Z P, Cao L, et al. High-performance transition metal-doped Pt_3Ni octahedra for oxygen reduction reaction[J]. Science, 2015, 348 (6240): 1230-1234.

[65] Jia Q Y, Zhao Z P, Cao L, et al. Roles of Mo surface dopants in enhancing the ORR performance of octahedral PtNi nanoparticles[J]. Nano Lett, 2018, 18 (2): 798-804.

[66] Li Q, Mahmood N, Zhu J H, et al. Graphene and its composites with nanoparticles for electrochemical energy applications[J]. Nano Today, 2014, 9 (5): 668-683.

[67] Li Q, Xu P, Gao W, et al. Graphene/graphene-tube nanocomposites templated from cage-containing metal-organic frameworks for oxygen reduction in Li-O-2 batteries[J]. Adv Mater, 2014, 26 (9): 1378-1386.

[68] Chong L, Wen J G, Kubal J, et al. Ultralow-loading platinum-cobalt fuel cell catalysts derived from imidazolate frameworks[J]. Science, 2018, 362 (6420): 1276-1281.

[69] Vinayan B P, Nagar R, Rajalakshmi N, et al. Novel platinum-cobalt alloy nanoparticles dispersed on nitrogen-doped graphene as a cathode electrocatalyst for PEMFC applications [J]. Adv Funct Mater, 2012, 22 (16): 3519-3526.

[70] Du N N, Wang C M, Long R, et al. N-doped carbon-stabilized PtCo nanoparticles derived from Pt@ZIF-67: Highly active and durable catalysts for oxygen reduction reaction

[J]. Nano Res, 2017, 10 (9): 3228-3237.

[71] Li Q, Pan H Y, Higgins D, et al. Metal-organic framework-derived bamboo-like nitrogen-doped graphene tubes as an active matrix for hybrid oxygen-reduction electrocatalysts [J]. Small, 2015, 11 (12): 1443-1452.

[72] He D P, Zhang L B, He D S, et al. Amorphous nickel boride membrane on a platinum-nickel alloy surface for enhanced oxygen reduction reaction[J]. Nat Commun, 2016, 7 (1): 1-8.

[73] Oezaslan M, Heggen M, Strasser P. Size-dependent morphology of dealloyed bimetallic catalysts: Linking the nano to the macro scale[J]. J Am Chem Soc, 2012, 134 (1): 514-524.

[74] Wang C, Chi M F, Wang G F, et al. Correlation between surface chemistry and electrocatalytic properties of monodisperse Pt_xNi_{1-x} nanoparticles [J]. Adv Funct Mater, 2011, 21 (1): 147-152.

[75] Wang C, Chi M F, Li D G, et al. Design and synthesis of bimetallic electrocatalyst with multilayered Pt-skin surfaces[J]. J Am Chem Soc, 2011, 133 (36): 14396-14403.

[76] Zhu H Y, Zhang S, Su D, et al. Surface profile control of FeNiPt/Pt core/shell nanowires for oxygen reduction reaction[J]. Small, 2015, 11 (29): 3545-3549.

[77] Stamenkovic V R, Mun B S, Mayrhofer K J J, et al. Effect of surface composition on electronic structure, stability, and electrocatalytic properties of Pt-transition metal alloys: Pt-skin versus Pt-skeleton surfaces[J]. J Am Chem Soc, 2006, 128 (27): 8813-8819.

[78] Luo M C, Sun Y J, Zhang X, et al. Stable high-index faceted pt skin on Zigzag-like PtFe nanowires enhances oxygen reduction catalysis [J]. Adv Mater, 2018, 30 (10): 1705515.

[79] Wang X, Vara M, Luo M, et al. Pd@Pt core-shell concave decahedra: A class of catalysts for the oxygen reduction reaction with enhanced activity and durability[J]. J Am Chem Soc, 2015, 137 (47): 15036-15042.

[80] Xie S F, Choi S I, Lu N, et al. Atomic layer-by-layer deposition of Pt on Pd nanocubes for catalysts with enhanced activity and durability toward oxygen reduction[J]. Nano Lett, 2014, 14 (6): 3570-3576.

[81] Wang X, Choi S I, Roling L T, et al. Palladium-platinum core-shell icosahedra with substantially enhanced activity and durability towards oxygen reduction[J]. Nat Commun, 2015, 6 (1): 1-8.

[82] Park J, Zhang L, Choi S I, et al. Atomic layer-by-layer deposition of platinum on palladium octahedra for enhanced catalysts toward the oxygen reduction reaction[J]. ACS Nano, 2015, 9 (3): 2635-2647.

[83] Xiong Y L, Shan H, Zhou Z N, et al. Tuning surface structure and strain in Pd-Pt core-shell nanocrystals for enhanced electrocatalytic oxygen reduction[J]. Small, 2017, 13 (7): 1603423.

[84] Zhao X, Chen S, Fang Z C, et al. Octahedral Pd@Pt1. 8Ni core-shell nanocrystals with ultrathin PtNi alloy shells as active catalysts for oxygen reduction reaction[J]. J Am

Chem Soc, 2015, 137 (8): 2804-2807.

[85] Choi S I, Shao M H, Lu N, et al. Synthesis and characterization of Pd@Pt-Ni core-shell octahedra with high activity toward oxygen reduction[J]. ACS Nano, 2014, 8 (10): 10363-10371.

[86] Hu J, Wu L J, Kuttiyiel K A, et al. Increasing stability and activity of core-shell catalysts by preferential segregation of oxide on edges and vertexes: Oxygen reduction on Ti-Au@Pt/C[J]. J Am Chem Soc, 2016, 138 (29): 9294-9300.

[87] Bian T, Zhang H, Jiang Y Y, et al. Epitaxial growth of twinned Au-Pt core-shell star-shaped decahedra as highly durable electrocatalysts[J]. Nano Lett, 2015, 15 (12): 7808-7815.

[88] Wang C, van der Vliet D, More K L, et al. Multimetallic Au/$FePt_3$ nanoparticles as highly durable electrocatalyst[J]. Nano Lett, 2011, 11 (3): 919-926.

[89] Zhang S, Hao Y Z, Su D, et al. Monodisperse core/shell Ni/FePt nanoparticles and their conversion to Ni/Pt to catalyze oxygen reduction[J]. J Am Chem Soc, 2014, 136 (45): 15921-15924.

[90] Liu C, Ma Z, Cui M Y, et al. Favorable core/shell interface within Co_2P/Pt nanorods for oxygen reduction electrocatalysis[J]. Nano Lett, 2018, 18 (12): 7870-7875.

[91] Ding X, Yin S B, An K, et al. FeN stabilized FeN@Pt core-shell nanostructures for oxygen reduction reaction[J]. J Mater Chem A, 2015, 3 (8): 4462-4469.

[92] Tian X L, Luo J M, Nan H X, et al. Transition metal nitride coated with atomic layers of Pt as a low-cost, highly stable electrocatalyst for the oxygen reduction reaction[J]. J Am Chem Soc, 2016, 138 (5): 1575-1583.

[93] Bu L Z, Zhang N, Guo S J, et al. Biaxially strained PtPb/Pt core/shell nanoplate boosts oxygen reduction catalysis[J]. Science, 2016, 354 (6318): 1410-1414.

[94] Chen C, Kang Y J, Huo Z Y, et al. Highly crystalline multimetallic nanoframes with three-dimensional electrocatalytic surfaces[J]. Science, 2014, 343 (6177): 1339-1343.

[95] Niu Z Q, Becknell N, Yu Y, et al. Anisotropic phase segregation and migration of Pt in nanocrystals en route to nanoframe catalysts [J]. Nat Mater, 2016, 15 (11): 1188-1194.

[96] Becknell N, Son Y, Kim D, et al. Control of architecture in rhombic dodecahedral Pt-Ni nanoframe electrocatalysts[J]. J Am Chem Soc, 2017, 139 (34): 11678-11681.

[97] Chen S P, Niu Z Q, Xie C L, et al. Effects of catalyst processing on the activity and stability of Pt-Ni nanoframe electrocatalysts[J]. ACS Nano, 2018, 12 (8): 8697-8705.

[98] Becknell N, Zheng C D, Chen C, et al. Synthesis of $PtCo_3$ polyhedral nanoparticles and evolution to $PtCo_3$ nanoframes[J]. Surf Sci, 2016, 648: 328-332.

[99] Kwon T, Jun M, Kim H Y, et al. Vertex-reinforced PtCuCo ternary nanoframes as efficient and stable electrocatalysts for the oxygen reduction reaction and the methanol oxidation reaction[J]. Adv Funct Mater, 2018, 28 (13): 1706440.

[100] Park J, Kabiraz M K, Kwon H, et al. Radially phase segregated PtCu@PtCuNi dendrite@frame nanocatalyst for the oxygen reduction reaction[J]. ACS Nano, 2017, 11 (11): 10844-10851.

[101] Luo S P, Shen P K. Concave platinum-copper octopod nanoframes bounded with multiple high index facets for efficient electrooxidation catalysis[J]. ACS Nano, 2017, 11 (12): 11946-11953.

[102] Luo S P, Tang M, Shen P K, et al. Atomic-scale preparation of octopod nanoframes with high-index facets as highly active and stable catalysts[J]. Adv Mater, 2017, 29 (8): 1601687.

[103] Lyu L M, Kao Y C, Cullen D A, et al. Spiny rhombic dodecahedral CuPt nanoframes with enhanced catalytic performance synthesized from Cu nanocube templates[J]. Chem Mater, 2017, 29 (13): 5681-5692.

[104] Zhang L, Roling L T, Wang X, et al. Platinum-based nanocages with subnanometer-thick walls and well-defined, controllable facets[J]. Science, 2015, 349 (6246): 412-416.

[105] He D S, He D P, Wang J, et al. Ultrathin icosahedral Pt-enriched nanocage with excellent oxygen reduction reaction activity[J]. J Am Chem Soc, 2016, 138 (5): 1494-1497.

[106] Wang X, Figueroa-Cosme L, Yang X, et al. Pt-based icosahedral nanocages: Using a combination of {111} facets, twin defects, and ultrathin walls to greatly enhance their activity toward oxygen reduction[J]. Nano Lett, 2016, 16 (2): 1467-1471.

[107] Zhang X Y, Lu W, Da J Y, et al. Porous platinum nanowire arrays for direct ethanol fuel cell applications[J]. Chem Commun, 2009 (2): 195-197.

[108] Takai A, Ataee-Esfahani H, Doi Y, et al. Pt nanoworms: creation of a bumpy surface on one-dimensional (1D) Pt nanowires with the assistance of surfactants embedded in mesochannels[J]. Chem Commun, 2011, 47 (27): 7701-7703.

[109] Ding L X, Wang A L, Li G R, et al. Porous Pt-Ni-P composite nanotube arrays: Highly electroactive and durable catalysts for methanol electrooxidation[J]. J Am Chem Soc, 2012, 134 (13): 5730-5733.

[110] Teng X W, Han W Q, Ku W, et al. Synthesis of ultrathin palladium and platinum nanowires and a study of their magnetic properties[J]. Angew Chem Int Ed, 2008, 47 (11): 2055-2058.

[111] Liu H Q, Adzic R R, Wong S S. Multifunctional ultrathin Pd_xCu_{1-x} and Pt similar to Pd_xCu_{1-x} one-dimensional nanowire motifs for various small molecule oxidation reactions[J]. ACS Appl Mater Inter, 2015, 7 (47): 26145-26157.

[112] Koenigsmann C, Sutter E, Adzic R R, et al. Size-and composition-dependent enhancement of electrocatalytic oxygen reduction performance in ultrathin palladium-gold ($Pd_{1-x}Au_x$) nanowires[J]. J Phys Chem C, 2012, 116 (29): 15297-15306.

[113] Wang C, Hou Y L, Kim J M, et al. A general strategy for synthesizing FePt nanowires and nanorods[J]. Angew Chem Int Ed, 2007, 46 (33): 6333-6335.

[114] Chen G X, Xu C F, Huang X Q, et al. Interfacial electronic effects control the reaction selectivity of platinum catalysts[J]. Nat Mater, 2016, 15 (5): 564-569.

[115] Peng Z M, You H J, Yang H. Composition-dependent formation of platinum silver nanowires[J]. ACS Nano, 2010, 4 (3): 1501-1510.

[116] Liao H G, Cui L K, Whitelam S, et al. Real-time imaging of Pt_3Fe nanorod growth in solution[J]. Science, 2012, 336 (6084): 1011-1014.

[117] Guo S J, Li D G, Zhu H Y, et al. FePt and CoPt nanowires as efficient catalysts for the oxygen reduction reaction[J]. Angew Chem Int Ed, 2013, 52 (12): 3465-3468.

[118] Guo S J, Zhang S, Su D, et al. Seed-mediated synthesis of core/shell FePtM/FePt (M=Pd, Au) nanowires and their electrocatalysis for oxygen reduction reaction[J]. J Am Chem Soc, 2013, 135 (37): 13879-13884.

[119] Guo S J, Zhang S, Sun X L, et al. Synthesis of ultrathin FePtPd nanowires and their use as catalysts for methanol oxidation reaction[J]. J Am Chem Soc, 2011, 133 (39): 15354-15357.

[120] Jiang K Z, Zhao D D, Guo S J, et al. Efficient oxygen reduction catalysis by subnanometer Pt alloy nanowires[J]. Sci Adv, 2017, 3 (2): e1601705.

[121] Gao F, Zhang Y P, Song P P, et al. Shape-control of one-dimensional PtNi nanostructures as efficient electrocatalysts for alcohol electrooxidation[J]. Nanoscale, 2019, 11 (11): 4831-4836.

[122] Song P P, Xu H, Wang J, et al. 1D alloy ultrafine Pt-Fe nanowires as efficient electrocatalysts for alcohol electrooxidation in alkaline media[J]. Nanoscale, 2018, 10 (35): 16468-16473.

[123] Li M F, Zhao Z P, Cheng T, et al. Ultrafine jagged platinum nanowires enable ultrahigh mass activity for the oxygen reduction reaction[J]. Science, 2016, 354 (6318): 1414-1419.

[124] Bu L Z, Ding J B, Guo S J, et al. A general method for multimetallic platinum alloy nanowires as highly active and stable oxygen reduction catalysts[J]. Adv Mater, 2015, 27 (44): 7204-7212.

[125] Bu L Z, Feng Y G, Yao J L, et al. Facet and dimensionality control of Pt nanostructures for efficient oxygen reduction and methanol oxidation electrocatalysts[J]. Nano Res, 2016, 9 (9): 2811-2821.

[126] Bu L Z, Guo S J, Zhang X, et al. Surface engineering of hierarchical platinum-cobalt nanowires for efficient electrocatalysis[J]. Nat Commun, 2016, 7 (1): 1-10.

[127] Sun S H, Murray C B, Weller D, et al. Monodisperse FePt nanoparticles and ferromagnetic FePt nanocrystal superlattices[J]. Science, 2000, 287 (5460): 1989-1992.

[128] Chen M, Kim J, Liu J P, et al. Synthesis of FePt nanocubes and their oriented self-assembly[J]. J Am Chem Soc, 2006, 128 (22): 7132-7133.

[129] Watanabe M, Tsurumi K, Mizukami T, et al. Activity and stability of ordered and disordered Co-Pt alloys for phosphoric acid fuel cells (PAFC) [J]. J Electrochem Soc, 1994, 141 (10): 2659-2668.

[130] Kim J, Rong C B, Lee Y, et al. From core/shell structured FePt/Fe_3O_4/MgO to ferromagnetic FePt nanoparticles[J]. Chem Mater, 2008, 20 (23): 7242-7245.

[131] Li Q, Wu L H, Wu G, et al. New approach to fully ordered fct-FePt nanoparticles for much enhanced electrocatalysis in acid[J]. Nano Lett, 2015, 15 (4): 2468-2473.

[132] Qi Z Y, Xiao C X, Liu C, et al. Sub-4nm PtZn intermetallic nanoparticles for enhanced

mass and specific activities in catalytic electrooxidation reaction[J]. J Am Chem Soc, 2017, 139 (13): 4762-4768.

[133] Kim J M, Rong C B, Liu J P, et al. Dispersible ferromagnetic FePt nanoparticles[J]. Adv Mater, 2009, 21 (8): 906-909.

[134] Kang S S, Miao G X, Shi S, et al. Enhanced magnetic properties of self-assembled FePt nanoparticles with MnO shell[J]. J Am Chem Soc, 2006, 128 (4): 1042-1043.

[135] Yi D K, Selvan S T, Lee S S, et al. Silica-coated nanocomposites of magnetic nanoparticles and quantum dots[J]. J Am Chem Soc, 2005, 127 (14): 4990-4991.

[136] Lee D C, Mikulec F V, Pelaez J M, et al. Synthesis and magnetic properties of silica-coated FePt nanocrystals[J]. J Phys Chem B, 2006, 110 (23): 11160-11166.

[137] Chung D Y, Jun S W, Yoon G, et al. Highly durable and active PtFe nanocatalyst for electrochemical oxygen reduction reaction[J]. J Am Chem Soc, 2015, 137 (49): 15478-15485.

[138] Du X X, He Y, Wang X X, et al. Fine-grained and fully ordered intermetallic PtFe catalysts with largely enhanced catalytic activity and durability[J]. Energy Environ Sci, 2016, 9 (8): 2623-2632.

[139] Jung C, Lee C, Bang K, et al. Synthesis of chemically ordered Pt_3Fe/C intermetallic electrocatalysts for oxygen reduction reaction with enhanced activity and durability via a removable carbon coating[J]. ACS Appl Mater Inter, 2017, 9 (37): 31806-31815.

[140] Chen H, Wang D L, Yu Y C, et al. A surfactant-free strategy for synthesizing, and processing intermetallic platinum-based nanoparticle catalysts[J]. J Am Chem Soc, 2012, 134 (44): 18453-18459.

[141] Dong A G, Chen J, Ye X C, et al. Enhanced thermal stability and magnetic properties in NaCl-type FePt-MnO binary nanocrystal superlattices[J]. J Am Chem Soc, 2011, 133 (34): 13296-13299.

[142] Li J R, Xi Z, Pan Y T, et al. Fe stabilization by intermetallic $L1_0$-FePt and Pt catalysis enhancement in $L1_0$-FePt/Pt nanoparticles for efficient oxygen reduction reaction in fuel cells[J]. J Am Chem Soc, 2018, 140 (8): 2926-2932.

[143] Zhang S, Zhang X, Jiang G M, et al. Tuning nanoparticle structure and surface strain for catalysis optimization[J]. J Am Chem Soc, 2014, 136 (21): 7734-7739.

[144] Wang D L, Xin H L L, Hovden R, et al. Structurally ordered intermetallic platinum-cobalt core-shell nanoparticles with enhanced activity and stability as oxygen reduction electrocatalysts[J]. Nat Mater, 2013, 12 (1): 81-87.

[145] Li J, Sharma S, Liu X, et al. Hard-magnet $L1_0$-CoPt nanoparticles advance fuel cell catalysis[J]. Joule, 2019, 3 (1): 124-135.

[146] Wang X X, Hwang S, Pan Y T, et al. Ordered Pt_3Co intermetallic nanoparticles derived from metal-organic frameworks for oxygen reduction[J]. Nano Lett, 2018, 18 (7): 4163-4171.

第5章

阴极氧气还原反应催化剂研究进展——非贵金属催化剂

5.1 研究背景

无论是曾经茹毛饮血的蛮荒时代，还是如今汽车飞机普及的现代文明，自从人类学会了使用火，能源的获取方式都是通过直接燃烧燃料获得，虽然燃烧效率和能源利用方式不断发生着变化，但是受制于卡诺循环（Carnot cycle，卡诺循环，效率 $\eta=1-T_2/T_1$），大部分能源利用效率很难超过 20%[1-3]。人类用来获取能源的燃料虽然从木材演变到如今的石油，但是它们都属于不可再生资源，而我们不仅要面临着能源资源逐渐枯竭的问题，更要担忧因过多温室气体排放而导致的环境污染问题[4]。因此，为了实现人类文明的可持续性发展，寻找高效利用能源的方式一直是科学工作者积极追求的目标。电化学储能和转化在解决全球能源需求和传统化石燃料对环境的影响中起着至关重要的作用。其中燃料电池技术近年来因其高效率和低排放而备受关注。燃料电池是将存储在如氢气燃料中的化学能直接转换成电能的电化学装置。其电能转换效率可高达 60%，电能和热能共生效率可达 80%，主要污染物减少 90%以上[5-8]，这使其在能量存储和转换应用中极具吸引力。

聚合物电解质膜（PEM）燃料电池因工作温度低、功率密度高和易于放大等特性，而成为运输和便携式应用的下一代电源的候选者[9,10]。从第一台燃料电池的发明到现在，经历了将近 200 年，但 PEM 燃料电池的全球商业化仍未实现。阻碍 PEM 燃料电池商业化的两个最大障碍是耐久性和成本。燃料电池成本的主要部分是由 Nafion 膜和催化剂层组成的膜电极（MEA）。催化剂层通常由铂基等贵金属材料组成，然而在 PEM 工作条件下，Pt 催化剂容易聚集或从碳载体上脱离，碳载体也易于氧化，这不仅降低了 PEM 的性能还缩减了它们的寿命，并且随着时间的推移，作为有限自然资源的 Pt 的价格将逐渐增加[11,12]。因此，寻找成本低廉、性能优异且稳定可取代铂基贵金属催化剂的非贵金属催化剂，将有利于燃料电池的商业化。

近年来，非贵金属催化剂取得了重大进展。对于用于 PEM 燃料电池的实用非贵金属催化剂，美国能源部（DOE）逐步提高了对它们的技术目标（表 5-1）。目前，最新 2020 年非铂族催化剂的活性标准为阻抗补偿情况下 0.9V 时催化层单位面积电流密度（I_a@0.9V，没有进行内阻补偿）需达到 0.044A/cm^2。这里并没有考虑非贵金属催化剂层厚度的影响，这是因为与 Pt 相比，非贵金属催化剂相对便宜，因此，除非催化剂层接近 100mm 的厚度，否则可以忽略增加的负载。通常非贵金属催化剂的负载量为1～5mg/cm²，这在技术上和经济上都是可行的。然而，最新的非贵金属催化剂活性目标相当于Pt族催化剂在载量0.1mg/cm²情况下2020年活性目标0.44A/mg的1/10。此外，非贵金属催化剂在酸性环境中通常稳定性不足，这也是限制非贵金属催化剂应用的主要原因。因此，要实现非贵金属催化剂在PEM燃料电池中的实际应用，还有很长的路要走。本节将介绍具有各种不同结构和性质的非贵金属催化剂的研究进展，还将介绍影响催化剂性能的因素和改进的策略。

表 5-1 非贵金属氧还原催化剂的技术目标

年份	评价指标	单位	2020 目标
2007	体积活性(I_v)	A/cm^3@0.8V(没有进行内阻补偿)	300
2012	体积活性(I_v)	A/cm^3@0.8V(没有进行内阻补偿)	300
2016	单位面积活性(I_a)	A/cm^2@0.9V(没有进行内阻补偿)	0.044
测试条件	H_2/O_2,150kPa 绝对压力,100%相对湿度,80℃工作温度,阳极燃料化学计量比2,阴极氧化剂化学计量比9.5		

5.2 氧还原催化剂的理论研究

由于氧还原（ORR）动力学的高度复杂性，对ORR机制的原子级理解仍处于初级阶段。目前可以确定的是，完全的电化学ORR涉及四个净偶合的质子和电子转移。但是，实际运行过程中ORR不会总是生成水分子。

氧气还原的初始步骤从其在催化剂表面的吸附开始，所以了解氧的吸附行为有助于进一步了解后续的ORR过程。氧气的结合行为可分为物理吸附（>−0.5eV）、化学吸附（−0.5～−2.0eV）以及通过自发解离（<−2.0eV）进一步进行的原子氧吸附。根据多相催化中的经典Sabatier原理，反应物/产物与催化剂（底物）之间的相互作用能不应太强也不应太弱。在ORR中，没有形成化学键的物理吸附将导致O_2难以参与氧化还原反应，而如果O_2自发分解成原子氧，则催化剂倾向于形成其相应的氧化物。因此，平衡的O_2化学吸附是高效ORR催化剂的前提。对于O_2的化学吸附，其吸附模型具有三种模式，即Griftiths模式、Pauling模式和Bridge模式［图5-1（a)］。在Griftiths模式下，氧气分子两侧都与催化中心作用，有利于断裂O—O键，进行4电子氧气还原。在Pauling模式下，氧气分子只有一侧与催化中心作用，不利于O—O键的断裂，

一般发生 2 电子氧气还原。在 Bridge 模式下，氧气分子的两侧同时被两个催化中心活化，氧气分子容易被断裂，所以有利于氧气的 4 电子还原反应。当然在催化过程中，吸附模式不会是单一的一种，所以反应的路径通常也是 2 电子与 4 电子的混合路径。

目前基于已有的研究工作，氧气的电还原过程可以被归结为以下几种途径[13]，如图 5-1(b)。氧分子首先扩散到电极表面，形成吸附的氧分子（$^*O_2$，其中 * 表示表面上的位置）。此后，存在三种还原 $^*O_2$ 的途径，这些途径的区别在于 O—O 键裂解步骤的顺序。第一种途径，称为解离途径，O—O 键直接断裂形成 $^*O$ 中间体，然后将形成的 $^*O$ 依次还原为 $^*OH$ 和 $^*H_2O$。第二种途径是缔合途径，其中先由 $^*O_2$ 形成 $^*OOH$，然后将 O—O 键裂解，生成 $^*O$ 和 $^*OH$ 中间体。第三种途径是过氧化物（或第二种缔合）途径，在 O—O 键断裂之前，$^*O_2$ 被连续还原为 $^*OOH$ 和 $^*HOOH$（活性位上的过氧化氢）。

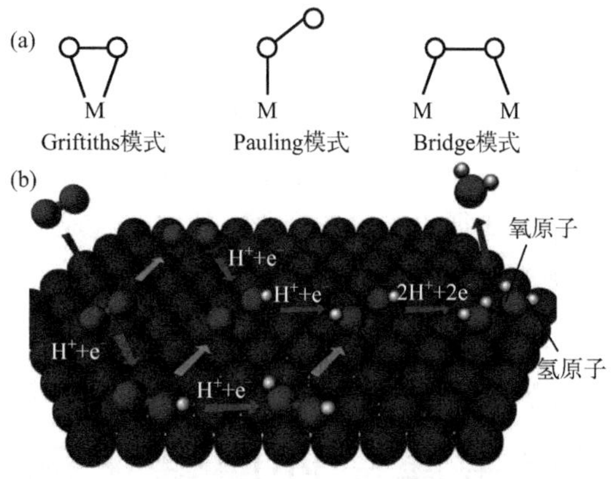

图 5-1 氧气在催化剂表面的吸附模型（a）和 ORR 的模拟途径（b）[13]（彩图见文前）

基于上述可能的途径，研究人员致力于寻找催化剂的速率决定步骤（RDS），并了解电子转移和质子转移的顺序。通常，ORR 在金属催化剂上的动力学主要受三个步骤的阻碍：①ORR 的第一次电子转移；②氧气的水合作用；③中间体的解吸附。

许多文献提到第一次电子转移是 ORR 的速率决定步骤[14]。例如，Anderson 的团队等[14-16] 使用反应中心模型来计算 ORR 步骤的活化能。他们发现在 Pt 催化剂上，第一个电子转移步骤具有最高的阻隔性。其他研究人员通过不同方法研究第一个电子转移步骤得出了相同的结论。不同的是，Goddard[17] 通过计算气相和溶液中铂基材料上 ORR 的反应途径，指出吸附氧的水合作用在气体或溶液中具有最高的阻隔能量，从而决定了反应进程的整体速率。但人们普遍认同 Nørskov 等[18,19] 提出的 $^*O$、$^*OH$ 等中间体的吸附可能是金属催化氧还原反应的关键影响因素。Nørskov 等认为电极上的氧吸附是超电势的来源。在高电位下，吸附在电极表面的氧非常稳定，无法发生质子和电子的转移。通过降低电势可以降低吸附氧的稳定性，促进反应的进行。氧化物质与给定表面的结合能决定了催化活性。最佳的催化剂应该对中间体具有中等结合力。如果电极表面的吸附太弱，则电子或质子转移到吸附的氧气上的作用会受到限制。但是，过强的*O或*OOH吸附会导致H_2O脱附困难，进而阻碍活性位点进一步进行氧的吸附。因此，目前的研究都是基于以中间体*O、*OH或*OOH为描述符来判断催化剂的氧还原活性。

其实关于ORR反应的理论研究还存在很多争议，并且其反应过程中吸附的任何阴离子或者水合阳离子等物质都会产生位阻效应而影响催化剂的氧还原进程，同时，其实际运行过程中更会因电极材料的不同而存在很多不确定性，这虽然会影响氧还原催化剂的研究，但随着对催化剂本征几何和电子结构的深入了解，以及表征手段和理论研究的进一步成熟，非常有希望设计出可满足实际应用的高活性氧还原催化剂。

5.3 非贵金属氧还原催化剂的研究进展

无论是贵金属还是非贵金属催化剂，只有探究出有效的氧还原活性位点才能高效地设计并制备高活性氧还原催化剂。然而近年来，对于非贵金属的氧还原活性中心和反应路径始终没有定论，这是因为一般非贵金属氧还原催化剂组成复杂，通常掺杂、缺陷等多种具有活性的物种同时存在。为了深入研究非贵金属氧还原催化剂的活性位点，科研工作者们展开了大量的研究。从催化剂组成可分为非铂基贵金属催化剂和非金属催化剂；从获取方式可分为热解和非热解型。本节主要从催化剂组成对非贵金属催化剂的研究展开介绍。

5.3.1 非贵过渡金属氧还原催化剂

5.3.1.1 过渡金属-氮-碳

1964年Jasinski及其同事证明了过渡金属卟啉［酞菁钴（CoPc）］可以在碱性条件下作为ORR电催化剂，但是，这些催化剂在酸性介质中稳定性差。随后，研究人员发现，在制备过程中对含氮和过渡金属的大环化合物进行高温处理（400～1000℃）可以明显提高催化剂在酸性介质中的活性和稳定性，这是非贵金属氧还原催化剂的一项重大突破，同时也奠定了过渡金属-氮-碳（M-N-C）材料（M＝Fe、Co、Cu、Mn等）的发展基础。此后，M-N-C被广泛研究，并成为ORR最有前途的非贵金属催化剂之一[20-23]。

目前，Fe-N-C类催化剂是非铂族中活性发展最快的非贵金属催化剂。然而，较厚的催化剂层会导致传质效能较低，且不利于活性位点的高效利用，并最终降低电池的功率密度。为提高催化剂的传质性能以及活性位点的分布和利用，通过优化各种化学合成参数（包括化学药品的选择、前驱体的制备方法和热处理条件等）来实现 Fe-N-C 材料高活性位点密度分布的结构设计。Dodelet 团队[24] 将 ZIF-8、1,10-菲咯啉和乙酸亚铁的球磨混合物先后在 1050℃的氩气中和 950℃的氨气中热解两次，获得了相互连接的蜂窝状碳纳米结构。所制备的 Fe-N-C 在 0.8V（没有进行内阻补偿）下的体积电流密度达到 $230A/cm^3$，接近 DOE 当时制定的 2020 年活性目标。Liu 等[25] 结合静电纺丝和高温热解法合成具有高密度微孔的连续碳纤维网络结构的 Fe/N/CF 纤维（图 5-2），综合材料中高密度的 $Fe-N_x$ 位点、有利于电子传输的连续纤维以及适合水和氧传递的大孔等优点，使得 Fe/N/CF 在电池高压段（没有进行内阻补偿）0.95V、0.9V、0.8V 的体积电流密度分别达到 $0.25A/cm^3$、$3.3A/cm^3$ 和 $60A/cm^3$，转换为面积电流密度依次分别为 $0.75mA/cm^2$、$10mA/cm^2$ 和 $182mA/cm^2$。0.8V 外推体积电流密度高达 $450mA/cm^3$，首次超过 DOE 2020 年非铂催化剂活性目标。

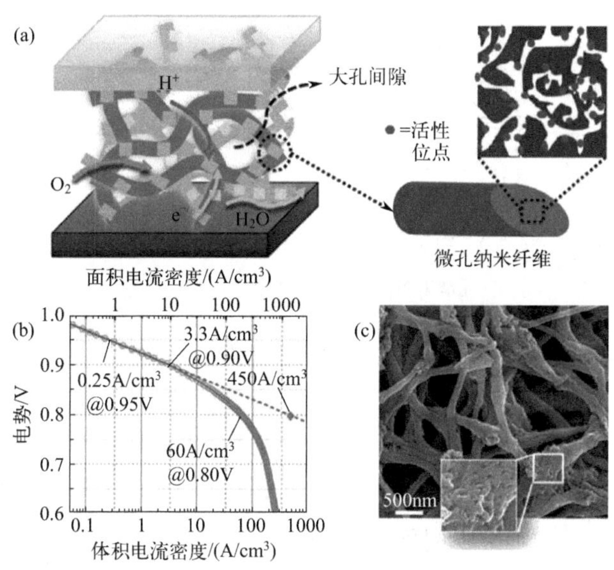

图 5-2 燃料电池阴极处 Fe/N/CF 纤维催化剂中大孔-微孔形态和电荷/质量转移示意图（a），从单个燃料电池测试获得的 Fe/N/CF 动力学活性的塔菲尔图（b）和 Fe/N/CF 纤维的扫描图像（c）

除了提高活性位点的密度，调整活性中心的电子结构也是提高催化剂性能的高效策略。Li 等[23] 报道了一种原子分散的催化剂（$FeCl_1N_4$/CNS），该化合物通过配位氯控制中心金属的电子结构，首次实现了 ORR 的极大改进。$FeCl_1N_4$/

CNS 在碱性条件下的半波电势为 0.921V（图 5-3），远远超过 FeN_4/CN 和市售 Pt/C，同时还具有优异的稳定性。实验和 DFT 表明，Fe 与氯的近程相互作用以及与硫的长程相互作用调节了活性位点的电子结构，从而使得碱性介质中 ORR 得到极大改善。这一发现为高级电催化剂的设计开辟了新途径。

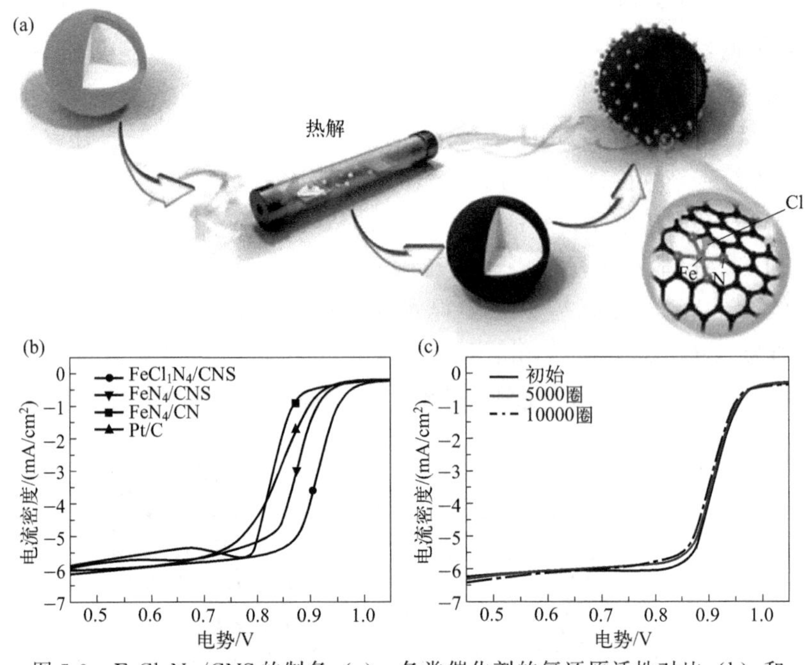

图 5-3　$FeCl_1N_4/CNS$ 的制备（a），各类催化剂的氧还原活性对比（b）和 $FeCl_1N_4/CNS$ 的稳定性（c）[23]

然而，通常 Fe-N-C 催化剂在长循环的电池工作体系中并不稳定。为此，Wu 团队[26] 利用 MOF 的 Co 节点和孔道内包覆的铁离子通过高温焙烧获得 Fe、Co 双位点催化剂，在氢空气燃料电池的测试条件下，实现了非 Pt 催化剂所能达到的最高单电池输出功率 $0.51W/cm^2$，并稳定运行 100h 以上。Wang 等[27] 则是通过用 Cu 取代 Fe-N-C 中的部分铁原子来构筑 Cu-Fe-N-C 双位点，实验和理论计算结果均证实，由于 Cu-Fe-N-C 催化剂中双金属掺杂的协同效应，经过优化的 Cu-Fe-N-C 复合材料显示出比原始 Fe-N-C 更好的催化活性，并在实际的铝空气电池中表现出较高的放电电压和更好的稳定性。这些研究表明通过构建双位点催化剂，不仅可以优化电子结构、提高催化剂活性，还可以提高活性位点的稳定性。

除了调节活性位点，对载体进行优化也能提高活性位点的利用效率和稳定性。Wang 团队[28] 将单个铁原子锚定在 2D 还原氧化石墨烯（RGO）上的 N 掺杂短程有序碳负载中（图 5-4），理论计算表明单原子 Fe/N 掺杂纳米石墨烯中的短碳碎片和较大的层间间距（> 4Å），可以促进氧扩散到原子分散的 FeN_4 和 FeN_5 的活性位上。他们所制备的催化剂在 0.1mol/L $HClO_4$ 电解液中循环 15000 圈后半波电位的损失小于 5mV。他们的工作证明具有大的层间间距的短程有序碳可以增强单原子 Fe 电催化剂在强酸性介质中的活性、选择性和耐久性，从而实现 Fe-N-C 催化剂在酸性环境中的高性能。

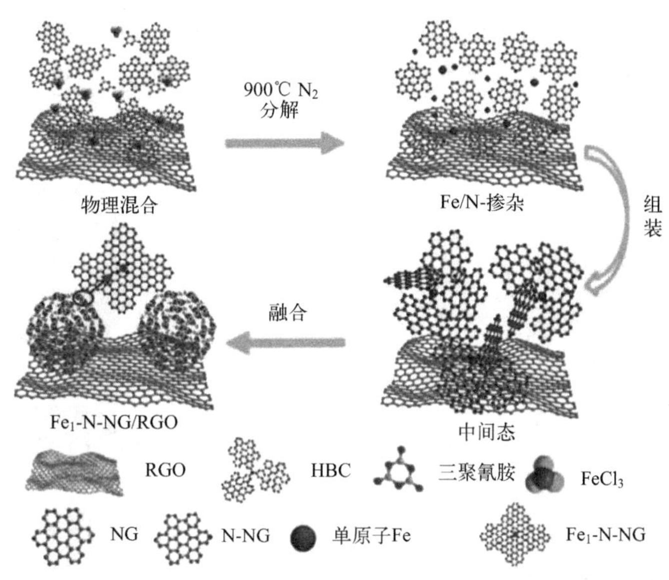

图 5-4　短程有序纳米石墨烯锚定单个 Fe 原子催化剂的制备[28]

事实上，Fe-N-C 催化剂的不稳定主要是因为在电池运行过程中，溶出的 Fe^{2+} 会与氧还原反应的副产物 H_2O_2 反应，生成可以破坏电极中离子交联聚合物和质子交换膜的 OH 等活泼自由基（Fenton 反应），从而极大地缩短了电池的寿命。因此，科研工作者们致力于研究非铁催化剂。Wang 等人[29] 通过 DFT 计算，观察到 $Co\text{-}N_4$ 和 $Fe\text{-}N_4$ 一样可以通过单个活性位点破坏 HOOH 吸附构型中的 O—O 键，从而促进氧气 4 电子还原反应路径的发生。同时，Orellana[30] 利用 DFT 计算发现石墨烯中 $Mn\text{-}N_4$ 和 $Fe\text{-}N_4$ 中心的 O_2 解离势垒与 Pt(111) 上的 O_2 解离势垒相当，并表现出相似的 ORR 催化活性。理论计算结果显示非铁的过渡金属-N 位点有潜力取代 Fe-N 位点。Wu 及其团队[31] 基于双金属 ZnCo-ZIF 通过一步热活化衍生出高 ORR 性能的 Co 单原子催化剂，其在具有挑战性的酸性介质中的半波电位可达 0.80V，性能与铁基催化剂相当，将其作为阴极催化剂用于 H_2/O_2 燃料电池时，最高功率密度可达 $0.56W/cm^2$。后期，为了进一步提高 Co-N-C 催化剂的 ORR 活性，他们开发了一种有效的表面活性剂辅助限制热解策略（图 5-5）[32]，以获得高密度原子级 Co-N_4 位点分散的核壳 Co 掺杂碳催化剂，该催化剂具有空前的 ORR 活性，在酸性介质中半波电位为 0.84V，并具有更高的稳定性，在 H_2/O_2 燃料电池中仍可显示出高性能，功率密度为 0.87W/cm^2。此外，他们还报道了以单原子分散的 MnN_4 为主要催化活性位点的高效 ORR 催化剂[33]，制备的 Mn-N-C 催化剂具有很高的 4 电子反应选择性，其催化活性在半电池测试和燃料电池测试中都与 Fe-N-C 催化剂相当。Wu 等的一系列工作不仅表明可以通过改变热解策略实现活性位点的高密度分散以进一步提高催化剂活性，更表明无铁非贵金属催化剂有望取得重大发展，并在燃料电池中实现应用。

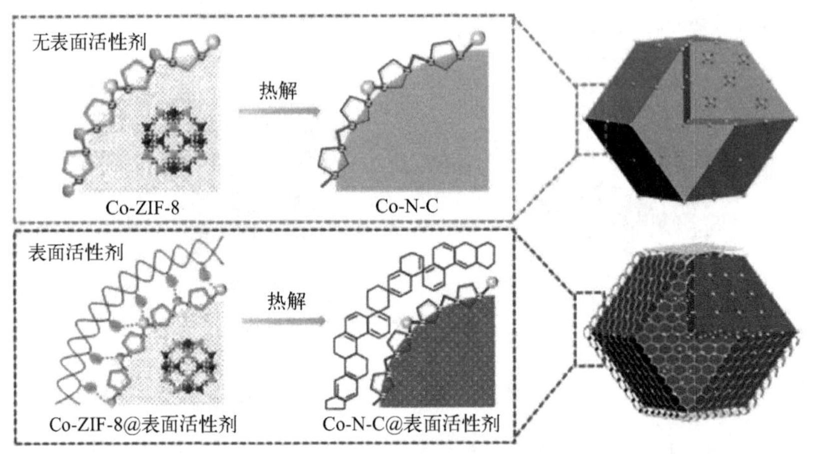

图 5-5 具有高密度活性位点的核壳 Co-N-C@表面活性剂催化剂的原位限制热解策略[32]（彩图见文前）

黄色、灰色和蓝色的球分别代表 Co、Zn 和 N

在主流的 M-N-C 催化剂中，Cu-N-C 一直被赋予很高的期望，这是因为在基于氧吸附能的过渡金属氧还原催化剂的火山峰型图中［图 5-6(a)］[34]，Cu 是最接近 Pt 的非贵金属，这就意味着 Cu 具有优异的理论氧还原活性。然而，Cu 基催化剂在实际的研究中总是表现得不如人意。而对于 Cu-N 位点的研究，早期研究人员发现 Cu-N 的氧分子吸附能小得多，这并不能有效催化 ORR。后期经过深入研究才发现 Cu-N 分为 Cu(Ⅱ)-N 和 Cu(Ⅰ)-N 两种位点，而饱和配位的 Cu(Ⅱ)-N 位点对结合氧分子提供较少的 d 轨道并具有更大的空间位阻，不利于 ORR 的进行。因此，在 Cu-N 位点的制备中，需要将 Cu(Ⅱ)-N 转化为 Cu(Ⅰ)-N 或让更多的 Cu(Ⅰ)-N 暴露以结合和激活 O_2。Bao 等[35] 通过直接热解酞菁铜和双氰胺将配位饱和 Cu(Ⅱ)-N 中心转化为石墨烯中的 Cu(Ⅰ)-N 活性中心，得到的 Cu-N-C 催化剂在锌空气电池中具有较高的 ORR 活性和稳定性，并且结合理论计算发现 Cu-N_2 是最佳的氧还原活性位［图 5-6(b)］。Jong-Beom Baek 及其团队[36] 通过简单的液相沉积方法合成无氮的铜 MOF[Cu(BTC)(H_2O)$_3$]，随即在氩气气氛中于 800℃对前体/双氰胺的混合物进行热处理，然后进行酸处理以去除金属残留物，制备出 Cu 含量（质量分数）高达 20.9%的单原子 Cu-N-C 催化剂。DFT 计算表明，单原子 Cu 对 O_2 和 OOH 表现出良好的吸附能，并改善了 O—O 键的伸展性，从而加速了活性位上的氧还原过程。由于其超薄纳米片结构的协同效应、丰富的单原子 Cu 活性位、最大的铜原子暴露量以及对 O_2/OOH 的良好吸附，所制备的 Cu-N-C 具有优异的电催化活性。然而，尽管 Cu-N-C 研究取得了较大的进展，但与商业化的 Pt/C 相比，这些 Cu-N-C 催化剂的活性仍然不足。因此，设计和合成高级 Cu(Ⅰ)-N 催化剂对于实现高活性和持久的氧电催化还原非常必要。目前研究的无铁 M-N-C 催化剂还包括 Mo-N-C、Zn-N-C 等[37,38]，相信随着反应机理的深入研究和表征手段的提高，会有更多活性优异的 M-N-C 位点被开发。

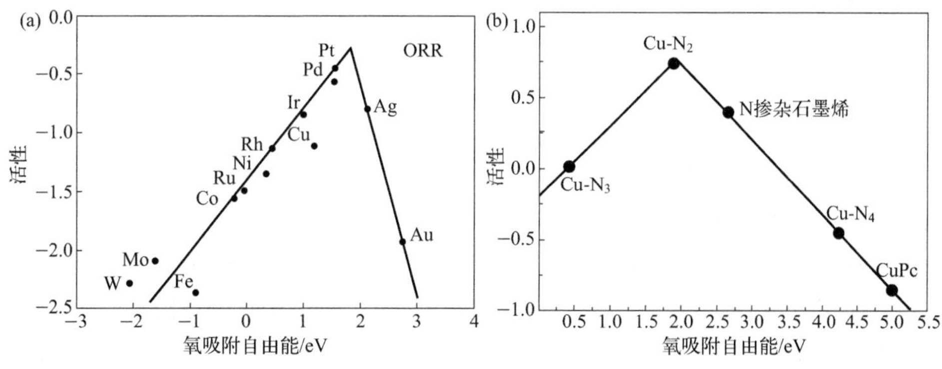

图 5-6　基于氧吸附能的催化剂活性 DFT 计算

(a) 不同过渡金属氧还原催化剂的对比[34]；(b) Cu 不同 N 配位和 N 掺杂石墨烯的对比[35]

最后，值得一提的是，在 M-N-C 催化剂体系中不可避免地或多或少会存在金属纳米粒子（NPs）。虽然据报道它们的活性低于氮配位金属中心，但这些金属 NPs 的贡献不可忽视。这些金属 NPs 在氧还原反应过程中被氧化所得到的金属氧化物在与导电基质（在这种情况下为 N 掺杂的碳）结合时对氧还原也具有高度活性。因此，在 M-N-C 型 ORR 催化剂的研究中，需要考虑甚至利用可能存在的表面金属氧化物所产生的作用来构建更好的催化体系。

5.3.1.2　过渡金属纳米颗粒

过渡金属颗粒一直是非贵金属催化剂研究中不可忽视的存在，Gewirth

等[39] 依次使用 Cl_2 和 H_2 处理非贵金属氧还原催化剂，如图 5-7，发现 Cl_2 刻蚀掉 Fe-N_x 活性位点后，催化剂活性急剧下降，而随后 H_2 处理还原得到的零价态 Fe 颗粒使得催化剂的活性几乎完全恢复。因此，过渡金属单质完全可以独立成为氧还原催化剂的活性位点。然而，裸露的非贵金属单质在酸性电解质中会溶解，在碱性电解质中会发生吸氧腐蚀，因此，将其封装在载体材料中既可以实现其催化作用又可以免遭电解质的腐蚀[40-43]。针对包覆型的过渡金属催化剂，常用的优化方案包括三个方面。

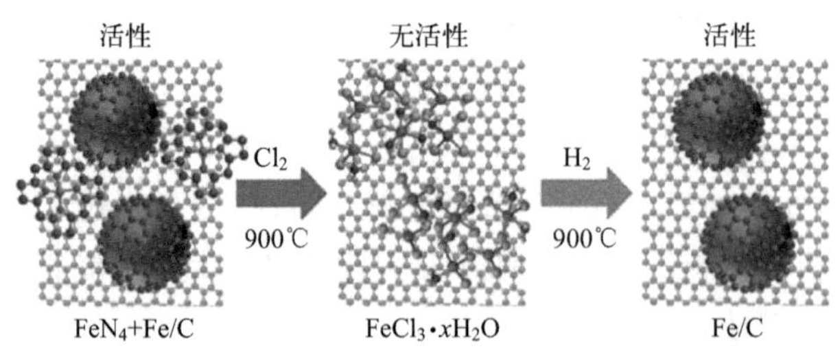

图 5-7　Cl_2 和 H_2 处理对 Fe 种类和 ORR 活性的影响[39]

第一，纳米颗粒尺寸的调节。和贵金属催化剂的尺寸效应类似，纳米颗粒的尺寸减小有利于增加金属位点的利用率，从而提高催化剂活性。但并不是颗粒尺寸越小，催化剂活性越高，需要了解金属纳米颗粒中几何效应和电子效应随尺寸的变化规律以及对氧还原反应的贡献，才能进一步设计出高活性的非贵金属催化剂。Shan 团队[44] 通过化学气相沉积（CVD）方法，使用浮动的铜原子直接合成了限域在介孔 C-N 中的 Cu 纳米颗粒（4～5nm）。具有高比表面积的介孔 C-N 不仅稳定了分散的 Cu 纳米颗粒，而且通过改变 Cu 的电子结构提高了 Cu 的电催化活性。结合 Cu 纳米粒子与介孔 C-N 之间的强相互作用以及 Cu 纳米粒子的量子尺寸效应，所获得的 Cu@CN 表现出优于报道的 Cu 基纳米粒子催化剂和市售 Pt/C 的催化活性。从非贵金属催化剂的发展进展来看，目前认为原子级别的活性位点具有更优异的氧还原活性。Xiong 等[45] 为了精确调节氮掺杂碳上 Fe 团簇中的原子数，将双核 $Fe_2(CO)_9$ 化合物原位封装在 ZIF-8 的空腔中，经过后续的热解处理后，腔体中的 $Fe_2(CO)_9$ 分解为 Fe_2 团簇，而 ZIF-8 一方面分离出腔体很好地防止铁原子进一步聚集，另一方面转化为 N 掺杂碳。最终得到了锚定在氮掺杂碳上的 Fe_2 团簇（Fe_2-N-C）。得益于类似过氧化合物的氧吸附以及合适的 N 种类和含量，Fe_2-N-C 具有优异的酸性 ORR 活性，与商用 Pt/C 相比，半波电位差异仅为－20mV，并且具有出色的耐久性。这些结果表明，从催化位点上的氧吸附构型以及底物效应的角度，精确调节 Fe 团簇中的原子数，可以促进对氧还原机理的认识并能进一步促进质子交换膜燃料电池的商业化。

第二，载体材料的选择和结构设计[46-48]。碳材料是目前封装金属纳米颗粒的常用载体，常用的包括碳纳米管、纳米纤维和石墨烯等碳材料。Kyung-Won-Park 团队[48] 通过两步加热法将 Fe 纳米颗粒封装在纳米级厚度 N、S 掺杂的碳层中，在 N、S 共掺杂和 Fe 纳米颗粒的协同作用下，催化剂在 0.5mol・L^{-1} H_2SO_4 电解质中具有显著提高的 ORR 活性和稳定性。然而，金属催化剂在电位下的长时间工作会加速碳材料的氧化，从而使催化剂活性、稳定性降低，甚至失活。因此，寻找可以取代碳材料的更稳定的封装剂也是未来的发展方向之一。

第三，合金的制备[49-51]。第二种金属的参与可以有效调节金属的 d 带中心、电子结构以及表面应变，而这些因素也是影响金属电催化活性的关键。在非贵金属单质氧还原催化剂的研究中，Co 和 Fe 颗粒是目前研究较多的催化剂，它们的合金主要集中于 Fe、Co 和 Ni 之间的两两组合，包括 FeCo、FeNi、CoNi 等[52-54]，目前 FeCo 合金的研究最多。Kwang S. Kim 团队[50] 将 FeCo 合金封装在三聚氰胺衍生的富氮碳纳米管中，通过调节 Fe 和 Co 的原子比例，所制备的 $Co_{1.08}Fe_{3.34}$@NGT 在酸性条件下具有和商业铂碳相近的电流密度，并在相同的选定电位区域中，它们的 Tafel 斜率也相近，这表明合理调节金属间的原子比例可以促进反应进程中的电子转移并提高催化剂活性。由于合金中金属间的影响可被预测，而合金的制备更是千变万化，因此，其活性优化具有很大的研究空间。

鉴于贵金属几乎是以颗粒的状态作为催化剂，因此，非贵金属单质催化剂的研究可以参考贵金属的研究方向，并通过进一步了解它们在酸碱性电解质中的反应过程和失活机理，设计出可取代贵金属催化剂的高活性非贵金属单质催化剂。

5.3.1.3 过渡金属氧化物

过渡金属元素（Fe、Co、Ni、Mn 等）一般具有多个氧化态，且不同的氧化物对应不同的结构，它们多变的价态、丰富的结构非常有利于催化反应的发生。此外，过渡金属氧化物在自然界广泛存在，不仅容易获取，且更易于控制，符合催化剂发展的要求。更重要的是，过渡金属氧化物作为氧电极通常具有双功能催化活性，包括 ORR 和析氧反应（OER），如此先天优势吸引了众多科研工作者的关注。

然而，大多数过渡金属氧化物导电性较差，所以在用作电催化剂之前应提高其导电性。将过渡金属氧化物与各种导电载体材料（例如金属纳米粒子、碳基材料和导电聚合物）耦合是一类较为有效的策略[55-57]。Dai 等[56] 将多壁 CNT 轻微氧化以提供官能团使得生长在其表面的钴纳米晶体被锚定，同时保留完整的内壁以实现高导电网络，然后在 NH_3 中气相退火，合成了 CoO/氮掺杂 CNT

(NCNT) 强耦合杂化体，所得的杂化物显示出高 ORR 电流密度，并主要通过 4 电子途径还原氧气。另外，研究人员还试图优化过渡金属氧化物的固有电导率[58-60]，例如掺杂其他阳离子并引入氧空位，通过这些空位，过渡金属氧化物可以从半导体变成金属样导体，同时还有利于质量传输，从而具有增强的氧还原活性。Xia 团队[58] 结合实验和 DFT+U 计算研究了氧空位浓度对 β-MnO_2 的结晶相、电子结构和 ORR 催化活性的影响。MnO_2 催化剂的实验 XRD 分析和 β-MnO_2 晶体的模拟 XRD 分析之间的比较证实了氧空位可以诱导 MnO_2 形成新的晶体结构。DFT+U 计算表明，中等的氧空位浓度会引起表面 Mn dz^2 轨道的大量重叠，从而在导带的底部引入额外的施主能级，由此增加了 β-MnO_2 的电导率 (110)，同时适当的氧空位会缩小带隙，增加 β-MnO_2 (或 MnOOH) 的 HOMO 和费米能级，并延长了被吸附 O_2 的 O—O 键，最终表现出最高的氧还原催化活性 (图 5-8)。除了导电性的影响，过渡金属氧化物有序且特定的晶体结构，也会影响其内在活性，目前已有许多工作在探索它们之间的联系。在众多的研究中，人们注意到过渡金属氧化物作为催化剂具有晶面依赖性，这是因为不同暴露面的过渡金属氧化物具有不同的分子吸附性能和电导率，这表明通过晶面调谐可以控制催化剂的 ORR 活性[61-63]。

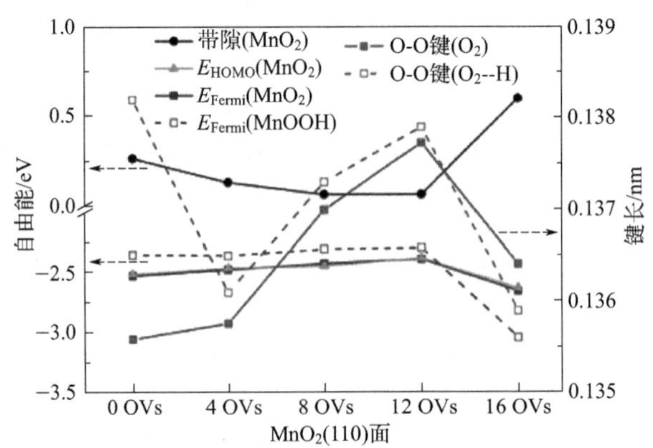

图 5-8 β-MnO_2 的带隙、HOMO、费米能级以及 MnOOH 的费米能级和 O—O 键随氧空位浓度 (OVs) 的变化[58]

目前用于 ORR 研究的过渡金属氧化物种类较多，常见的主要包括铜氧化物、钴氧化物、镍氧化物、铁氧化物和锰氧化物[64-68]。氧化物的优化方案除了上述三种外，还可以构建合金氧化物或复合氧化物等。Sreekumar Kurungot 等[64] 利用微波辐照方法将 CoMn 合金氧化物纳米颗粒负载在 N 掺杂的多孔石墨烯上。通过改变 Co∶Mn 比例合成了一系列催化剂，其中，Co∶Mn 比为 2∶1 的催化剂 [称为 CoMn/pNGr (2∶1)] 在 0.1mol/L KOH 中显示出最高的

ORR 活性。Geng 等[69] 制备了由 Co_3O_4 花状壳和 Fe_3O_4 球核组装而成的 Fe_3O_4-Co_3O_4 卵黄-壳纳米结构。与独立的 Co_3O_4 和 Fe_3O_4 纳米粒子相比，卵黄-壳纳米结构的半波电位正移约 5mV 和 80mV，氧还原的电流密度也远高于 Co_3O_4 和 Fe_3O_4 纳米颗粒。

此外，具有特殊构型的氧化物也是氧还原催化剂的研究热点，主要包括尖晶石结构氧化物（AB_2O_4，A＝Li，Mn，Zn，Cd，Co，Cu，Ni，Mg，Fe，Ca，Ge，Ba 等；B＝Al，Cr，Mn，Fe，Co，Ni，Ga，In，Mo 等）、钙钛矿类氧化物（ABO_3，A＝碱金属和/或稀土金属，B＝过渡金属）以及锂电池正极材料的层状氧化物（以 $LiCoO_2$ 为主）[70-75]。其中，对于尖晶石或钙钛矿类氧化物，调整 A 或 B 位，可以有效调整表面电子结构特征。Gasteiger 等[73] 已经证明了氧化物催化剂的 ORR 活性主要与 σ^* 轨道（e_g）的占据程度有关，只有适当的 e_g 才能使催化剂具有较好的活性（图 5-9），调谐 A 位和 B 位可以定向调节催化剂的 e_g，是获得高活性非贵金属氧化物催化剂的有效策略。

过渡金属氧化物独特的电性能以及丰富的氧化态和结构在催化剂合成中提供了广泛的多样性，有助于揭示这些催化剂的工作原理及其性能影响因素。然而，过渡金属氧化物在电导率和催化效率方面的发展仍具有很大的挑战，但是凭借与其他材料结合的能力，相信过渡金属氧化物可以逐步用于常规用途。例如，通过将它们与其他更具导电性的材料（例如碳、不锈钢或钛）结合，催化剂的质量活性可以得到改善。另外，空位和氮掺杂剂的引入等也已经用于改变过渡金属氧化物的电子结构，从而改善它们的稳定性以及 ORR 和 OER 的活性。

5.3.1.4 过渡金属碳化物和氮化物

过渡金属碳化物（TMC）和过渡金属氮化物（TMN）由于其优越的物理和化学性能而成为非常有前途的电催化剂。它们不仅熔点高，还具有高电导率和化学稳定性。另外，TMC 和 TMN 的性质还类似于贵金属，可用于各种电化学反应，例如氧化氢、CO 和醇，以及还原氧。特别是当 TMC 和 TMN 与微量 Pt 甚至非 Pt 金属组合时可提供与用于低温燃料电池的 Pt 基电催化剂相当的性能。所以，TMC 和 TMN 通常用作载体应用于氧还原中。

碳化物中，早在 1973 年人们就发现碳化钨的类 Pt 催化行为[76]，由于碳化钨本身对 ORR 具有很高的活性，同时，又因为碳化钨和 Pt 具有相似的能带结构，所以将碳化钨作为载 Pt 基底时，它们的异质结可以使能带结构朝更好的催化活性调整[77]。另外，调整碳化钨的比表面积还可以减少 Pt 的负载量并提高 Pt 的利用率。氮化物中，1998 年的理论研究表明 Mo_2N 表面暴露出不饱和的 Mo 和 N 以及 4 倍型空位可能会改变电子分布并促进氧的离解和吸附[78]，这意

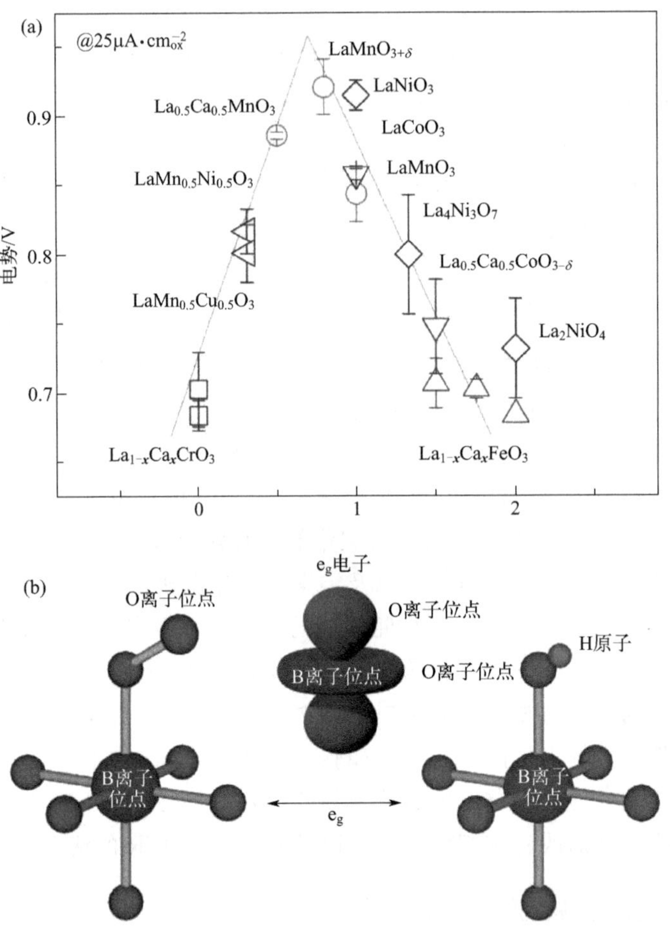

图 5-9　e_g 电子在钙钛矿氧化物 ORR 活性中的作用[73]

（a）氧化物的固有 ORR 活性随 B 离子类型的变化；（b）氧气吸附模型（氧气吸附在 B 离子位点的表面）

味着 Mo_2N 可能具有高效 ORR 活性。2006 年，衣保廉课题组[79] 制备得到的碳载氮化钼（Mo_2N/C）在酸性溶液中的 ORR 活性与 Pt/C 相当，证实了 Mo_2N 的类 Pt 催化行为。另外，氮化钨在氧还原中也有着重要的应用，而且无论是单独作为催化剂还是作为载体都表现出优异的氧还原活性[80,81]。除此之外，碳化铁、氮化铁、碳化钛、氮化钛等各类过渡金属碳/氮化物都在氧还原中有着广泛的应用[82-86]。此外，有密度泛函理论计算表明金属-碳体系的金属活性位点和亲水性在增强电催化能力方面起着重要作用[86]，这对于进一步研究（或合成）ORR 优良催化材料具有重要意义。

2020 年，氮化物家族中的氮化锆被证明具有类 Pt 的氧还原活性[87]。计算表明，ZrN 的 Zr(111) 面是最稳定的低折射率表面，并且具有与 Pt(111) 面非常相似的氧吸附能。另外，吸附了氧化物的 ZrN(111) 面与纯 ZrN 相比，显示出较高的电子局域化（图 5-10），与亚表层氮化物的离域态相邻，这可能为催化提供活性中心，是 ZrN 高 ORR 活性的关键因素。ZrN 的氧还原活性和稳定性特征为氮化物在氧还原中的发展开辟了新的研究方向。

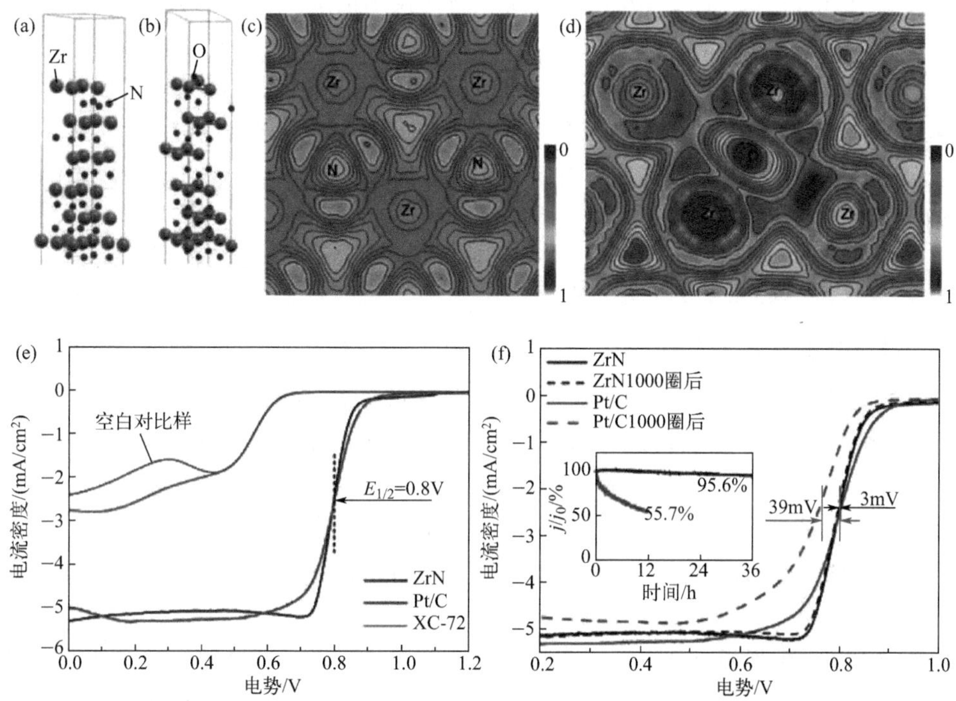

图 5-10 纯 ZrN (a)，吸附了氧化物的 ZrN(111) 面和底层的晶体结构 (b)，纯 ZrN (c)，吸附了氧化物的 ZrN(111) 表的电子局域化分布 (d)，ZrN 与 Pt/C 的 ORR 活性对比 (e) 和 ZrN 与 Pt/C 的 ORR 稳定性对比 (f)[87]（彩图见文前）

最近，二维层状结构的碳氮化物材料（MXenes）因其结构可调性、金属特性、耐腐蚀性、载流子迁移各向异性、良好的光学和力学性能等优异特性，在能源存储和转换领域引起了广泛关注[88-95]。特别是具有金属导电性的层状 $Ti_3C_2T_x$ MXenes 作为载体时，可以通过增加电子转移速度，极大地改善活性位点的催化活性。Gao 团队[91] 通过引入 $Ti_3C_2T_x$ MXene 作为载体，实现了原始 Fe-N-C 活性的双倍提高。由于 $Ti_3C_2T_x$ MXene 具有丰富的表面末端（包括羟基和氟），因此当 Fe-N_4 部分通过范德华力或氢键黏附到 $Ti_3C_2T_x$ 表面时，它们可以与四配位的 Fe(Ⅱ) 发生强烈相互作用，并削弱 Fe-N 键。ESR、Mössbauer 光谱和磁化率等表征结果表明，这些相互作用导致了显著的 Fe 3d 电子离域和

Fe(Ⅱ) 离子的自旋态跃迁。Fe(Ⅱ) 中心较低的局部电子密度和较高的自旋态极大地促进了 $Fe_{d_{z^2}}$ 电子的转移，并导致氧在活性 Fe-N_4 位置上更易于吸附和还原，从而增强了 ORR 活性。优化的催化剂分别比原始 Fe-N-C 和 Pt/C 的 ORR 活性高 2～5 倍。这项工作不仅为 Fe-N-C 催化剂的合理设计开辟了一条新途径，更反映了 MXene 对负载的金属位点电子态有关键影响。但目前高性能的 MXenes 价格昂贵还无法普及，相信随着制备技术的成熟，MXenes 有望突破非贵金属氧还原催化剂的发展瓶颈。

TMC 和 TMN 不仅具有高电导率和良好的反应性，它们优异的机械稳定性还有利于电化学体系的长循环寿命，强大的机械支撑可减轻反应过程中的体积变化，减少粉化并保持整个电极稳定。因此，TMC 和 TMN 不仅可以单独成为优异的催化剂，更是其他活性材料的优异载体。

5.3.1.5 过渡金属硫族化合物

过渡金属硫族化合物 Me_xX_y（Me＝Ru、Ir、Co、Fe、Ni 等，X＝Se、S、Te）作为 ORR 催化剂，在过去几十年里也被广泛研究。1986 年 N. Alonso-Vante 和 H. Tributsch 报道了 Mo-Ru-Se 的高 ORR 催化活性，此后关于 Mo-Ru-Se 硫族化合物的 ORR 催化活性的报道很多[96-100]，其性能接近铂的性能。然而，Ru 被认为是一种贵金属，其高成本和稀缺性阻碍了其在 PEM 燃料电池中作为阴极催化剂的潜在应用。因此，近年来科研工作者们致力于研究非贵过渡金属硫族化合物，并取得了一些进展。

关于非贵金属硫族化合物，自 20 世纪 70 年代以来，就已经研究了基于钴的硫族化合物作为酸性介质中的 ORR 催化剂。Baresel 等[101] 系统地报道了由周期表中第Ⅳ和Ⅷ族不同过渡金属组成的硫族化合物的 ORR 电催化活性。通过研究它们的催化活性和机理[102]，得出二元 Co_3S_4 硫化物和含钴的三元硫化物具有最高的催化活性，并提出金属对催化活性的影响顺序是 Co＞Ni＞Fe，为后续研究提供了指导方向。Behret 等[103] 则系统地研究了二硫化物中金属（Me＝Co, Ni，Fe）对 ORR 活性的影响。在他们的工作中，$Fe_{0.33}Co_{0.33}Ni_{0.33}S_2$ 显示出最高的 ORR 活性，用硒或碲取代硫会降低对 ORR 的电催化活性。在过去的几年中，硒化钴也被作为 ORR 催化剂进行了探索。虽然先前的研究表明，硒化钴不如钴硫化物那样活泼和稳定。但是，最近的研究已经改善了硒化钴在酸性介质中的性能。Campbell 等[104] 通过反应溅射和沉淀方法在水溶液中制备 $Co_{1-x}Se$，包括碳载 $Co_{1-x}Se$，观察到富含 Se 的表面可以改善硒化钴的稳定性。与碳、Co 和 Se 相比，负载的 Co-Se 粉末表现出相当大的 ORR 活性。

除了 Fe、Co、Ni 的硫族化合物，类似于石墨烯的二维层状材料 MoS_2 在早期就被证明其边缘是 O_2 化学吸附的首选位置，这表明它可能是 ORR 的潜在催化剂。Li 和他的团队[105] 首次发现相对较小的 MoS_2 纳米颗粒对 ORR 表现出四电子反应路线。后期为了提高 MoS_2 的 ORR 活性，开展了针对 MoS_2 的各类改性，包括各类原子掺杂和复合结构的设计[106-110]。密度泛函理论计算表明，用 N 或 P 取代 MoS_2 单层中的 S 可以将高自旋密度引入 MoS_2 基面，从而提高其对 O_2 活化的化学反应性[106]。另有计算表明，高电负性氧杂原子被认为容易极化相邻的 Mo 原子，在不饱和 Mo 边缘产生更多的正电荷，然后优先吸收氧分子，同时，引入氧可进一步降低带隙，提高 MoS_2 纳米片的固有电导率，有助于电子转移，从而加速 MoS_2 的 ORR 过程[110]。因此，对本征惰性的材料进行掺杂是调节其电子结构、活化其反应性的有效方式。

虽然非贵过渡金属硫族化合物作为 PEM 燃料电池的替代催化剂材料已显示出一些前景，但观察到的 ORR 活性和稳定性仍显著低于市售 Pt/C 催化剂，并且低于贵金属硫族化合物。因此，开发新型非贵金属硫族化合物（包括新的二元和三元组合），并进行体积和表面特性的优化，应该是该领域研究的重点。

5.3.2 非金属催化剂

5.3.2.1 杂原子掺杂型非金属催化剂

在众多非铂氧还原催化剂的研究中，也有一部分科研工作者认为氧还原反应活性中心不一定需要金属的存在。此外，碳纳米材料具有广泛的可用性、环境可接受性、耐腐蚀性和独特的表面性能，因此是催化剂的理想选择。特别是自 2009 年戴黎明课题组[111] 首次发现无金属的杂原子掺杂碳材料在碱性介质中具有有效的 ORR 活性以来，各种单掺杂或多掺杂的无金属杂原子（N，S，B，P，Sb，F，等）掺杂的碳材料被广泛应用于 ORR 电催化[112-115]。因为杂原子可以有效地修饰 sp^2 共轭碳基质上的电荷/自旋分布，从而优化中间化学吸附并促进电子转移。

在众多掺杂剂中，氮掺杂的纳米结构碳研究最多，这是因为与其他杂原子相比，氮可以更有效地改变碳的电子和晶体结构，并增强其化学稳定性、表面极性、电导率和电子给体性质。氮掺杂的碳材料已经显示出非常可观的 ORR 活性，特别是在碱性电解质中，早已被证明可以表现出优于市售铂碳催化剂的 ORR 性能[116-120]。氮在碳框架中的掺杂形式主要可分为吡啶氮、吡咯氮和石墨氮。经过长时间的探索，吡啶氮和石墨氮被认为是影响氧还原活性的主要因素，但哪种氮类型影响占主导，目前还没有定论。吡啶氮与两个碳原子键合，N 的

一个 sp^2 轨道被一对孤电子占据，这可以增加碳材料的电子给体，从而改善氧的吸附能力和起始电位。石墨氮与三个碳原子键合在一起，剩下一个孤电子，可以有效减弱氧-氧键并加速氧还原反应，从而提高 ORR 的极限电流密度和电子转移数。有研究表明，虽然吡啶氮或石墨氮掺杂的碳材料都可进行 4 电子反应还原氧气，但是同时含有吡啶氮与石墨氮的碳材料比纯吡啶氮或石墨氮掺杂的碳材料具有更优异的氧还原活性，这可以归因于吡啶氮与石墨氮的协同效应[121]。除了氮的掺杂类型会影响碳材料的活性，科研工作者也研究了氮的掺杂量是否也会影响碳的活性。Ruoff 等[122] 在研究 N 浓度与催化剂活性的关系时，提出在石墨烯基的碳材料中氮的总含量并没有起到关键性作用。然而，更多研究人员认为在无金属 ORR 电催化剂中具有高氮含量的掺杂碳材料通常可以提供更多的活性反应位点。因此，一些高氮含量的化合物，例如乙二胺、三嗪、尿素等，尤其是三聚氰胺，已成为构建富氮掺杂碳纳米材料的常用材料[123-125]。虽然高氮碳材料已经显现出增强的氧还原活性，但过高的氮含量会降低碳材料的导电性，如类石墨相氮化碳，所以有必要系统地研究碳材料的活性随氮掺杂量（单一类型或复合类型氮）的变化规律，以深度揭示氮掺杂的影响。

事实上，纯碳氮材料在酸性电解质中的效果较差，所以难以在更流行的酸性聚合物电解质膜燃料电池中实现大规模实际应用。意外的是，2015 年戴黎明课题组[126] 设计的一种不含金属的氮掺杂碳纳米管及其石墨烯复合材料，与传统 Fe-N-C 材料相比，在酸性 PEM 电池中具有更好的长期运行稳定性以及更高的功率密度。但是他们却没有解释催化剂的稳定性机制，所以还需要后期研究者的深入探索，以真正突破无金属碳基材料的发展瓶颈，实现低成本、无金属的碳基 ORR 催化剂的商业应用。近年来，为了改善无金属氮掺杂碳材料的活性和稳定性，开始关注多原子掺杂。Seong Ihl Woo 团队[127] 设计了一种 P 和/或 S 杂原子掺杂的碳氮材料（NDC），实验发现 NDC 中 P 和/或 S 的二元和三元掺杂会产生许多边缘位点，并增加碳材料中吡啶 N 位的比例。此外，P 和/或 S 的添加增强了 C 中原子电荷密度的不对称性，并增强了氧分子在碳原子上的吸附，所得催化剂显示出优异的氧还原活性以及在酸性介质中的高稳定性。Shan 等[128] 在石墨烯泡沫表面嵌入了高密度的 N-P 偶联物，实验结果显示具有大量耦合 N-P 位置的泡沫比 N 掺杂、P 掺杂或孤立的 N、P 双掺杂泡沫具有更好的 ORR 活性（图 5-11）。Meng 等[129] 制备的碘、氮共掺杂的石墨烯在酸性条件下可表现出 4 电子的氧还原反应性。这表明在氮掺杂的碳材料中额外进行多原子掺杂，或者与非金属元素偶联精确调节碳结构，可以成功开发出在酸性介质中高性能的无金属 ORR 催化剂。

氮掺杂碳材料的高电催化活性可以归结于富电子氮物种上，其使相邻碳原子

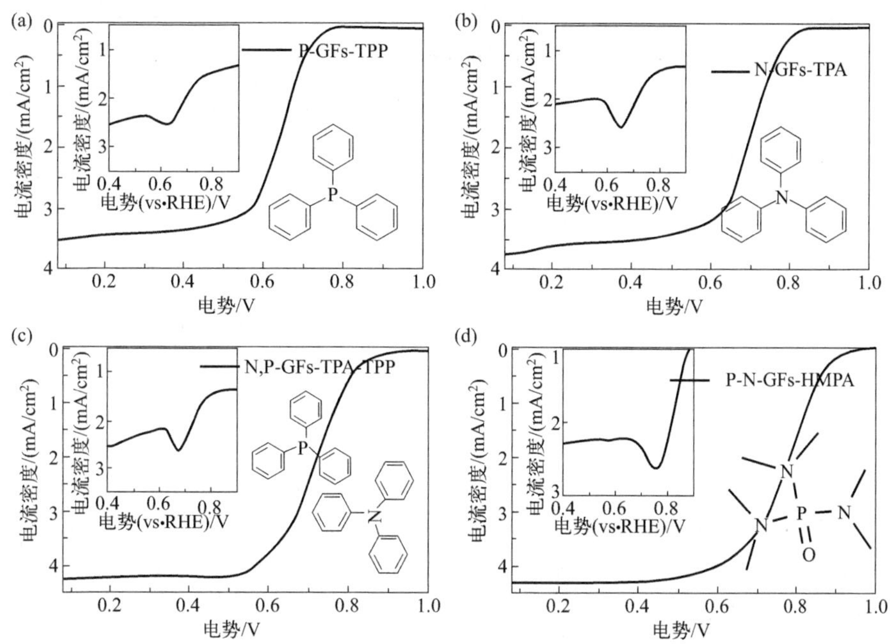

图 5-11　N 单掺杂（a），P 单掺杂（b），N、P 双掺杂（c）和 N-P 耦合掺杂（d）催化剂的氧还原性能对比[128]

带正电，成为促进 ORR 过程的活性位点，受此启发，人们对缺电子的硼掺杂剂给予了极大的关注。Hu 等[113] 利用理论计算发现硼掺杂碳纳米管（BCNTs）中的 B—C σ 键表现出 sp^2 样杂化。由于碳对硼的电负性较大，B—C σ 键大大极化，从而在硼原子上产生了相当多的正电荷。带正电荷的硼原子有利于捕获 O_2 分子，O_2 分子在接近碳纳米管时略带负电，随着吸附距离的减小，O_2 分子获得越来越多的负电荷，硼与 O_2 的相互作用进一步加强，最终导致 O_2 在 BCNTs 上的化学吸附。在 N 掺杂 CNTs（NCNTs）中，O_2 吸附在氮掺杂剂附近的三个碳原子上；而对于掺硼 CNTs，O_2 吸附在硼掺杂剂本身上。它们的共同特征是 O_2 吸附在正电荷的中心，即连接到 NCNTs 中氮掺杂剂附近的碳和 BCNTs 中硼掺杂剂本身。所以对于没有带电位置的原始碳纳米管，是无法发生 O_2 分子的吸附的，并且由于轨道失配，基态三重态 O_2 将对自旋单质原始碳纳米管产生排斥力。不过值得注意的是，O_2 吸附后，硼原子上的电荷变化不大，而相邻的碳原子损失了相当多的电子。这表明，O_2 中累积的电荷实际上来自碳原子，而硼则起到“桥”的作用。也就是说，带正电的硼掺杂剂增强了 BCNTs 上的 O_2 化学吸附，B-C 体系中的一些 π＊电子在硼掺杂剂上积累，可以很容易地转移到吸附的 O_2 分子上，转移的电荷削弱了 O—O 键并最终促进了 BCNTs 上的 ORR。因此，无论是富电子掺杂剂还是缺电子掺杂剂，其本质都是利用碳共轭体系中丰富的 π 电子，将电荷转移至 O_2 分子以促进 O—O 的断裂。

针对目前已有的一系列非金属杂原子掺杂，乔世璋课题组[130,131]结合实验数据和 DFT 计算，根据几种不同非金属杂原子（B、N、O、S 和 P）在石墨烯中的掺杂形式(图 5-12)，得到了它们掺杂的石墨烯催化剂与 ORR 活性的关系(图 5-13)，发现并不是任意的原子掺杂都可以获得优异的 ORR 活性，只有 N 或 B 掺杂石墨烯与 ORR 中间体的结合既没有过强也没有太弱，才表现出比原始石墨烯或 O、P、S 掺杂石墨烯更高的 ORR 活性。虽然单个杂原子掺杂碳的氧还原活性可能会受到限制，但是二元甚至多元杂原子掺杂可以共同调谐碳的电子结构，进一步活化碳的本征活性。

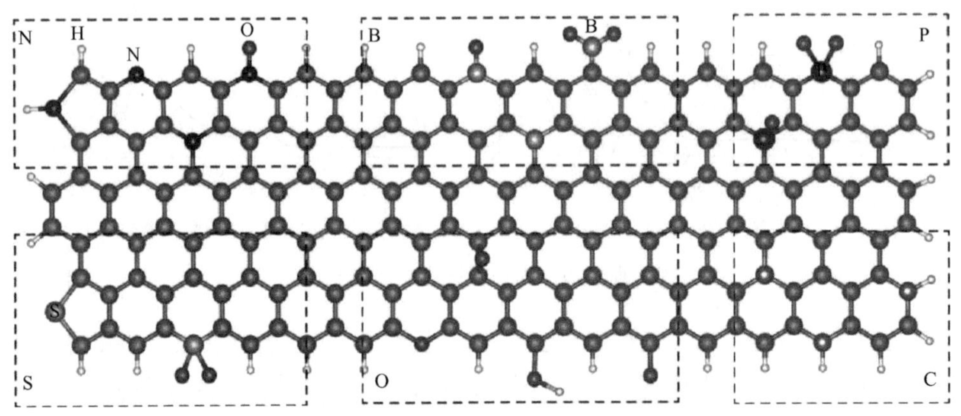

图 5-12 碳基体上各种杂原子（N、B、P、S、O）掺杂的模型[130]（彩图见文前）

此外，燃料电池广泛商业化的任何可能性都与电极尤其是阴极侧的成本密切相关。因此，生物质转化为活性碳纳米结构已成为从更经济、丰富和可再生资源获得电催化剂的有吸引力的方法。葡萄糖、果糖、蔗糖、壳聚糖、淀粉、纤维素、木质纤维等等已经被广泛研究转化为具有高效氧还原性能的碳材料[132-136]，而且使用含有 N、P、S 等杂原子的生物质可以衍生出杂原子自掺杂的碳材料。Titirici 及其同事[137,138]率先开发了 HTC 和葡萄糖衍生物的热解，以获得无金属 ORR 电催化

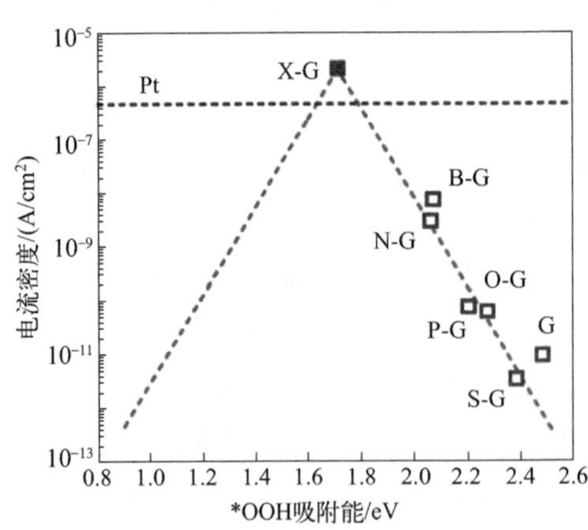

图 5-13 石墨烯结构中各种非金属元素掺杂对 ORR 的理论活性的影响[131]

剂。他们还利用葡萄糖、d-葡萄糖胺和/或 N-乙酰基-d-葡糖胺及酚类化合物（间苯三酚和氰尿酸）获得了具有 3%～5%氮含量掺杂的碳基气凝胶（450m^2/g）。后以 S-(2-噻吩基)-L-半胱氨酸（TC）和 2-噻吩基甲醛（TCA）作为硫前驱体与葡萄糖和卵清蛋白原位合成 N、S 共掺杂的碳气凝胶。所得材料在酸碱性条件下都具有良好的 ORR 性能。

目前，人们已经利用生物质开发出了各类多元掺杂（N、B 或 N、P 等）或特殊形貌（球状、纤维状、管状等）的碳材料，并在氧还原中显示出优异的活性。Qu 等[139] 通过热解发酵大米获得了具有高比表面积（2105.9m^2/g）和高孔隙率（1.14cm^3/g）的多孔 N 掺杂碳球［图 5-14(a)］。Yu 等[140] 利用植物香蒲作原料，制备出一种具有丰富微孔和高氮含量［最高含量（原子分数）为 9.1%］的新型氮掺杂纳米多孔碳纳米片［图 5-14(b)］。Zhou 等[141] 热解蒲公英种子，合成了多孔结构的掺氮蜂窝状碳管［图 5-14(c)］，实验结果表明，在 900℃下制备的材料（HHPT-900）具有丰富的不同尺寸的孔，可以提供更多的活性位点和离子通道。K. K. Kar 及其团队[142] 在 400～1000℃之间的不同温度下对家禽羽毛纤维（PFF）进行热解，合成了具有 3D 网络结构的杂原子掺杂碳［图 5-14(d)］，在高于 800℃的热解条件下，所合成的 CN_x 具有较高的表面粗糙度，也表现出较高的 ORR 活性。这些由生物质转化的碳材料不仅具有长期稳定的四电子氧还原反应活性，而且还具有优于市售 Pt/C 催化剂的优异抗甲醇和 CO 中毒的能力。

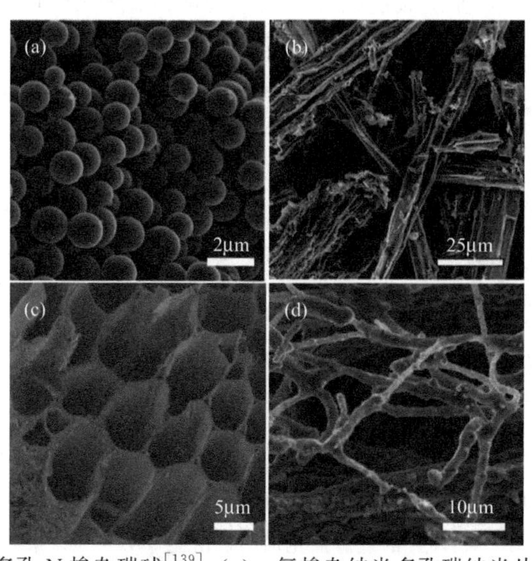

图 5-14 多孔 N 掺杂碳球[139] (a)，氮掺杂纳米多孔碳纳米片[140] (b)，掺氮蜂窝状碳管[141] (c) 和杂原子掺杂微纤维碳[142] (d)

5.3.2.2 缺陷型非金属催化剂

除了杂原子掺杂，通过对碳材料进行缺陷工程调控，也可赋予其较高的氧还原活性。所有材料不可避免地会存在缺陷，它们的本征缺陷包括点缺陷（如空位、空隙）、线缺陷（位错）和面缺陷（晶界）。通常上述大部分缺陷是由于缺乏某些原子或/和晶格的重建，这无疑打破了电子空穴对称性。同时具有悬挂基团、氢饱和度或无悬挂基团的重构缺陷区域已被广泛证明可以改变 π 电子的局部密度并增加化学反应性。

2015 年 Hu 等[143] 报道了一种具有本征碳缺陷结构的碳纳米笼，其 ORR 活性不仅比掺 B 的碳纳米管更好，并且可与掺 N 的碳纳米结构相媲美。密度泛函理论计算表明，五边形和之字形边缘缺陷是造成高 ORR 活性的重要原因。此外，他们还指出现有的关于吡啶氮和石墨氮的 ORR 活性研究还不够完善，这是因为吡啶氮和石墨氮的获取过程中不可避免地会产生本征碳缺陷，而本征碳缺陷对于 ORR 具有重要贡献。同年，Yao 及其团队[144] 建立了一个稳定且有代表性的 G585（包含两个五边形和一个八边形）缺陷模型并进行了计算，发现具有 G585 缺陷的石墨烯不仅可以促进氧的吸附，而且可以降低后续反应的能垒，与氮掺杂的石墨烯相比，它可以更有效地催化 ORR，甚至可与理想的 ORR 催化剂相媲美（图 5-15）。在实验中他们发现经历过除氮的低氮含量催化剂具有更出色的 ORR 性能，这是因为从碳基质中除去氮原子的过程中可产生各类新的拓扑缺陷（包括 G585），以提供氧还原位点。这表明碳结构中的缺陷可以独立成为氧还原催化的活性位点。因此，制造缺陷也是提高催化剂活性的一种优化手段。

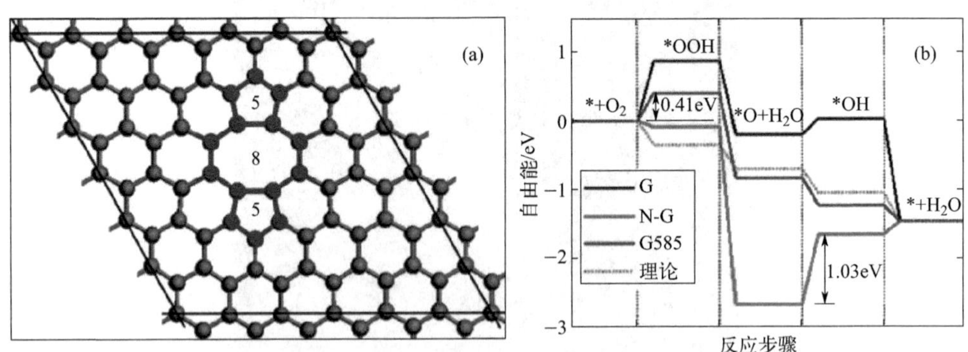

图 5-15 具有 G585 缺陷的石墨烯结构（a），以及完美单层石墨烯（G）、N 掺杂石墨烯（N-G）、具有 G585 缺陷的石墨烯（G585）和在平衡电势下 ORR 的理想催化剂的自由能（b）[144]

碳材料的本征缺陷种类较多，它包括各种碳晶格的变形（碳五元环、七元环、Stone-Wales缺陷等）和界面电荷重构等。了解各类缺陷对碳材料电子结构和催化性能的影响，有助于进一步对缺陷进行定向设计以满足催化需求。在这方面，Xia及其团队[145]使用DFT方法研究了石墨烯簇中点缺陷和线缺陷对催化活性的影响（图5-16）。在研究的点缺陷中（Stone-Wales缺陷、单空位、双空位和一个取代的五边形环），只有之字形边缘的五边形环具有催化能力。在研究的一维线缺陷中，例如五边形-七边形链（GLD-57）和五边形-五边形-八边形链（GLD-558），发现包含奇数个七边形或八边形碳环的结构会产生自旋密度，并且可以催化ORR。Mu等[146]则比较了碳网络中五边形和六边形的特性差异。计算结果显示五边形缺陷具有较窄的带隙、较高的电荷密度以及较大的氧结合能，表明五边形缺陷倾向于成为ORR的潜在活性位点，实验结果也证实所制备的碳五环拓扑缺陷碳材料具有显著提高的双电层电容特性，并具有类似铂基催化剂的4电子反应机制，可促进氧气还原。同一时期，Yao等[147]通过宏观和微观电化学测量以及功函数和DFT分析表明，高取向热解石墨催化剂中的五边形缺陷是酸性氧还原反应的主要活性位点，甚至远远优于掺氮高度取向热解石墨中的吡啶氮位点。

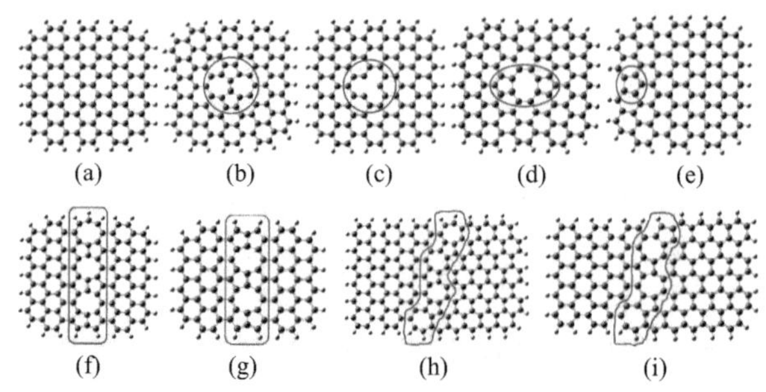

图5-16　完美的石墨烯簇（a）；点缺陷：Stone-Wales缺陷（SW）（b），单空位（SV）（c），双空位（DV）（d），在锯齿形边缘（PZ）具有五边形环的边缘缺陷（e）；八边形和五边形碳环组成的线缺陷：奇数八边形环（GLD-558-01）（f）和偶数八边形环（GLD-558-02）（g）；五边形-七边形对线缺陷：奇数七边形环（GLD-57-01）（h）和偶数七边形环（GLD-57-02）（i）[145]

由于缺陷和杂原子掺杂都可以有效地修饰sp^2共轭碳基质上的电荷/自旋分布，对碳的局部电子结构产生强烈影响，从而优化中间化学吸附并促进电子转移。所以一些研究人员认为，掺入的外来元素可能不是活性中心，而是创造了特殊的碳结构，如缺陷，来促进氧还原。综合最近对无金属氧还原活性位点的理论和实验研究，发现修饰的碳原子本身更可能是催化活性位点。Sun等[148]开发了一种表面修饰方法，将N掺杂石墨烯的吡啶环分别通过亲电取代和自由基取代在吡啶N和邻C原子上接枝乙酰基。被接枝的吡啶N催化剂（N_Ac）仍然具有很高的ORR催化活性，而被接枝的邻C原子催化剂（C_Ac）则完全失去了活性。DFT计算证实，O_2可以吸附并在吡啶环的邻碳原子上被还原，这表明吡啶环的邻位碳原子是N掺杂石墨烯ORR的反应位点（图5-17）。因此，为了解释各种碳基材料中ORR活性的起源，人们逐步建立了基于缺陷结构的催化机制。

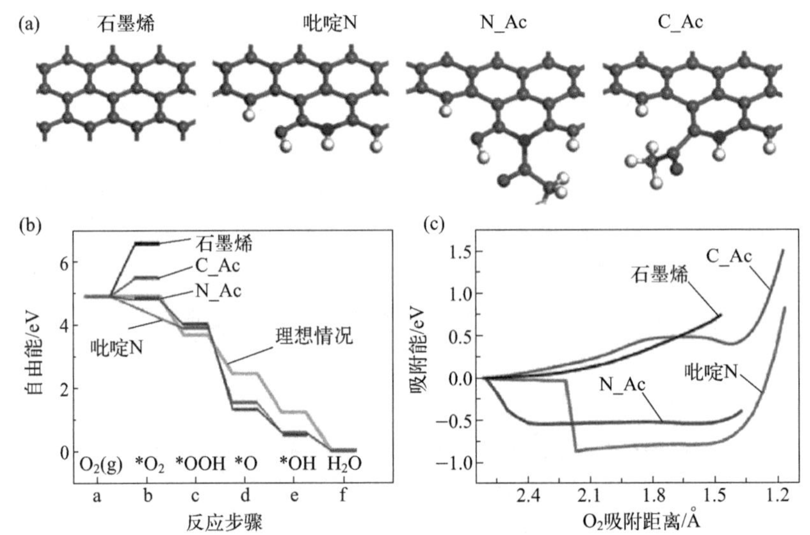

图5-17　用于DFT计算的模型（a），不同模型的ORR反应步骤的自由能（b）和O_2接近活性中心时的能量变化（c）[148]

虽然，掺杂型无金属碳基电催化剂的ORR活性起源需要更深层次的探讨。但是，将独特的缺陷与合适的掺杂剂结合起来，仍然是探索先进的无金属碳基催化剂的一种很有前途的策略。鉴于缺陷工程和杂原子掺杂对ORR都具有不可忽略的贡献，Simon Thiele团队[149]设计出一种多杂原子掺杂的缺陷富集碳纳米管（MH-DCNT），将该材料作为阴离子交换膜燃料电池（AEMFC）中的阴极催化剂时，可提供250mW/cm^{2}的峰值功率密度，约为商业铂碳催化剂AEMFC性能的70%。Yao团队[150]通过退火处理在3D分层多孔碳气凝胶上诱导生成了具有原子S-C缺陷和N-S-C缺陷的催化剂（图5-18）。计算表明在S掺杂结构中引入缺陷可以将电子结构调整为不对称分布来降低活化能垒，从而提高酸性电解质中的ORR活性。此外，在S-C缺陷中进一步引入N原子，由于氮原子不仅会改变π共轭的程度，而且会改变相邻原子的磁化强度，使得催化剂具有相对较窄的带隙，并促进其价键移至费米能级附近，同时氮原子会导致更多的电荷转移，最终该催化剂可以在酸性电解质中提供更高效的ORR活性。基于缺陷和N

活化电子工程可以有效地调节碳基质的结合亲和力，对于开发高活性的碳基ORR电催化剂至关重要，Huang等[151]以纤维素作为前驱物，通过氢氧化钾（KOH）活化和氨处理技术，开发出了吡啶N为主且缺陷富集的石墨烯样纳米碳（ND-GLC）材料，计算结果表明，边缘缺陷和吡啶N掺杂剂的组合可以协同提高碳基材料的ORR活性。

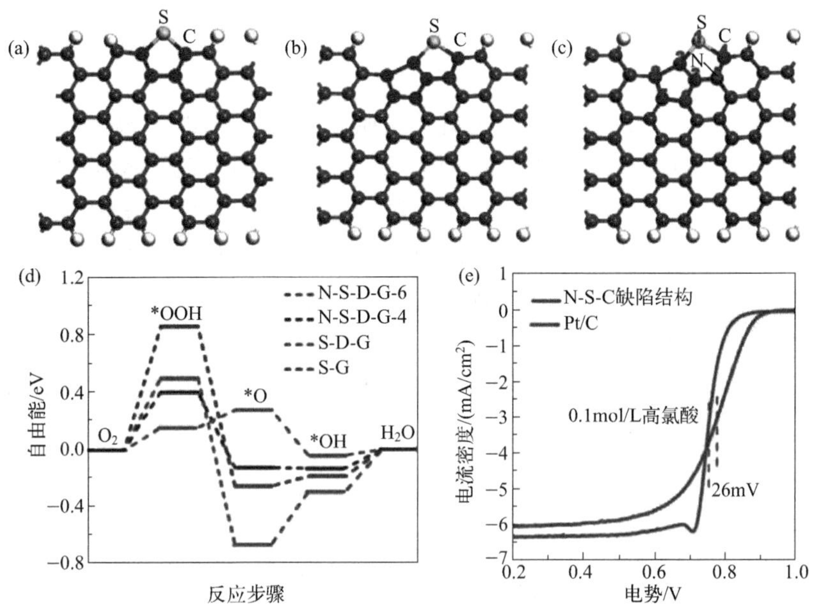

图5-18 S掺杂石墨烯（S-G）(a)，S缺陷石墨烯（S-D-G）(b)，N修饰的S缺陷石墨烯（N-S-D-G）(c)，自由能对比（d）和酸性氧还原测试（e）[150]（彩图见文前）

虽然通过缺陷工程可以改进电催化剂的表/界面电子结构和优化中间物质的吸附能以增强催化剂的催化性能，而且结合理论计算和实验已经确定具有特定种类的碳缺陷是氧还原的活性位点，但是缺陷种类繁多，作用机理复杂，缺陷浓度和单一类型的缺陷种类更是难以调控。因此，需要借助原位表征的方法优化合成手段，以实现缺陷的可控制备。

5.4 非贵金属氧还原催化剂的稳定性问题

根据氧还原催化剂应用所需要考虑的质量传递、电子传输和结构/化学等因素，科研工作者已经设计出众多具有高活性的不同构型催化剂。然而，非贵金属氧还原催化剂在酸性条件下的活性仍没有取得突破性的进展，更重要的是，这些电催化材料在酸性条件下的稳定性和耐久性较差，这也是限制它们实际应用的重要原因。在非贵金属氧还原催化剂的降解机制研究中，研究者发现碳材料作为催化剂本身或者载体，其在电池运行过程中，会被氧化腐蚀，影响催化剂整体的几何结构与电荷分布，因此，在研究如何提升碳材料氧还原性能的同时，提高碳骨架的耐腐蚀性对催化剂整体乃至电池寿命都至关重要。同时催化剂的溶解以及活性位点的脱落或质子化也是其在酸性条件下不稳定的重要原因[152]。

早在 1996 年，Faubert 等[153] 就发现他们所制备的非贵金属氧还原催化剂的稳定性会随着制备温度的升高而增加，这是因为高温下在金属中心周围形成的石墨片可以充当保护层防止金属在酸性溶液中浸出，但是更高温度下形成的催化剂却失去了良好的活性。因此，为了兼顾催化剂的活性和稳定性，需要对活性位点进行特殊设计。2018 年水江澜教授[154] 开发了一种具有单原子 Pt 接枝的 Fe-N-C 催化剂（Pt_1-O_2-Fe_1-N_4）(图 5-19)，所形成的 Pt_1-O_2 帽可以保护 Fe-N_4 和碳载体免受 H_2O_2 的侵蚀，与空白 Fe-N-C 相比，这种新型催化剂显示出改善的稳定性。

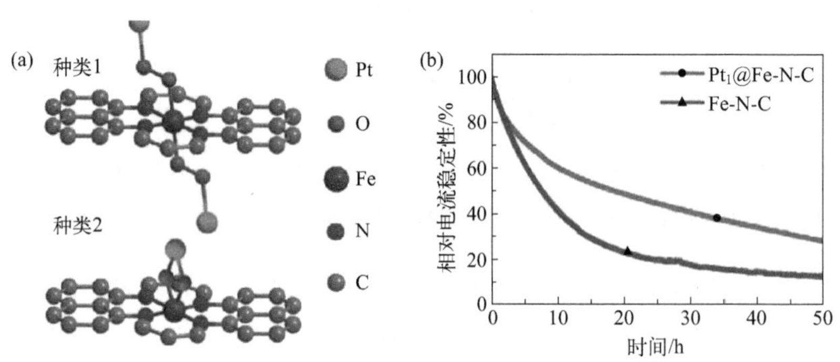

图 5-19 Pt_1@Fe-N-C 中 Pt_1-O_2-Fe_1-N_4 位点的可能构型（a）与 Pt_1@Fe-N-C 和 Fe-N-C 的稳定性对比（b）[154]

目前针对如何改善非贵金属氧还原催化剂稳定性的工作还很少。因为在电压作用下过渡金属的存在会加速碳材料的氧化，所以与设计稳定的碳载金属位点催化剂相比，碳基无金属催化剂由于没有金属浸出、金属离子污染与和 Fenton 反应有关的降解，具有耐酸优势，因此，一部分研究者认为无金属催化剂能够真正在燃料电池中稳定运行。Shui 及其团队[155] 通过分解压缩多壁碳纳米管，合成带有碳纳米管骨架的之字形石墨烯纳米带，作为阴极催化剂用于电催化质子交换膜燃料电池。实验结果显示之字形碳的峰面积功率密度为 161mW/cm^2，峰质量功率密度为 520W/g，优于大多数非贵金属电催化剂。值得注意的是，与具有代表性的铁-氮-碳催化剂相比，之字形碳具有更优异的稳定性。密度泛函理论计算表明，在石墨烯纳米带上的几种碳缺陷类型中，之字形碳原子是最活跃的氧还原位点（图 5-20）。这项研究证明了缺陷型石墨碳具有巨大潜力可应用于 PEMFC。

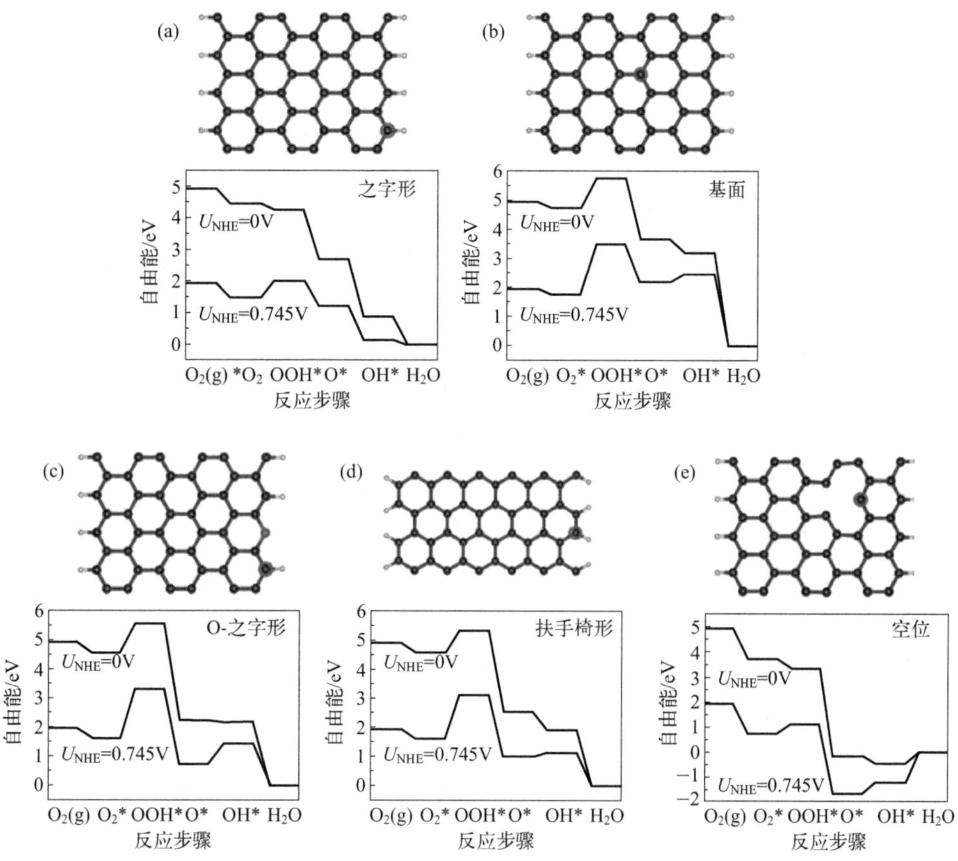

图 5-20　之字形边缘处的碳原子（a）、基面的碳原子（b）、O 掺杂的之字形边缘处碳原子（c）、在扶手椅形边缘处的碳原子（d），以及靠近空位的碳原子（e）的理论计算模型及自由能对比

然而，实际运行的燃料电池系统还有诸多因素会影响催化剂的寿命，如水管理、热管理等。同时，对于某些具有优异稳定性的材料，我们暂且还无法解释其能稳定运行的原因。因此，需要研究者更深入地了解不同类型非贵金属催化剂在实际长循环运行中所受到的影响和发生的变化，以进一步设计出满足实际应用的非贵金属催化剂。

5.5 总结与展望

对于可持续的 PEM 燃料电池商业化，开发高活性的廉价非贵金属 ORR 催化剂材料以取代目前昂贵的 Pt 基催化剂，是非常必要和迫切的。现有的研究中已经显示出非贵金属催化剂具有明显的 ORR 高活性。虽然关于金属原子是否直接参与氧还原反应仍然不是非常明确，但相对于原始碳材料，碳结构中的缺陷和氮元素等杂原子的掺杂对于 ORR 活性的改善是必不可少的，同时过渡金属的存在有利于原位生成高度石墨化的碳纳米结构，从而生成更活泼和耐用的催化剂。尽管这些无 Pt 催化剂能够在碱性条件下有效催化 ORR，但它们在酸性条件下的活性和稳定性明显不足。因此，未来迫切需要结合理论计算（分子/电子水平建模）和原子级别的表征，从根本上理解活性位点的性质及其与催化剂结构和组分的关系，以设计出具有高稳定性的新型非贵金属催化剂。同时，进一步优化催化剂合成条件，以实现高密度活性位点的利用，从而提高 ORR 性能。另外，电极体系结构的构建与活性位点的设计同样重要，因为好的体系结构不仅可以通过促进质量传递来最大化活性位点的性能，而且可以带来新的机制来提高性能，例如捕获 H_2O_2 以进一步还原。所以，无论是活性物种的设计还是结构的设计，基于现有的研究和未来表征手段的发展，有望可以指导科研工作者们进一步制备出高活性、高稳定性的非贵金属 ORR 催化剂。

另外，在氧还原催化剂的研究中，半电池测试固然重要，可以研究催化剂固有活性和动力学，但是不能脱离燃料电池实际应用的测试。需要紧密结合燃料电池性能的关键因素，例如离子迁移、水和热管理等，来综合设计催化剂。还需要注意的是，在燃料电池中，由于酸性电解质中非贵金属催化剂的活性较低，需要较高的催化剂负载量，这将导致 MEA 中的催化剂层比 Pt 基催化剂层要厚得多，较厚的催化剂层给水和气体带来了传质困难。为了应对这些挑战，我们还需要进一步了解催化剂层的基本问题，除了活性位点本身之外，还应该考虑局部反应环境，包括水的渗透、润湿和质量传输等问题。

参考文献

[1] van Blarigan P. Advanced hydrogen fueled internal combustion engines. Energy & Fuels，1998，12 (1)：72-77.

[2] Jin H，Zhang H，Zhong H，et al. Nitrogen-doped carbon xerogel：A novel carbon-based

electrocatalyst for oxygen reduction reaction in proton exchange membrane (PEM) fuel cells. Energy & Environmental Science, 2011, 4 (9): 3389-3394.

[3] Gewirth A A, Varnell J A, DiAscro A M. Nonprecious metal catalyst for oxygen reduction in heterogeneous aqueous systems. Chemical Reviews, 2018, 118 (5): 2313-2339.

[4] Galindo J, Ruiz S, Dolz V, et al. Advanced exergy analysis for a bottoming organic rankine cycle coupled to an internal combustion engine. Energy Conversion and Management, 2016, 126: 217-227.

[5] Chai H, Xu J, Han J I, et al. Facile synthesis of Mn_3O_4-rGO hybrid materials for the high-performance electrocatalytic reduction of oxygen. Journal of Colloid and Interface Science, 2017, 488: 251-257.

[6] El-Nagar G A, Hassan M A, Fetyan A, et al. A promising N-doped carbon-metal oxide hybrid electrocatalyst derived from crustacean's shells: Oxygen reduction and oxygen evolution. Applied Catalysis B: Environmental, 2017, 214: 137-147.

[7] Huang D, Luo Y, Li S, et al. Hybrid of Fe@Fe_3O_4 core-shell nanoparticle and iron-nitrogen-doped carbon material as an efficient electrocatalyst for oxygen reduction reaction. Electrochimica Acta, 2015, 174: 933-939.

[8] Dong Y, Deng Y, Zeng J, et al. A high-performance composite ORR catalyst based on the synergy between binary transition metal nitride and nitrogen-doped reduced graphene oxide. Journal of Materials Chemistry A, 2017, 5 (12): 5829-5837.

[9] Pan J, Chen C, Zhuang L, et al. Designing advanced alkaline polymer electrolytes for fuel cell applications. Accounts of Chemical Research, 2012, 45 (3): 473-481.

[10] Cui C H, Yu S H. Engineering interface and surface of noble metal nanoparticle nanotubes toward enhanced catalytic activity for fuel cell applications. Accounts of Chemical Research, 2013, 46 (7): 1427-1437.

[11] Zhang S, Yuan X, Wang H, et al. A review of accelerated stress tests of MEA durability in PEM fuel cells. International Journal of Hydrogen Energy, 2009, 34 (1): 388-404.

[12] Schmittinger W, Vahidi A. A review of the main parameters influencing long-term performance and durability of PEM fuel cells. Journal of Power Sources, 2008, 180 (1): 1-14.

[13] Xia W, Mahmood A, Liang Z, et al. Earth-abundant nanomaterials for oxygen reduction. Angewandte Chemie International Edition, 2016, 55 (8): 2650-2676.

[14] Anderson A B, Roques J, Mukerjee S, et al. Activation energies for oxygen reduction on platinum alloys: Theory and experiment. The Journal of Physical Chemistry B, 2005, 109 (3): 1198-1203.

[15] Hartnig C, Koper M T M. Molecular dynamics simulation of the first electron transfer step in the oxygen reduction reaction. Journal of Electroanalytical Chemistry, 2002, 532 (1-2): 165-170.

[16] Toda T, Igarashi H, Watanabe M. Enhancement of the electrocatalytic O_2 reduction on Pt-Fe alloys. Journal of Electroanalytical Chemistry, 1999, 460 (1-2): 258-262.

[17] Sha Y, Yu T H, Merinov B V, et al. Oxygen hydration mechanism for the oxygen re-

duction reaction at Pt and Pd fuel cell catalysts. The Journal of Physical Chemistry Letters, 2011, 2 (6): 572-576.

[18] Nørskov J K, Rossmeisl J, Logadottir A, et al. Origin of the overpotential for oxygen reduction at a fuel-cell cathode. The Journal of Physical Chemistry B, 2004, 108 (46): 17886-17892.

[19] Stamenkovic V, Mun B S, Mayrhofer K J J, et al. Changing the activity of electrocatalysts for oxygen reduction by tuning the surface electronic structure. Angewandte Chemie International Edition, 2006, 45 (18): 2897-2901.

[20] Jasinski R. A new fuel cell cathode catalyst. Nature, 1964, 201 (4925): 1212-1213.

[21] Kramm U I, Herranz J, Larouche N, et al. Structure of the catalytic sites in Fe/N/C-catalysts for O_2-reduction in PEM fuel cells. Physical Chemistry Chemical Physics, 2012, 14 (33): 11673-11688.

[22] Zhang R, Zhang J, Fei M A, et al. Preparation of Mn-N-C catalyst and its electrocatalytic activity for the oxygen reduction reaction in alkaline medium. Journal of Fuel Chemistry and Technology, 2014, 42 (4): 467-475.

[23] Han Y, Wang Y, Xu R, et al. Electronic structure engineering to boost oxygen reduction activity by controlling the coordination of the central metal. Energy & Environmental Science, 2018, 11 (9): 2348-2352.

[24] Proietti E, Jaouen F, Lefèvre M, et al. Iron-based cathode catalyst with enhanced power density in polymer electrolyte membrane fuel cells. Nature Communications, 2011, 2 (1): 1-9.

[25] Shui J, Chen C, Grabstanowicz L, et al. Highly efficient nonprecious metal catalyst prepared with metal-organic framework in a continuous carbon nanofibrous network. Proceedings of the National Academy of Sciences, 2015, 112 (34): 10629-10634.

[26] Wang J, Huang Z, Liu W, et al. Design of N-coordinated dual-metal sites: a stable and active Pt-free catalyst for acidic oxygen reduction reaction. Journal of the American Chemical Society, 2017, 139 (48): 17281-17284.

[27] Li J, Chen J, Wan H, et al. Boosting oxygen reduction activity of Fe-NC by partial copper substitution to iron in Al-air batteries. Applied Catalysis B: Environmental, 2019, 242: 209-217.

[28] Chen S, Zhang N, Villarrubia C W N, et al. Single Fe atoms anchored by short-range ordered nanographene boost oxygen reduction reaction in acidic media. Nano Energy, 2019, 66: 104164.

[29] Kattel S, Wang G. A density functional theory study of oxygen reduction reaction on Me-N_4 (Me=Fe, Co, or Ni) clusters between graphitic pores. Journal of Materials Chemistry A, 2013, 1 (36): 10790-10797.

[30] Orellana W. Catalytic properties of transition metal-N_4 moieties in graphene for the oxygen reduction reaction: Evidence of spin-dependent mechanisms. The Journal of Physical Chemistry C, 2013, 117 (19): 9812-9818.

[31] Wang X X, Cullen D A, Pan Y T, et al. Nitrogen-coordinated single cobalt atom cata-

lysts for oxygen reduction in proton exchange membrane fuel cells. Advanced Materials, 2018, 30 (11): 1706758.

[32] He Y, Hwang S, Cullen D A, et al. Highly active atomically dispersed CoN_4 fuel cell cathode catalysts derived from surfactant-assisted MOFs: Carbon-shell confinement strategy. Energy & Environmental Science, 2019, 12 (1): 250-260.

[33] Li J, Chen M, Cullen D A, et al. Atomically dispersed manganese catalysts for oxygen reduction in proton-exchange membrane fuel cells. Nature Catalysis, 2018, 1 (12): 935-945.

[34] Faber M S, Jin S. Earth-abundant inorganic electrocatalysts and their nanostructures for energy conversion applications. Energy & Environmental Science, 2014, 7 (11): 3519-3542.

[35] Wu H, Li H, Zhao X, et al. Highly doped and exposed Cu(Ⅰ)-N active sites within graphene towards efficient oxygen reduction for zinc-air batteries. Energy & Environmental Science, 2016, 9 (12): 3736-3745.

[36] Li F, Han G F, Noh H J, et al. Boosting oxygen reduction catalysis with abundant copper single atom active sites. Energy & Environmental Science, 2018, 11 (8): 2263-2269.

[37] Amiinu I S, Pu Z, Liu X, et al. Multifunctional Mo-N/C@ MoS_2 electrocatalysts for HER, OER, ORR, and Zn-air batteries. Advanced Functional Materials, 2017, 27 (44): 1702300.

[38] Li J, Chen S, Yang N, et al. Ultrahigh-loading zinc single-atom catalyst for highly efficient oxygen reduction in both acidic and alkaline media. Angewandte Chemie International Edition, 2019, 58 (21): 7035-7039.

[39] Varnell J A, Edmund C M, Schulz C E, et al. Identification of carbon-encapsulated iron nanoparticles as active species in non-precious metal oxygen reduction catalysts. Nature Communications, 2016, 7: 12582.

[40] Shang C, Li M, Wang Z, et al. Electrospun nitrogen-doped carbon nanofibers encapsulating cobalt nanoparticles as efficient oxygen reduction reaction catalysts. ChemElectroChem, 2016, 3 (9): 1437-1445.

[41] Yan X, Dong C L, Huang Y C, et al. Probing the active sites of carbon-encapsulated cobalt nanoparticles for oxygen reduction. Small Methods, 2019, 3 (9): 1800439.

[42] Wu H, Jiang X, Ye Y, et al. Nitrogen-doped carbon nanotube encapsulating cobalt nanoparticles towards efficient oxygen reduction for zinc-air battery. Journal of Energy Chemistry, 2017, 26 (6): 1181-1186.

[43] Wang Y, Nie Y, Ding W, et al. Unification of catalytic oxygen reduction and hydrogen evolution reactions: Highly dispersive Co nanoparticles encapsulated inside Co and nitrogen co-doped carbon. Chemical Communications, 2015, 51 (43): 8942-8945.

[44] Ni Y, Chen Z, Kong F, et al. Pony-size Cu nanoparticles confined in N-doped mesoporous carbon by chemical vapor deposition for efficient oxygen electroreduction. Electrochimica Acta, 2018, 272: 233-241.

[45] Ye W, Chen S, Lin Y, et al. Precisely tuning the number of Fe atoms in clusters on N-

doped carbon toward acidic oxygen reduction reaction. Chem，2019，5（11）：2865-2878.

[46] Deng D，Yu L，Chen X，et al. Iron encapsulated within pod-like carbon nanotubes for oxygen reduction reaction. Angewandte Chemie International Edition，2013，52（1）：371-375.

[47] Niu H J，Zhang L，Feng J J，et al. Graphene-encapsulated cobalt nanoparticles embedded in porous nitrogen-doped graphitic carbon nanosheets as efficient electrocatalysts for oxygen reduction reaction. Journal of Colloid and Interface Science，2019，552：744-751.

[48] Park H S，Han S B，Kwak D H，et al. Fe nanoparticles encapsulated in doped graphitic shells as high-performance and stable catalysts for oxygen reduction reaction in an acid medium. Journal of Catalysis，2019，370：130-137.

[49] Deng J，Yu L，Deng D，et al. Highly active reduction of oxygen on a FeCo alloy catalyst encapsulated in pod-like carbon nanotubes with fewer walls. Journal of Materials Chemistry A，2013，1（47）：14868-14873.

[50] Sultan S，Tiwari J N，Jang J H，et al. Highly efficient oxygen reduction reaction activity of graphitic tube encapsulating nitrided Co_xFe_y alloy. Advanced Energy Materials，2018，8（25）：1801002.

[51] Zeng L，Cui X，Chen L，et al. Non-noble bimetallic alloy encased in nitrogen-doped nanotubes as a highly active and durable electrocatalyst for oxygen reduction reaction. Carbon，2017，114：347-355.

[52] Hou Y，Cui S，Wen Z，et al. Strongly coupled 3D hybrids of N-doped porous carbon nanosheet/CoNi alloy-encapsulated carbon nanotubes for enhanced electrocatalysis. Small，2015，11（44）：5940-5948.

[53] Yang L，Zeng X，Wang D，et al. Biomass-derived FeNi alloy and nitrogen-codoped porous carbons as highly efficient oxygen reduction and evolution bifunctional electrocatalysts for rechargeable Zn-air battery. Energy Storage Materials，2018，12：277-283.

[54] Ci S，Mao S，Hou Y，et al. Rational design of mesoporous NiFe-alloy-based hybrids for oxygen conversion electrocatalysis. Journal of Materials Chemistry A，2015，3（15）：7986-7993.

[55] Goubert-Renaudin S N S，Zhu X，Wieckowski A. Synthesis and characterization of carbon-supported transition metal oxide nanoparticles-Cobalt porphyrin as catalysts for electroreduction of oxygen in acids. Electrochemistry Communications，2010，12（11）：1457-1461.

[56] Liang Y，Wang H，Diao P，et al. Oxygen reduction electrocatalyst based on strongly coupled cobalt oxide nanocrystals and carbon nanotubes. Journal of the American Chemical Society，2012，134（38）：15849-15857.

[57] Liu S，Dong Y，Zhao C，et al. Nitrogen-rich carbon coupled multifunctional metal oxide/graphene nanohybrids for long-life lithium storage and efficient oxygen reduction. Nano Energy，2015，12：578-587.

[58] Li L，Feng X，Nie Y，et al. Insight into the effect of oxygen vacancy concentration on the catalytic performance of MnO_2. ACS Catalysis，2015，5（8）：4825-4832.

[59] Cheng F, Zhang T, Zhang Y, et al. Enhancing electrocatalytic oxygen reduction on MnO_2 with vacancies. Angewandte Chemie, 2013, 125 (9): 2534-2537.

[60] Zhang Y, Wang C, Fu J, et al. Fabrication and high ORR performance of MnO_x nanopyramid layers with enriched oxygen vacancies. Chemical Communications, 2018, 54 (69): 9639-9642.

[61] Hassen D, Shenashen M A, El-Safty A R, et al. Anisotropic N-graphene-diffused Co_3O_4 nanocrystals with dense upper-zone top-on-plane exposure facets as effective ORR electrocatalysts. Scientific Reports, 2018, 8 (1): 1-14.

[62] Su H Y, Gorlin Y, Man I C, et al. Identifying active surface phases for metal oxide electrocatalysts: a study of manganese oxide bi-functional catalysts for oxygen reduction and water oxidation catalysis. Physical Chemistry Chemical Physics, 2012, 14 (40): 14010-14022.

[63] Liu Q, Chen Z, Yan Z, et al. Crystal-plane-dependent activity of spinel Co_3O_4 towards water splitting and the oxygen reduction reaction. ChemElectroChem, 2018, 5 (7): 1080-1086.

[64] Singh S K, Kashyap V, Manna N, et al. Efficient and durable oxygen reduction electrocatalyst based on CoMn alloy oxide nanoparticles supported over N-doped porous graphene. ACS Catalysis, 2017, 7 (10): 6700-6710.

[65] Zhang X, Zhang Y, Huang H, et al. Electrochemical fabrication of shape-controlled Cu_2O with spheres, octahedrons and truncated octahedrons and their electrocatalysis for ORR. New Journal of Chemistry, 2018, 42 (1): 458-464.

[66] Xia X, Wang Y, Wang D, et al. Atomic-layer-deposited iron oxide on arrays of metal/carbon spheres and their application for electrocatalysis. Nano Energy, 2016, 20: 244-253.

[67] Huang J, Zhu N, Yang T, et al. Nickel oxide and carbon nanotube composite (NiO/CNT) as a novel cathode non-precious metal catalyst in microbial fuel cells. Biosensors and Bioelectronics, 2015, 72: 332-339.

[68] Feng J, Liang Y, Wang H, et al. Engineering manganese oxide/nanocarbon hybrid materials for oxygen reduction electrocatalysis. Nano Research, 2012, 5 (10): 718-725.

[69] Ye Y, Kuai L, Geng B. A template-free route to a Fe_3O_4-Co_3O_4 yolk-shell nanostructure as a noble-metal free electrocatalyst for ORR in alkaline media. Journal of Materials Chemistry, 2012, 22 (36): 19132-19138.

[70] Cheng F, Shen J, Peng B, et al. Rapid room-temperature synthesis of nanocrystalline spinels as oxygen reduction and evolution electrocatalysts. Nature Chemistry, 2011, 3 (1): 79-84.

[71] Jin C, Lu F, Cao X, et al. Facile synthesis and excellent electrochemical properties of $NiCo_2O_4$ spinel nanowire arrays as a bifunctional catalyst for the oxygen reduction and evolution reaction. Journal of Materials Chemistry A, 2013, 1 (39): 12170-12177.

[72] Jin C, Cao X, Zhang L, et al. Preparation and electrochemical properties of urchin-like $La_{0.8}Sr_{0.2}MnO_3$ perovskite oxide as a bifunctional catalyst for oxygen reduction and oxygen evolution reaction. Journal of Power Sources, 2013, 241: 225-230.

[73] Suntivich J, Gasteiger H A, Yabuuchi N, et al. Design principles for oxygen-reduction activity on perovskite oxide catalysts for fuel cells and metal-air batteries. Nature Chemistry, 2011, 3 (7): 546-550.

[74] Han B, Qian D, Risch M, et al. Role of $LiCoO_2$ surface terminations in oxygen reduction and evolution kinetics. The Journal of Physical Chemistry Letters, 2015, 6 (8): 1357-1362.

[75] Zheng X, Chen Y, Zheng X, et al. Electronic structure engineering of $LiCoO_2$ toward enhanced oxygen electrocatalysis. Advanced Energy Materials, 2019, 9 (16): 1803482.

[76] Levy R B, Boudart M. Platinum-like behavior of tungsten carbide in surface catalysis. Science, 1973, 181 (4099): 547-549.

[77] KangáShen P. The beneficial effect of the addition of tungsten carbides to Pt catalysts on the oxygen electroreduction. Chemical Communications, 2005 (35): 4408-4410.

[78] Wei Z B Z, Grange P, Delmon B. XPS and XRD studies of fresh and sulfided Mo_2N. Applied Surface Science, 1998, 135 (1-4): 107-114.

[79] Zhong H, Zhang H, Liu G, et al. A novel non-noble electrocatalyst for PEM fuel cell based on molybdenum nitride. Electrochemistry Communications, 2006, 8 (5): 707-712.

[80] Dong Y, Li J. Tungsten nitride nanocrystals on nitrogen-doped carbon black as efficient electrocatalysts for oxygen reduction reactions. Chemical Communications, 2015, 51 (3): 572-575.

[81] Jing S, Luo L, Yin S, et al. Tungsten nitride decorated carbon nanotubes hybrid as efficient catalyst supports for oxygen reduction reaction. Applied Catalysis B: Environmental, 2014, 147: 897-903.

[82] Hu Y, Jensen J O, Zhang W, et al. Fe_3C-based oxygen reduction catalysts: Synthesis, hollow spherical structures and applications in fuel cells. Journal of Materials Chemistry A, 2015, 3 (4): 1752-1760.

[83] Li J, Yu F, Wang M, et al. Highly dispersed iron nitride nanoparticles embedded in N doped carbon as a high performance electrocatalyst for oxygen reduction reaction. International Journal of Hydrogen Energy, 2017, 42 (5): 2996-3005.

[84] Huang T, Fang H, Mao S, et al. In-situ synthesized TiC@CNT as high-performance catalysts for oxygen reduction reaction. Carbon, 2018, 126: 566-573.

[85] Seifitokaldani A, Savadogo O, Perrier M. Density functional theory (DFT) computation of the oxygen reduction reaction (ORR) on titanium nitride (TiN) surface. Electrochimica Acta, 2014, 141: 25-32.

[86] Wang M Q, Ye C, Wang M, et al. Synthesis of M (Fe_3C, Co, Ni)-porous carbon frameworks as high-efficient ORR catalysts. Energy Storage Materials, 2018, 11: 112-117.

[87] Yuan Y, Wang J, Adimi S, et al. Zirconium nitride catalysts surpass platinum for oxygen reduction. Nature Materials, 2020, 19 (3): 282-286.

[88] Bu F, Zagho M M, Ibrahim Y, et al. Porous MXenes: Synthesis, structures, and applications. Nano Today, 2020, 30: 100803.

[89] Handoko A D, Steinmann S N, Seh Z W. Theory-guided materials design: two-dimensional MXenes in electro-and photocatalysis. Nanoscale Horizons, 2019, 4 (4): 809-827.

[90] Chen J, Yuan X, Lyu F, et al. Integrating MXene nanosheets with cobalt-tipped carbon nanotubes for an efficient oxygen reduction reaction. Journal of materials chemistry A, 2019, 7 (3): 1281-1286.

[91] Li Z, Zhuang Z, Lv F, et al. The marriage of the FeN_4 moiety and MXene boosts oxygen reduction catalysis: Fe 3d electron delocalization matters. Advanced materials, 2018, 30 (43): 1803220.

[92] Xue Q, Pei Z, Huang Y, et al. Mn_3O_4 nanoparticles on layer-structured Ti_3C_2 MXene towards the oxygen reduction reaction and zinc-air batteries. Journal of Materials Chemistry A, 2017, 5 (39): 20818-20823.

[93] Zhang C, Ma B, Zhou Y, et al. Highly active and durable Pt/MXene nanocatalysts for ORR in both alkaline and acidic conditions. Journal of Electroanalytical Chemistry, 2020, 865: 114142.

[94] Jiang L, Duan J, Zhu J, et al. Iron-cluster-directed synthesis of 2D/2D Fe-N-C/MXene superlattice-like heterostructure with enhanced oxygen reduction electrocatalysis. ACS Nano, 2020, 14 (2): 2436-2444.

[95] Xu C, Fan C, Zhang X, et al. MXene ($Ti_3C_2T_x$) and carbon nanotube hybrid-supported platinum catalysts for the high-performance oxygen reduction reaction in PEMFC. ACS Applied Materials & Interfaces, 2020, 12 (17): 19539-19546.

[96] Vante N A, Tributsch H. Energy conversion catalysis using semiconducting transition metal cluster compounds. Nature, 1986, 323 (6087): 431-432.

[97] Zhang L, Zhang J, Wilkinson D P, et al. Progress in preparation of non-noble electrocatalysts for PEM fuel cell reactions. Journal of Power Sources, 2006, 156 (2): 171-182.

[98] Bouroushian M. Electrochemical processes and technology [M] // Electrochemistry of Metal Chalcogenides. Springer, 2010: 309-349.

[99] Alonso-Vante N, Fieber-Erdmann M, Rossner H, et al. The catalytic centre of transition metal chalcogenides vis-à-vis the oxygen reduction reaction: an in situ electrochemical EXAFS study. Le Journal de Physique Ⅳ, 1997, 7 (C2): C2-887-C2-889.

[100] Suarez-Alcantara K, Ezeta-Mejia A, Ortega-Avilés M, et al. Synchrotron-based structural and spectroscopic studies of ball milled RuSeMo and RuSnMo particles as oxygen reduction electrocatalyst for PEM fuel cells. International Journal of Hydrogen Energy, 2014, 39 (29): 16715-16721.

[101] Baresel D, Sarholz W, Scharner P, et al. Transition metal chalcogenides as oxygen catalysts for fuel cells. Ber Bunsen-Ges, 1974, 78 (6): 608-611.

[102] Behret H, Binder H, Sandstede G. Electrocatalytic oxygen reduction with thiospinels and other sulphides of transition metals. Electrochimica Acta, 1975, 20 (2): 111-117.

[103] Behret H, Binder H, Clauberg W, et al. Comparison of the reaction mechanisms of electrocatalytic oxygen reduction using transition metal thiospinels and chelates. Electro-

chimica Acta, 1978, 23 (10): 1023-1029.

[104] Susac D, Sode A, Zhu L, et al. A methodology for investigating new nonprecious metal catalysts for PEM fuel cells. The Journal of Physical Chemistry B, 2006, 110 (22): 10762-10770.

[105] Wang T, Gao D, Zhuo J, et al. Size-dependent enhancement of electrocatalytic oxygen-reduction and hydrogen-evolution performance of MoS_2 particles. Chemistry-A European Journal, 2013, 19 (36): 11939-11948.

[106] Zhang H, Tian Y, Zhao J, et al. Small dopants make big differences: Enhanced electrocatalytic performance of MoS_2 monolayer for oxygen reduction reaction (ORR) by N-and P-doping. Electrochimica Acta, 2017, 225: 543-550.

[107] Wang T, Zhuo J, Chen Y, et al. Synergistic catalytic effect of MoS_2 nanoparticles supported on gold nanoparticle films for a highly efficient oxygen reduction reaction. ChemCatChem, 2014, 6 (7): 1877-1881.

[108] Hao L, Yu J, Xu X, et al. Nitrogen-doped MoS_2/carbon as highly oxygen-permeable and stable catalysts for oxygen reduction reaction in microbial fuel cells. Journal of Power Sources, 2017, 339: 68-79.

[109] Lee C, Ozden S, Tewari C S, et al. MoS_2-carbon nanotube porous 3D network for enhanced oxygen reduction reaction. ChemSusChem, 2018, 11 (17): 2960-2966.

[110] Huang H, Feng X, Du C, et al. Incorporated oxygen in MoS_2 ultrathin nanosheets for efficient ORR catalysis. Journal of Materials Chemistry A, 2015, 3 (31): 16050-16056.

[111] Gong K, Du F, Xia Z, et al. Nitrogen-doped carbon nanotube arrays with high electrocatalytic activity for oxygen reduction. Science, 2009, 323 (5915): 760-764.

[112] Zhang C, An B, Yang L, et al. Sulfur-doping achieves efficient oxygen reduction in pyrolyzed zeolitic imidazolate frameworks. Journal of Materials Chemistry A, 2016, 4 (12): 4457-4463.

[113] Yang L, Jiang S, Zhao Y, et al. Boron-doped carbon nanotubes as metal-free electrocatalysts for the oxygen reduction reaction. Angewandte Chemie International Edition, 2011, 50 (31): 7132-7135.

[114] Jiang S, Sun Y, Dai H, et al. Nitrogen and fluorine dual-doped mesoporous graphene: a high-performance metal-free ORR electrocatalyst with a super-low H_2O_2-yield. Nanoscale, 2015, 7 (24): 10584-10589.

[115] Wu J, Yang Z, Li X, et al. Phosphorus-doped porous carbons as efficient electrocatalysts for oxygen reduction. Journal of Materials Chemistry A, 2013, 1 (34): 9889-9896.

[116] Yang H B, Miao J, Hung S F, et al. Identification of catalytic sites for oxygen reduction and oxygen evolution in N-doped graphene materials: Development of highly efficient metal-free bifunctional electrocatalyst. Science Advances, 2016, 2 (4): e1501122.

[117] Zhao A, Masa J, Muhler M, et al. N-doped carbon synthesized from N-containing polymers as metal-free catalysts for the oxygen reduction under alkaline conditions. Elec-

trochimica Acta, 2013, 98: 139-145.

[118] Liu J, Song P, Xu W. Structure-activity relationship of doped-nitrogen (N)-based metal-free active sites on carbon for oxygen reduction reaction. Carbon, 2017, 115: 763-772.

[119] Han C, Wang J, Gong Y, et al. Nitrogen-doped hollow carbon hemispheres as efficient metal-free electrocatalysts for oxygen reduction reaction in alkaline medium. Journal of Materials Chemistry A, 2014, 2 (3): 605-609.

[120] Chen S, Bi J, Zhao Y, et al. Nitrogen-doped carbon nanocages as efficient metal-free electrocatalysts for oxygen reduction reaction. Advanced Materials, 2012, 24 (41): 5593-5597.

[121] Behan J A, Mates-Torres E, Stamatin S N, et al. Untangling cooperative effects of pyridinic and graphitic nitrogen sites at metal-free N-doped carbon electrocatalysts for the oxygen reduction reaction. Small, 2019, 15 (48): 1902081.

[122] Lai L, Potts J R, Zhan D, et al. Exploration of the active center structure of nitrogen-doped graphene-based catalysts for oxygen reduction reaction. Energy Environ Sci, 2012, 5 (7): 7936-7942.

[123] Yang S, Feng X, Wang X, et al. Graphene-based carbon nitride nanosheets as efficient metal-free electrocatalysts for oxygen reduction reactions. Angewandte Chemie, 2011, 123 (23): 5451-5455.

[124] Wang Z, Jia R, Zheng J, et al. Nitrogen-promoted self-assembly of N-doped carbon nanotubes and their intrinsic catalysis for oxygen reduction in fuel cells. Acs Nano, 2011, 5 (3): 1677-1684.

[125] Zheng Y, Jiao Y, Chen J, et al. Nanoporous graphitic-C_3N_4@carbon metal-free electrocatalysts for highly efficient oxygen reduction. Journal of the American Chemical Society, 2011, 133 (50): 20116-20119.

[126] Shui J, Wang M, Du F, et al. N-doped carbon nanomaterials are durable catalysts for oxygen reduction reaction in acidic fuel cells. Science Advances, 2015, 1 (1): e1400129.

[127] Choi C H, Chung M W, Park S H, et al. Additional doping of phosphorus and/or sulfur into nitrogen-doped carbon for efficient oxygen reduction reaction in acidic media. Physical Chemistry Chemical Physics, 2013, 15 (6): 1802-1805.

[128] Li C, Chen Z, Kong A, et al. High-rate oxygen electroreduction over metal-free graphene foams embedding P-N coupled moieties in acidic media. Journal of Materials Chemistry A, 2018, 6 (9): 4145-4151.

[129] Zhan Y, Huang J, Lin Z, et al. Iodine/nitrogen co-doped graphene as metal free catalyst for oxygen reduction reaction. Carbon, 2015, 95: 930-939.

[130] Jiao Y, Zheng Y, Davey K, et al. Activity origin and catalyst design principles for electrocatalytic hydrogen evolution on heteroatom-doped graphene. Nature Energy, 2016, 1 (10): 16130.

[131] Jiao Y, Zheng Y, Jaroniec M, et al. Origin of the electrocatalytic oxygen reduction activity of graphene-based catalysts: A roadmap to achieve the best performance. Journal

of the American Chemical Society，2014，136（11）：4394-4403.

[132] Cheng K，Kou Z，Zhang J，et al. Ultrathin carbon layer stabilized metal catalysts towards oxygen reduction. Journal of Materials Chemistry A，2015，3（26）：14007-14014.

[133] Li M，Xiong Y，Liu X，et al. Iron and nitrogen Co-doped carbon nanotube@hollow carbon fibers derived from plant biomass as efficient catalysts for the oxygen reduction reaction. Journal of Materials Chemistry A，2015，3（18）：9658-9667.

[134] Zhou H，Zhang J，Amiinu I S，et al. Transforming waste biomass with an intrinsically porous network structure into porous nitrogen-doped graphene for highly efficient oxygen reduction. Physical Chemistry Chemical Physics，2016，18（15）：10392-10399.

[135] Liu X，Amiinu I S，Liu S，et al. Transition metal/nitrogen dual-doped mesoporous graphene-like carbon nanosheets for the oxygen reduction and evolution reactions. Nanoscale，2016，8（27）：13311-13320.

[136] Huang B，Liu Y，Xie Z. Biomass derived 2D carbons via a hydrothermal carbonization method as efficient bifunctional ORR/HER electrocatalysts. Journal of Materials Chemistry A，2017，5（45）：23481-23488.

[137] Brun N，Wohlgemuth S A，Osiceanu P，et al. Original design of nitrogen-doped carbon aerogels from sustainable precursors：application as metal-free oxygen reduction catalysts. Green Chemistry，2013，15（9）：2514-2524.

[138] Wohlgemuth S A，White R J，Willinger M G，et al. A one-pot hydrothermal synthesis of sulfur and nitrogen doped carbon aerogels with enhanced electrocatalytic activity in the oxygen reduction reaction. Green Chemistry，2012，14（5）：1515-1523.

[139] Gao S，Chen Y，Fan H，et al. Large scale production of biomass-derived N-doped porous carbon spheres for oxygen reduction and supercapacitors. Journal of Materials Chemistry A，2014，2（10）：3317-3324.

[140] Chen P，Wang L K，Wang G，et al. Nitrogen-doped nanoporous carbon nanosheets derived from plant biomass：An efficient catalyst for oxygen reduction reaction. Energy & Environmental Science，2014，7（12）：4095-4103.

[141] Tang J，Wang Y，Zhao W，et al. Biomass-derived hierarchical honeycomb-like porous carbon tube catalyst for the metal-free oxygen reduction reaction. Journal of Electroanalytical Chemistry，2019，847：113230.

[142] Sharma R，Kar K K. Effects of surface roughness and N-content on oxygen reduction reaction activity for the carbon-based catalyst derived from poultry featherfiber. Electrochimica Acta，2016，191：876-886.

[143] Jiang Y，Yang L，Sun T，et al. Significant contribution of intrinsic carbon defects to oxygen reduction activity. ACS Catalysis，2015，5（11）：6707-6712.

[144] Zhao H，Sun C，Jin Z，et al. Carbon for the oxygen reduction reaction：A defect mechanism. Journal of Materials Chemistry A，2015，3（22）：11736-11739.

[145] Zhang L，Xu Q，Niu J，et al. Role of lattice defects in catalytic activities of graphene clusters for fuel cells. Physical Chemistry Chemical Physics，2015，17（26）：16733-16743.

[146] Zhu J, Huang Y, Mei W, et al. Effects of intrinsic pentagon defects on electrochemical reactivity of carbon nanomaterials. Angewandte Chemie International Edition, 2019, 58 (12): 3859-3864.

[147] Jia Y, Zhang L, Zhuang L, et al. Identification of active sites for acidic oxygen reduction on carbon catalysts with and without nitrogen doping. Nature Catalysis, 2019, 2 (8): 688-695.

[148] Wang T, Chen Z X, Chen Y G, et al. Identifying the active site of N-doped graphene for oxygen reduction by selective chemical modification. ACS Energy Letters, 2018, 3 (4): 986-991.

[149] Pham C V, Britton B, Böhm T, et al. Doped, defect-enriched carbon nanotubes as an efficient oxygen reduction catalyst for anion exchange membrane fuel cells. Advanced Materials Interfaces, 2018, 5 (12): 1800184.

[150] Li D, Jia Y, Chang G, et al. A defect-driven metal-free electrocatalyst for oxygen reduction in acidic electrolyte. Chem, 2018, 4 (10): 2345-2356.

[151] Zhang J, Sun Y, Zhu J, et al. Defect and pyridinic nitrogen engineering of carbon-based metal-free nanomaterial toward oxygen reduction. Nano Energy, 2018, 52: 307-314.

[152] Banham D, Ye S, Pei K, et al. A review of the stability and durability of non-precious metal catalysts for the oxygen reduction reaction in proton exchange membrane fuel cells. Journal of Power Sources, 2015, 285: 334-348.

[153] Xue L, Li Y, Liu X, et al. Zigzag carbon as efficient and stable oxygen reduction electrocatalyst for proton exchange membrane fuel cells. Nature communications, 2018, 9 (1): 1-8.

[154] Zeng X, Shui J, Liu X, et al. Single-atom to single-atom grafting of Pt_1 onto Fe-N_4 center: Pt_1@FeNC multifunctional electrocatalyst with significantly enhanced properties. Advanced Energy Materials, 2018, 8 (1): 1701345.

[155] Xue L, Li Y, Liu X, et al. Zigzag carbon as efficient and stable oxygen reduction electrocatalyst for proton exchange membrane fuel cells. Nature Communications, 2018, 9 (1): 1-8.

第6章

质子交换膜燃料电池多尺度多场耦合过程的建模及仿真

燃料电池工作过程中涉及流体流动、热量传输、组分输运、气液相变、电化学反应、电荷传输、电渗拖拽等多个物理化学过程。燃料电池的水热管理直接影响电池的输出性能及耐久性，不同的电池结构设计都会影响电池的水热管理策略。由于实验手段及成本的限制，构建准确的燃料电池性能预测模型，并基于模型进一步优化燃料电池结构及水热管理策略至关重要[1-4]。

6.1 质子交换膜燃料电池工作原理

PEMFC 由双极板（bipolar plate，BP）、气体扩散层（gas diffusion layer，GDL）、微孔层（micro porous layer，MPL）、催化层（catalyst layer，CL）以及质子交换膜（proton exchange membrane，PEM）等部件组成，其中气体扩散层、催化层及质子交换膜构成了 PEMFC 的核心组件膜电极（membrane electrode assembly，MEA）。当 PEMFC 工作时，在其阴阳两极催化层中分别发生如下电化学反应：

阳极：
$$H_2 \longrightarrow 2H^+ + 2e^- \tag{6-1}$$

阴极：
$$2H^+ + 2e^- + \frac{1}{2}O_2 \longrightarrow H_2O \tag{6-2}$$

总反应：
$$H_2 + \frac{1}{2}O_2 \longrightarrow H_2O \tag{6-3}$$

阳极一侧，氢气分解为氢离子和电子；阴极一侧氢离子结合电子和氧气生成水。氢离子需要通过质子交换膜由阳极向阴极进行传递。同时，水作为离子迁移的载体，在氢离子的拖拽作用下，一部分水也会由阳极向阴极传递，此即电渗拖拽作用。除了电渗拖拽作用的影响，阴阳两极水浓度梯度也会促使水在阴阳两极间进行迁移。因而，在 PEMFC 的工作过程中，质子交换膜需要进行充分加湿，以便于质子由阳极向阴极迁移，满足阴阳两极电化学反应的需要。但是，由于燃料电池中气体扩散层与催化层是多孔介质，其中的孔隙是反应气体的传输扩散通道，若孔隙中积累过多的液态水则会阻塞气体传输的通道，不利于燃料的供给，从而降低电池的性能。电化学反应为放热反应，会造成局部温度过高。温度对 PEMFC 中水的状态、反应物和生成物的传输、电化学反应速率、PEM 含水量等均有显著影响。较高的温度在提高反应物扩散速率及化学反应速率、减轻液态水含量的同时，会导致 PEM 膜干及局部热应力。研究表明，电池的最佳工作温度在 60～80℃。因此，科学的水热管理策略十分重要，直接影响 PEMFC 的稳定性和工作寿命[5-7]。此外，GDL 及 CL 等多孔组件的典型孔径尺寸在几十微米甚至几纳米，而单电池尺寸在厘米级。上述传输过程发生在尺度跨越高达 6～7 个数量级的空间内，呈现典型的多尺度特征[8,9]。

燃料电池的性能可以根据其电流-电压或电流-功率的关系图来体现。在实际工作过程中，燃料电池存在电压损失，因而其输出的实际电压要低于理论电压。为了衡量不同尺寸燃料电池的性能，通常将燃料电池的电流和功率进行标准化，得到单位活化面积的电流密度和功率密度。电流密度-电压的关系图可以体现燃料电池工作时的极化过程，因而电流密度-电压关系曲线又称燃料电池的极化曲线。在燃料电池的实际工作过程中，其实际输出电压可由下式进行计算：

$$V=E_{thermo}-\eta_{rev}-\eta_{act}-\eta_{ohmic}-\eta_{conc} \tag{6-4}$$

式中，V 是燃料电池的实际输出电压，V；E_{thermo} 是热力学电压，V；η_{rev} 是可逆损失，V；η_{act} 是活化损失，V；η_{ohmic} 是欧姆损失，V；η_{conc} 是浓差损失，V。

燃料电池的热力学电压是根据热力学焓变计算所得的理论电压，在 PEMFC 中，根据其两极半反应的方程式，在 25℃、1atm 大气压下的可逆电压为 1.229V。由于气体反应物的传输阻力会造成一定的熵增，由这部分产生的电压损失为可逆损失。当燃料电池在低负载条件下工作时，电化学反应速率较低，因而由于反应气体在催化剂上的吸附、脱附过程会使电压产生一定的损失，这部分损失即为活化损失。由于电池的极板、膜电极等自身电阻的存在，燃料电池存在因电阻而产生的电压损失，该部分损失即为欧姆损失。随着电池负载的增加，电流密度也逐渐增加，因而所需的反应气体也随之增加，当反应气体的扩散速率无法满足电池的基本需要时即会产生相应的电压损失，该部分损失即为浓差损失。根据各部分电压损失对燃料电池影响程度的不同，电压损失可分为三个阶段。当电池的电流密度较小时，其损失主要来自因催化剂的吸附过程而产生的活化损失。随着电流密度的增加，反应速率逐渐加快，限制电池性能的不再主要是活化损失，而是由于电池本身内阻而导致的欧姆损失。当电流密度较大时，由于扩散进入催化层的反应气体浓度难以完全满足反应需要，燃料电池的电压损失主要来自浓差损失。

6.2 宏观三维两相流全电池数值模型

在 PEMFC 的工作过程中，包括多相流、传热、传质及电化学反应等多个方面的内容，涉及对流、扩散、渗透、电渗拖拽、相变，以及电子和离子的迁移等过程，是典型的多场耦合过程，因而为了准确描述 PEMFC 的工作过程，需要建立全面的燃料电池数学模型，以模拟稳态和非稳态情况下的燃料电池工作状况、设计参数、水热管理策略对电池性能及关键物理量分布情况的影响，以指导燃料电池设计及操作参数的优化。

6.2.1 计算域

图 6-1 为 PEMFC 的一个直流道的典型计算域，该计算域包括 PEMFC 的主要组件（极板、流道、气体扩散层、微孔层、催化层、质子交换膜）[10-14]。需要指出的是，该模型计算域忽略了气体扩散层、催化层的微观孔隙结构，上述多孔介质材料都为均匀分布，因而可以整体采用结构化网格，从而提高了计算精度和计算效率。图 6-1 中网格数为 15 万，为了节省计算资源，在电池中心截面处采用对称边界，该网格可在单核计算机上进行稳态计算和非稳态计算，如网格量特别巨大时，需要进行相应的多核多节点的并行计算。

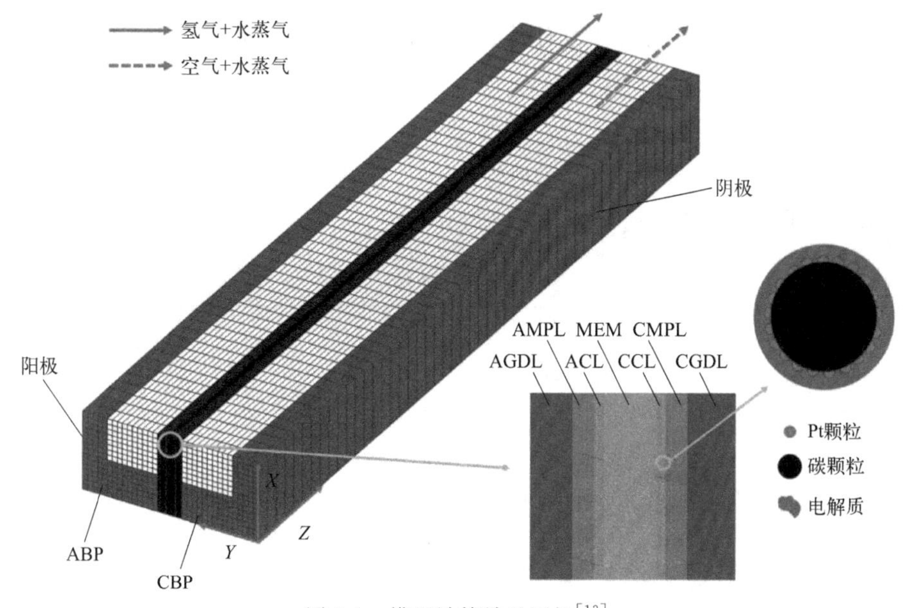

图 6-1 模型计算域及网格[13]

6.2.2 守恒方程

PEMFC 三维多相流模型对 12 个控制方程进行了求解计算，包括质量守恒、动量守恒、气体组分守恒、液态水守恒、膜态水守恒、能量守恒、电子势守恒和离子势守恒。各守恒方程所对应的源项如表 6-1 所示[11-14]。

（1）质量守恒

$$\frac{\partial}{\partial t}[\varepsilon(1-s_{lq})\rho_g]+\nabla\cdot(\rho_g\vec{u}_g)=S_m \tag{6-5}$$

（2）动量守恒

$$\frac{\partial}{\partial t}\left[\frac{\rho_g\vec{u}_g}{\varepsilon(1-s_{lq})}\right]+\nabla\cdot\left[\frac{\rho_g\vec{u}_g\vec{u}_g}{\varepsilon^2(1-s_{lq})^2}\right]=-\nabla p_g+\mu_g\nabla\cdot\left\{\nabla\left[\frac{\vec{u}_g}{\varepsilon(1-s_{lq})}\right]+\left[\frac{\vec{u}_g^{T}}{\varepsilon(1-s_{lq})}\right]\right\}-\frac{2}{3}\mu_g\nabla\left\{\nabla\cdot\left[\frac{\vec{u}_g}{\varepsilon(1-s_{lq})}\right]\right\}+S_u \tag{6-6}$$

（3）气体组分守恒

$$\frac{\partial}{\partial t}[\varepsilon(1-s_{lq})\rho_gY_i]+\nabla\cdot(\rho_g\vec{u}_gY_i)=\nabla\cdot(\rho_gD_i^{eff}\nabla Y_i)+S_i \tag{6-7}$$

气体组分的动力黏度由于受到温度的影响，所以可由表 6-2 所列的动力黏度公式求得。多孔介质中的渗透率（K_g、K_{lq}）受到液态水的影响，所以可根据 Jiao 等[15] 的研究结果对气体组分及液态水的有效渗透率进行修正，由以下公式进行计算：

$$K_g=K_0s_{lq}^{4.0} \tag{6-8}$$

$$K_{lq}=K_0(1-s_{lq})^{4.0} \tag{6-9}$$

其中，K_0 是多孔介质的固有渗透率，m^2。

表 6-1 源项

源项	单位
$S_m=S_{H_2}+S_{O_2}+S_{vp}$	kg/(m³·s)
$S_u=\begin{cases}-\frac{\mu_g}{K_g}\vec{u}_g & \text{(CL 和 GDL)}\\ 0 & \text{(其他区域)}\end{cases}$	kg/(m²·s²)
$S_{H_2}=\begin{cases}-\frac{j_a}{2F}M_{H_2} & \text{(阳极 CL)}\\ 0 & \text{(其他区域)}\end{cases}$	kg/(m³·s)
$S_{O_2}=\begin{cases}-\frac{j_c}{4F}M_{O_2} & \text{(阴极 CL)}\\ 0 & \text{(其他区域)}\end{cases}$	kg/(m³·s)
$S_{vp}=\begin{cases}-S_{v-l} & \text{(CL 和 GDL)}\\ 0 & \text{(其他区域)}\end{cases}$	kg/(m³·s)

续表

源项	单位
$S_{lq}=\begin{cases}S_{v-l}+S_{m-l}M_{H_2O}+S_{EOD}^{a} & (阳极 CL)\\ \dfrac{j_c}{4F}M_{H_2O}+S_{v-l}+S_{m-l}M_{H_2O}+S_{EOD}^{c} & (阴极 CL)\\ S_{v-l} & (GDL)\\ 0 & (其他区域)\end{cases}$	kg/(m^3·s)
$S_{mw}=\begin{cases}-S_{m-l} & (CL)\\ -\dfrac{S_{EOD}^{a}V_{CL}^{a}+S_{EOD}^{c}V_{CL}^{c}}{V_{mem}M_{H_2O}} & (膜)\end{cases}$	kmol/(m^3·s)
$S_{ele}=\begin{cases}-j_a & (阳极 CL)\\ j_c & (阴极 CL)\\ 0 & (其他区域)\end{cases}$	A/m^3
$S_{ion}=\begin{cases}j_a & (阳极 CL)\\ -j_c & (阴极 CL)\\ 0 & (其他区域)\end{cases}$	A/m^3
$S_E=\begin{cases}j_a\|\eta_{act}\|+\|\nabla\phi_{ele}\|^2\kappa_{ele}^{eff}+\|\nabla\phi_{ion}\|^2\kappa_{ion}^{eff}+S_{lh} & (阳极 CL)\\ -\dfrac{j_cT\Delta S}{2F}+j_c\|\eta_{act}\|+\|\nabla\phi_{ele}\|^2\kappa_{ele}^{eff}+\|\nabla\phi_{ion}\|^2\kappa_{ion}^{eff}+S_{lh} & (阴极 CL)\\ \|\nabla\phi_{ele}\|^2\kappa_{ele}^{eff}+S_{lh} & (GDL)\\ \|\nabla\phi_{ele}\|^2\kappa_{ele}^{eff} & (BP)\\ \|\nabla\phi_{ion}\|^2\kappa_{ion}^{eff} & (膜)\\ 0 & (其他区域)\end{cases}$	W/m^3

考虑到多孔介质孔隙率及液态水对气体组分扩散率的影响，各种气体组分的有效扩散率需要由以下公式进行修正计算[15]：

$$D_i^{eff}=D_i\varepsilon^{1.5}(1-s_{lq})^{1.5} \tag{6-10}$$

式中，D_i 为氢气、氧气、水蒸气的扩散率，m^2/s，其可由表 6-2 中的公式进行计算；ε 为催化层、气体扩散层的孔隙率；s_{lq} 为液态水的体积分数。

离子反应的反应速率可由巴特勒-福尔默方程求得，方程如下：

$$j_a=(1-s_{lq})j_{0,a}^{ref}\left(\frac{c_{H_2}}{c_{H_2}^{ref}}\right)^{0.5}\left[\exp\left(\frac{2\alpha_aF}{RT}\eta_{act}\right)-\exp\left(-\frac{2\alpha_cF}{RT}\eta_{act}\right)\right] \tag{6-11}$$

$$j_c=(1-s_{lq})j_{0,c}^{ref}\frac{c_{O_2}}{c_{O_2}^{ref}}\left[-\exp\left(\frac{4\alpha_a F}{RT}\eta_{act}\right)+\exp\left(-\frac{4\alpha_c F}{RT}\eta_{act}\right)\right] \tag{6-12}$$

式中，c_{H_2} 和 c_{O_2} 分别是氢气和氧气的摩尔浓度，mol/m^3。

（4）液态水守恒

$$\frac{\partial(\varepsilon s_{lq}\rho_{lq})}{\partial t}+\nabla\cdot(\iota\rho_{lq}\vec{u}_g)=\nabla\cdot(\rho_{lq}D_{lq}\nabla s_{lq})+S_{lq} \tag{6-13}$$

其中，催化层和气体扩散层的表面拖拽系数定义为[16]

$$\iota=\frac{K_{lq}\mu_g}{K_g\mu_{lq}} \tag{6-14}$$

式中，气体和液态水的动力黏度（μ_g，μ_{lq}）是与温度有关的函数，其可由表 6-2 中公式求得。考虑到毛细压力的作用，液态水在催化层和气体扩散层中的毛细扩散系数由下式进行计算[17]：

$$D_{lq}=-\frac{K_{lq}}{\mu_{lq}}\times\frac{dp_c}{ds_{lq}} \tag{6-15}$$

毛细压力可由 Leverett-J 公式求得[18,19]：

$$p_c=\begin{cases}\sigma\cos\theta\left(\frac{\varepsilon}{K_0}\right)^{0.5}\times[1.42(1-s_{lq})-2.12(1-s_{lq})^2+1.26(1-s_{lq})^3] & \theta>90^\circ\\ \sigma\cos\theta\left(\frac{\varepsilon}{K_0}\right)^{0.5}\times[1.42s_{lq}-2.12s_{lq}^2+1.26s_{lq}^3] & \theta<90^\circ\end{cases} \tag{6-16}$$

式中，σ 是表面张力系数，N/m；θ 是膜电极接触角；K_0 是催化层和气体扩散层的渗透率，m^2。在 PEMFC 工作过程中，进口气体经过加湿，所以液态水和气态水的相变可由以下公式计算[20]：

$$S_{v-l}=\begin{cases}\gamma_{cond}\varepsilon(1-s_{lq})\frac{(p_{vp}-p_{sat})M_{H_2O}}{RT} & p_{vp}\geqslant p_{sat}\ 冷凝\\ \gamma_{evap}\varepsilon s_{lq}\frac{(p_{vp}-p_{sat})M_{H_2O}}{RT} & p_{vp}\leqslant p_{sat}\ 蒸发\end{cases} \tag{6-17}$$

其中，γ_{cond} 和 γ_{evap} 分别是水的凝结和蒸发速率，s^{-1}，而 p_{vp} 和 p_{sat} 分别是水蒸气的分压及饱和蒸气压，Pa。水蒸气的饱和蒸气压可由下式计算[21]：

$$\begin{aligned}\lg\left(\frac{p_{sat}}{101325}\right)=&-2.1794+0.02953(T-273.15)\\&-9.1837\times10^{-5}(T-273.15)^2+1.4454\times10^{-7}(T-273.15)^3\end{aligned} \tag{6-18}$$

表 6-2　传输参数

参数	函数关系/数值	单位
氢气动力黏度	$\mu_{H_2}=3.205\times10^{-5}\left(\frac{T}{293.85}\right)^{1.5}(T+72)^{-1.0}$	kg/(m·s)
氧气动力黏度	$\mu_{O_2}=8.46\times10^{-3}\left(\frac{T}{292.25}\right)^{1.5}(T+127)^{-1.0}$	kg/(m·s)
水蒸气动力黏度	$\mu_{vp}=7.512\times10^{-3}\left(\frac{T}{291.15}\right)^{1.5}(T+120)^{-1.0}$	kg/(m·s)
氢气在阳极的扩散率	$D_{H_2}^{a}=1.055\times10^{-4}\left(\frac{T}{333.15}\right)^{1.5}\times\left(\frac{101325}{p}\right)$	m^2/s
水蒸气在阳极的扩散率	$D_{vp}^{a}=1.055\times10^{-4}\left(\frac{T}{333.15}\right)^{1.5}\times\left(\frac{101325}{p}\right)$	m^2/s
氧气在阴极的扩散率	$D_{O_2}^{c}=2.652\times10^{-4}\left(\frac{T}{333.15}\right)^{1.5}\times\left(\frac{101325}{p}\right)$	m^2/s
水蒸气在阴极的扩散率	$D_{vp}^{c}=2.982\times10^{-5}\left(\frac{T}{333.15}\right)^{1.5}\times\left(\frac{101325}{p}\right)$	m^2/s

(5) 膜态水守恒

$$\frac{\rho_{mem}}{EW}\times\frac{\partial(\omega\lambda_{nf})}{\partial t}=\frac{\rho_{mem}}{EW}\nabla\cdot(D_{mw}^{eff}\nabla\lambda_{mw})+S_{mw} \tag{6-19}$$

催化层中液态水和膜态水也存在相互间的相变过程，其相变源项可由以下方程进行计算 [S_{m-l}，$kmol/(m^3\cdot s)$][16]：

$$S_{m-l}=\zeta_{m-l}\frac{\rho_{mem}}{EW}(\lambda_{mw}-\lambda_{sat}) \tag{6-20}$$

式中，ζ_{m-l} 为水的传输速率，s^{-1}；λ_{mw} 和 λ_{sat} 分别为膜态水及饱和膜态水含量。考虑到电渗拖拽作用的影响，当质子由阳极向阴极迁移时，水会在质子的拖拽下同时进行迁移，因而模型中引入电渗拖拽作用的源项如下：

$$\begin{cases}S_{EOD}^{a}=-\dfrac{n_d j_a M_{H_2O}}{F} & \text{(阳极 CL)}\\ S_{EOD}^{c}=\dfrac{n_d j_c M_{H_2O}}{F} & \text{(阴极 CL)}\end{cases} \tag{6-21}$$

式中，n_d 为电渗拖拽系数，其可由下式计算[19]：

$$n_d=\frac{2.5\lambda_{mw}}{22} \tag{6-22}$$

根据电渗拖拽作用的源项，由于在阳极催化层和阴极催化层中的水含量并不相同，因而由电渗拖拽导致的水的传输速率在阴阳两极并不一致，为了满足水的质量守恒，在质子交换膜中也需要引入由于电渗拖拽作用而产生的膜态水源项，如表 6-1 所示。在膜态水守恒方程中，膜态水含量与水的摩尔浓度之间的关系为：

$$\lambda_{mw}=\frac{EW}{\rho_{mem}}c_{mw} \tag{6-23}$$

膜态水的扩散系数可由如下公式计算[22]：

$$D_{mw}=\begin{cases}3.1\times10^{-7}\lambda_{mw}[\exp(0.28\lambda_{mw})-1]\exp\left(-\dfrac{2346}{T}\right) & 0.0<\lambda_{mw}<3.0\\ 4.17\times10^{-8}\lambda_{mw}[1+161\exp(-\lambda_{mw})]\exp\left(-\dfrac{2346}{T}\right) & 3.0\leqslant\lambda_{mw}<17.0\end{cases} \tag{6-24}$$

由于催化层中存在电解质聚合物，因而膜态水在催化层中的扩散系数由下式计算：

$$D_{mw}^{eff}=\omega^{1.5}D_{mw} \tag{6-25}$$

此外，饱和膜态水含量由下式定义[23]：

$$\lambda_{equil}=\begin{cases}0.043+17.81a-39.85a^2+36.0a^3 & 0\leqslant a\leqslant1.0\\ 14.0+1.4(a-1) & 1.0<a\leqslant3.0\end{cases} \tag{6-26}$$

式中，a 为水的活性，其定义为：

$$a=\frac{X_{vp}p_g}{p_{sat}}+2s_{lq} \tag{6-27}$$

其中，X_{vp} 为水蒸气摩尔体积。

（6）电子势守恒

$$\nabla\cdot(\kappa_{ele}^{eff}\nabla\phi_{ele})+S_{ele}=0 \tag{6-28}$$

（7）离子势守恒

$$\nabla\cdot(\kappa_{ion}^{eff}\nabla\phi_{ion})+S_{ion}=0 \tag{6-29}$$

在电子和离子的传导过程中，电子传导率和离子传导率受到孔隙率、电解质聚合物体积分数的影响，因而电子传导率（κ_{ele}^{eff}，S/m）和离子传导率（κ_{ion}^{eff}，S/m）可由下式计算：

$$\kappa_{ele}^{eff}=(1-\varepsilon-\omega)^{1.5}\kappa_{ele} \tag{6-30}$$

$$\kappa_{ion}^{eff}=\omega^{1.5}\kappa_{ion} \tag{6-31}$$

离子传导率受到温度、膜态水的影响，其可由下式进行计算[19]：

$$\kappa_{ion}=(0.5139\lambda_{mw}-0.326)\exp\left[1268\left(\frac{1}{303.15}-\frac{1}{T}\right)\right] \tag{6-32}$$

(8) 能量守恒

$$\frac{\partial}{\partial t}[(\rho C_p)_{fl,sl}^{eff}T]+\nabla\cdot[(\rho C_p\vec{u})_{fl}^{eff}T]=\nabla\cdot(\kappa_{fl,sl}^{eff}\nabla T)+S_E \tag{6-33}$$

在 PEMFC 的工作过程中，能量源项包含以下四种热源：活化热、可逆热（来自电化学反应）、欧姆热（来自电子和离子的传导）和潜热（来自水的相变）。其中，潜热可由以下公式计算：

$$S_{lh}=\begin{cases} h_{cond}S_{v-l} & (GDL) \\ h_{cond}(S_{v-l}-S_{m-l}M_{H_2O}) & (CL) \\ 0 & (\text{其他区域}) \end{cases} \tag{6-34}$$

其中，h_{cond} 是水的凝结潜热，J/kg。

6.2.3 边界条件

进口处气体组分的质量流率（$\dot{m}_a$，$\dot{m}_c$，kg/s）定义如下：

$$\dot{m}_a=\frac{\rho_g^a\xi_a I_{ref}A}{2Fc_{H_2}} \tag{6-35}$$

$$\dot{m}_c=\frac{\rho_g^c\xi_c I_{ref}A}{4Fc_{O_2}} \tag{6-36}$$

式中，ξ_a 和 ξ_c 分别是阳极和阴极的化学计量比；I_{ref} 为参考电流密度，A/cm^2；A 为催化层的活化面积，m^2；ρ_g^a 和 ρ_g^c 分别是阳极和阴极气体组分的密度，kg/m^3；c_{H_2} 和 c_{O_2} 分别是氢气和氧气的摩尔浓度，mol/m^3。

本模型中，为了控制 PEMFC 的工作温度，模型计算域的壁面以及进口温度设定为工作温度，但需要注意的是，由于 PEMFC 工作过程中的反应会产生热量，因而电池内部实际的工作温度要稍高于设定的工作温度。

阳极和阴极极板平面上的电子势定义如下：

$$\phi_{ele}^a=V_{rev}-V_{out}=\eta \tag{6-37}$$

$$\phi_{ele}^c=0 \tag{6-38}$$

其中，V_{rev} 是可逆电压，V；V_{out} 是输出电压，V；η 是反应电压损失的过电势，V。

可逆电压可由下式进行计算：

$$V_{rev}=1.229-0.9\times10^{-3}(T_0-298.15)+\frac{RT_0}{2F}\left(\ln p_{H_2}^{in}+\frac{1}{2}\ln p_{O_2}^{in}\right) \tag{6-39}$$

式中，$p_{H_2}^{in}$ 和 $p_{O_2}^{in}$ 分别是氢气和氧气的进气压力。

该模型可通过有限元方法（finite volume method，FVM），结合商业化计算流体力学软件（如 Fluent、Star-CD、CFX、CFD-ACE+）及自编程进行守恒方程的离散求解，从而保证复杂计算域的处理及求解过程的稳定性。

6.2.4 典型宏观仿真结果

流场板具有分配反应气体、收集电流、排出反应产物、排出热量及为电池提供机械支撑等功能，其重量及成本分别约占电池堆 60% 及 30%，成为制约 PEMFC 的质量功率密度及成本等的重要因素[24]。同时，流场板的设计有助于解决燃料电池内水管理问题，因而合理的流场板设计直接影响电池的性能，也是电池设计开发中最为关键的内容。

图 6-2 为五种不同流场板的燃料电池物理模型，五种流场板的设计形态直接影响着电池的性能输出（图 6-3）[2]。按照最高输出功率密度排列，多孔型流场板性能最优，插指型其次，扰流型、平行型及钉柱型依次降低。在高电流密度工况时（1.2A/cm^2 以上），钉柱型流场板性能较平行型流场板更优；与多孔型流场板相比，插指型流场板出现显著的浓差极化时电流密度更高，这与插指型流道可强化对流传质有关；平行型流场板出现显著的浓差极化时电流密度最低。此外，由于极板形态的不同，反映在电流密度的分布特性上也不尽相同，如图 6-4 所示，肋板对应区域的电流密度较高，这是因为肋板具有收集电流的功能，电化学反应产生的电流需经过肋板到达集流板。钉柱型流道内的肋板面积最小，这使得燃料电池收集电流能力最弱，因此，在低电流密度时钉柱型流场板输出性能最差，局部最大电流密度值最高。

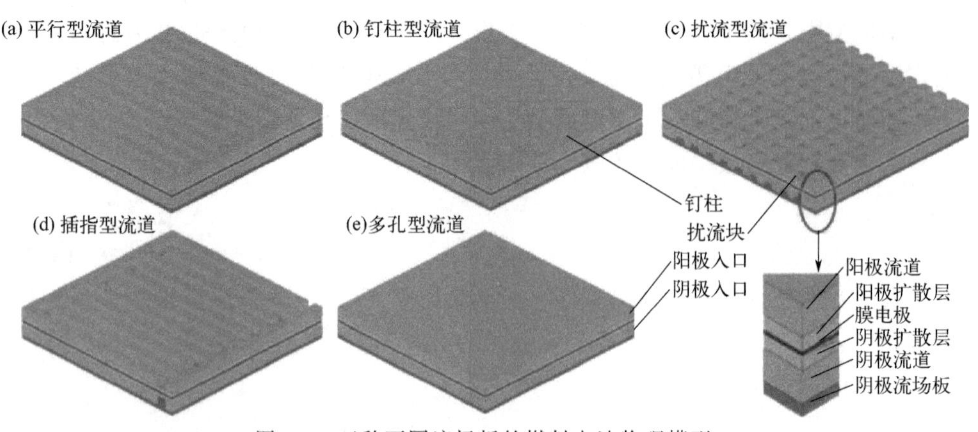

图 6-2 五种不同流场板的燃料电池物理模型

扩散层一般可由石墨化的碳纸或碳布组成，孔隙率较高，力学性能、导电及导热性能优良。由于气体扩散层微观结构为层状纤维排列（如图 6-5），是典型

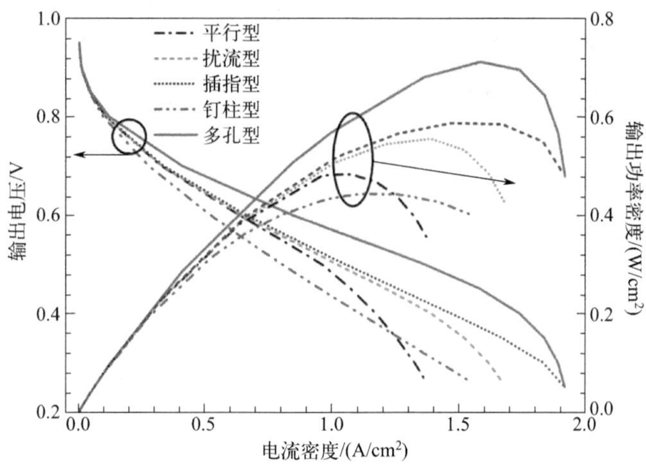

图 6-3　五种不同流场板极化曲线及功率曲线对比

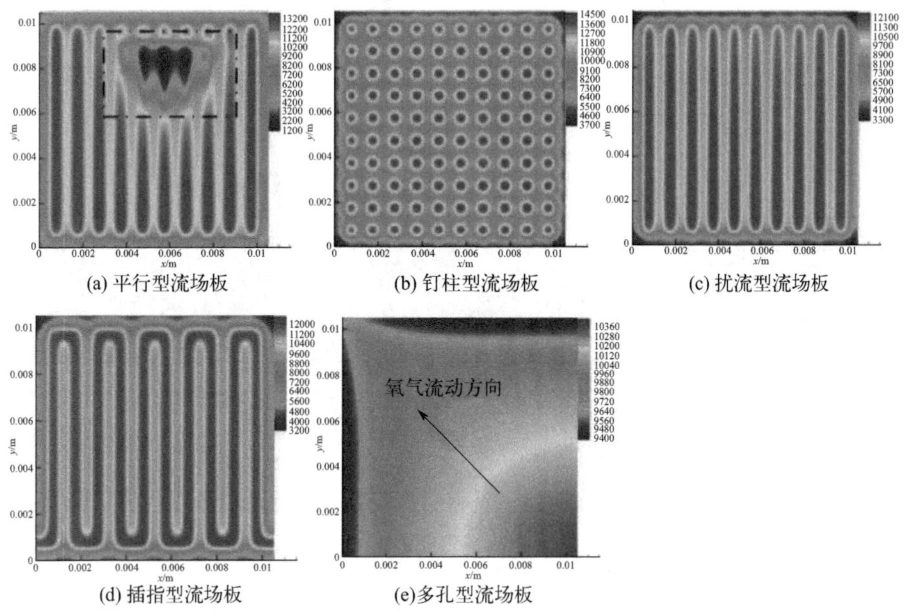

图 6-4　质子交换膜沿厚度方向中心界面位置电流密度分布（彩图见文前）

电流密度为 1.0A/cm^2；电流密度分布单位：A/m^2

的各向异性材料，因而其各向异性的特点直接影响电池工作过程中的传热、传质过程。图 6-6 为各向异性及各向同性气体扩散层对电池性能的影响[25]，研究表明气体扩散层的材料属性对电池的欧姆损失及浓差损失具有显著影响，由于各向异性气体扩散层中气体组分的扩散系数及电导率更高，因而具有更加优异的性能。电流密度的分布上，各向同性材料可以获得更加均匀的电流密度分布（图 6-7）。

图 6-5　气体扩散层电镜扫描图

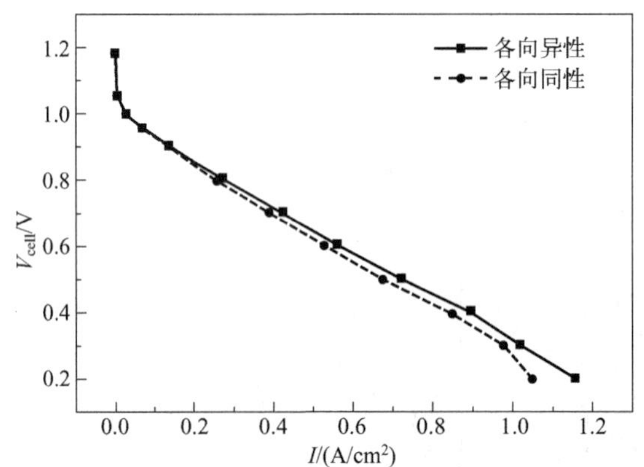

图 6-6　各向异性及各向同性气体扩散层对电池性能的影响

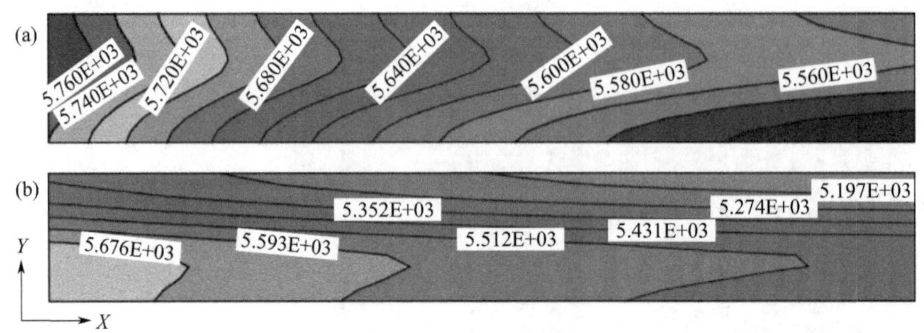

图 6-7　平面方向电流密度分布

（a）各向异性气体扩散层；（b）各向同性气体扩散层

当质子交换膜燃料电池在低温下启动时，电化学反应产生的水会迅速结冰并填充催化层，如果催化层温度无法及时达到冰点以上则冷启动失败。质子交换膜本身具有一定的蓄水能力，因此在燃料电池关机之前，如能将多孔电极及质子交换膜内的水及时吹扫出去，将有助于实现冷启动[11,26]。在电池工作过程中，停机吹扫策略的优化也至关重要。图 6-8 为质子交换膜温度、膜态水含量及高频阻抗（high frequency resistance，HFR）随时间的演化曲线。由图可以看出，吹扫开始时，质子交换膜的温度显著降低。这是因为燃料电池停机后，电池内的热源项（如可逆热、极化热及欧姆热）瞬间消失，仅相变潜热及膜态水的脱附热存在。图 6-9 为不同截面上液态水饱和度随吹扫时间的分布。由图可以看出，随着吹扫的进行，干燥前沿面沿厚度方向移动，干燥前沿面与流道和扩散层交界面的距离不断增加，液态水的吹扫效率逐渐降低。当吹扫时间为 15s 时，阳极电极内的液态水被彻底吹扫干净。由图可以看出，催化层及扩散层内的液态水饱和度同时减小，催化层内液态水饱和度降低促使催化层膜态水含量减少，这表明燃料电池各组件的干燥过程不是顺序进行的。

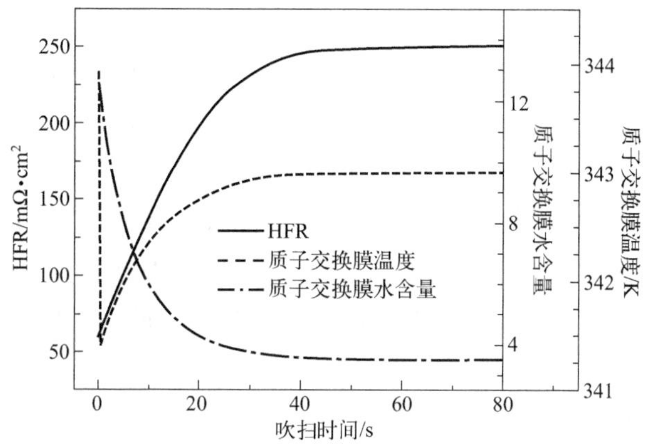

图 6-8 质子交换膜 HFR、膜态水含量及温度随吹扫过程的演化曲线

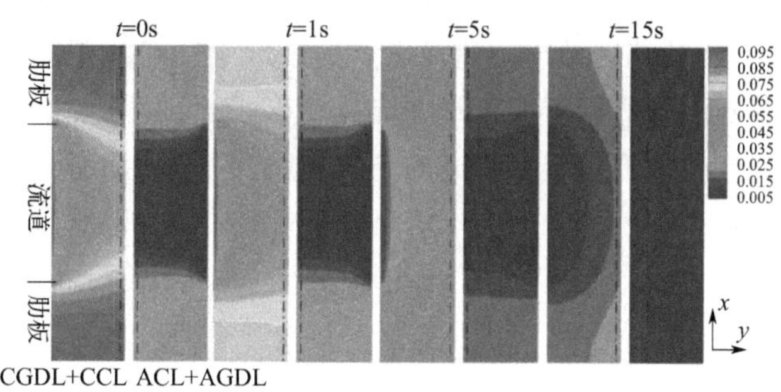

图 6-9 多孔电极内的液态水饱和度分布

6.3 扩散层孔尺度模拟

气体扩散层由具有多孔结构的碳纸或碳布加工而成，位于流场板与催化层之

间，其厚度通常为 100～300μm。气体扩散层对质子交换膜以及催化层起到一定的支撑作用，同时是反应气体的传输通道，因此，气体扩散层除应具备一定的机械强度外，还应具备较高的孔隙率。此外，气体扩散层骨架亦是电子和热量的传输通道，同时阴极反应生成的水也需要经过气体扩散层排出。因此，气体扩散层内通常具有疏水和亲水两种通道，分别用于气体和液态水的传递。为了在扩散层内构建疏水的气体通道，通常以聚四氟乙烯对气体扩散层进行处理。

6.3.1 扩散层结构重构

典型气体扩散层的电镜扫描图如图 6-5 所示，气体扩散层由碳纤维层层叠加而成，在面内和厚度方向上具有明显的各向异性。获得质子交换膜燃料电池气体扩散层微观结构的方法有两种：①采用透射电镜扫描或 X 射线计算机断层扫描等实验技术手段，来获得气体扩散层样品的实际微观结构；②根据多孔气体扩散层的结构特征和统计特性（如孔隙率、组分体积分数及孔径分布等），采用数值重构算法来生成气体扩散层的微观结构。基于断层扫描等实验技术手段操作费时，成本较高，且精度受限于仪器的分辨率。相反地，基于随机重构算法，可快速高效地获得大量气体扩散层的结构信息，可移植性强，被大多学者广泛使用。对于气体扩散层，其三维随机重构方法的主要步骤为：①在计算区域内，采用随机数来随机控制任意纤维轴线所在的位置（某一空间点及两个坐标空间角度 θ 和 φ）与纤维直径；②计算区域内空间任意点到该纤维轴线的距离，当距离小于纤维半径则认为该点被碳纤维所占据；③统计计算区域的孔隙率，重复生成纤维直到孔隙率达到设定值。通过选取合适的空间角度，可使得气体扩散层中的纤维呈现出不同的空间取向，较为经典的取法是使得纤维在面内方向随机排布。数值重构的结果如图 6-10 所示[2]。

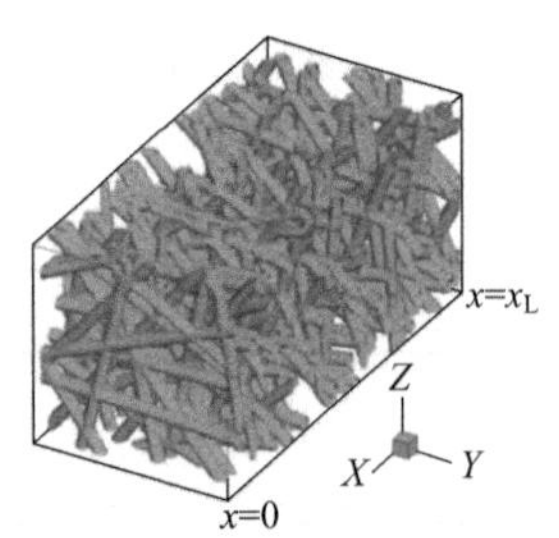

(a) 纤维在层间随机分布

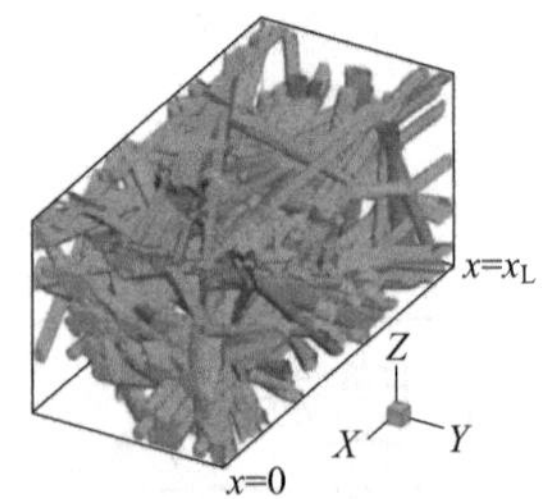

(b) 纤维在空间随机分布

图 6-10　气体扩散层的数值重构的结果

6.3.2 扩散层有效输运参数预测

气体扩散层的有效输运参数（有效扩散系数、渗透率、有效导热系数）显著影响质子交换膜燃料电池内部“气-水-热”耦合复杂输运过程。多孔气体扩散层的结构复杂，其内碳纤维的取向和排布方式显著影响有效输运参数。目前文献中关于有效输运参数的选取一般基于经验关联式，取值可相差1～2个数量级。基于实际微观结构预测气体扩散层的有效输运特性至关重要。准确预测气体扩散层有效输运参数的过程分为两方面：①获得气体扩散层的微观结构；②以微观几何结构作为输入条件，采用合适的数值方法来求解发生在气体扩散层中的扩散、流动和导热过程，以计算得到其有效扩散系数、渗透率和有效导热系数。

气体扩散层中气体的有效扩散系数反映了反应气体在多孔介质中的传输能力。目前文献中常采用如下经验关联式来计算气体扩散层的有效扩散系数[27]：

$$\frac{D_{\text{eff}}}{D_{\text{bulk}}}=\varepsilon\left(\frac{\varepsilon-0.11}{1-0.11}\right)^{\alpha} \tag{6-40}$$

式中：ε 是孔隙率；α 为常数，对于面内及厚度方向，α 分别选取0.521和0.785。由于气体扩散层的结构复杂，纤维随机排列，其曲折率的变化幅度往往较大，采用上式计算气体扩散层的有效扩散系数忽略了真实微观结构的影响，因而偏差往往较大。格子Boltzmann方法传质模型可以真实的微观结构作为几何输入条件，考虑固体骨架对气体扩散过程的影响，因而其计算精度较高。为模拟发生在气体扩散层孔隙中的气体扩散过程，可在代表性单元体的进出口边界（$x=0$，$x=x_{\text{L}}$）给定浓度差，而四周采用周期性边界条件，固体纤维骨架均采用无通量边界条件，当达到稳态时，模拟所获得的浓度分布如图6-11(a)所示。通过统计代表性单元体中某一截面的扩散通量，可由Fick定律计算得到气体扩散层的有效扩散系数：

$$D_{\text{eff}}=\frac{\dfrac{D_{\text{bulk}}\left(\iint\limits_{A}\dfrac{\partial C}{\partial x}\mathrm{d}y\,\mathrm{d}z\right)}{A}}{\dfrac{(c_{\text{in}}-c_{\text{out}})}{l}} \tag{6-41}$$

式中，c_{in}、c_{out} 分别为进、出口浓度；A 为截面面积；l 为气体扩散层厚度。

渗透率用于反映流体流过多孔介质的难易程度。基于宏观模型模拟多孔介质内流动时，模拟结果的准确性严重依赖于渗透率的取值。文献中常用Kozeny-Carman（KC）经验公式计算渗透率：

$$K=\frac{\varepsilon^3}{c(1-\varepsilon)^2S^2} \tag{6-42}$$

式中：c 是 Kozeny 常数；S 是固体相的比表面积。Kozeny 常数 c 是一个经验常数，对于不同结构的多孔介质，Kozeny 常数随多孔介质宏观结构参数的变化趋势非常复杂。针对某一特定结构的气体扩散层，采用 KC 公式计算渗透率的准确性有待进一步验证。

基于孔隙尺度的研究可获得孔隙内详细的输运信息，因而可以精确预测气体扩散层中的流动过程。为获得流体在气体扩散层内的渗透率，可采用 LB 流动模型对其进行数值预测。对代表性单元体所设置的边界条件如下：进出口界面（$x=0$，$x=x_L$）给定压力梯度，四周采用周期性边界条件，而在纤维骨架表面采用无渗透无滑移的边界条件，当达到稳态时，模拟获得的流场分布如图 6-11（b）所示。流体在压力驱动下流动，通过统计孔隙的真实速度来获得表观速度 $\langle \boldsymbol{u} \rangle$，然后根据达西定律来计算渗透率 K：

$$K=\frac{\mu\langle \boldsymbol{u}\rangle}{\dfrac{(\rho_{\text{in}}-\rho_{\text{out}})c_s^2}{l}},\langle \boldsymbol{u}\rangle=\sum \boldsymbol{u}\Delta A_p/A \tag{6-43}$$

式中，μ 为流体动力黏度；ΔA_p 代表孔隙所在节点的面积。

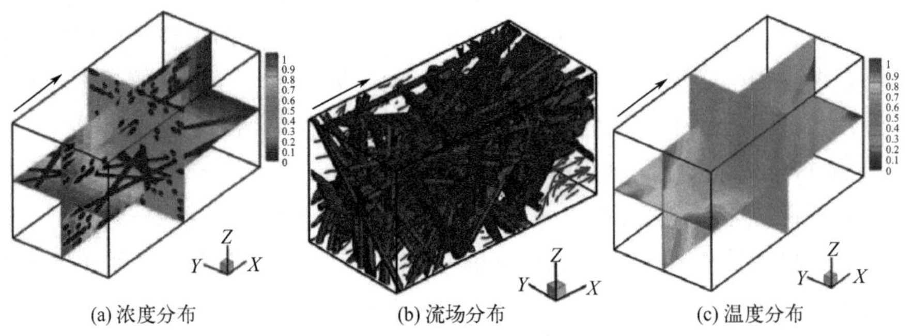

图 6-11　各物理量空间分布规律（彩图见文前）

有效导热系数反映气体扩散层的导热能力，对质子交换膜燃料电池的热管理至关重要。同样地，为考虑气体扩散层微观结构对其有效导热系数的影响，可采用 LB 传热模型对其进行研究。由于热量会在纤维骨架和孔隙中传递，因而热量在流固界面上应保持连续。纤维骨架和孔隙流体的体积热容 ρc_p 不同，为保证流固界面热流密度及温度连续，需假设[10]：

$$(\rho c_p)_s=(\rho c_p)_f,\frac{\alpha_s}{\alpha_f}=\frac{\lambda_s}{(\rho c_p)_s}\Big/\frac{\lambda_f}{(\rho c_p)_f}=\frac{\lambda_s}{\lambda_f} \tag{6-44}$$

式中，下标 s 和 f 分别代表固体纤维和孔隙中的流体。需要说明的是，当温度场达到稳态时，上述假设并不会影响温度场。类似地，对代表性单元体的进出口边界给定温度梯度，四周采用周期性边界条件，当达到稳态时，模拟获得的温度场如图 6-11(c) 所示。通过统计某一截面上的热流密度，可采用 Fourier 定律来计算气体扩散层的有效导热系数：

$$k_{\text{eff}}=\frac{k_{\text{f}}\left(\iint\limits_{A}\frac{\partial T}{\partial x}\mathrm{d}y\,\mathrm{d}z\right)\Big/A}{(T_{\text{in}}-T_{\text{out}})/l} \tag{6-45}$$

6.3.3 扩散层孔隙尺度两相流动

在微细多孔介质中，由于系统特征尺寸很小，体积力的作用变得微弱而表面力（毛细力、黏性力）的作用变得显著。因此，毛细力和黏性力主导着液态水的运动。润湿相流入多孔介质中排挤非润湿相的过程称为吸吮过程；而相反的过程，即用非润湿相来驱替润湿相的过程称为排泄过程。当非润湿相的动力黏度比润湿相小时，容易发生黏性指进；而当毛细数较小时，即表面张力较大而速度较小时，容易发生毛细指进现象。

质子交换膜燃料电池气体扩散层中的纤维本身为亲水材料，为了减轻其中的水淹现象，常用疏水剂 PTFE 将其纤维处理为疏水材料。液态水在疏水气体扩散层中的运动过程即为排泄过程。在气体扩散层中，液态水的运动速度一般很小，毛细数 Ca 很小，约为 $10^{-8}\sim10^{-6}$，当电池工作温度为 350K 时，液态水和空气的黏度比约为 17.5。液态水在疏水气体扩散层的传输机制为毛细指进。液态水毛细指进的典型特征是液态水总是优先侵入大孔。这是因为液态水进入大孔所要克服的毛细阻力较小。

孔隙尺度下，研究多孔介质中多相流动过程的数值模拟方法主要有孔网模型（pore network model）和 LBM。孔网模型将实际复杂的多孔结构简化为喉道相连的多孔网状结构，并基于简化的物理化学模型来研究液体在孔和喉中的运动过程，模拟的结果依赖于简化的孔网结构及简化物理模型的正确性。而 LBM 是一种直接数值求解方法，直接求解连续方程和动量方程，且能与实际微观复杂结构作为几何输入条件，因而采用 LBM 研究发生在多孔介质中的两相流动过程更有利于揭示其运动机制。

气液界面的形成是不同相分子间作用力的结果。LBM 由于其动力学特性，可以比较方便地引入分子间作用力，与人为地构造气液界面的方法不同，通过在 LBM 中引入分子间作用力可以自动形成界面，更贴近实际物理过程。目前，模拟气液多相流动的 LBM 包括颜色模型、伪势模型和自由能模型。伪势模型被广泛应用于研究气体扩散层孔隙尺度两相过程[28]。

对于气体扩散层中的两相流动过程，常采用两种数值实验来研究液态水在气体扩散层中的输运和动态演化过程：压力驱动和体积力驱动。数值研究的主要目的是获得气体扩散层微观结构和其湿润特性对气体扩散层中液态水演化过程的影响。

为研究液态水在疏水气体扩散层中的驱替过程，需要在流动方向上施加一定大小的压差。在代表性单元体的进口给定恒定的液态水压力，而在出口给定恒定的气体压力。初始时，气体扩散层中填充的是空气，进口的液态水压力和出口处的气体压力相等，毛细压力为 0。通过保持进口处的液态水压力和降低出口处的气体压力，可以产生一个压力梯度，进而驱动液态水往疏水气体扩散层中运动，驱替气体扩散层中的气体。图 6-12 给出了不同毛细压力下，液态水在穿孔气体

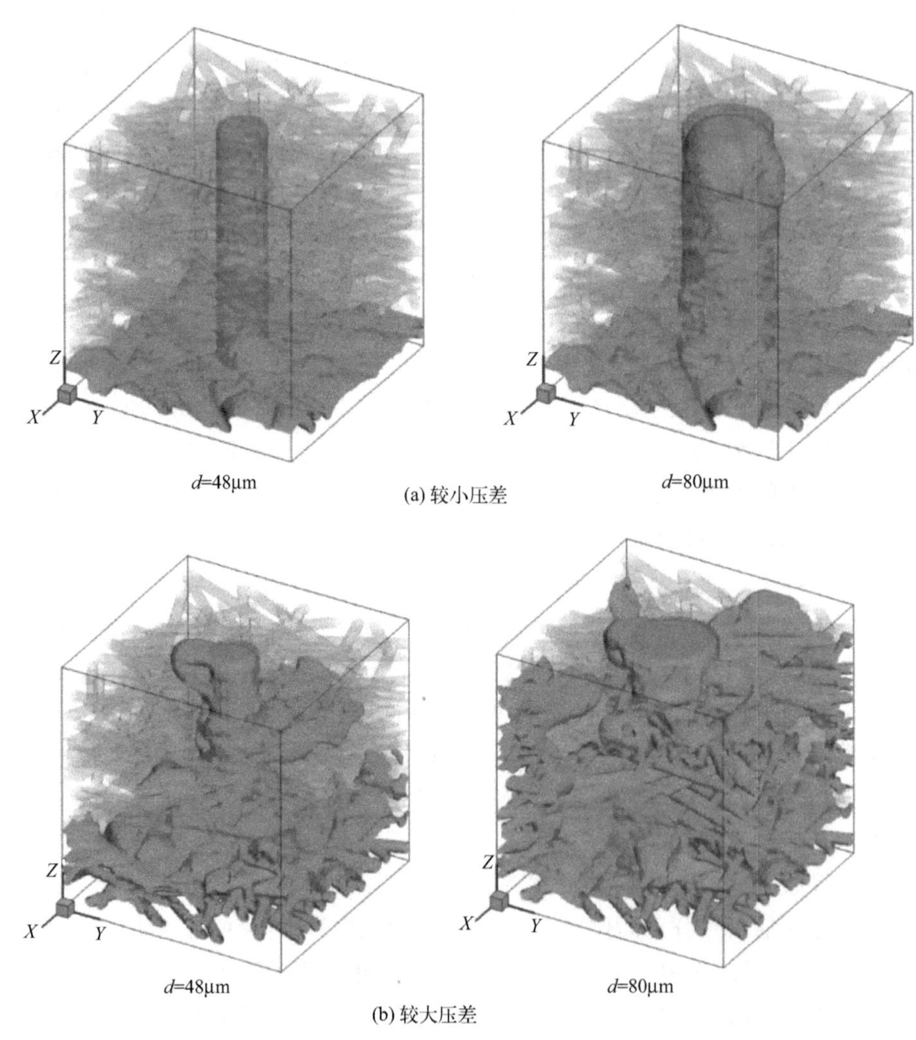

图 6-12　液态水在疏水穿孔气体扩散层中的驱替过程

扩散层中的驱替过程，其中穿孔的设计是为了避免气体扩散层中的水淹现象[29]。从图 6-12 可见，在较小毛细驱动力下，只有少数位置优先被液态水侵入，而在较大毛细驱动力下，液态水呈现出整体驱替的趋势。液态水在疏水气体扩散层中的扩散过程需要克服毛细阻力：

$$p_c=\frac{2\sigma\cos\theta}{r} \tag{6-46}$$

式中，σ 是表面张力；θ 是液态水在气体扩散层中的接触角；r 是孔径的大小。由于大孔的位置，毛细压差阻力小，因而液体会优先侵入大孔。当气体扩散层穿孔直径大于其平均孔径时，穿孔的存在会对液体的侵入过程造成很大的影响。当穿孔直径为 80μm 时，液态水比穿孔直径为 48μm 时更容易侵入疏水气体扩散层。

在肋下的气体扩散层中液态水必须及时排出，否则会导致局部传质恶化。采用 LBM 伪势多相模型，研究了空气吹扫下气体扩散层中液滴的运动过程[30]。如图 6-13 所示，初始时刻，在气体扩散层中的内部给定一个液滴。空气进入进口通道，穿过多孔气体扩散层，并最终由出口通道流出。在此过程中，液态水被空气吹扫排出气体扩散层。在出口通道的出口采用充分发展边界条件，左右边界采用对称边界条件；计算区域内部所有固体表面采用无滑移边界条件。气体扩散层和肋板的接触角为 110°。在进出口给定 100Pa 压差，对空气吹扫下的液滴运动过程进行模拟，模拟结果如图 6-13 所示。从图中可以发现，在 100Pa 压差条件下，液态水在空气吹动下，开始运动。由于较大的孔内阻力较小，液态水选择较大的孔侵入。由于存在死角，一部分液态水被阻滞，剩余的液态水继续前进。经过一段时间后，大部分液态水到达出口通道下方气体扩散层处。同时，很多小液滴残留在气体扩散层中，这些小液滴或被碳纤维构成的死角阻滞，或者由于运

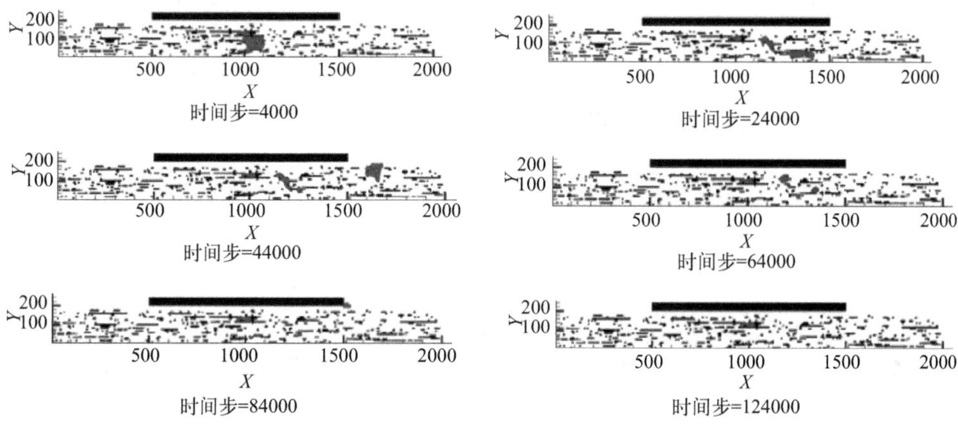

图 6-13　液态水在多孔 GDL 中的运动过程（100Pa）

动速度较小而落后于液态水主体。在出口通道中，高速气流的剪切作用使液态水主体被严重撕裂并排出。随后，速度较小的小液滴被排出气体扩散层。最终，气体扩散层中仅存在很少的液态水，这些液态水被固体死角阻滞。

6.4 催化层孔尺度模拟

催化层是质子交换膜燃料电池中实现化学能向电能转化的场所。其中阴极的ORR的反应速率远远低于HOR。目前催化层为具有多种成分、结构复杂的多孔介质。以阴极催化层为例，其包括提供电子传导通道的碳载铂、提供质子迁移通道的电解液，以及提供反应气体和生成水输运通道的孔隙。在燃料电池的组件中，催化层中发生的过程最为复杂。在阴极催化层中发生的多场耦合输运过程包括：流动、氧气输运、质子和电子传导、水（水蒸气或液态水）迁移以及电化学反应过程。复杂的多成分多孔结构以及复杂的多场耦合输运过程，使得催化层的研究成为质子交换膜燃料电池的热点和难点。目前，文献中大都采用连续尺度模型研究催化层中的反应输运过程，相应的模型可分为三类：薄膜模型、均相混合模型和团聚块模型。孔尺度模型直接基于催化层实际结构进行模拟。2006年，宾夕法尼亚州立大学C. Y. Wang的课题组最先开展了催化层多场耦合过程的孔尺度数值仿真研究[31]。在催化层中，氧气在孔隙中传输，电子在固体碳中传输，质子在电解液中传输，三者在三相接触区发生电化学反应，进而实现化学能向电能的转化。探明孔隙尺度的氧气、电子及质子输运过程，掌握催化层结构参数与宏观输运参数的关系，揭示孔隙尺度结构及催化层多成分分布与电化学反应速率之间的耦合机制，进而优化催化层孔隙尺度结构，提高催化层性能，是孔尺度研究的主要目标。

6.4.1 催化层结构重构

获得所研究多孔介质的实际结构的途径包括实验及数值重构。采用Nano-CT、X-ray、FIB-IBM等三维成像技术可直接获得催化层的实际三维孔隙结构。然而，由于催化层成分多、结构复杂、纳米孔隙居多等特点，现有三维成像技术在准确表征催化层实际微观结构及成分分布方面仍存在困难。因此，基于SEM、TEM等获得催化层的高分辨率、二维或准二维的结构及成分分布图像，发展相应的数值重构算法，重构催化层三维孔隙结构及多成分分布，是文献中普遍采用的方法，具有成本低、效率高、研究参数范围广等优点。

针对多成分、结构复杂的催化层结构，文献中提出了多种数值重构算法。重构算法基本可以分为三大类：随机分布法、碳颗粒堆积法、制备过程法。早期的催化层结构重构基于随机分布法，且通常只考虑两相，其中孔隙为一相，另一相为碳、Pt 及电解液的混合相。对计算区域内的每一个网格，产生一个随机数，当随机数小于设定的概率数（如孔隙率）时，该网格设置为孔隙相；否则为混合相[31]。上述重构过程中约束条件仅为孔隙率。亦可进一步添加两点关联函数约束重构过程。显然，这种两相随机分布重构算法虽然单独考虑了孔隙，但是未考虑其他成分的微纳米尺度实际分布。

在碳颗粒堆积法中，碳颗粒为基本重构单元[32]。重构过程中，首先在计算区域内随机放置碳颗粒，直到达到碳的体积分数。碳颗粒的直径可以相同，也可以服从一定的分布如正态分布；碳颗粒可以不允许重叠，或按照一定的概率在允许的重叠度范围内重叠；碳颗粒可以随机分布，亦可规定碳颗粒间的团聚力大小，构建不同形态如球形、长链等碳链。碳颗粒分布确定后，在碳颗粒表面覆盖一层均匀或不均匀的电解液薄膜。取决于重构中单一网格的分辨率，碳颗粒堆积法既可以考虑 Pt 颗粒离散分布，亦可假设碳颗粒表面为 Pt/C 均混。最终，所重构结构中未被碳、Pt 以及电解液占据的空间即为孔隙。可以发现，碳颗粒堆积法较客观地考虑了催化层中各成分的微观形貌和具体分布。

在制备过程法中，按照催化层制备的过程来进行催化层的重构[33]。首先，在计算区域内随机布置若干碳相的种子（大小为单一网格）；随后，碳相围绕种子随机生长并形成碳团聚体，生长方式可采用 QSGS 方法；接着，在碳相表面布置一层电解液薄膜；最后，碳表面随机布置 Pt 纳米颗粒，直到获得 C/Pt 目标值。与碳颗粒堆积重构算法比较，制备过程法中没有基本单元为碳球颗粒的约束。

图 6-14(a) 是催化层的电镜扫描图，图 6-14(b) 是催化层的透射电镜扫描图。图 6-14(c) 是采用制备过程法重构获得的催化层结构[34]，其中分辨率为 2nm。图 6-14(c) 中，白、黑、红、墨绿色分别为孔隙、碳、Pt 颗粒及电解液。

6.4.2 有效扩散系数

气体在催化层中的输运机制包括对流和扩散。催化层中的孔隙在纳米级别，与对流相比，扩散传质机制占主导地位。孔尺度数值方法直接基于图 6-14 的孔隙结构研究中的反应气体扩散过程。在计算区域的进出口附加浓度边界条件，研究给定浓度差驱动下孔隙中的氧气扩散过程。如果不清楚催化层内部的孔隙结构和成分分布，将催化层作为黑盒子处理，仅仅考虑在给定浓度差下获得的氧气通量，将会发现通量值远远小于计算获得的通量。究其原因，催化层中的非孔隙成

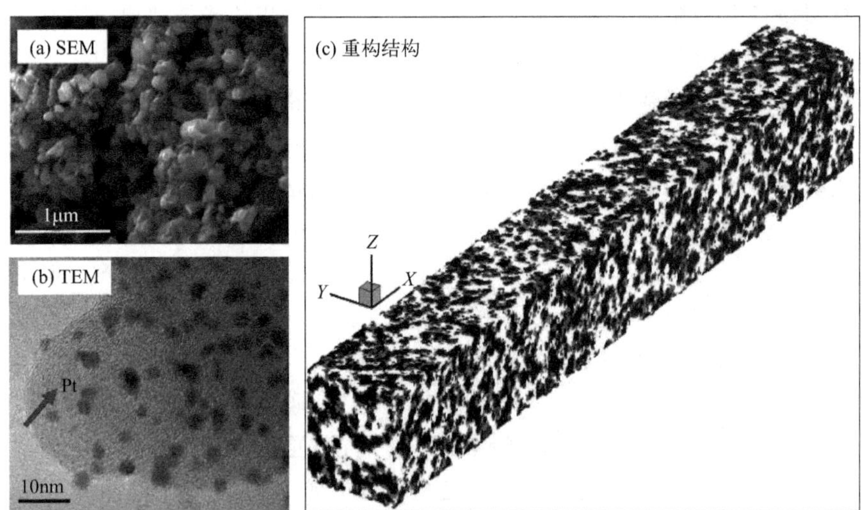

图 6-14　催化层微纳结构及重构（彩图见文前）

分阻碍了反应气体的传输，使得反应气体输运阻力增加，进而导致较低的通量。基于该通量计算获得的有效扩散系数如下：

$$D_{\text{eff}}=\frac{\phi}{(c_{\text{in}}-c_{\text{out}})/L_x} \tag{6-47}$$

在电池宏观模型中，不考虑催化层实际结构，有效氧气扩散是需要输入的参数。因此，电池宏观模型能否准确预测催化层中氧气扩散过程，很大程度上依赖于采用的有效扩散系数是否准确。文献中通常采用 Bruggeman 方程计算有效扩散系数：

$$D_{\text{eff}}=D\,\frac{\varepsilon}{\tau} \tag{6-48}$$

其中，τ 为迂曲度。原始的 Bruggeman 方程基于球颗粒堆积的多孔介质获得，其中 $\tau=\varepsilon^{\alpha}$，$\alpha=-0.5$。在研究燃料电池时，迂曲度和孔隙率的上述定量关系被广泛使用。然而，催化层的微观结构与球颗粒堆积差异很大，Bruggeman 方程是否适用于描述催化层中有效扩散系数和孔隙率以及迂曲度间的关系需要仔细研究。需要指出的是，孔尺度仿真能够给出氧气浓度的孔尺度详细分布，因而可以获得氧气的扩散通量。一旦扩散通量已知，催化层的有效扩散系数即可计算获得。通过重构获得成分含量不同的催化层孔隙结构，并预测获得对应的有效扩散系数，即可获得催化层结构参数与有效输运参数间的量化关系。图 6-15(a) 是基于孔尺度研究预测获得的催化层孔隙率与有效扩散系数之间的关系[34]。可以看出，采用原始的 Bruggeman 方程预测获得的催化层有效扩散系数过高。催化层中的孔隙为纳米级，需要同时考虑二元扩散和 Knudsen 扩散。扩散的微观机制是分子碰撞。当孔隙大小与分子平均自由程相当或更低时，与分子之间的碰撞相比，分子与固体骨架的碰撞更加频繁，此时发生 Knudsen 扩散。孔尺度模拟考虑了 Knudsen 扩散后，仿真结果与实验结果[35] 基本吻合。如果采用 Bruggeman 方程对图 6-15(a) 中的孔尺度结果进行拟合，对于催化层，α 的推荐取值为−1.48。

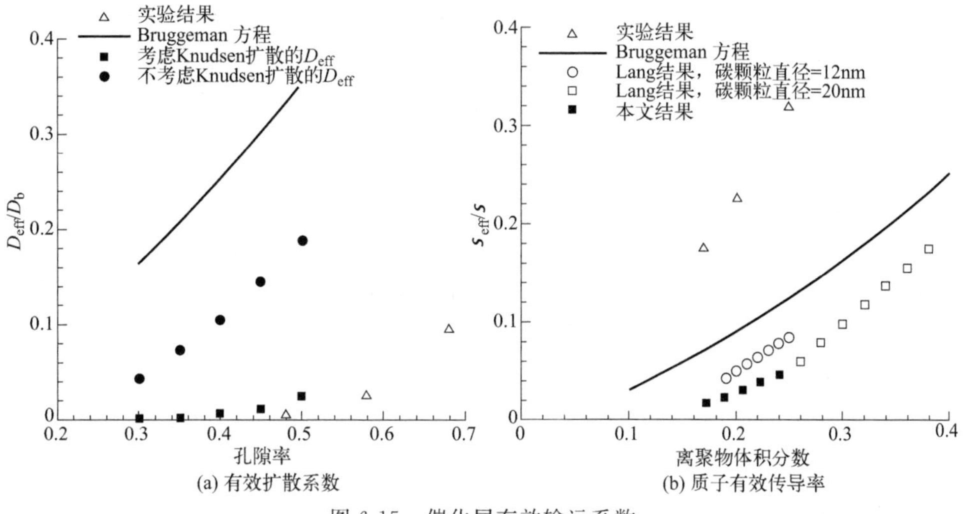

图 6-15 催化层有效输运系数

6.4.3 有效质子电导率

由于电子的电导率远远高于质子，因此质子的传递阻力更高，也是催化层中传递过程的研究重点。需要指出的是，与孔隙及碳颗粒相比，电解液相的分布尤其是三维分布目前研究相对不足。主要原因在于电解液是覆盖于 Pt/C 表面的厚度为几纳米的薄膜，其在催化层中的分布呈非均质性。基于现有的高分辨率二维 TEM 图以及为数不多的三维实验结果，可对覆盖于 Pt/C 表面的电解液薄膜进行重构。在给定电势差的边界条件下，模拟质子在重构获得的电解液中的迁移过程，获得电势的孔尺度分布。同样地，由于迂曲的迁移通道，质子传导通量远低于采用质子的电导率计算获得的通量。与上节中反应气体扩散过程类似，此处定义质子的有效电导率用于考虑电解液实际分布的影响。图 6-15(b) 是采用 LBM 模拟获得的质子有效电导率[34]，可以看出质子的有效电导率非常低，只有电导率的 0.1 左右，且远远低于实验值[36]。文献中 Lange 等[37] 的孔尺度模拟结果也远远低于实验值。因此，有必要进一步深入研究催化层中质子的传导机制。

6.4.4 反应输运过程及结构优化

采用孔尺度方法可以进一步研究流固界面上的电化学反应，综合考虑耦合的传质和电化学反应过程，探明催化层结构对电化学反应过程的影响。尽管在电池连续尺度模型中被处理为体源项，但三相接触区的电化学反应事实上是表面反应。LBM 在处理上述反应输运边界上具有独特优势。Chen 等提出了能够处理复杂边界、发生化学反应的浓度边界条件，详见相关文献[38]。图 6-16 是模拟获得的氧气浓度分布，由于化学反应，氧气浓度从左到右逐渐降低[34]。孔尺度数值仿真能够获得各反应位点的局部反应速率。催化层中体反应速率受传质和反应两个过程控制。强化传质和增加反应位点数是提高电流密度的关键。增加反应位点需要降低碳颗粒直径，提高比表面积；然而这会导致孔径减小，进而导致传质阻力较高。因此，传质能力强和反应位点多呈现此消彼长的竞争关系。考虑了传质和界面反应过程的孔尺度仿真是研究催化层结构和界面分布对传质反应过程影响的有力工具。孔尺度研究结果表明，催化层采用分级的多孔介质结构，即介孔强化传质-微孔增加反应位点，能够同时兼顾传质和界面反应，提高催化层性能。进一步地，近期研究发现[39]，采用前疏后密的梯度介孔分布，能够进一步强化反应输运过程。研究结果表明，在催化剂用量下降 26%的情况下，性能提高了20%。这些工作为催化层的结构优化奠定了理论基础。针对催化层内气体传质阻力随着催化层铂载量的降低而显著增加的现象，Mu 等[40] 通过构建氢泵模型研究了氢气和质子在催化层内的耦合输运过程。进一步地，他们考虑了阴极催化层内水与氧气的耦合传输过程，研究了膜电极结构参数对燃料电池输出性能以及局部传质阻力的影响[41]。催化层内液态水的形貌受其润湿性的影响，将会影响氧

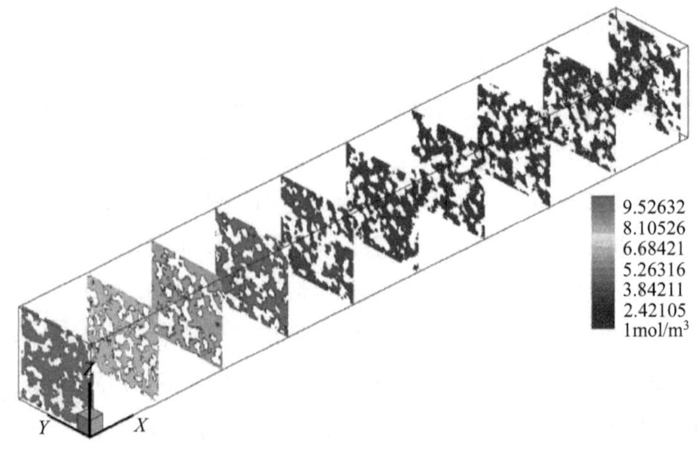

图 6-16 催化层中孔尺度氧气浓度分布

气在催化层内的传输。通过考虑氧气在液态水内的渗透性，他们研究了液态水对氧气局部传质阻力的影响[42]。

6.4.5 催化层孔尺度两相反应输运过程

水在催化层中的迁移及分布对催化层中的传质反应影响复杂。一方面，反应生成的水能够提高电解液的含水量，进而提高质子的电导率。另一方面，液态水会堵塞孔隙，阻碍反应气体扩散；同时液态水覆盖反应位点，使得活性位点减少。近来亦有研究表明，液态水能够提供质子传输通道。可以看出，水对催化层中输运过程的影响非常复杂。目前，针对催化层中两相反应输运过程的研究刚刚开始。Chen 等构建了耦合气液两相流、氧气扩散、电化学反应过程的孔隙尺度模型，捕捉了在催化层中液态水的生成、聚集、迁移过程，如图 6-17 所示，并分析了液态水分布对氧气输运及反应速率的影响。研究表明，在液态水形成连续毛细流前，液态水主要在大孔周围的小孔内呈微小液滴分布；形成连续毛细流后，液态水主要运动机制为毛细指进。增加催化层的疏水性，能够减轻水淹，加速液态水突破并有利于液态水相变[43]。

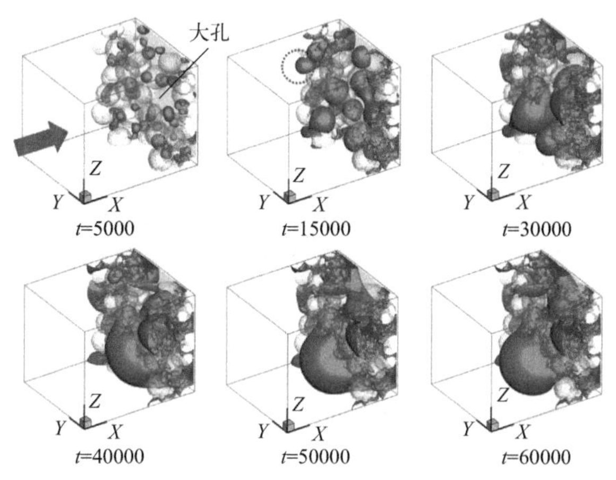

图 6-17 催化层中液态水的生成、聚集、迁移过程孔隙尺度模拟

6.4.6 低 Pt 传质阻力研究

降低催化层 Pt 载量是降低电池成本的关键。然而，近来丰田、本田、通用等公司的研究表明，随着 Pt 载量下降，氧气的局部传质阻力非线性增加，尤其在 Pt 载量低于 0.1mg/cm^2 后，传质阻力增加明显[44-47]。目前实验直接测量微纳米尺度上尤其是厚度为几纳米的电解液薄膜中的传质过程存在困难。基于测量

极限电流密度推导获得氧传质阻力是目前广泛使用的方法[48]。Chen 等构建了包含多孔碳颗粒、覆盖在碳颗粒表面的电解液以及离散分布的 Pt 纳米颗粒的碳载铂颗粒结构，发展了考虑碳颗粒间孔/电解液跨界面传质溶解、电解液内传质、碳颗粒内纳米孔隙传质以及 Pt 表面电化学反应的物理化学模型，深入研究了低 Pt 传质阻力[49]。图 6-18 为模拟得到的低 Pt 传质阻力结果，研究结果与目前文献中的实验测量结果吻合[45,50-52]。在孔尺度探明局部反应输运过程机理的基础上，Chen 等对目前最为广泛采用的催化层团聚块模型进行修正，考虑了团聚块中孔隙网络、碳骨架、电解质薄膜及离散 Pt 纳米颗粒[53]。如图 6-19 所示，与传统团聚块模型相比，在孔隙尺度上对团聚块模型进行修正，可有效评估低 Pt 载量下局部传质阻力对极限电流密度造成的影响。

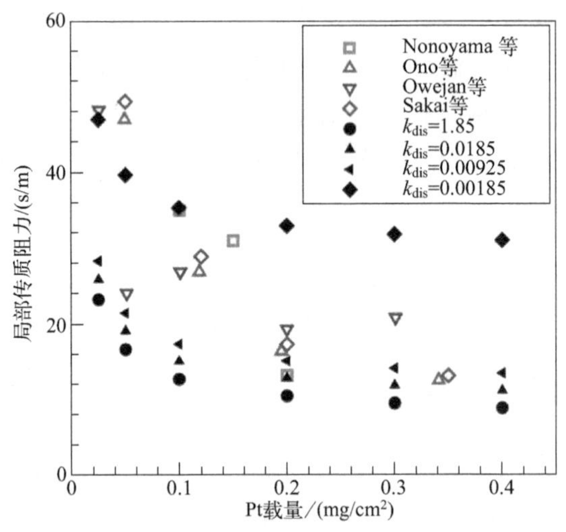

图 6-18 跨成分界面局部传质阻力的影响

进一步地，Chen 等首次全面考虑了氧气在团聚块内部一次孔隙中扩散、在孔隙-电解液界面非平衡溶解、在电解液内输运、在 Pt 表面电化学反应的复杂多场耦合传递过程，详细研究了界面传递过程对局部传质阻力的影响[54]。图 6-20 展示了氧气在电解液中的浓度分布。研究了 Pt 载量、电解液/碳质量比、孔隙率等重要参数对传质阻力（极限电流密度）的影响规律，优化了各成分含量，揭示了催化层纳米尺度多场耦合传递过程机理，对优化催化层结构、降低贵重金属载量、强化输运过程，进而提高催化层性能具有重要的指导作用。

为指导降低 Pt 载量并设计优化催化层结构，Zhang 等近期研究详细比较了不同降低 Pt 载量方式对催化层性能的影响[55]，包括：①不改变催化层厚度，均匀减小催化剂 Pt/C 比；②不改变催化层厚度，掺杂高 Pt/C 比催化剂及炭黑颗粒；③将催化层厚度减半而不改变催化层 Pt/C 比。氧气浓度分布如图 6-21 所

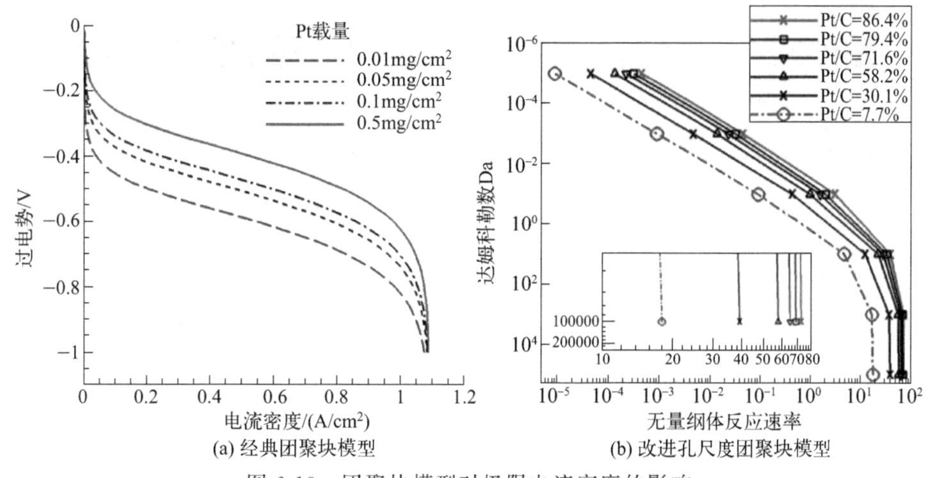

图 6-19 团聚块模型对极限电流密度的影响

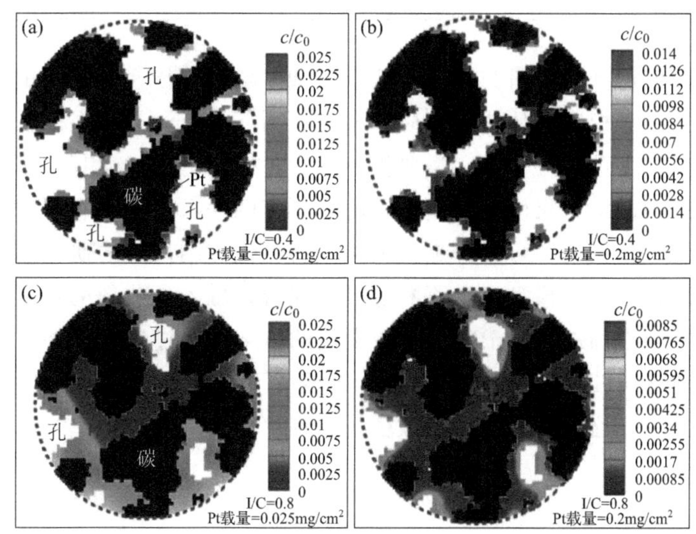

图 6-20 催化层中多场耦合传递过程孔尺度模拟结果（彩插见文前）

示。研究发现，采用方法①可获得更优异的催化层性能。其原因为，该方法中Pt催化剂颗粒的空间分布密度最低，Pt颗粒的离散程度更高，因此催化剂反应位点附近的局部氧气通量最小，导致更低的氧气局部传质阻力和更高的氧气总反应速率。此外，Pt纳米颗粒的微纳尺度团聚致使催化层活性反应面积减少，亦会导致氧气局部传质阻力上升。Zhang等在催化剂团聚领域开展了孔隙尺度数值模拟，详细比较了反应速率常数、Pt颗粒团聚程度、Pt颗粒分布位置等对局部反应输运过程的影响，相关内容可参阅文献[56]。

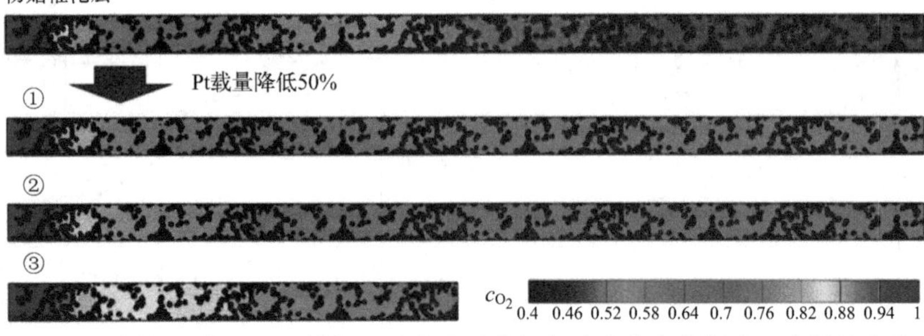

图 6-21 降低 Pt 载量的不同方法对催化层内氧气浓度分布的影响（彩插见文前）

6.5 总结与展望

目前，数值仿真成为研究燃料电池中复杂多场耦合传递过程的重要手段。在揭示燃料电池内多相流、传热、传质、相变、质子/电子传导以及电化学反应间的耦合机制发挥了重要的作用。需要指出的是，燃料电池中尤其在多孔电极内发生着非常复杂的微纳米尺度传递过程。随着研究的深入，不断有新的现象、机理和机制被发现，相关内容可参考近来关于燃料电池微纳尺度的研究进展综述[57]。燃料电池物理化学过程模型也需不断发展和完善，融入这些新的现象、机理或机制，以更加全面准确地描述 PEMFC 中发生的复杂传递过程。此外，燃料电池要获得广泛的商业化使用，也需具备在复杂环境下（高温、高寒、高湿、高纬度等）工作的能力，这对燃料电池的数值仿真提出了新的挑战。

参考文献

[1] 陈黎．能源与环境学科中的多尺度多物理化学耦合反应输运过程数值模拟研究[D]．西安：西安交通大学，2013.

[2] 母玉同．质子交换膜燃料电池内传输过程的孔隙尺度与宏观尺度的数值研究[D]．西安：西安交通大学，2017.

[3] 方文振．格子 Boltzmann 方法对多孔介质内热质传递输运过程及相变传热的研究[D]．西安：西安交通大学，2018.

[4] 何璞．质子交换膜燃料电池内关键输运过程的多尺度数值与实验研究[D]．西安：西安交通大学，2021.

[5] Chen L，He Y L，Tao W Q. Effects of surface microstructures of gas diffusion layer on water droplet dynamic behaviors in a micro gas channel of proton exchange membrane fuel cells[J]. International Journal of Heat and Mass Transfer，2013，60：252-262.

[6] Chen L, Luan H, He Y L, et al. Effects of roughness of gas diffusion layer surface on liquid water transport in micro gas channels of a proton exchange membrane fuel cell[J]. Numerical Heat Transfer, Part A: Applications, 2012, 62 (4): 295-318.

[7] Chen L, Cao T F, Li Z H, et al. Numerical investigation of liquid water distribution in the cathode side of proton exchange membrane fuel cell and its effects on cell performance [J]. International Journal of Hydrogen Energy, 2012, 37 (11): 9155-9170.

[8] Chen L, Feng Y L, Song C X, et al. Multi-scale modeling of proton exchange membrane fuel cell by coupling finite volume method and lattice Boltzmann method[J]. International Journal of Heat and Mass Transfer, 2013, 63: 268-283.

[9] Chen L, Luan H, Feng Y, et al. Coupling between finite volume method and lattice Boltzmann method and its application to fluid flow and mass transport in proton exchange membrane fuel cell[J]. International Journal of Heat and Mass Transfer, 2012, 55 (13): 3834-3848.

[10] Jiao K, He P, Du Q, et al. Three-dimensional multiphase modeling of alkaline anion exchange membrane fuel cell[J]. International Journal of Hydrogen Energy, 2014, 39 (11): 5981-5995.

[11] Mu Y T, He P, Ding J, et al. Modeling of the operation conditions on the gas purging performance of polymer electrolyte membrane fuel cells[J]. International Journal of Hydrogen Energy, 2017, 42 (16): 11788-11802.

[12] Mu Y T, He P, Ding J, et al. Numerical study of the gas purging process of a proton exchange membrane fuel cell[C]. Energy Procedia, 2017, 105: 1967-1973.

[13] He P, Mu Y T, Park J W, et al. Modeling of the effects of cathode catalyst layer design parameters on performance of polymer electrolyte membrane fuel cell[J]. Applied Energy, 2020, 277: 115555.

[14] He P, Chen L, Mu Y T, et al. Modeling of the effect of ionomer volume fraction on water management for proton exchange membrane fuel cell[J]. Energy Procedia, 2019, 158: 2139-2144.

[15] Jiao K, Li X. Three-dimensional multiphase modeling of cold start processes in polymer electrolyte membrane fuel cells[J]. Electrochimica Acta, 2009, 54 (27): 6876-6891.

[16] Ye Q, Nguyen T V. Three-dimensional simulation of liquid water distribution in a PEMFC with experimentally measured capillary functions[J]. Journal of the Electrochemical Society, 2007, 154 (12): B1242.

[17] He W, Yi J S, van Nguyen T. Two-phase flow model of the cathode of PEM fuel cells using interdigitated flow fields[J]. AIChE Journal, 2000, 46 (10): 2053-2064.

[18] Dullien F A. Porous media: fluid transport and pore structure [M]. Academic press, 2012.

[19] Springer T E, Zawodzinski T, Gottesfeld S. Polymer electrolyte fuel cell model[J]. Journal of the Electrochemical Society, 1991, 138 (8): 2334.

[20] Jiao K, Li X. Water transport in polymer electrolyte membrane fuel cells[J]. Progress in Energy and Combustion Science, 2011, 37 (3): 221-291.

[21] Springer T E, Zawodzinski T A, Gottesfeld S. Polymer electrolyte fuel cell model[J].

Journal of The Electrochemical Society, 1991, 138 (8): 2334-2342.

[22] Motupally S, Becker A J, Weidner J W. Diffusion of water in Nafion 115 membranes [J]. Journal of the Electrochemical Society, 2000, 147 (9): 3171.

[23] Thompson E L, Capehart T W, Fuller T J, et al. Investigation of low-temperature proton transport in Nafion using direct current conductivity and differential scanning calorimetry[J]. Journal of the Electrochemical Society, 2006, 153 (12): A2351.

[24] Li X, Sabir I. Review of bipolar plates in PEM fuel cells: Flow-field designs[J]. International Journal of Hydrogen Energy, 2005, 30 (4): 359-371.

[25] Cao T F, Lin H, Chen L, et al. Numerical investigation of the coupled water and thermal management in PEM fuel cell[J]. Applied Energy, 2013, 112: 1115-1125.

[26] Ding J, Mu Y T, Zhai S, et al. Numerical study of gas purge in polymer electrolyte membrane fuel cell[J]. International Journal of Heat and Mass Transfer, 2016, 103: 744-752.

[27] Nam J H, Kaviany M. Effective diffusivity and water-saturation distribution in single-and two-layer PEMFC diffusion medium[J]. International Journal of Heat and Mass Transfer, 2003, 46 (24): 4595-4611.

[28] Chen L, Kang Q, Mu Y, et al. A critical review of the pseudopotential multiphase lattice Boltzmann model: Methods and applications[J]. International Journal of Heat and Mass Transfer, 2014, 76: 210-236.

[29] Fang W Z, Tang Y Q, Chen L, et al. Influences of the perforation on effective transport properties of gas diffusion layers[J]. International Journal of Heat and Mass Transfer, 2018, 126: 243-255.

[30] Chen L, Luan H B, He Y L, et al. Pore-scale flow and mass transport in gas diffusion layer of proton exchange membrane fuel cell with interdigitated flow fields[J]. International Journal of Thermal Sciences, 2012, 51: 132-144.

[31] Wang G, Mukherjee P P, Wang C Y. Direct numerical simulation (DNS) modeling of PEFC electrodes: Part Ⅱ. Random microstructure[J]. Electrochimica Acta, 2006, 51 (15): 3151-3160.

[32] Lange K J, Sui P C, Djilali N. Pore scale simulation of transport and electrochemical reactions in reconstructed PEMFC catalyst layers[J]. Journal of the Electrochemical Society, 2010, 157 (10): B1434.

[33] Siddique N A, Liu F. Process based reconstruction and simulation of a three-dimensional fuel cell catalyst layer[J]. Electrochimica Acta, 2010, 55 (19): 5357-5366.

[34] Chen L, Wu G, Holby E F, et al. Lattice boltzmann pore-scale investigation of coupled physical-electrochemical processes in C/Pt and non-precious metal cathode catalyst layers in proton exchange membrane fuel cells[J]. Electrochimica Acta, 2015, 158: 175-186.

[35] Yu Z, Carter R N. Measurement of effective oxygen diffusivity in electrodes for proton exchange membrane fuel cells [J]. Journal of Power Sources, 2010, 195 (4): 1079-1084.

[36] Liu Y, Murphy M W, Baker D R, et al. Proton conduction and oxygen reduction kinetics in PEM fuel cell cathodes: Effects of ionomer-to-carbon ratio and relative humidity

[J]. Journal of the Electrochemical Society, 2009, 156 (8): B970.

[37] Lange K J, Sui P C, Djilali N. Pore scale modeling of a proton exchange membrane fuel cell catalyst layer: Effects of water vapor and temperature[J]. Journal of Power Sources, 2011, 196 (6): 3195-3203.

[38] Chen L, Kang Q, Robinson B A, et al. Pore-scale modeling of multiphase reactive transport with phase transitions and dissolution-precipitation processes in closed systems [J]. Physical Review E, 2013, 87 (4): 043306.

[39] Chen L, Zhang R, Min T, et al. Pore-scale study of effects of macroscopic pores and their distributions on reactive transport in hierarchical porous media[J]. Chemical Engineering Journal, 2018, 349: 428-437.

[40] Mu Y T, Weber A Z, Gu Z L, et al. Mesoscopic modeling of transport resistances in a polymer-electrolyte fuel-cell catalyst layer: Analysis of hydrogen limiting currents[J]. Applied Energy, 2019, 255: 113895.

[41] Mu Y T, Weber A Z, Gu Z L, et al. Mesoscopic analyses of the impact of morphology and operating conditions on the transport resistances in a proton-exchange-membrane fuel-cell catalyst layer[J]. Sustainable Energy & Fuels, 2020, 4 (7): 3623-3639.

[42] Mu Y T, Yang S R, He P, et al. Mesoscopic modeling impacts of liquid water saturation, and platinum distribution on gas transport resistances in a PEMFC catalyst layer [J]. Electrochimica Acta, 2021, 388: 138659.

[43] Chen L, Kang Q, Tao W. Pore-scale numerical study of multiphase reactive transport processes in cathode catalyst layers of proton exchange membrane fuel cells[J]. International Journal of Hydrogen Energy, 2021, 46 (24): 13283-13297.

[44] Mashio T, Ohma A, Yamamoto S, et al. Analysis of reactant gas transport in a catalyst layer[J]. ECS Transactions, 2007, 11 (1): 529-540.

[45] Sakai K, Sato K, Mashio T, et al. Analysis of reactant gas transport in catalyst layers; Effect of Pt-loadings[J]. ECS Transactions, 2009, 25 (1): 1193-1201.

[46] Kudo K, Suzuki T, Morimoto Y. Analysis of oxygen dissolution rate from gas phase into nafion surface and development of an agglomerate model[J]. ECS Transactions, 2010, 33 (1): 1495-1502.

[47] Weber A Z, Kusoglu A. Unexplained transport resistances for low-loaded fuel-cell catalyst layers[J]. Journal of Materials Chemistry A, 2014, 2: 17207-17211.

[48] Baker D R, Caulk D A, Neyerlin K C, et al. Measurement of oxygen transport resistance in PEM fuel cells by limiting current methods[J]. Journal of the Electrochemical Society, 2009, 156 (9): B991-B1003.

[49] Chen L, Zhang R, He P, et al. Nanoscale simulation of local gas transport in catalyst layers of proton exchange membrane fuel cells[J]. Journal of Power Sources, 2018, 400: 114-125.

[50] Nonoyama N, Okazaki S, Weber A Z, et al. Analysis of oxygen-transport diffusion resistance in proton-exchange-membrane fuel cells[J]. Journal of the Electrochemical Society, 2011, 158 (4): B416.

[51] Ono Y, Ohma A, Shinohara K, et al. Influence of equivalent weight of ionomer on local

oxygen transport resistance in cathode catalyst layers[J]. Journal of the Electrochemical Society, 2013, 160 (8): F779.

[52] Owejan J P, Owejan J E, Gu W. Impact of platinum loading and catalyst layer structure on PEMFC performance [J]. Journal of the Electrochemical Society, 2013, 160 (8): F824.

[53] Chen L, Kang Q, Tao W. Pore-scale study of reactive transport processes in catalyst layer agglomerates of proton exchange membrane fuel cells[J]. Electrochimica Acta, 2019, 306: 454-465.

[54] Chen L, Zhang R, Kang Q, et al. Pore-scale study of pore-ionomer interfacial reactive transport processes in proton exchange membrane fuel cell catalyst layer[J]. Chemical Engineering Journal, 2020, 391: 123590.

[55] Zhang R, Min T, Liu Y, et al. Pore-scale study of effects of different Pt loading reduction schemes on reactive transport processes in catalyst layers of proton exchange membrane fuel cells [J]. International Journal of Hydrogen Energy, 2021, 46 (38): 20037-20053.

[56] Zhang R, Min T, Chen L, et al. Pore-scale and multiscale study of effects of Pt degradation on reactive transport processes in proton exchange membrane fuel cells[J]. Applied Energy, 2019, 253: 113590.

[57] 刘丽娜，张瑞元，郭凌燚，等．质子交换膜燃料电池中微纳输运过程的数值研究进展[J]. 科学通报，2022，67 (19)：2258-2276.

第 7 章

其他氢氧燃料电池的原理及关键材料研究进展

7.1 碱性燃料电池

7.1.1 原理及概述

除了质子交换膜燃料电池，人们通常根据电解质种类的不同，将燃料电池分为以下几类：磷酸型（PAFC）、碱型（AFC）、熔融碳酸盐型（MCFC）、固体氧化物型（SOFC）、阴离子交换膜型（AEMFC），以及直接甲醇型（DMFC）。其中由于碱性电解质的反应条件比较温和，非贵金属催化剂可以在其中稳定存在，因而广受人们关注。早在1960年，美国航天局就成功将培根型AFC应用于Apollo宇宙飞船上，这是一种最早得到应用的燃料电池。它不仅作为宇宙飞船的电力系统，还可以为宇航员提供饮用水。AFC的电解质为KOH溶液，浓度范围为30%～50%。电池能在80～230℃的范围内工作，可以使用常压或加压条件。在AFC工作时，阳极通入湿润的氢气与电解质中的氢氧根离子（OH^-）产生氢氧化反应（HOR），生成水与电子，生成的电子先流经外部电路为设备提供电能，随后回到阴极为氧还原反应（ORR）提供电能；阴极则以氧气与水作为原料，溶于水的氧气在催化层发生ORR被还原为OH^-，而生成的OH^-则通过电解液扩散至阳极参与HOR。电极反应如下。

阳极反应：$2H_2+4OH^- \longrightarrow 4H_2O+4e^-$

阴极反应：$O_2+2H_2O+4e^- \longrightarrow 4OH^-$

总反应：$2H_2+O_2 \longrightarrow 2H_2O$

与其他类型的燃料电池相比，AFC具有一些显著的优点：①运行温度与压力范围较宽，可在80～230℃与$(2.2\sim45)\times10^5$Pa内运行，同时由于其可在较低的温度（80℃）下运行，AFC具有更快的启动速度；②反应效率较高（50%～55%），由于电解液中氢氧离子可提供快速动力学效应，阴极ORR的反应能垒明显低于酸性燃料电池，降低了活性损耗并提升了反应效率；③成本低廉，基于AFC快速的反应动力学，在催化反应过程中可使用银或者镍作为催化剂替代铂，同时AFC使用价格低廉的耐碱塑料和碱性溶液作为电池本体和电解液，进一步降低了成本；④电解液在AFC中的完全循环使其不仅使电解液分布均匀，解决了阴极周围电解液浓度分布的问题，还可以作为冷却介质，利于电池的热管理。与其诸多的优点相比，AFC同样具有许多缺点有待进一步完善：①由于AFC以高浓度的KOH作为电解液，容易与空气中存在的CO_2反应生成碳酸盐沉淀，生成的沉淀会填充电极空隙同时堵塞电解质通道造成电池失活。②由于氢氧化钾电解液具有高腐蚀性与自然渗透能力，电解液的循环利用具有泄漏风险，不仅影响电池运行，还易造成环境污染。此外，当电解液循环次数过多或单元电池未进行良好绝缘，两单元电池之间将存在电解质短路的风险。③AFC 的运行需要配置冷却装置以维持其较低的工作温度。上述缺点极大地限制了 AFC 在陆地环境下的应用，使其难以与其他类型燃料电池竞争。为此，人们开发出一种以固体高分子膜作为电解质的碱性膜燃料电池（AEMFC），AEMFC 的电池反应与 AEM 类似，在阳极发生 HOR，阴极发生 ORR。其工作原理如图 7-1 所示，阴离子交换膜（AEM）的存在不仅可以阻隔燃料在电池中的渗透，还可以将 OH^- 从阳极传导至阴极，使电池构成完整回路。相较于传统 AFC，固态膜电解质缓解了高浓度 KOH 与空气 CO_2 发生反应的问题，打破了只能使用纯净 H_2 作为燃料的局限性。同时，AEMFC 相比于 AFC 的优点还包括：阴/阳极催化剂广泛、发电效率高等（如表 7-1 所示）。

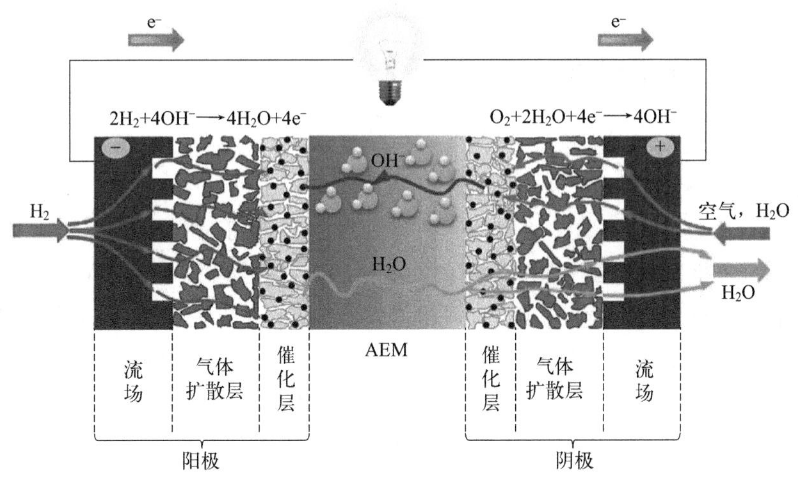

图 7-1　碱性膜燃料电池（AEMFC）工作原理

目前，阴阳两极的催化剂和阴离子交换膜（AEM）在 AEMFC 发展中具有极其关键的作用。催化剂作为碱性燃料电池核心组成部分，在没有催化剂的情况下，电极反应很难发生，催化剂的水平从根本上决定了电池阴阳两极的反应效率。在目前 AEMFC 发展中，阴离子交换膜仍存在电导率低、稳定性差等缺点，使电池放电性能及耐久性还无法与 PEMFC 相媲美。为此，开发具有高电导率、低甲醇渗透率以及优异稳定性的 AEM，成为研究者关注的热点与重点。

表 7-1 AFC 与 AEMFC 基本特征

电池类型	AFC	AEMFC
电解液	30%～40%(质量分数)氢氧化钾	季铵/哌啶基聚合物
阳极催化剂	Pt,Pd,Raney Ni	Pt,Pd,Ni-M,NiMo,CoNiMo,Ni_3N
阴极催化剂	Pt,Pd,Ag,MnO_2	Pt,Pd,Ag,杂原子掺杂 C,Co_3O_4,MnO_2
集电器材料	不锈钢,钢材衍生物	不锈钢,钢材衍生物
温度/℃	40～75	50～90
压力/bar	1～3	1～3
峰值能量密度/(mW/cm^2)	50～300	100～3500
电流密度/(mA/cm^2)	100～300	300～9700
寿命	>5000	300～5000
衰减速率/($\mu V/h$)	3～20	7.5～1000
技术成熟度	成熟	实验室级别

注：1bar=100kPa。

7.1.2 HOR 催化剂

相比于阳极发生的氢气氧化反应（HOR），阴极发生的氧气还原反应（ORR）需要更高的过电势，因此被称为决速步。虽然 ORR 催化剂在实验室阶段已经取得了很大的进展，但其活性仍然强烈依赖于 Pt 金属[1]，而 Pt 大约 250 元/g 的价格严重阻碍了其商业化应用[2]。而对于 AFM，阴极可以使用非 Pt 族材料作为催化剂并达到与 Pt 几乎相同的效果，因此大大降低了催化剂的成本[3-5]。而对于 AFM 阳极的 HOR，Pt 对 HOR 催化速率相较酸性条件下要降低 2 个数量级之多[6,7]。因此，贵金属催化剂在碱性溶液中的 HOR 活性仍需进一步提升。另外，因为贵金属催化剂在碱性溶液中的活性较低，需要大量的催化剂才能达到与其在酸性溶液中相近的活性，所以发展非贵金属催化剂以代替贵金属成为目前的研究重点之一。鉴于碱性溶液温和的反应条件，已有研究发现部分在酸性环境下无法稳定存在的非贵金属催化剂能在 AFM 中稳定催化并展示出优异的活性。

对于 HOR 催化剂的研究，催化剂对氢的结合能（HBE）与 HOR 反应动力学息息相关。各元素 HBE 与交换电流密度的关系如图 7-2 所示[8]，可见如 Pt、Pd、Ir 等贵金属元素对氢的吸附能相较于其他元素接近于 0，因而具有更好的 HOR 活性。HBE 作为预测 HOR 动力学的热力学参数，为 HOR 催化剂的设计与制备提供了重要的指导与理论依据。

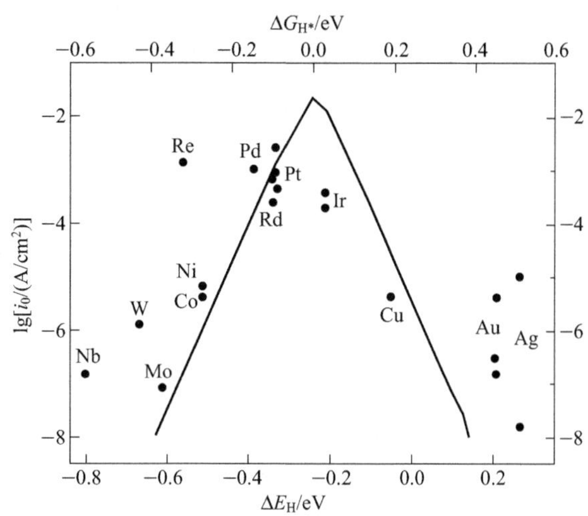

图 7-2 各类催化剂交换电流密度与 HBE 的火山曲线图

7.1.2.1 HOR 贵金属催化剂

Pt 作为一种最常用的 HOR 催化剂，在 HOR 中一直展现出最优异的催化性能，因而受到研究者们的诸多关注，对于在 AFC 中性能较差的 Pt 基催化剂，人们致力于在催化剂中减少 Pt 载量并提升催化活性。其中，对 Pt 颗粒尺寸的控制被证实是一种可靠有效的方法，当 Pt 颗粒在 3nm 左右时，其质量活性达到峰值，同时面积比活性随着颗粒大小的增加而增加并逐渐趋于平稳［图 7-3(a)］。这可归因于活性较低的边原子比例下降[9]。

此外，合金化同样是一种提升 Pt 基催化剂催化活性的有效方法，当与其他金属原子复合后，Pt 的电子状态发生改变，从而更好地吸附氢原子并提高 HOR 活性[10]。例如 Pt_7Ru_3 在 HOR 中的交换电流可达到 0.493mA/cm^2，具有更高的催化活性[11]。

Pd 作为 Pt 的同族元素，展示出许多相似的性质与优异的 HOR 活性，同时，Pd 在地球中的储量大约是 Pt 的 50 倍，因而具有较好的发展前景。与 Pt 类似，尺寸效应同样可以在 Pd 上观察到，这归因于低氢结合能位点的增加，Pd 纳米颗粒的性能同样随着尺寸的减小而增大，在 19nm 时交换电流可达到 0.122mA/cm^2 并趋于平稳[12]。此外，通过引入 CeO_2 构筑 Pd-CeO_2/C 阳极，CeO_2 和 Pd 之间的相互作用力有效削弱了 Pd(111) 晶面过强的氢结合能，从而进一步提升了 Pd 的活性[13]。

除此之外，贵金属 Ir 也被广泛研究作为 HOR 催化剂。Yan 的团队[14] 比较了尺寸在3～12nm的Ir/C催化剂在碱性条件下的HOR活性，其结果与Pt基催化剂类似，Ir/C的氢结合能与颗粒大小紧密关联。Jervis等[15]报道了一种PdIr/C催化剂，在碱性条件下该催化剂的HOR活性可达到Pt/C的两倍。Abruna和他的团队[16]将IrPdRu三元合金纳米颗粒负载于C载体上，通过调节不同元素在合金中所占的比例，获得具有最优合金比的碱性HOR催化剂。通过实验，他们得出结论：Ir_3Ru_7/C和$Ir_3Pd_1Ru_6$/C的催化活性要明显高于Pt/C和Ir/C，同时其价格又低于商业Pt/C，是一种非常有前景的AEMFC阳极催化剂。贵金属Ru同样也可以单独作为碱性HOR的催化剂[17]，与之前所述的贵金属基催化剂相似，尺寸效应同样发生在Ru基催化剂上［图7-3(b)］。Ohyama等[18]制备出粒径为3nm的Ru/C作为HOR催化剂，由于Ru/C具有不规则的晶面结构，展示出高于Pt/C的HOR活性。Papandraw等[19]研究了PtRu和PdRu合金在碱性HOR中的催化性质，在测试过程中发现，PtRu合金可以显著提高HOR的动力学活性，PdRu合金却未有明显提升，作者将这一结果归因于双功能效应与配位效应的相互影响。同时，该课题组还采用模板法和热处理法合成了金属Ru纳米管[20]，并在Ru纳米管的表面包覆Pt金属层。在50mV的过电势下，$Ru_{0.9}Pt_{0.1}$纳米管的电流密度是Ru纳米管的35倍，与Pt纳米管相比，活性提高2倍之多。

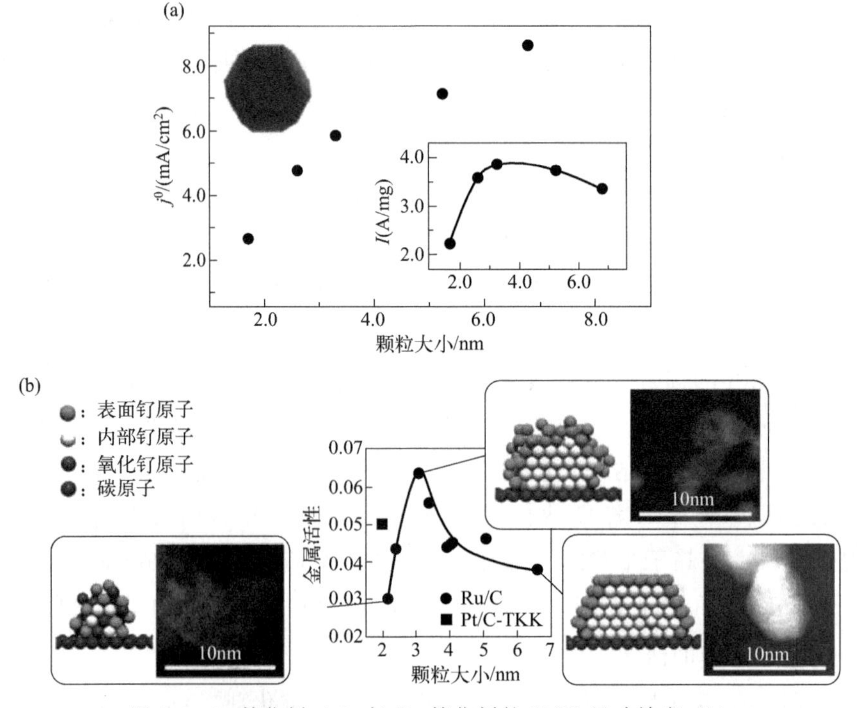

图7-3　Pt催化剂(a)与Ru催化剂的HOR尺寸效应(b)

7.1.2.2 HOR 非贵金属催化剂

基于碱性电解质相对温和的反应条件，很多非贵金属材料可以在其中稳定存在，使得这些材料作为 HOR 催化剂成为可能。

Raney Ni 作为阳极催化剂已经被应用在商业碱性燃料电池中，自首次报道在温和条件下可以作为碱性体系中的 HOR 阳极催化剂以来，人们对其制备、组成、处理以及性能等方面进行了大量的研究。虽然 Raney Ni 具有较高的 HOR 催化活性，但由于自身过高的活性，在电极的制备过程中很容易被氧化，因此电极在作为阳极使用前需要经过阴极极化活化处理，使其恢复 HOR 活性。但是，Raney Ni 的 HOR 活性与 Pt 仍具有很大的差距（交换电流≈0.00045mA/cm^2）。Brown 等[21] 在 20 世纪 80 年代根据析氢交换电流密度和金属-氢键强度的火山型关系，合成出 Ni-M（M＝Co，Fe，Mo，W，V）系列催化剂。在实验中发现，Ni-Mo 催化剂是其中活性最好且最稳定的氢电极催化剂，Ni-Mo 催化剂为面心立方（*fcc*）结构，Mo 随机占据原子晶格，当 Ni 和 Mo 的原子比为 6∶4 时，催化剂可以获得最稳定的性能。Brown 的实验证明了在碱性介质中获得高活性非贵金属催化剂的可行性。在此基础上，Jakšić[22] 考察了几种 Ni-Mo 合金氢电极的性能，如图 7-4(a) 所示。实验表明 Ni-Mo 合金催化剂工作的超电势均低于纯 Ni 和纯 Mo。目前对 Ni-Mo 电极的催化活性增强一般解释为“协同效应”，即 Ni 表面上吸附的氢原子可以溢出至 Mo 表面进行脱附，使得电极超电势显著降低，并且避免了在 Ni 上生成氢化物。对 Raney Ni 掺入不同元素同样是一种有效提升催化活性的手段，如图 7-4(b) 所示，在掺入 Ti、La、Cr、Cu 和 Fe 等元素后，催化剂性能均有提升[23]，活性顺序为 Cr＞La＞Ti＞Cu＞Fe＞Raney Ni，当使用 Ti 和 Cr 对 Raney Ni 进行共掺杂时，催化剂展示出最高的活性响应能力。

20 世纪 60 年代初周运鸿等[24] 研究了硼化镍作为燃料电池催化剂的可能性，其制备方法简单，价格较低廉，且具有较高的活性，展示出了极大的潜力。其中 Thacker [25]制备的硼化镍作为阳极催化剂，在 150℃下，当工作电压为 0.59V 时，电池的功率密度高达 425mW/cm^2。硼化镍催化剂具有较高的 HOR 活性，且使用时不需要进行阴极极化处理，但其吸湿性较强，与水会发生反应，造成其制备过程复杂，重现性较差，使其发展仍面临诸多挑战。

7.1.3 ORR 催化剂

阴极 ORR 反应由于复杂的四电子转移过程和多种可能的中间产物，ORR 催化剂一直是 AEMFC 研究的重点。在 AEMFC 中，氧发生还原反应，反应式

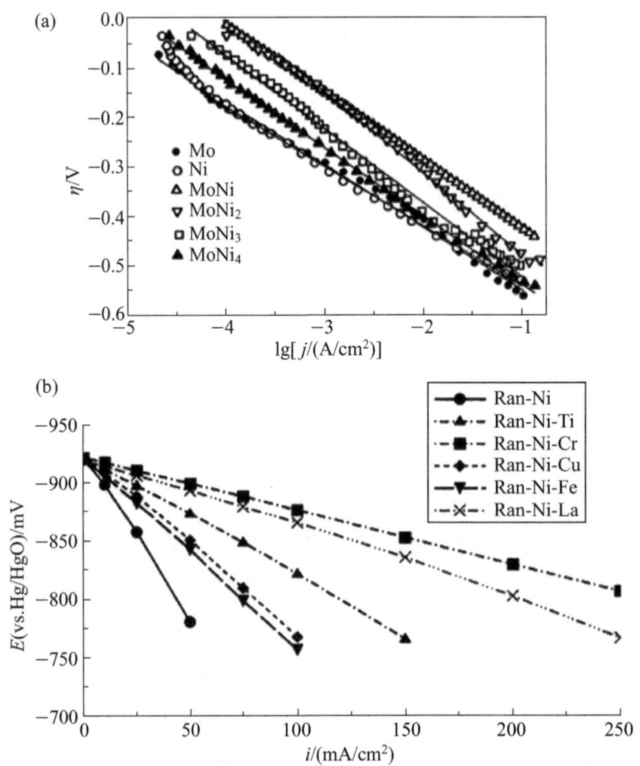

图 7-4　不同 Ni-Mo 合金在 1mol/L NaOH 溶液中的极化曲线（a）和过渡金属掺杂 Raney Ni 氢阳极极化曲线（b）

如下：

$$O_2 + H_2O + 2e^- \longrightarrow HO_2^- + OH^-$$

生成的过氧化物进而与溶剂和电子反应生成氢氧根，或者直接裂解成氢氧根：

$$HO_2^- + H_2O + 2e^- \longrightarrow 3OH^-$$

$$2HO_2^- \longrightarrow 2OH^- + O_2$$

由于这两种可能反应路径明显减缓了 ORR 动力学，因而在阴极催化剂设计时应促进反应以四电子路径进行，从而加速 ORR 反应的进行并提升催化活性。

7.1.3.1　ORR 贵金属催化剂

Pt 作为最有效的 ORR 催化剂，其起始电位（vs. RHE）可达 0.94V，在 0.8V 下，动力学电流密度可达 31.5mA/cm^2，同时，几乎所有铂基催化剂都能以四电子途径对氧进行还原，展示出快速的 ORR 动力学[26]。尽管如此，在 AEMFC 中 Pt 的 ORR 交换电流密度仍比 HOR 低两个数量级，阴阳两极相差过大的交换电流密度会产生明显的超电势，从而影响电池效率。此外，在低 Pt 载量的 Pt/C 催化剂中，由于 C 的作用，反应会以两电子途径进行。经实验证明，仅当 Pt 载量达到 60%时，反应才能完全以四电子途径进行[27]。大量使用昂贵的 Pt 金属极大地提升了 AEMFC 的运行成本，为此，已有大量工作专注于提高 Pt 的利用率，使 Pt 基催化剂在低载量下依然能保持高 ORR 活性。例如，当 Pt 与其他金属合金化后，Pt-Pt 键会缩短，从而促进催化剂对氧的吸附，从而展示出优异的催化活性和稳定性[28]。此外，通过引入相对廉价的金属并降低 Pt 载量，有助于减少阴极催化剂对 Pt 的依赖并降低成本。

此外，同样作为 Pt 族的 Pd 元素展示出与 Pt 相似的特性，尽管纯相的 Pd 基催化剂对于 ORR 的催化活性明显弱于 Pt，但当低 d 带电子占据的 Pd 与高 d 带电子占据的过渡金属合金化后，金属与 d 轨道的耦合降低了反应所需的吉布斯自由能，从而大幅提升了 ORR 催化活性，并展示出高于 Pt 的 ORR 性能[29,30]。尽管目前 Pd 的价格高于 Pt，但其在地壳中储量丰富，因而仍具有巨大的潜力。

贵金属银（Ag）由于其相对低的价格和高 ORR 活性，同样具有成为 AEMFC 阳极催化剂的潜力。实验证明，当 Ag 在催化剂中的载量达到 20%时，其在 ORR 中的交换电子数可达 3.6～3.8[31]，具有较快的反应动力学。通过对银的晶体结构进行研究，发现在银的（111）晶面上 ORR 能直接通过四电子途径进行，具有较高的 ORR 活性[32]。

7.1.3.2 ORR 非贵金属催化剂

碳基催化剂近年来也在碱性 ORR 中展示出优异的催化活性。在炭黑或碳纳米管等碳基材料中，利用氮（N）或者硼（B）等元素进行掺杂可以通过之间的电负性差异调节碳基材料的电荷分布[33]。例如，碳纳米笼在 N 掺杂之后，ORR 反应主要由四电子途径进行，在起始电位、半波电位和极限电流密度方面具有与 Pt/C（20%）相当的性能[34]。而在掺有 Fe 的碳纳米纤维和石墨烯上进一步掺杂 N 原子，可以产生具有高催化活性的 $Fe\text{-}N_4$ 活性位点，使得催化剂在具有与 Pt/C 相当的性能外还能展示出更优异的抗甲醇性能和稳定性。

此外，价格低廉、储量丰富的过渡金属氧化物在 ORR 中同样展示出了高活性，并被视为 Pt 基催化剂的替代品之一。其中尖晶石型 Co_3O_4 展示出极大的潜力，将 Co_3O_4 负载于 N 掺杂氧化石墨烯上，其 ORR 性能可以与 Pt/C 相媲美，并具有更好的稳定性和耐久性。同时，实验证明该催化剂能以四电子途径催化反应的进行，使其起始电位（vs. RHE）可达 0.930V。而对于 ABO_3 类（A 指碱金属或稀土金属，B 指过渡金属）的钙钛矿氧化物，由于其较强的适应性且具有较大的晶格失配，容易在 A 和 B 位上进行掺杂并优化 ORR 活性。例如，使用钪和磷对

$La_{0.8}Sr_{0.2}MnO_{3-\delta}$ 进行掺杂，生成的 $La_{0.8}Sr_{0.2}MnO_{0.95}Sc_{0.025}P_{0.025}O_{3-\delta}$ 性能有明显的提升，起始电位（vs. RHE）从 0.860V 提升至 0.960V，性能与 Pt/C 相当。钙钛矿和尖晶石过渡金属氧化物晶体结构见图 7-5。

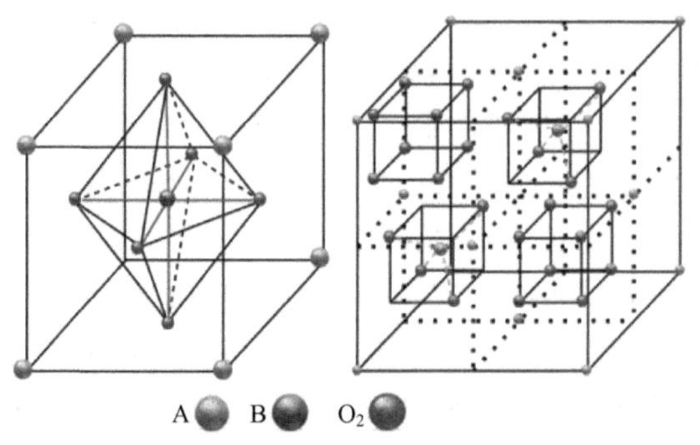

图 7-5　钙钛矿和尖晶石过渡金属氧化物晶体结构[35]

7.1.4　阴离子交换膜

阴离子交换膜（AEM）作为 AEMFC 的核心部件之一，在电池工作中起到传导 OH^- 与隔绝阴阳极反应物的作用，是决定 AEMFC 性能的决定性因素。目前，AEM 的发展仍处于起步阶段，其电导率和稳定性都远不如 PEMFC 中的 Nafion 膜，AEMFC 的放电性能和耐久性均无法与 PEMFC 媲美。为此，对于 AEM 的开发同样是 AEMFC 发展的重点。对于 AEM 的开发与研究，需满足以下几点：①较高的离子传导率（＞100mS/cm），以减少电池运行时的欧姆损耗；②优异的化学与热稳定性，能够承受电池的高温、高电势、强碱性以及强氧化环境；③良好的尺寸稳定性，使电极结构不会由于电极制备与电池运行过程中温度、湿度的变化而遭受破坏；④较高的机械强度和韧性与较低的成本，适合大规模制备。

7.1.4.1　电导率提升

目前，主流的 AEM 主要是以聚合物构成的固体聚合物膜，聚合物主链附有的各类功能化阳离子端基通过与可移动的 OH^- 相连，促进 OH^- 在膜内的传导。因此，AEM 的离子传导率取决于功能化阳离子端基的数量。然而，随着功能化阳离子基的增多，AEM 的体积发生膨胀，影响膜的机械强度与稳定性。这导致了 AEM 面临着保持高机械强度与保持高阴离子电导率的矛盾。

为此，通过构造具有疏水主链和亲水侧链的聚合物，在膜内形成亲水-疏水相分离结构。相分离结构的形成不仅可以吸收部分水分，从而提升氢氧根离子的传导率；还能抑制膜的体积膨胀，保护了力学稳定性。目前基于微相分离的AEM体系结构主要有4种类型，分别为：嵌段共聚物结构、接枝聚合物结构、集群聚合物结构、梳形聚合物结构。以梳形聚合物为例，将一个长烷基链接枝到PPO主链上，形成相分离的梳状结构，在2.0mol/L KOH、60℃条件下测试700h后，其电导率仍保持在91%[36]。梳状结构的构成被认为是决定OH^-传导率（92.6mS/cm/46.6mS/cm于80℃/30℃）的主要因素。与之相似，将长侧链结合到聚合物主链中作为间隔物可以为溶剂水提供更多空间，从而减少AEM的溶胀和机械降解[37]。

在惰性聚合物中掺杂强碱性电解质来制备AEM，也可以有效提高AEM的离子传导率。此类聚合物［如聚苯并咪唑（PBI）、聚苯醚（PPO）、聚乙烯醇（PVA）等］中含有的电负性较强的原子（N和O）可以通过氢键或静电力提高强碱电解质与聚合物骨架的相互作用，并在膜内水、碱液与聚合物骨架中形成较弱的氢键，进而促进OH^-的传导[38]。Zeng等[39]通过制备层层复合的多孔PBI，并将多孔层内浸泡KOH，得到了电导率较高的AEM。结果显示，在30℃下电导率高达38mS/cm，与传统浸渍KOH的PBI相比，膜的电导率、稳定性以及电池的最高功率密度显著提高（$554mW/cm^2$），这是由于层层复合的结构可以有效避免碱液流失的问题，从而提升膜的稳定性。利用掺杂的方法能够直接提升AEM的电导率，但是由于在实际操作中碱液会不断流失，膜的电导率会随之降低，使其应用面临着一定的局限性。

7.1.4.2 稳定性提升

由于OH^-在AEM内长期存在，聚合物容易发生降解。在AEM中，OH^-不仅会与阳离子端基的β-H发生亲核取代反应将其分解为甲醇和胺［图7-6(a)］，还会通过与基团的α-C发生Hoffman消除反应生成C═C双键［图7-6(b)］，降低AEM对OH^-的传导能力，缩短AEM实际使用寿命。

为此，对季铵基团进行结构优化并缓解OH^-对基团的进攻是目前需要解决的主要问题之一。目前主要通过将季铵盐连接长链烷烃来消除OH^-对β-H的进攻，例如，苄基三甲胺季铵基团由于其长链修饰的三甲胺，使得β-H周围的电子云密度较大，有利于缓解Hoffman消除反应的发生，因而在AEM中比连有长烷基链的季铵基团具有更好的稳定性[40]。此外空间位阻效应同样也会缓解OH^-对季铵基团的攻击，Li等[41]将长链季铵基团嫁接在聚合物骨架内，制备出稳定性突出的AEM，在温度80℃、1mol/L的NaOH溶液中处理2000h后，膜的电导率仍保持不变，而传统的三甲胺型AEM在浸泡200h后，电导率发生了明显的降低。

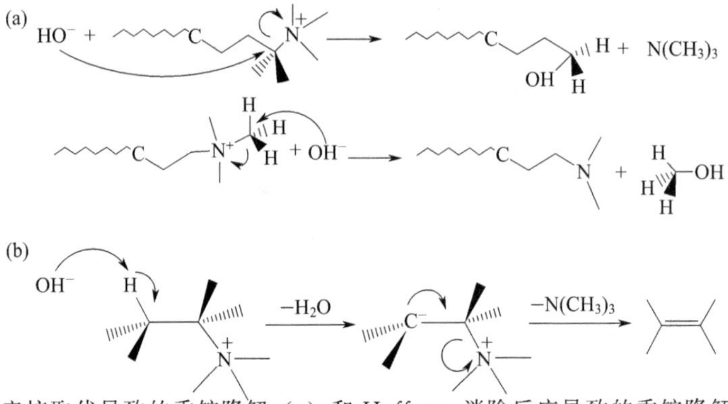

图 7-6　亲核取代导致的季铵降解（a）和 Hoffman 消除反应导致的季铵降解（b）[42]

然而，研究表明，消除季铵盐类 β-H 虽然能抑制 Hoffman 消除反应的发生，但是无法有效抵御来自亲核取代方面的进攻，也就是说，季铵类官能团降解问题仍未得到解决。未来可加强在非季铵型离子官能团方面的研究，比如利用咪唑类、季膦基团等官能团中的共振结构实现对 OH^- 攻击的减弱，延缓 AEM 降解，延长其实际使用寿命。目前，咪唑类研究相对较为广泛，通过咪唑五元环共轭结构，能够缓解 OH^- 的攻击，提高其耐碱性。而将季膦基团嫁接至聚合物骨架所制备的 AEM 有非常好的耐碱稳定性，氮原子与中心原子之间形成共轭结构，OH^- 与铵盐的相互作用有明显减弱，进而增强铵盐在碱性环境下的稳定性。

7.1.5　总结与展望

AEMFC 由于其制备工艺更为简单，价格相对低廉，反应环境较为温和，近年来受到了广泛关注且取得了一定的进展。目前，AEMFC 已可实现 $1.0W/cm^2$ 以上的峰值能量密度和 1000h 以上的低降解速率（约 5～10mV/h），然而这都建立在高铂载量催化剂的基础上，从商用角度出发，发展廉价的非 Pt/超低载量催化剂是实现 AEMFC 大规模商业化的重要途径。同时，从组分层面上的 AEM 的化学/力学稳定性、聚合物和催化剂之间的相互作用，到系统层面上的水管理和碳酸盐积累等问题，都存在许多挑战。以下是目前 AEMFC 的一些主要研发领域，需在此基础上进行深入研究和发展。

① 研发高效和稳定的 HOR/ORR 非贵金属催化剂，使其性能能与 Pt 基催化剂相媲美。目前虽然部分过渡金属基催化剂和碳基催化剂已经达到较高的性能，但在长期稳定性和简化制备工艺方面仍有大量工作需要进行。

② 尽管近年来 AEM 性能具有显著的提高，但能否满足 AEMFC 严格的要求仍有待验证。此外，稳定性也是 AEM 需要克服的主要障碍。

③ 目前很少有建成的大型（>100cm²）AEMFC，因此需要进一步努力从电池系统层面进行优化。

④ 催化剂、聚合物膜、电解质和其他电极组件需要统一设计，避免电化学性能不匹配。

对于 AEMFC 的发展，实现美国能源部提出的目标只是第一步，以后还需要进一步的发展。上述领域每一个都是复杂的挑战，每个方面（例如 AEM、催化剂及其载体、MEA 组件等）都需要优化。AEMFC 要在未来的氢经济中扮演重要角色，就必须解决这些挑战，才能在全球能源转型中发挥预想的作用。

7.2 磷酸燃料电池

磷酸燃料电池（PAFC）是指用磷酸（通常是质量分数为 100%的浓磷酸）作电解质，阳极通以经过重整得到的氢气，阴极通以空气或氧气，在电池内发生反应从而产生电流。PAFC 是目前技术最成熟，发展最多、最快的燃料电池电站技术，代表了燃料电池的一个主要发展方向，亦被称为继火电、水电、核电之后的第 4 种发电方式，是目前燃料电池中唯一商业化运行的燃料电池。PAFC 具有构造简单、性能稳定、电解质挥发度低等优点，所以既可用于大规模发电，也可为医院或居民区供电或作为汽车动力电池以及不间断电源等[43]。近年来，由于其他类型燃料电池的兴起，全球研究机构对磷酸燃料电池的研究投入减少，但截至 2004 年，在役的大型燃料电池电站中，PAFC 仍占总量的 40% [44]。许多公司一直在进行 PAFC 的示范和论证试验，以获得运行和维护方面的经验。从应用前景来看，PAFC 将在城市垃圾无害化处理中得到广泛应用。

7.2.1 PAFC 工作原理

PAFC 是以浓磷酸为电解质，以负载贵金属催化剂的气体扩散电极为正、负极的中温型燃料电池。磷酸燃料电池的工作温度比质子交换膜燃料电池和碱性燃料电池稍高一些，工作范围约在 150～210℃。PAFC 具有许多优点，一方面磷酸燃料是以浓磷酸作为电解质，挥发度低，又以碳材料作为骨架，性能稳定、成本低廉；另一方面，磷酸燃料种类多样，如氢气、甲醇、天然气、煤气，这些燃料来源众多，获取资源成本低，而且最终生成物中无毒害物质，也不需要 CO_2 处理设备，所以具有清洁、安全、无噪声的特点。

PAFC 电池堆由多个电池单体串联而成，单体磷酸燃料电池的主要构件有电极、磷酸电解质、隔板、冷却板、管路等。如图 7-7 所示，磷酸燃料电池的反应原理是：燃料气体或者其他媒介添加水蒸气后送入改质器，改质器中的反应温度可达 800℃，发生如下反应：$C_xH_y+xH_2O \longrightarrow xCO+(x+y/2)H_2$，从而把燃料转化成 H_2、CO 和水蒸气的混合物；同时 CO 和水进入移位反应器中，并经催化剂进一步转化成 H_2 和 CO_2。最后，这些经过处理的燃料气体进入负极的燃料堆，同时将空气中的氧输送到燃料堆的正极（空气极）进行化学反应，借助催化剂的作用迅速产生电能和热能。其反应过程为：

阳极反应：$H_2-2e^- \longrightarrow 2H^+$

阴极反应：$1/2O_2+2e^-+2H^+ \longrightarrow H_2O$

总反应：$1/2O_2+H_2 \longrightarrow H_2O$

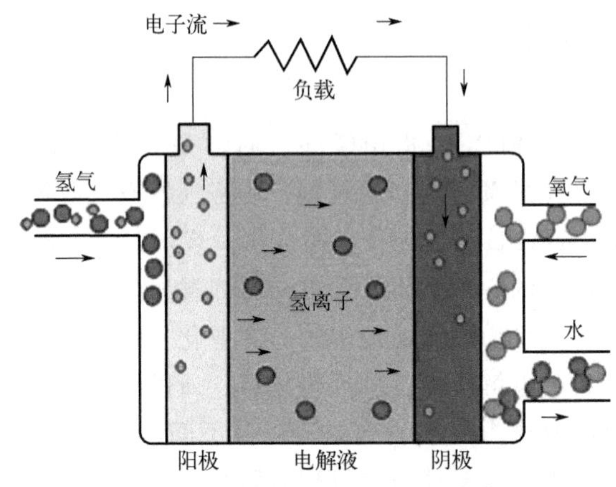

图 7-7　磷酸燃料电池结构图[45]

从总反应式可以知道，PAFC 电化学反应后的生成物只有水，另外还有电能和一些热量产生。从图 7-7 中可以看到，氢质子可以直接穿过磷酸电解质抵达阴极，而电子（e^-）只有通过外接电路才能最终到达阴极，当阴阳两极通过外接电路连接的时候，电子（e^-）会从负极开始途经外接负载然后抵达正极，从而产生了直流电流。经过理论分析和数值计算可以知道，每一个单电池的发电电压大概是 1.23V，当外接负载时，输出电压一般达不到 1.23V，一般都在 0.5～1V 之间。如果想要获得能够满足实际需要的输出电压，只需要将多个单电池串联组合即可。

7.2.2　磷酸电解质

磷酸（H_3PO_4）是一种普通的无机酸，具有令人满意的热、化学和电化学稳定性，且挥发性足够低，可以作为燃料电池的电解质。最重要的是，与碱性燃料电池中的电解质溶液不同，磷酸对燃料和氧化剂中的二氧化碳是耐受的。磷酸是一种无色、黏性、吸湿性的液体，它通过毛细管作用（接触角>90°）被吸附在通过少量的聚四氟乙烯（PTFE）结合在一起的1μm左右的碳化硅（SiC）颗粒的基体孔隙中。自20世纪80年代初，100%磷酸开始用于燃料电池，由于其冰点为42℃，因此，为了避免由于冻融而产生的应力，PAFC电堆在投入使用后通常会保持在该温度之上。虽然蒸气压力很低，但在长时间的高温下，PAFC在正常工作时会损失一些酸，损失的酸量取决于操作条件，特别是气体流速和电流密度。因此，必须在使用期间补充电解液，或确保在开始运行时，电池中有足够的酸储备以维持预期的使用寿命。此外，SiC载体要足够薄（0.1～0.2mm），以保持欧姆损耗在较低的水平；同时有足够的机械强度和稳定性，以防止反应物气体从电池的一侧迁移到另一侧。在PAFC运行过程中，磷酸电解质的体积会随着温度、压力、负荷变化和反应气体的湿度而膨胀和收缩。为了弥补因膨胀或体积变化而丢失的电解液，PAFC中的多孔性、条形碳骨架以及流场板将充当过剩电解液的储层。这些极板的孔隙率和孔径分布是特意选择的，以适应电解质的体积变化。通过保持PAFC合理的低工作温度，可以最大限度地减少蒸发造成的电解液损失，但即使在200℃，仍有一些电解液通过空气通道逸出。在实际的PAFC电堆中，确保阴极出口气体通过电池边缘的冷凝区，可以减少蒸发损失。通过额外的冷却，该区域保持在160～180℃之间，此温度区间可以凝结大部分电解液蒸气[46]。

此外，在PAFC中，电解质解离成带正电的阳离子（H^+）和带负电的阴离子$H_2PO_4^-$。在运行过程中，质子从阳极移动到阴极，而负离子的移动方向相反。因此，磷酸盐阴离子在阳极上积聚，并能与氢反应形成磷酸，从而导致电解质在每个电池的阳极积聚。在PAFC中，通过优化多孔组分的孔隙率和孔径分布，可以最小化阴离子堆积。PAFC中分离板的降解会导致电解液从一个电池迁移到另一个电池，从而导致电解液的迁移。

7.2.3 PAFC电极和催化剂的发展概况

PAFC电池堆由许多个电池单体串联而成，而组成一个电池单体的主要构件有气体流动石墨通道、集流板、气体扩散层、加热板和端板等［图7-8(a)］。电极由载体和催化剂层组成，用化学沉积法将催化剂沉积在载体表面，电化学反应就发生在催化剂层的三相界面（液相磷酸、固相催化剂和气相反应气体）上。PAFC的电极反应都有气体参与，为提高气体在电解质溶液中较低溶解度情况下的电流密度，电极采用多孔结构来增加电极的比表面，使气体先扩散入电极的气孔，随后溶入电解质，再扩散到液-固界面进行电化学反应，因此，将这种电极称为气体扩散电极［图 7-8(b)］。由于电解液是液态的，为了排除产出的水，电极必须是疏水的。因此，电催化剂层由负载在碳上的铂或铂的合金和疏水性高聚物聚四氟乙烯（PTFE）组成，并涂布在透气性的支撑物上。PTFE 一是起疏水作用，防止电极被电解质淹没；二是起黏合剂作用，使电极结构保持整体。PTFE 的含量和堆积温度对催化剂的分散效率有一定影响；透气性支撑物通常用碳纸，它不仅作为电催化剂层的支撑物，而且还是集流体，同时使气体流畅通过。在现代 PAFC 中，催化剂层包含 30%～50%（质量分数）的聚四氟乙烯作为黏合剂，以创建多孔结构。与此同时，该碳载体提供了与 PEMFC 催化剂中载体类似的功能：

① 分散 Pt，保证 Pt 的良好利用。

② 在电极上提供微孔，使气体最大限度地扩散到催化剂和电极-电解液界面。

③ 增加催化剂层的导电性。

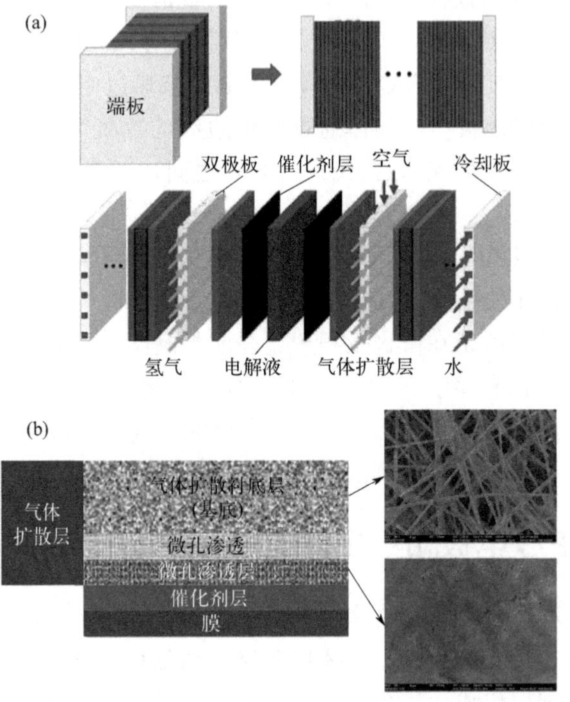

图 7-8　PAFC 单体组成结构图（a）和气体扩散电极结构示意图（b）[47,48]

作为 PAFC 的核心部件，气体扩散电极决定着电池的输出效率和使用周期等重要性能。Maoka[49]、Walanabe[50] 和 Giordano[51,52] 对影响气体扩散电极的有关物理化学参数进行了研究，比如电催化剂中铂的含量、铂在碳中的表面积、碳的腐蚀、聚四氟乙烯的含量、电极烧结温度和时间等。

在气体扩散电极中，PAFC 中的每一层催化剂通常与薄薄的气体扩散层（GDL）或碳纸衬底相连。GDL 要具有良好的亲疏水性平衡、孔隙率以及高电导率、低电阻率和良好的力学性能等。市售气体扩散层的厚度为 0.15～0.4mm，孔隙率为 65%～80%。在 PAFC 中使用的典型 GDL 是将 10mm 长的碳纤维嵌入石墨树脂中。碳纸的初始孔隙率约为 90%，用 40%（质量分数）的 PTFE 浸渍后，孔隙率降至 60%左右。由此得到的防湿碳纸含有 3～50μm 直径的大孔隙（中位数孔径约为 12.5μm），可作为磷酸储层，而中位数孔径约为 3.4nm 的孔隙可允许气体渗透。炭黑＋聚四氟乙烯（PTFE）层的复合结构在燃料电池中形成稳定的三相界面，电解质位于电催化剂一侧，反应物气体位于另一侧（碳纸）。大多数制备气体扩散电极的方法是将电催化剂和聚四氟乙烯的混合物处理在润湿过的支撑物上。常用的方法有滚动法、筛印法、过滤转移法、云室法、压烧结法、锥形涂盖法、热分解法和滚动热压法等[53]。总之，制备气体扩散电极的方法有各种各样，但各有利弊。

磷酸电极会因一氧化碳（CO）中毒而失活，尽管其耐受性明显高于 PEMFC 催化剂。因此，与 PEMFC 的阳极催化剂相比，PAFC 的阳极催化剂在 200℃下可以承受约 2%（摩尔分数）的 CO，而 PEMFC 的阳极催化剂只能承受极少量燃气中的 CO（约 10^{-6}）。除了硫（硫也会使催化剂中毒），少量的氨和氯化物（即使在燃料中含量约 10^{-6}）也会降低电池性能。它们不会抑制铂催化剂本身，而是与磷酸反应形成盐，减少电解质的酸度，并产生沉淀、堵塞多孔电极。为了避免不可接受的性能损失，在主电解质中的磷酸铵 $NH_4H_2PO_4$ 浓度必须保持在 0.2%（摩尔分数）以下。为了达到这一要求，通常在燃料处理器的出口和阳极的入口之间插入一个氨捕集器，以防止氨进入电堆。铂颗粒的团聚也会降低 PAFC 催化剂的催化性能。在运行过程中，Pt 颗粒有向碳表面迁移的趋势，并会结合形成更大的颗粒，从而减少有效的活性表面积。这类衰减的速率主要取决于操作温度。此外，在高电压（约高于 0.8V）时，碳的腐蚀成为一个严重的问题。在实际应用中，当电池电压高于 0.8V 时低电流密度和开路时的热空转最好避免使用 PAFC。

PAFC 要获得社会广泛认可和使用，需要进一步改进性能，降低制造成本。目前亟待解决的 PAFC 问题主要包括：①提高电池功率密度；②延长电池使用寿命，提高其运行可靠性；③进一步降低电池制造成本。电池比功率指单位面积电极的输出功率，它是燃料电池的一项重要指标。提高电池功率密度不但有利于减小电池的质量和尺寸，而且可以降低电池造价。开发高活性催化剂，优化多孔气体电极结构，研制超薄的导热、导电性能良好的电极基体材料等，都将改善电池的输出性能。此外，在 PAFC 长期运行过程中，其输出性能不可避免地会降低，特别是在操作温度比较高、电极电位也比较高的情况下，电池性能下降更快。最重要的是，目前商业化的催化剂均采用 Pt 基催化剂，其高昂的成本占据了电池本体的 40%以上，而电池本体又占整个 PAFC 装置成本的 42%～45%，可见降低催化剂的成本非常关键。因此，催化剂的性能和成本是影响燃料电池性能和发展的最重要的因素。

PAFC 催化剂在正负电极上的活性取决于 Pt 的性质，即其晶体大小和比表面积。在目前最先进的电堆中，阳极和阴极的负载分别为 $0.10mg/cm^2$ 和 $0.50mg/cm^2$[54]。负载量较低可部分归因于纳米技术的进步——能够制备直径约为 2nm 的小晶粒，具有高达 $100m^2/g$ 的高比表面积。近年来，人们一直在设法对 PAFC 的电极催化剂进行改进[55]。这包括研究催化剂 Pt 微晶聚集长大以及催化剂载体腐蚀问题，开发保证电池温度分布均匀的冷却方式，以及寻找避免电池在低的用电负荷或空载时出现较高电极电位的方法；在电池性能方面，提高电池功率密度、简化电池结构都是非常有效的措施；在电池加工方面，则待开发电池部件的大批量、大型化制造技术以及气室分隔板与电极基板组合的技术。可以说，电极催化剂与上述三方面问题都有联系。

目前，PAFC 的气体扩散电极阴阳极所用的贵金属电催化剂材料主要是 Pt 或 Pt 的合金，它们具有良好的电催化活性，能耐燃料电池中电解质的腐蚀性环境，具有长期的稳定性。在 PAFC 运行条件下，Pt 阳极反应可逆性好，其超电势只有 20mV 左右，其主要问题是消除燃料气中有害物质（如 CO、H_2S 等）的中毒影响。阴极极化被认为是影响电池性能的一个主要因素。对于阴极催化剂的研究主要集中于减少阴极极化和延长催化剂使用寿命。以炭黑为载体的铂被广泛应用于磷酸氧阴极和固体膜燃料电池中。近年来，用 V、Cr、Co、Fe、Cu 等过渡金属对铂进行合金化，提高了铂的电催化还原氧的活性和稳定性[56]。Pt 或 Pt 的合金以高分散金属微粒的形式分散在高表面积的碳载体上，构成 Pt/C 或 Pt-M/C、Pt-Co/C 和 Pt-Ni-Co/C[57-59] 合金电催化剂。

Pt/C 催化剂是目前应用最广泛的 PAFC 催化剂。Pt/C 制备方法有浸渍法[60]、离子交换法[61]、胶体吸附法[62] 等，对铂合金电催化剂常用金属氧化物沉淀法[63]。

$$Pt + x/2\ C + MO_x \longrightarrow Pt\text{-}M + x/2\ CO_2$$

硫化物沉淀热分解法[64] 和碳化物热分解法[58] 中，首先形成 Pt 的碳化物

$$Pt + 2CO \longrightarrow Pt\text{-}C + CO_2$$

再经过一系列热处理形成 Pt-V-C、Pt-U-Y-C 等铂的碳化物合金电催化剂。测试的第一个二元合金为 Pt-V，钒在磷酸中快速滤出，只留下铂。Landsman 和

Luczak[65] 报道 Pt-Cr 合金比 Pt-V 更有活性，Cr 的溶解比 V 更少。Jalan 和 Taylor[66] 认为合金催化剂的催化增强作用与二元合金中原子间距有关。它们通过 X 射线衍射表征得到了比活度和邻近距离之间的线性关系，确定邻近距离最小的 Pt-Cr 合金比活性最高。Daube 和同事[67] 研究了 Cr 在一系列大块 Pt_x-Cr_{1-x} 合金（$0<x<1$）中的作用。结果表明，铬在阳极电位下被迅速滤除，留下一个粗糙的铂表面，从而使 Pt_x-Cr_{1-x} 合金对氧还原具有更高的催化活性。Chung 等[68] 提出在中低温下进行部分合金化，然后对表面富集的过渡金属进行酸浸，是制备高活性合金催化剂的一种好方法。他们已经证明了酸处理（1mol/L H_2SO_4，室温）的负载型 Pt-Fe 催化剂与未处理的 Pt-Fe 催化剂相比，在 750℃下合金使 Pt 的表面积增加了两倍，质量活性增加了一倍。然而，在 PAFC 的实际操作条件下，即颗粒较小且被热磷酸包裹的负载合金催化剂中，是否会出现类似的粗化效应，目前还不清楚。由于烧结可使粗糙表面迅速变得光滑，如 Beard 和 Ross 预测的那样，Pt 的表面积不会增加。Beard 等[69] 通过精确设计合金催化剂晶体结构对 PtCo 合金体系进行了详细的研究。他们认为，在腐蚀试验前，有序合金的比活度比无序合金高 1.35 倍（在 H_3PO_4 中为 0.8V，205℃，持续 50h），但由于有序合金的降解程度较高，腐蚀试验后的比活度比无序合金低得多。在最近的专利中，已经证明添加两种或更多的过渡金属可以提高催化活性和稳定性。研究表明，Pt-Cr-Co 合金催化剂具有有序的结构，比同类成分的无序合金具有更高的比活性和稳定性[70]。在 200℃的燃料电池测试中，在 9000h 的操作期间，有序合金保持了有序结构和化学成分，而无序合金在类似条件下未能表现出这种物理和化学稳定性。

此外，为降低贵金属铂的用量，甚至取代贵金属及其合金，过渡金属有机大环化合物在磷酸燃料电池阴极材料方面的应用取得了一些进展，特别是 CoTMPP、CoPPY[71]、FePhen[72]在载体碳上加热处理后具有与 Pt/C 相媲美的电催化活性和稳定性，但在热的浓磷酸电解质条件下，它们的化学稳定性只能在 100℃左右。因此，不断改进金属有机大环化合物新材料的性质，将有可能取代贵金属及其合金作为电催化剂材料，从而大大降低燃料电池的造价，这也是该领域的前沿课题之一。

7.2.4 PAFC 的性能和影响因素

（1）温度的影响

增加温度，可提高传质效率，使得反应速率提高和电池电阻降低，并减少极化，从而改善电池性能。电压变化与温度变化之间的关系取决于诸多因素（图 7-9），如电池设计、电极类型、电流密度、操作参数等。

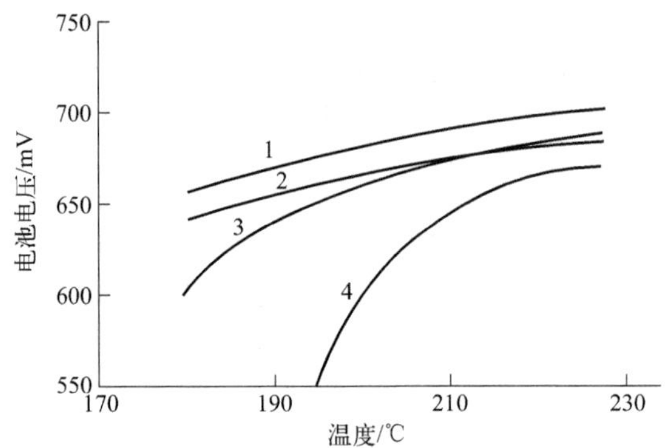

图 7-9 温度对 PAFC 性能的影响[73]（阴极为空气，电流密度 $200mA/cm^2$）

1—H_2；2—H_2+$300mg/m^3$ H_2S；3—H_2+$250mg/m^3$ CO；4—模拟煤气

(2) 压力的影响

增加燃料电池的操作压力，可提高其性能，主要是因为阴极上氧浓度增加和水蒸气分压降低加强了电池反应。由能斯特方程计算出的电池压力随操作压力的变化关系是：

$$\Delta Vp = \frac{RT}{4F} \lg \frac{p_2}{p_1}$$

在较高的压力和电流密度下，电池性能得以改善是因为阴极上浓度（扩散）极化的减小和可逆电池电动势的增加。另外，增加压力也可由氧及水分压的增大而降低阴极超电势。若增加水蒸气分压，在使磷酸浓度降低的同时，也会增加离子导电性，并带来较高的交换电流密度。对于 PAFC，实际电压随压力的增加远远高于上述公式的预测。美国能源部针对燃料电池给出了如下公式：

$$\Delta Vp = 63.5 \ln \frac{p_2}{p_1}$$

温度范围 177℃$<T<$218℃、压力范围 0.1MPa$<p<$1.0MPa，可得出合理的近似值。

(3) 反应气体组成及利用率的影响

增加反应气体利用率或降低入口浓度都会增加浓差极化和能斯特损失而使电池性能降低，这些与反应气体的分压有关。

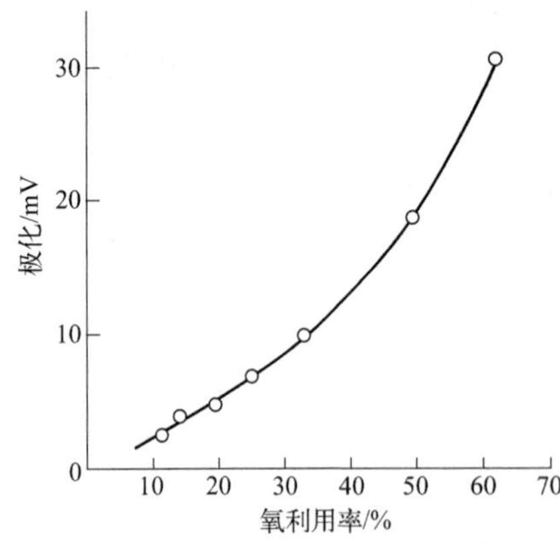

图 7-10 氧利用率对阴极极化的影响[74]

0.1MPa，190℃，100%磷酸，$300mA/cm^2$

从图 7-10 中可知，在 PAFC 中，选择空气作氧化剂，以含氧 21%的空气代替纯氧作氧化剂，使得在恒定电极电势下电流密度降低。而阴极极化是随氧利用率增加而增大的。对于 PAFC 样机，氧利用率一般在 50%，由图可估算出因此引起的极化电位为 19mV。

除了氯碱厂（以 H_2 为副产品）易于获得纯氢外，在一般电厂多使用化石燃料重整气体作为 PAFC 的燃料，常用化石燃料有天然气、丙烷、液化石油气等。在重整气体中，除 H_2 外还有 CO、CO_2 及部分未反应的碳氢化合物。CO 是可引起 PAFC 催化剂中毒的成分，而 CO_2 和碳氢化合物则属稀释成分。由于阳极反应近于可逆，燃料成分、氢的利用率等对电池性能的影响并不是很大。

（4）杂质的影响

进入 PAFC 的杂质浓度与稀释成分或反应气体相比相当低，但其作用很大。某些杂质，如硫化物，是从燃料气体带到重整过程，又被带进燃料电池系统的。而另一些杂质，如 CO，是燃料重整过程产生的。典型重整气体的组成为：78% H_2，20%CO_2，CO<1%，H_2S、Cl、NH_3<$1mg/m^3$。

燃料气体中 CO 对阳极性能影响很大，因为它会抑制 Pt 电极的电化学催化活性。CO 对 Pt 的抑制作用是由于在 Pt 催化剂表面 2 个 CO 分子取代了 1 个 H_2 分子的位置。在 190℃，[CO]/[H_2]=0.025，电流密度下降一半，说明 CO 对电极性能的抑制作用很大。温度对 CO 的抑制作用有很大影响，温度愈低，CO 对 Pt 电极的抑制作用愈大；温度愈高，CO 的抑制作用愈小，进入电池系统的 CO 容许值愈高。CO 的最高容许质量分数取决于电池的工作温度，在通常的工作温度 190℃ 附近时，1%的 CO 含量对电极性能无明显副作用。作为比较，AFC 或 PEMFC 的工作温度为 80℃或更低时，必须将燃料中 CO 的质量浓度降低至几毫克每立方米或更低。总之，CO 对电极性能的抑制作用很大，而且这种作用随 CO 质量浓度的增加而增大。但这种作用是可逆的，提高温度电极性能可得到补偿而恢复。

硫化氢（H_2S）和羰基硫化物是毒化 PAFC 的物质。经脱硫处理后，化石燃料重整制的合成气中含有的硫化物几乎对电池性能没有影响，但如果燃料中的硫化物转化为 H_2S 且未被去除时，电极性能就会受到极大影响。当 PAFC 工作条件为 190～210℃，0.92MPa，80%氢利用率，电流密度<$325mA/cm^2$ 时，对 Pt 电极性能无损害作用的质量浓度极限为 $100mg/m^3$（H_2S+CO），或 $30mg/m^3$（H_2S），在燃料中 H_2S 质量浓度超过 $75mg/m^3$ 时，电池性能将迅速恶化。此外，H_2S 与 CO 的抑制作用存在协同效应。

（5）内阻的影响

电池的输出电压随着电解质中离子流动量及电极、电流收集器、各界面的电子导电性能的降低而降低。电流密度在 $100mA/cm^2$ 以下时，降低的幅度平均在

15～20mV。

（6）电流密度的影响

增加电流密度会增加欧姆损失、电化学极化和浓差极化，从而降低电池性能。当工作条件为：207℃，0.82MPa，阳极入口气体含 70%H_2、0.5%CO，燃料和氧化剂利用率分别是 85%和 75%，得出的电流密度引起的电压损失为：

$$\Delta V_J = -0.53\Delta J \quad J = 100 \sim 200\text{mA/cm}^2$$

$$\Delta V_J = -0.39\Delta J \quad J = 200 \sim 650\text{mA/cm}^2$$

类似地，在 204℃，0.1MPa，阴极气体为空气，阳极入口气体仍含 70% H_2、0.5%CO，燃料和氧化剂利用率分别是 80%和 60%，得出的电流密度引起的电压损失为：

$$\Delta V_J = -0.74\Delta J \quad J = 50 \sim 120\text{mA/cm}^2$$

$$\Delta V_J = -0.45\Delta J \quad J = 120 \sim 210\text{mA/cm}^2$$

（7）电池寿命的影响

燃料电池寿命定义为：输出电压降低到初始值的 90%时的运行时间。而初始输出电压值是指在试运行 100h 以后的输出电压值。一般认为电池初期运行至少要 100h 才能达到稳定状态。PAFC 的标准寿命为 40000h，相当于连续运行大约 5 年时间。比如电池初期性能为 0.7V，200mA/cm^2，在运行 40000h 后，降至 0.63V，200mA/cm^2。

7.2.5 PAFC 电站技术的发展概况

20 世纪 60 年代中期美国把碱性燃料电池（AFC）用于宇宙飞船。但由于用纯 H_2 和纯 O_2 作燃料和氧化剂、用贵金属铂作催化剂成本很高，不适于民用[75]。为了把燃料电池转为民用，美国联合技术公司（UT）和美国 32 个煤气公司共同开展了“目标计划”（1967～1975 年），该计划是发展供家庭、小的商业及工业用户用的经济的天然气燃料电池供电装置。该计划决定发电装置的规模为 12.5kW（家庭最大用电要求），使用重整后的天然气作燃料，电池组以磷酸燃料电池为主，熔融碳酸盐燃料电池（MCFC）为后备技术。

1973 年，对 12.5kW 磷酸燃料电池进行了详细评价。1973～1975 年间 60 个 22.5kW 的磷酸燃料电池实验电站 PC-11，在美国、加拿大和日本进行了现场试验，在不同的环境和运行条件下，它们都运行了三个月左右，取得了有关技术、经济、维修、对负载的反应特性、可靠性等方面的宝贵数据。接着美国煤气协会（GRI）继续推进该计划的研究工作（1977～1985 年），开发 50 座 40kW 的发电设备后又从经济核算考虑，决定发展 200kW 发电设备，并从 1992 年开始批量生产。

美国能源部（DOE）委托美国联合技术公司，组织9个电力公司从1971年开始研究燃料电池在电力工业上的应用，称为FCG-1计划，该计划的目标是建立大型燃料电池发电站。1977年建成1MW电站，1980年在纽约建成4.5MW试验电站，1983年在东京建成第二个4.5MW试验电站，后来又发展成商品型11MW电站PC-23，于1991年3月在东京开始发电。

美国是最早发展PAFC电站技术的国家，而日本是PAFC电站技术发展最快的国家，仅用了10～15年的时间[76]，就和美国成为世界上PAFC电站技术发展水平最高的国家。日本政府自1981年开始执行“月光计划”，即国家燃料电池发展计划（日本政府的燃料电池研究和发展计划自1974年开始作为“阳光计划”的一部分，1981年转成“月光计划”）。在1981～1986年期间，“月光计划”预算拨款4400万美元，其中3000万美元用于发展PAFC系统，用于发展小型分散供电电站和大型集中供电电站。“月光计划”原为10年计划，1987年改为15年计划（至1995年），总的研究与发展经费预算为570亿日元。

日本的煤气公司和电力公司从70年代起，以参加美国的目标计划和FCG-1计划的形式，开始研究和发展燃料电池。他们参与了12.5kW、40kW等PAFC就地电站的示范试验，并引进1MW和4.5MW电站，取得了燃料电池的运行、维修等方面的经验。与美国技术合作建造11MW电站并已成功运行6425h（至1993年2月）。在日本自己能制造各种规格的PAFC电站后，仍然不断购买美国产品，使日本更快地掌握了制造、运行PAFC电站的先进技术。日本制造商在电力公司、煤气公司的通力合作下，已经可以生产50kW、100kW、200kW、1000kW、5000kW、11MW等各种规格的PAFC电站，有的已小批量生产。日本生产PAFC电站的公司主要有富士、东芝、三菱、日立等。

英国、德国、荷兰、比利时、意大利、丹麦、瑞典、芬兰等9个国家22家公司于1989年9月11日成立了欧洲燃料电池集团（EFCG），总公司设在伦敦。计划3年内投资2500万欧洲货币单位与美、日竞争。他们购买美国、日本的PAFC电池电站进行示范试验，以取得PAFC在欧洲的运行、维修经验；并利用自己在燃料处理及交、直流电能转化方面的先进技术来开展PAFC电站技术的研究和发展工作。

7.2.6 总结与展望

由于能源和环境的压力，迫切需要寻找清洁的高效能源，燃料电池作为第四种发电方式，以其高效、无污染和负载能力大的特点而备受关注。在发达国家最早开发用于发电厂的就是磷酸燃料电池，它也是作为发电系统最成熟的燃料电池。从1977年一座1MW的磷酸燃料电池电厂投入试运行，到1993年仅美国国际燃料电池公司（IFC）就建了56座磷酸燃料电池电厂，其中23座在美国，22座在日本，其余在欧洲各国。1995年日本5MW电厂开始运行，其发电效率为40%左右，加上余热的利用，总效率为80%。目前，日本已经建设11MW的电厂并投入运行。此外，磷酸燃料电池在电动汽车方面的应用正在加紧研究。1992年日本三洋电气公司推出将2.3kW级磷酸燃料电池与太阳能电池结合的Mirai-1型电动汽车。韩国和泰国也加入了示范试验的队伍[77]。

总之，磷酸燃料电池及其技术已基本成熟，发达国家已经将之用于商业化生产，而我国还处于起步阶段。国内的专家学者已就我国的燃料电池工作提出了积极和建设性建议[78,79]，期望及早发展适合我国国情的燃料电池体系，尽快赶上国际水平。

此外，燃料电池发电设备的制造成本也比开发阶段明显减少，如果条件完备能够理想运行，在燃料电池发电设备的产品寿命之内就可把投资全部收回。但是，为在今后能真正达到普及，在以下两个方向推进是比较重要的：其一，批量生产以降低成本；其二，活用燃料电池的特性，利用所创造的新的附加值，促进将新的用途引入市场。

参考文献

[1] He D，Zhang L，He D，et al. Amorphous nickel boride membrane on a platinum-nickel alloy surface for enhanced oxygen reduction reaction[J]. Nature Communications，2016，7：12362.

[2] Chen D，Chen C，Baiyee Z M，et al. Nonstoichiometric oxides as low-cost and highly-efficient oxygen reduction/evolution catalysts for low-temperature electrochemical devices[J]. Chemical Reviews，2015，115：9869-9921.

[3] Dai L，Xue Y，Qu L，et al. Metal-free catalysts for oxygen reduction reaction[J]. Chemical Reviews，2015，115（11）：4823-4892.

[4] Nie Y，Li L，Wei Z. Recent advancements in Pt and Pt-free catalysts for oxygen reduction reaction[J]. Chemical Society Reviews，2015，44（8）：2168-2201.

[5] Jiang W J，Gu L，Li L，et al. Understanding the high activity of Fe-N-C electrocatalysts in oxygen reduction：Fe/Fe_3C nanoparticles boost the activity of Fe-N_x[J]. Journal of the American Chemical Society，2016，138（10）：3570-3578.

[6] Durst J，Siebel A，Simon C，et al. New insights into the electrochemical hydrogen oxidation and evolution reaction mechanism[J]. Energy & Environmental Science，2014，7（7）：2255-2260.

[7] Sheng W，Gasteiger H A，Yang S H. Hydrogen oxidation and evolution reaction kinetics on platinum：Acid vs alkaline electrolytes[J]. Journal of the Electrochemical Society，2010，157（11）：B1529.

[8] Noerskov J K, Bligaard T, Logadottir A, et al. Trends in the exchange current for hydrogen evolution[J]. Cheminform, 2005, 36 (24): e12154.

[9] Sun Y, Dai Y, Liu Y, et al. A rotating disk electrode study of the particle size effects of Pt for the hydrogen oxidation reaction[J]. Physical Chemistry Chemical Physics Pccp, 2012, 14 (7): 2278-2285.

[10] Yu W, Porosoff M D, Chen J G. Review of Pt-based bimetallic catalysis: From model surfaces to supported catalysts[J]. Chemical Reviews, 2012, 112 (11): 5780-5817.

[11] Scofield M E, Zhou Y, Yue S, et al. Role of chemical composition in the enhanced catalytic activity of Pt-based alloyed ultrathin nanowires for the hydrogen oxidation reaction under alkaline conditions[J]. Acs Catalysis, 2016, 6 (6): 3895-3908.

[12] Antolini E. Palladium in fuel cell catalysis[J]. Energy & Environmental Science, 2009, 2 (9): 915-931.

[13] Bellini M, Pagliaro M V, Lenarda A, et al. Palladium-ceria catalysts with enhanced alkaline hydrogen oxidation activity for anion exchange membrane fuel cells[J]. ACS Applied Energy Materials, 2019, 2 (7): 4999-5008.

[14] Zheng J, Zhuang Z, Xu B, et al. Correlating hydrogen oxidation/evolution reaction activity with the minority weak hydrogen-binding sites on Ir/C catalysts[J]. Acs Catalysis, 2015, 5 (7): 4449-4455.

[15] Jervis R, Mansor N, Gibbs C, et al. Hydrogen oxidation on PdIr/C catalysts in alkaline media[J]. Journal of the Electrochemical Society, 2014, 161 (4): F458-F463.

[16] Wang H, Abruna H D. IrPdRu/C as H-2 oxidation catalysts for alkaline fuel cells[J]. Journal of the American Chemical Society, 2017, 139 (20): 6807-6810.

[17] Yin H J, Zhou J H, Zhang Y W. Shaping well-defined noble-metal-based nanostructures for fabricating high-performance electrocatalysts: advances and perspectives. Inorganic Chemistry Frontiers, 2019, 6. 10: 2582-2618.

[18] Ohyama J, Sato T, Yamamoto Y, et al. Size specifically high activity of Ru nanoparticles for hydrogen oxidation reaction in alkaline electrolyte[J]. Journal of the American Chemical Society, 2013, 135 (21): 8016-8021.

[19] John S S, Atkinson R W, Unocic R R, et al. Ruthenium-Alloy Electrocatalysts with Tunable Hydrogen Oxidation Kinetics in Alkaline Electrolyte[J]. Journal of Physical Chemistry C, 2015, 119 (24): 13481-13487.

[20] John S S, Atkinson R W, et al. Platinum and palladium over layers dramatically enhance the activity of ruthenium nanotubes for alkaline hydrogen oxidation[J]. Acs Catalysis, 2015, 5 (11): 7015-7023.

[21] Brown D E, Mahmood M N, Man M C M, et al. Preparation and characterization of low overvoltage transition metal alloy electrocatalysts for hydrogen evolution in alkaline solutions[J]. Electrochimica Acta, 1984, 29 (11): 1551-1556.

[22] Jakšić J M, Vojnović M V, Krstajić N V. Kinetic analysis of hydrogen evolution at Ni-Mo alloy electrodes[J]. Electrochimica Acta, 2000, 45 (25): 4151-4158.

[23] Kiros Y, Majari M, Nissinen T A. Effect and characterization of dopants to Raney nickel for hydrogen oxidation [J]. Journal of Alloys and Compounds, 2003, 360 (1):

279-285.

[24] 周运鸿，查全性，高荣，等．硼化镍氢电极催化剂研究[J]. 高等学校化学学报，1981，2（3）：351-357.

[25] Thacker R. Performance of a nickel boride fuel cell anode using hydrogen and ethylene [J]. Nature，1965，206：186-187.

[26] Sarkar S，Patel S，Sampath S. Efficient oxygen reduction activity on layered palladium phosphosulphide and its application in alkaline fuel cells-ScienceDirect[J]. Journal of Power Sources，445（1）：227-280.

[27] Lima F，Ticianelli E A. Oxygen electrocatalysis on ultra-thin porous coating rotating ring/disk platinum and platinum-cobalt electrodes in alkaline media[J]. Electrochimica Acta，2004，49（24）：4091-4099.

[28] Ren X，Lv Q，Liu L，et al. Current progress of Pt and Pt-based electrocatalysts used for fuel cells[J]. Sustainable Energy & Fuels，2019，4（1）：15-30.

[29] Shao M，Ping L，Zhang J，et al. Origin of enhanced activity in palladium alloy electrocatalysts for oxygen reduction reaction[J]. Journal of Physical Chemistry B，2007，111（24）：6772-6775.

[30] Wang Y，Balbuena P B. Design of oxygen reduction bimetallic catalysts：ab-initio-derived thermodynamic guidelines[J]. Journal of Physical Chemistry B，2005，109（40）：18902-18906.

[31] Coutanceau C，Demarconnay L，Lamy C，et al. Development of electrocatalysts for solid alkaline fuel cell（SAFC）[J]. Journal of Power Sources，2006，156（1）：14-19.

[32] Wang Q，Cui X，Guan W，et al. Shape-dependent catalytic activity of oxygen reduction reaction（ORR）on silver nanodecahedra and nanocubes[J]. Journal of Power Sources，2014，269：152-157.

[33] Paraknowitsch J P，Thomas A. Doping carbons beyond nitrogen：an overview of advanced heteroatom doped carbons with boron，sulphur and phosphorus for energy applications[J]. Energy & Environmental Science，2013，6（10）：2839-2855.

[34] Qiu Z，Huang N，Ge X，et al. Preparation of N-doped nano-hollow capsule carbon nanocage as ORR catalyst in alkaline solution by PVP modified F127[J]. International Journal of Hydrogen Energy，2020，45（15）：8667-8675.

[35] Ferriday T B，Middleton P H. Alkaline fuel cell technology-A review[J]. International Journal of Hydrogen Energy，2021，46（35）：18489-18510.

[36] Shukla G，Shahi V K. Well-designed mono-and di-functionalized comb-shaped poly（2,6-dimethylphenylene oxide）based alkaline stable anion exchange membrane for fuel cells [J]. International Journal of Hydrogen Energy，2018，43（47）：21742-21749.

[37] Zhang Z，Wu L，Varcoe J，et al. Aromatic polyelectrolytes via polyacylation of prequaternized monomers for alkaline fuel cells[J]. Journal of Materials Chemistry A，2013，1（7）：2595-2601.

[38] Qiao J，Jing F，Lin R，et al. Alkaline solid polymer electrolyte membranes based on structurally modified PVA/PVP with improved alkali stability[J]. Polymer，2010，51（21）：4850-4859.

[39] Zeng L, Zhao T S, An L, et al. A high-performance sandwiched-porous polybenzimidazole membrane with enhanced alkaline retention for anion exchange membrane fuel cells [J]. Energy & Environmental Science: EES, 2015, 8 (9): 2768-2774.

[40] Ran J, Wu L, Wei B, et al. Simultaneous enhancements of conductivity and stability for anion exchange membranes (AEMs) through precise structure design[J]. Scientific Reports, 2014, 4: 6486.

[41] Li N, Leng Y, Hickner M A, et al. Highly stable, anion conductive, comb-shaped copolymers for alkaline fuel cells[J]. Journal of the American Chemical Society, 2013, 135 (27): 10124-10133.

[42] Cheng J, He G, Zhang F. A mini-review on anion exchange membranes for fuel cell applications: Stability issue and addressing strategies[J]. International Journal of Hydrogen Energy, 2015, 40 (23): 7348-7360.

[43] Penner S S, Appleby A J, Baker B S, et al. Commercialization of fuel cells[J]. Energy, 1995, 20: 331-470.

[44] Sammes N, Bove R, Stahl K. Phosphoric acid fuel cells: Fundamentals and applications [J]. Curr Opin Solid State Mater Sci, 2004, 8 (5): 372-378.

[45] 孙百虎. 磷酸燃料电池的工作原理及管理系统研究[J]. 电源技术, 2016, 40: 1027-1028.

[46] King J M, Kunz H P. Phosphoric acid electrolyte fuel cells[J]. Handbook of Fuel cell, 2010, 15: 104015.

[47] Park J, Oh H, Ha T, et al. A review of the gas diffusion layer in proton exchange membrane fuel cells: Durability and degradation[J]. Applied Energy, 2015, 155: 866-880.

[48] Park C, Jung Y, Lim K, et al. Analysis of a phosphoric acid fuel cell-based multi-energy hub system for heat, power, and hydrogen generation[J]. Applied Thermal Engineering, 2021, 189: 116715.

[49] Maoka T. Electrochemical reduction of oxygen on small platinum particles supported on carbon in concentrated phosphoric acid—Ⅱ. Effects of teflon content in the catalyst layer and baking temperature of the electrode[J]. Electrochim Acta, 1988, 33: 371-377.

[50] Watanabe M, Uchida M, Motoo S. Applications of the gas diffusion electrode to a backward feed and exhaust (BFE) type methanol anode[J]. J Electroanal Chem, 1986, 199 (2): 311-322.

[51] Giordano N, Passalacqua E, Recupero V, et al. An investigation of the effects of electrode preparation parameters on the performance of phosphoric acid fuel cell cathodes[J]. Electrochim Acta, 1990, 35 (9): 1411-1421.

[52] Passalacqua E, Antonicci P L, Vivaldi M, et al. The influence of Pt on the electrooxidation behaviour of carbon in phosphoric acid[J]. Electrochim Acta, 1992, 37 (15): 2725-2730.

[53] 马永林. 制备磷酸燃料电池气体扩散电极的新方法[J]. 电化学, 1996, 2: 107.

[54] Passalacqua E, Antonucci P L, Vivaldi M, et al. The influence of Pt on the electrooxidation behaviour of carbon in phosphoric acid[J]. Electrochimica Acta, 1992, 37 (15):

2725-2730.

[55] Stonehart P. Development of alloy electrocatalysts for phosphoric acid fuel cells (PAFC)* [J]. Journal of Applied Electrochemistry, 1992, 22: 995-1001.

[56] Aragane J, Urushibata H, Murahashi T. Evaluation of an effective platinum metal surface area in a phosphoric acid fuel cell[J]. J Electrochem Soc, 1994, 141 (7): 1804-1808.

[57] Kaserer S, Caldwell K M, Ramaker D E, et al. Analyzing the influence of H_3PO_4 as catalyst poison in high temperature PEM fuel cells usingin-operando X-ray absorption spectroscopy[J]. The Journal of Physical Chemistry C, 2013, 117 (12): 6210-6217.

[58] Hwang S J, Yoo S J, Jeon T Y, et al. Facile synthesis of highly active and stable Pt-Ir/C electrocatalysts for oxygen reduction and liquid fuel oxidation reaction[J]. Chem Commun (Camb), 2010, 46 (44): 8401-8403.

[59] Kamat A, Herrmann M, Ternes D, et al. Experimental investigations into phosphoric acid adsorption on platinum catalysts in a high temperature PEM fuel cell[J]. Fuel Cells, 2011, 11 (4): 511-517.

[60] Kinoshita K, Routsis K, Bett J A S. The thermal decomposition of platinum (Ⅱ) and (Ⅳ) complexes[J]. Thermochim Acta, 1974, 10 (1): 109-117.

[61] Heal G R, Mkayula L L. The preparation of palladium metal catalysts supported on carbon part Ⅱ: Deposition of palladium and metal area measurements[J]. Carbon, 1988, 26 (6): 815-823.

[62] Honji A, Takeuchi S, Mori T, et al. Effects of surface-active agents on platinum dispersion supported on acetylene black[J]. Electrochemical Society, 1990, 136 (12): 3701.

[63] Jalan V, Taylor E J. Importance of interatomic spacing in catalytic reduction of oxygen in phosphoric acid[J]. Electrochemical Society, 1983, 130: 2299-2302.

[64] Cambanis G, Chadwick D. Platinum-vanadium carbon supported catalysts for fuel cell applications[J]. Applied Catalysis, 1986, 25 (1-2): 191-198.

[65] Landsman D A, Luczak F J. Process using noble metal-chromium alloy catalysts in an electrochemical cell[J]. Unite States Patent, 1983, 4 (373): 014.

[66] Min M, Cho J, Cho K, et al. Particle size and alloying effects of Pt-based alloy catalysts for fuel cell applications[J]. Electrochim Acta, 2000, 45 (25-26), 4211-4217.

[67] Paffett M T, Daube K A, Gottesfeld S, et al. Electrochemical and surface science investigations of PtCr alloy electrodes[J]. J Electroanal Chem, 1987, 220 (2): 269-285.

[68] Kim K T, Hwang J T, Kim Y G, et al. Surface and catalytic properties of iron-platinum/carbon electrocatalysts for cathodic oxygen reduction in PAFC[J]. ChemInform, 1993, 140 (1): 31.

[69] Beard B C, Ross P N. The structure and activity of Pt-Co alloys as oxygen reduction electrocatalysts[J]. Journal of the Electrochemical Society, 1990, 137 (11): 3368.

[70] Stonehart P. Platinum alloy catalyst: US5593934. A (502).

[71] Seeliger W, Hamnett A. Novel electrocatalysts for oxygen reduction[J]. Electrochimica Acta, 1992, 37 (4): 763-765.

[72] Strickland K, Pavlicek R, Miner E, et al. Anion resistant oxygen reduction electrocata-

lyst in phosphoric acid fuel cell[J]. ACS Catalysis, 2018, 8 (5): 3833-3843.

[73] Zhang X, Chan S H, Ho H K, et al. Towards a smart energy network: The roles of fuel/electrolysis cells and technological perspectives[J]. Int J Hydrogen Energy, 2015, 40 (21): 6866-6919.

[74] Larminie J, Dicks A, Mcdanald M S. Fuel cell systems explained[M]. 2nd ed. John Wiley & Sons Inc, 2003: 207-225.

[75] Gillis E A. American fuel cell market development[J]. J Power Sources, 1992, 37: 45-51.

[76] Anahara R. Total development of fuel cells in Japan[J]. J Power Sources, 1994, 49: 1-3.

[77] Shibata K, Watanabe K. Philosophies and experiences of PAFC field trials[J]. J Power Sources, 1994, 49 (1-3): 77-102.

[78] 查全性. 燃料电池技术的发展与我国应有的对策[J]. 应用化学, 1993, 10: 39-42.

[79] 李乃朝, 衣宝廉. 国外燃料电池研究发展现状[J]. 电化学, 1996, 2 (2): 128.

第8章

燃料电池电堆技术

8.1 燃料电池单电池和电堆结构

燃料电池单电池的主要功能是用来验证膜电极性能（包括验证催化剂、质子交换膜、气体扩散层、微孔层、催化层等）和极板流场结构，其结构组成包括膜电极、两侧密封圈、两侧流场板、两侧集流板、两侧端板、加热装置和紧固螺栓［图 8-1(a)］，部分单电池通过采用小型压机来替换紧固螺栓控制压紧力，例如德国 balticFuelCells 公司的 qCf 系列单电池［图 8-1(b)］[1]。

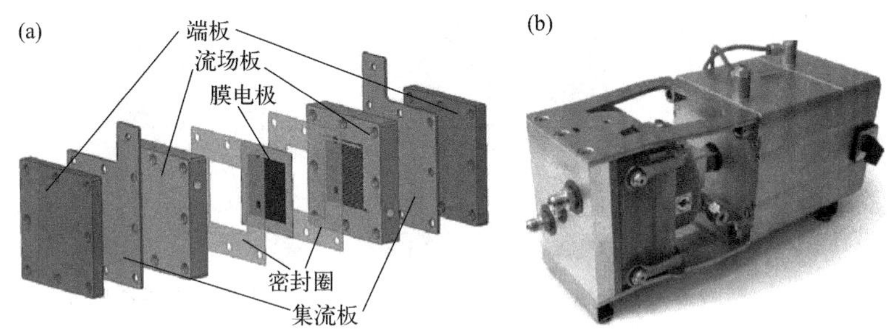

图 8-1 燃料电池单电池结构示意图（a）和德国 balticFuelCells 公司的 qCf 系列单电池（b）

为了更好地分析膜电极性能或极板流场结构，单电池可以通过加入一些特殊单元来辅助测试。例如在流场板中加入多个湿度或压力传感器来监控单电池内部湿度或气体压力分布情况（图 8-2），在阴极流场板和膜电极之间加入传感器来监控氢气渗透情况（图 8-3），在流场板和集流板之间加入温度或电流传感器来监控单电池内部温度或电流密度分布情况（图 8-4）。

燃料电池电堆是由多个单电池通过串联方式组装成的电池组，其结构为双极板与膜电极交替层叠，同时在各单元之间嵌入密封件用于流体之间及对外密封，其端部设有集流板用于电流输出，经前后端板压紧后用螺杆或绑带紧固，如图 8-5(a) 所示。图 8-5(b) 为日本丰田公司推出的全球首款商业化燃料电池乘用车 Mirai 使用的电堆，其由 370 片单电池构成，体积功率密度 3.1kW/L，峰值输出功率约为 110～114kW[2]。

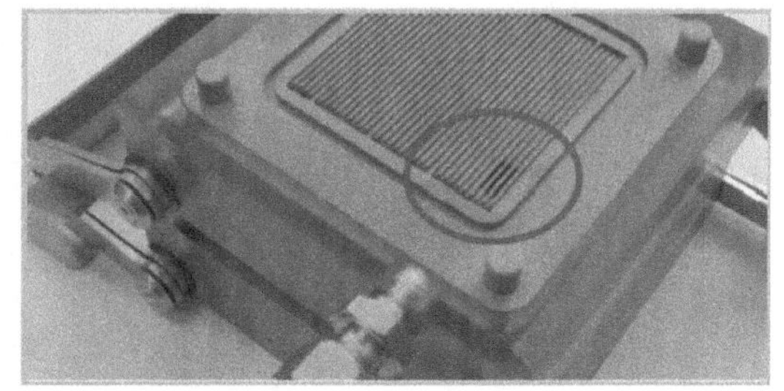

图 8-2 德国 balticFuelCells 公司的 qCf 系列单电池湿度/压力传感器单元

燃料电池电堆在运行时，首先分别从阳极和阴极进口处引入

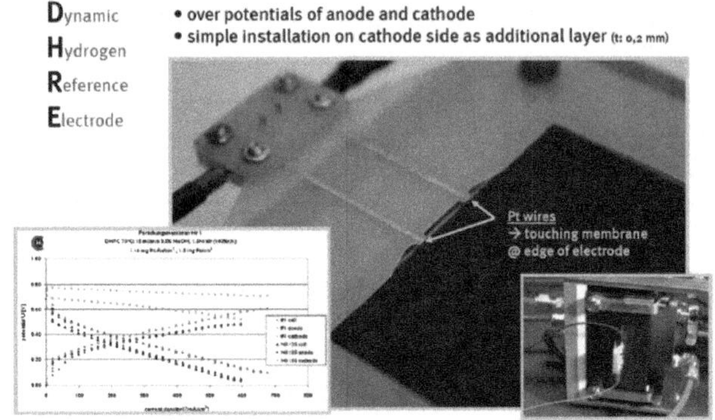

图 8-3 德国 balticFuelCells 公司的 qCf 系列单电池氢气传感器单元

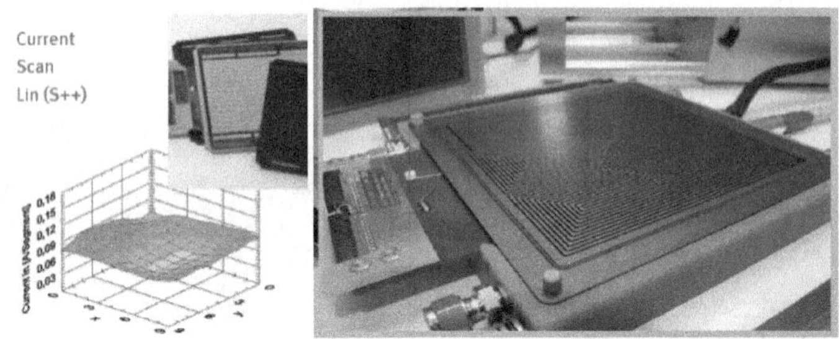

图 8-4 德国 balticFuelCells 公司的 qCf 系列单电池电流传感器单元

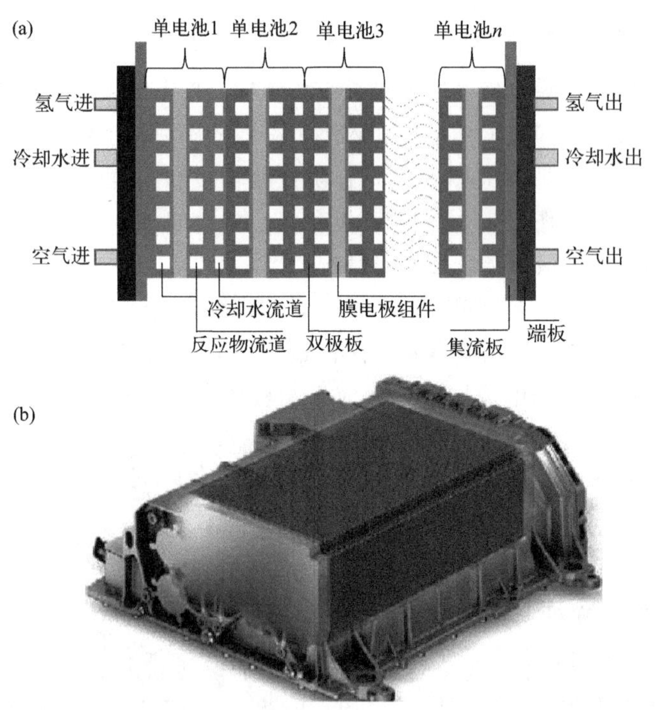

图 8-5 燃料电池电堆剖面示意图（a）和丰田 Mirai 燃料电池电堆图（b）

燃料（主要为氢气等）和氧化剂（主要为氧气或空气等），经过气体总管和双极板分配后到达膜电极组件的阳极和阴极催化层内，最后在催化剂作用下进行电化学反应。电堆在工作过程中会产生大量的热量，因此必须通过加入冷剂（如冷却水等）来控制电堆温度，冷剂流道在双极板中间。

8.2 燃料电池电堆核心零部件

燃料电池电堆核心零部件主要包括膜电极、双极板、密封组件、端板和集流体等，其中膜电极和双极板在前文中已经介绍，本节重点介绍密封组件、端板和集流体等。

8.2.1 密封组件

燃料电池电堆对密封可靠性要求非常高，在运行过程中不允许出现任何泄漏，尤其在阳极氢气侧。电堆中膜电极和双极板、阴极双极板和阳极双极板、双极板和绝缘板等连接面之间连接需要密封处理，通常有几十个甚至数百个密封面或密封部位。电堆的密封结构与膜电极和双极板的结构密切相关，密封的主要作用是保障电堆运行过程中在操作压力下各腔室气体的隔绝及外部密封[3-4]。密封面按照密封方式可以分为一次性密封和活动性密封两种[5]：一次性密封主要采用树脂胶黏剂（通常为膜电极和双极板之间）或激光焊接方式(通常为阴阳极金属双极板之间)；活动性密封主要采用橡胶弹性体。目前，电堆内部密封多采用弹性体密封，即所谓的静态密封，需要一个适当的组装压力，通过静摩擦力约束组件移动以达到密封的效果。

电堆的密封通常要满足以下要求：①反应气和冷却液不外漏、不互窜；②密封材料安全可靠、寿命长；③密封组件结构紧凑、制造和替换方便。为了达到较好的密封效果和满足上述要求，密封组件设计时需要选择适宜的密封材料和密封结构。

密封材料的选择首先应该满足密封功能的要求。由于被密封的介质以及设备的工作条件不同，要求密封材料具有不同的适用性[6-7]。通常，对密封材料的一般要求主要有：①材料本身的致密性好，不易泄漏被密封的氢气、空气、冷却液等介质；②机械强度高，能够适应装堆时的力学要求；③压缩性和回弹性好，永久变形小；④热稳定性好，高温下不软化、不分解，低温下不硬化、不脆裂；⑤耐腐蚀性能好，在酸、碱、油等介质中能长期稳定工作；⑥摩擦系数大，能经受电堆震动变形过程产生的力学变化；⑦成本低，加工制造方便，价格便宜，取材容易。

优异的密封材料需要尽量满足上述要求。目前，电堆常采用的密封材料为橡胶类高分子材料，这类密封材料具有出色的变形复原能力，压缩后趋于恢复到原来的几何形状，从而产生自动的压紧力，达到密封效果。橡胶类密封材料制品种类繁多，例如硅橡胶、氟橡胶、丁腈橡胶（NBR）、氯丁橡胶（CR）、三元乙丙橡胶（EPDM）、聚氨酯橡胶（UR）等。对橡胶密封件而言，其密封效果主要取决于其力学性能，回弹性越好、内部应力保存时间越长、应力松弛时间越长，则密封效果越好。橡胶密封件也可以通过结构设计来弥补橡胶材料特性的不足，其密封设计需要同时考虑其密封结构和材料特性。表 8-1 总结了几种类型的密封材料[8-17]。

表 8-1 几种常用密封材料的优缺点比较

密封材料种类	优点	缺点
硅橡胶(SR)	气密性好 具有良好的耐寒性 使用温度范围宽(−100～300℃)	可能引起气流变形和阻塞
丁腈橡胶(NBR)	耐化学稳定性好 物理力学性能优异 加工性能较好 长期使用温度较高(120℃) 耐低温性能较好	酸性和高温下的长期稳定性不如氟类橡胶
三元乙丙橡胶(EPDM)	优良的化学稳定性 耐热老化性能优异 电绝缘性能较好	硫化速度慢 黏合性差 弹性差
氯丁橡胶(CR)	具有较高的拉伸强度、变形伸长率 化学稳定性优异 长期使用温度在 80～100℃	耐低温性能较差 贮存稳定性差

密封结构需要满足电堆整体密封设计要求。电堆根据功能不同，结构会有很大差异，不同电堆对于密封要求也不完全相同。根据不同电堆密封设计要求，密封组件也有多种形式：MEA 集成式密封、双极板集成式密封和一体化单电池式密封等[6]。

(1) MEA 集成式密封[18]

MEA 集成式密封是指将密封集成在 MEA 边框，与 MEA 形成一体结构，常采用注塑成型法或密封圈贴合法形成密封结构。注塑成型法由于密封材料与边框结合紧密，所以密封失效需要更换整个 MEA。而密封圈贴合法由于密封圈和边框采用双面胶或胶水贴合，根据双面胶或胶水情况，密封失效时只需要更换密封圈即可。

图 8-6 是一种典型的 MEA 集成式密封结构，其将密封硅橡胶材料通过注塑方式与 MEA 外边框部分结合一体化。图中密封组件的 a 部分浸入 MEA 中与其紧密结合，防止阴阳极气体绕过 MEA 造成内漏；c 部分为密封组件主要受力部分，其与双极板直接接触，防止阴/阳极气体外漏，在达到良好密封效果的同时确保和 MEA 的结合处不受挤压以保护 MEA；b 部分的弧形设计可以防止应力集中，在 a 和 c 之间起到过渡的作用；d 部分和特别设计的双极板配合，起到缓冲和防振的作用。

这种密封结构设计具有结构简单、装配效率高、密封效果好等特点。但该设计的难点在于选择适宜的橡胶材料，使其在硬度、固化时间、化学稳定性和 MEA 的相容性等方面达到最佳的平衡。另外，对于注塑成型方式，如果密封组件失效，则整个 MEA 也将随之报废，因此它对硅橡胶的性能和模具的加工精度要求非常高。

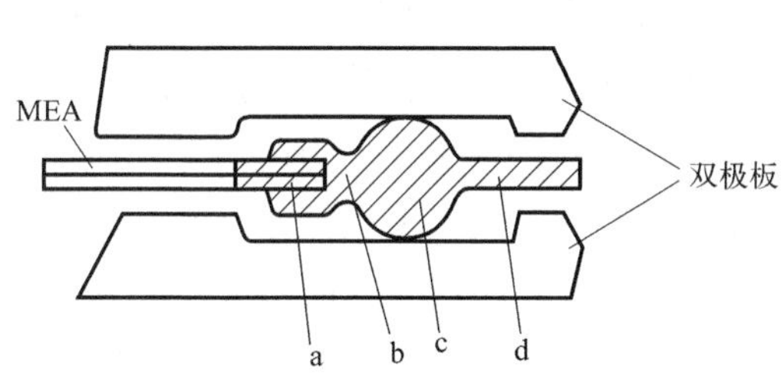

图 8-6 一种典型的 MEA 集成式密封结构

a—连接部分；b—过渡部分；c—形变部分；d—延伸部分

图 8-7 一种典型的双极板集成式密封

(2) 双极板集成式密封[19]

双极板集成式密封是指将密封组件与双极板集成在一起，形成带有密封功能的双极板。图 8-7 为一种典型的双极板集成式密封。该制备工艺通常是将特定的密封材料，通过注塑等成型工艺在双极板的密封沟槽内原位成型，也可以采用密封圈贴合的方式。根据成型方式不同又可分为点胶成型和注射成型；根据密封材料固化方式可分为热压固化成型、冷压固化成型和 UV 光固化成型等。双极板集成式密封的优点在于其易组装、结构简单、密封效果好、适合大批量生产等。但该设计的难点在于密封件定位困难，在组堆过程中容易由于受力变形而错位，从而导致密封失效，因此其对组堆工艺要求非常高。

(3) 一体化单电池式密封[20-21]

一体化单电池式密封是指密封组件与 MEA 和双极板通过胶水直接粘接密

封。这种方式通常先将密封胶水涂在 MEA 或双极板设计的密封槽道内，然后将双极板或 MEA 与其匹配，最后通过热压等方式固化成型。此类密封材料一般为硅橡胶、氟硅胶、EPDM、氯丁橡胶、环氧树脂、聚氨酯、聚异丁烯树脂等高分子胶水。这种密封结构的特点是一次成型、密封性能好、适合大批量生产等。但该设计的难点在于结构复杂，对加工工艺和材料要求很高。

目前，一体化单电池式密封是电堆开发的重要设计方向。典型的代表为日本丰田公司推出的 Mirai 燃料电池电堆，其采用密封胶直接粘接 MEA 和双极板形成单电池结构，然后通过在阳极双极板侧注塑密封圈来进行单电池之间的密封[15]。

8.2.2 端板与集流体

8.2.2.1 端板

燃料电池的工作状态与膜电极和双极板接触状态密切相关，因此需要控制合适的封装载荷和均匀的应力分布来使燃料电池在合适的工作条件下工作。端板的结构与封装载荷、应力分布密切相关，因此优化设计端板结构尤为重要[22]。端板是指位于电堆两端，用于给叠在一起的单电池传送所需压紧力的部件。端板的主要功能是将各单电池封装成一体，而组装过程中的封装载荷几乎全部是通过端板施加在内部各组件上的[23]。因此，对端板结构进行合理设计以保证封装载荷尽可能均匀地传递到内部接触面上是非常重要的。如果封装载荷过大，对电堆内部产生的局部应力会导致发生塑性变形甚至产生裂纹；封装载荷过小，将导致气体扩散层和双极板间界面接触电阻明显增加，电堆发电效率降低，严重时可能引起反应气体或冷却液泄漏。同时，端板结构设计不合理也会导致电堆平面上受力不均，电堆中单电池发电均一性变差。

端板通过施加在其上的封装力，以保证电堆内各单电池有足够的接触压力，其具体的功能是：①保证电堆中单电池平面上受力均匀；②保证电堆中单电池承受较一致的封装载荷。合理的端板结构应具备足够的机械强度、刚度以及能够保证内部接触压力均匀分布，并且具有质量轻、体积小、易于加工等特点。因此，端板材料应具有如下特征：①低密度；②高机械强度和刚度；③优异的电化学稳定性；④电绝缘性。目前，端板材料包括金属和非金属两大类。

（1）金属材料

常见的金属端板材料有铝合金、钛合金及不锈钢等。铝合金是应用最为广泛的端板材料，它具有密度低、机械强度高、易加工等特点。钛合金同样拥有低密度和高机械强度特性，并且钛的抗腐蚀性更好，但是钛合金成本较高，这极大地限制了其在端板中的应用。不锈钢具有最高的力学性能和最低的成本，但是其耐腐蚀性较差。以SS316L不锈钢为例，其在长期运行过程中会因为腐蚀导致金属离子析出，析出的金属离子进入电堆内部会对膜电极造成不可逆的破坏。采用金属作为端板材料时，需要在端板和集流板之间加入绝缘板或隔板，起到绝缘作用以防止短路。同时，金属端板还需要做表面处理以增强其在高温、高湿、酸性条件下的腐蚀能力。

（2）非金属材料

常用的非金属材料包括聚乙烯（PE）、聚丙烯（PP）、聚苯乙烯（PS）等通用塑料，聚酰胺、聚碳酸酯（PC）、聚酯、ABS等工程塑料，以及复合材料等[23]，具有质量轻、价格低、热传导率低和热容低的特点，同时还具有优异的抗腐蚀性。另外，也可以以非金属材料如热塑性材料为主体，通过加入氧化铝、碳纤维、玻璃纤维或陶瓷粉末等作为无机填料来增强改性。相比于一般非金属材料，加入无机填料后的复合材料尺寸稳定性和抗蠕变性均得到提高。但是，非金属材料的强度太低，因此需要加大厚度来弥补强度不足的问题。同时，非金属材料的抗形变能力较差，为了避免电堆受力不均，对端板结构设计要求更高。

端板从设计的角度看，首要目标是保证足够的强度和刚度，从而使电堆中MEA和双极板封装载荷产生的接触压力分布均匀，避免引起反应气体泄漏、接触电阻分布不均、热应力分布不均等问题，从而影响电堆工作。从制造角度看，增加端板强度、刚度只需增其厚度便可实现，但同时端板的质量及体积会增加，造成电堆笨重和材料浪费。端板的结构有很多种，目前按照样式和功能划分，有以下几种。

（1）按样式划分[24-25]

端板按照样式划分，有实心端板和加强筋端板两种（图8-8）。一般而言，实心端板多见于小型单电池，通常以镀金不锈钢板为材质，另有部分电堆采用塑料制实心端板，其特点在于结构简单、容易加工，但会较大程度上增加电堆质量。加强筋端板是目前电堆应用的主流形式，其在实心端板基础上，通过结构设计将端板部分区域掏空，在不改变端板力学性能的条件下，最大化地降低端板质量、减少材料消耗。这种类型端板多采用带有镀层的金属材料，也可以使用工程塑料。

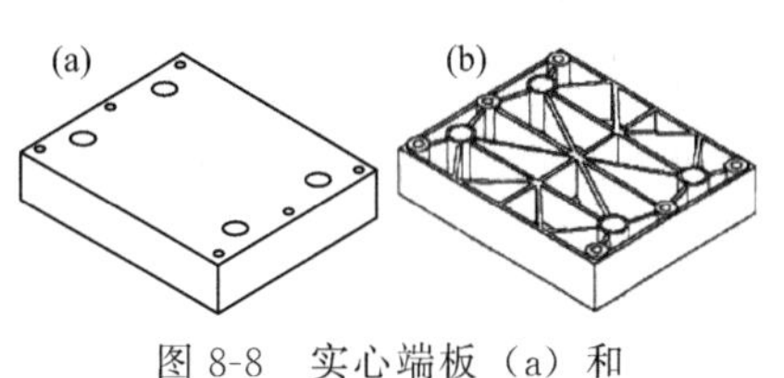

图8-8　实心端板（a）和加强筋端板（b）示意图

（2）按功能划分[26-28]

端板按照功能可分为普通端板和多功能集成端板两种（图8-9）。普通端板只具有端板的最基本结构（如氢气、空气和冷却剂的进出口，封装区域等），设计从端板强度和刚度考虑，只需保证产生预期的封装载荷，并使得封装载荷均匀分布即可，其特点在于结构简单、容易加工、保证了电堆最基本的要求。多功能集成端板除了满足上述要求外，还要满足一定的功能集成要求。多功能集成端板集成安装有一定数量的机械或电气阀件，如排水电磁阀、排气电磁阀、氢气压力传感器、空入温度传感器、水压传感器、水温传感器等等。对于多功能集成端板而言，集成阀件的具体类型要结合电堆操作特性与系统要求进行设计。

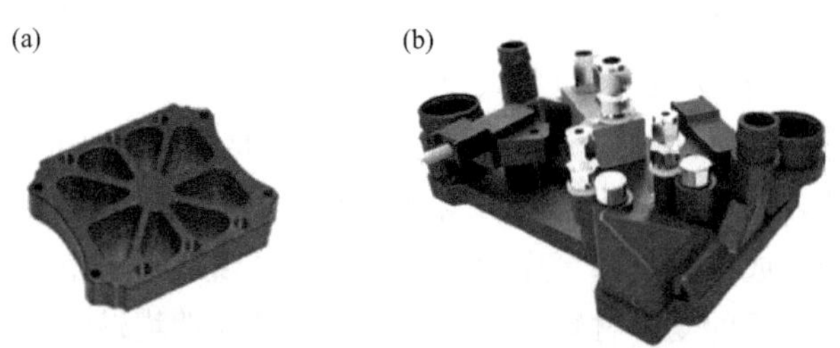

图 8-9　普通端板（a）和多功能集成端板（b）

8.2.2.2　集流体

集流体是用于收集电流的部件，其安装于双极板和绝缘板之间。集流体的设计需要考虑收集电流，同时也需要考虑低温启动过程中的端板效应[29]。因此，对集流体的技术要求包括：①优良的导电性；②较高的机械强度，可以耐受冲击振动；③较低的厚度；④较高的抗腐蚀性；⑤防止气体或冷却液渗透；⑥低热容；⑦易于组装。满足上述技术要求的集流体材料有金属和石墨两大类[30-31]。金属材料如铜、不锈钢、铝和钛等，但通常为了增加集流体的导电性或抗腐蚀性，会对金属板进行镀膜处理，如表面镀金处理等。集流体结构较为简单，通常为平板形（图 8-10），但是部分集流体会通过增加流道来降低低温启动过程中的端板效应。

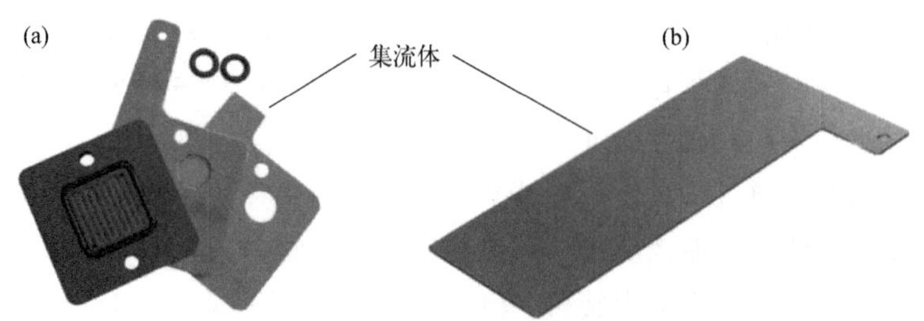

图 8-10　常见的集流体样式

（a）小电池的集流体，材质为铜；（b）电堆集流体

8.3 电堆组装

电堆是由多个单电池通过串联方式组装而成的，为了每片单电池均能按照设计要求工作，需要控制合适的封装载荷和均匀的应力分布。电堆的零件尺寸和配合尺寸都有误差，这些误差会对燃料电池电堆的性能产生不同的影响，因此需要严格的组装工艺环节把控，将工艺因素对电堆性能的影响控制到最小，同时提高产品的一致性。电堆的材料中有端板、绝缘板、极板等刚度较大的零件，也有MEA和密封组件等柔性零件，这些零件在装配过程中以及成品后会受到各种力的作用，包括外部的紧固力，也包括内部扩散层、密封组件的弹性力，膜吸水后的膨胀力等等。因此对于电堆组装有着严格的技术要求：①满足定位要求，确保电堆中每个部件均在指定位置，并且在受力时不会偏离；②满足受力要求，确保电堆中每片MEA和双极板受力均匀。

8.3.1 组装方式

在电堆组装过程中，接触电阻、碳纸压缩率、密封组件应力等影响电堆性能的主要参数均通过组装压力来控制，即所谓的封装力或封装载荷。封装力的确定可以从三个层面考虑[32-35]：①基于结构强度与密封要求的封装力设计；②基于电堆性能的封装力设计；③基于系统可靠性的封装力设计。不同的电堆具有不同的组装特性，但每个电堆的封装力均有一个上下极限值。上限值是不使电堆内任何部件产生塑性变形或压溃破坏的最大封装力，下限值是保证结构密封特性（密封界面达到最小密封比压）的最小封装力。因此，电堆组装时需首先确定合适的封装力。

电堆组装时主要需要考虑两个方面：①封装力：相关的主要影响参数有极板和极板之间的接触电阻、密封组件压缩率、碳纸压缩率、碳纸和极板之间的接触电阻；②电堆变形尺寸：相关的主要影响参数有碳纸压缩率、密封组件压缩率。因此，电堆在设计封装力和变形尺寸时需要根据影响参数来综合考虑。目前，电堆组装主要有压力控制和距离控制两种，不同的组装方式决定了不同的电堆结构和材料选择，因此选择哪种装堆方式在电堆设计时就需确定。

（1）压力控制

压力控制需要考虑的因素较多，主要根据碳纸压缩率和密封圈压缩率决定组装压力，同时也要适当考虑双极板和碳纸、极板和极板的组装压力与接触电阻的变化曲线。压力控制的优点主要是结构相对简单、设计容错率较高，但是该方法单电池受力均匀性较差，容易出现过压或者压力不够的情况，电堆整体尺寸难以控制。

（2）距离控制

距离控制对于膜电极结构要求较高，其主要是通过膜电极结构来固定碳纸压缩率，因此理论上只要达到电堆组装设计最小值，电堆尺寸为一固定值。距离控制可以保证不同电堆整体尺寸稳定，同时电堆中每个单电池受力均匀。但是该方法对于电堆设计要求很高，设计容错率较低，对于材料要求比压力控制要高。

8.3.2 组装形式

目前，主流的电堆组装形式有螺栓封装和打包带封装两种[36-38]，其他封装方式，如箱式弹簧封装、平板封装等，现阶段已经较少使用。

（1）螺栓封装

螺栓封装是一种最常用的封装形式，其结构如图 8-11 所示。这种封装形式结构简单、可靠性高、通用性强，目前国内外各燃料电池企业和整车厂，如新源动力、明天氢能、Hydrogenics、Elringklinger、丰田、现代等，国内科研院所如中科院大连化物所、武汉理工大学等，均设计有此种封装形式的电堆。但该封装形式常常因局部螺栓与周边部位受力差异而导致端板受力不均的问题，严重时会在螺杆间部位出现“密封真空”，发生密封不严的状况。同时该封装形式需要增加较多的电堆体积，组装过程复杂，不利于自动化装配，因此也不适合大规模生产。

图 8-11　螺栓封装

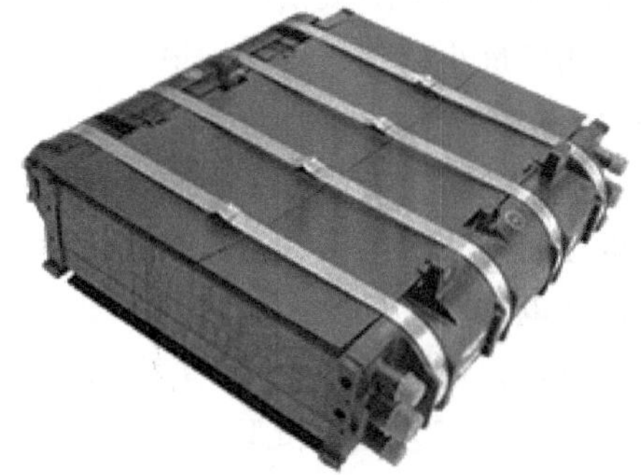

图 8-12　捆扎封装

（2）打包带封装

打包带封装采用钢带捆扎封装形式，其结构如图 8-12 所示。这种封装形式的特点是结构紧凑，能够分散钢带与电堆封装处的紧压力，避免出现局部端板受力不均匀的情况，同时组装过程简单，有利于自动化组装。目前，国内外燃料电池企业如广东国鸿氢能、北京氢璞、Ballard、ZSW 等均采用这种电堆组装形式。钢带封装是大型燃料电池堆比较先进的封装技术，但该组装工艺的设计及实施较为复杂，需要焊接机、拉伸机等辅助设备。同时，这种封装形式不利于拆卸，因此不适合研究性电堆开发。

8.3.3 组装工艺流程

电堆在组装过程中，需遵循一定顺序。通常情况下，电堆内部为 MEA、双极板交错叠放，两侧分别有集流体，再外侧为端板。若端板为金属材质，则在集流体和端板之间要放置绝缘隔板。燃料电池电堆组装工艺流程如图 8-13，首先对来料（主要是双极板和 MEA）进行分选，接着对来料进行表面清洁处理，主要是除去表面灰尘等；然后按下端部、下绝缘板、下集流板、双极板和膜电极交替叠放、上集流板、上绝缘板、上端板次序叠放，叠放过程中，要求使用定位螺杆对依次叠放的各部件进行定位固定，防止发生偏移；紧接着，对叠放完成的电堆各部分进行液压装配，保持一定的组装压力，使用螺杆或者其他封装形式进行封装处理；最后，对组装完成的电堆进行密封性检测，包括外漏和窜气检测，将密封检测完好的电堆进行外部封装即可。

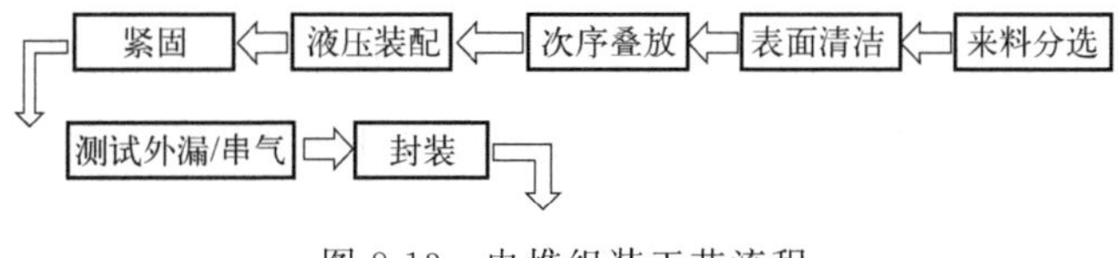

图 8-13 电堆组装工艺流程

8.4 电堆合格条件

目前，针对电堆合格性的测试，主要包括电堆的密封气密性、绝缘强度、耐撞击和耐振动、电气过载、介质强度、压力差试验、冻结/解冻循环试验等。依据 GB/T 33978—2017，燃料电池电堆应符合第 4 部分“要求”中对于气体泄漏、氢泄漏量、许可工作压力、冷却系统耐压、过压、压差、电磁兼容性、防水防尘、性能、绝缘、振动、储存温度、接地保护和高压电缆等要求；同时，燃料电池电堆还应符合 GB/T 29838—2013《燃料电池 模块》中 4.1 和 4.2 的规定，即电堆制造商要提供全面的电堆通用安全策略，所有零部件都要进行风险评估设计。具体试验方法如下。

① 气体泄漏要求：按 GB/T 33978—2017 中 6.2 规定的气密性试验进行。

② 氢泄漏量要求：按 GB/T 33978—2017 中 6.3 规定的氢泄漏量试验进行。

③ 许可工作压力要求：按 GB/T 29838—2013 中 5.5 规定的许可工作压力试验进行。

④ 冷却系统耐压要求：按 GB/T 29838—2013 中 5.6 规定的冷却系统耐压试验进行。

⑤ 过压要求：按 GB/T 29838—2013 中 5.8 规定的过压试验进行。

⑥ 压差要求：按 GB/T 29838—2013 中 5.11 规定的压差试验进行。

⑦ 电磁兼容性要求：按 GB/T 33978—2017 中 6.8 规定的电磁兼容试验进行。

⑧ 防水防尘要求：按 GB 4208—2017 的规定进行。

⑨ 运行试验要求：按 GB/T 33978—2017 中 6.10 规定的试验进行。

⑩ 绝缘要求：按 GB/T 29838—2013 中 5.9 规定的进行，同时参考 GB/T 33978—2017 中 6.11 的规定。

⑪ 振动要求：按 GB/T 33978—2017 中 6.12 规定的振动试验进行。

⑫ 储存温度要求：按 GB/T 33978—2017 中 6.13 规定的储存试验进行。

⑬ 接地保护要求：按 GB/T 33978—2017 中 6.14 规定的接地试验进行。

⑭ 高压电缆要求：按 GB 18384—2020 规定对高压总线电缆进行检测。

可参考 GB/T 20042.2—2023 质子交换膜燃料电池电池堆通用技术条件的说明和要求。

8.5 典型的商业化电堆

8.5.1 典型的石墨板和复合板电堆

国际上商业化石墨板电堆供应商有加拿大 Ballard 和 Hydrogenics 等公司，国内供应商有江苏清能、北京氢璞等，广东国鸿氢能通过引进 Ballard 技术，已实现石墨板电堆的批量化生产和销售。复合板燃料电池堆供应商有大连新源动力等，其已在上汽大通 FCV 80 得到较好的商业化应用。典型的石墨板和复合板电堆企业及产品见表 8-2 和图 8-14。

表 8-2　典型的石墨板和复合板电堆企业和其商业化产品[39-41]

生产厂家	Ballard/国鸿氢能	北京氢璞	新源动力
产品型号	FCvelocity-9SSL		HYSTK-40
双极板类型	石墨板	石墨板	复合板
功率/kW	17.2(gross)	38(gross)	39(额定)
片数	90	320	—
重量/kg	14.3	18	40
尺寸/mm	255/760/60	—	430/125/427
耐久性/h	10000	5000	5000
冷启动温度/℃	>2	−10	−20

(a)

(b)

图 8-14　巴拉德 FCvelocity-9SSL（a）和新源动力 HYSTK-40 电堆实物（b）

8.5.2　典型的金属双极板电堆

目前，金属双极板燃料电池堆已经实现商业化并对外供应的有 ElringKlinger、PowerCell 等企业，国内有新源动力、安徽明天氢能、爱德曼氢能源等公司。此外，丰田 Mirai、本田 Clarity、现代 Nexo、奔驰 GLC 等量产燃料电池车型也均采用金属双极板电堆。从技术上来讲，目前在薄金属板成型、防腐涂层以及结构设计等方面，国内外企业均已趋于成熟，金属双极板电堆有望得到更大范围的应用和推广。国内外典型金属双极板电堆厂商及相应产品见表 8-3。

表 8-3　国内外典型金属双极板电堆厂商及相应产品[41-44]

生产厂家	ElringKlinger	PowerCell	新源动力	明天氢能
产品型号	NM-5	MS-100	HYSTK-70	MT-70
电堆产地	德国	瑞典	中国大连	中国六安
电堆照片				

续表

生产厂家	ElringKlinger	PowerCell	新源动力	明天氢能
额定功率	59kW(2.5bar)	98kW(2.3 bar)	85(2.5 bar)	72(2.5 bar)
片数	300	335	370	288
重量/kg	28	34	45	60
尺寸/mm	256/172/583	420/444/156	585/474/132	466/420/158
耐久性	10000h	—	—	—
抗振性能	SAE J2380—2013	SAE J2380—2013	SAE J2380—2013	SAE J2380—2013

8.6 电堆术语

燃料电池电堆术语参考中华人民共和国国家标准《质子交换膜燃料电池 第1部分：术语》(GB/T 20042.1—2017)，见表8-4。

表 8-4 燃料电池堆物理量及参数

质量比功率	mass specific power	电堆或燃料电池发电系统额定功率和其质量的比值
体积比功率	volumetric power	电堆或燃料电池发电系统额定功率和其体积的比值
功率密度	power density	单电池单位面积的功率，W/cm^2
极化曲线	polarization curve	燃料电池阴、阳极电位或两者的电位差随电流或电流密度变化的曲线
极化	polarization	由于电流流过电极界面引起的电极电势偏离其热力学电势的现象
透氢	hydrogen crossover	氢气通过扩散从阳极穿过质子交换膜迁移到阴极的现象
窜气	internal gas leakage	气体在燃料腔、氧化剂腔或冷却液腔之间发生的相互泄漏
气体泄漏	external gas leakage	除有意排出的气体之外，产生气体漏出燃料电池的现象
增湿	humidification	通过燃料和/或氧化剂反应气体，向燃料电池内部引入水的过程

续表

逆向流动	counter-flow	(如在热交换器或燃料电池中)两路流体以相反的方向平行流过一个装置的相邻且互相隔离的流体空间
燃料	fuel	能够在阳极被氧化产生自由电子的物质
氧化剂	oxidant	能够在阴极得到电子被还原的物质
洁净反应气	clean gaseous reactant	不含气体污染物或其含量低到不会对燃料电池性能和寿命带来任何影响的反应气
污染物	contaminant	存在于反应气或电解质中(除水以外)以很低的浓度便可对电极的氢氧化或氧还原催化活性或电解质的质子传导能力造成影响,进而影响电池性能或寿命的物质
阳极	anode	发生氧化反应的电极,通入氢气的一侧
阴极	cathode	发生还原反应的电极,通入空气的一侧
电极	electrode	和电解质接触,提供电化学反应区域,并将电化学反应产生的电流导入或导出电化学反应池的电子导体(或半导体)
极板	polar plate	电池堆中隔离单电池、引导流体流动、传导电子的导电板
单极板	monopolar plate	仅一侧含有反应物(燃料或氧化剂)供应、分布和生成物排出的流场(也可能包含传热介质流场)的极板
双极板	bipolar plate	两侧均含有反应物(一侧为燃料,另一侧为氧化剂)供应、分布和生成物排出的流场(也可能包含传热介质流场)的极板
端板	end plate	位于燃料电池电流流动方向的两端,用于给叠放在一起的电池传送所需的压紧力
集流板	current collector	电堆内收集并向外导出电流的导电板
流场	flowfield	为反应物、反应产物或冷却介质的进出及(合理)分布,而在极板上加工的各种形状的流道的组合
电堆接线端子	stack wiring lead	燃料电池堆向外供应电力的输出接线端,也称为电堆电端
歧管	manifold	为燃料电池堆输送流体或从中收集流体并排出的管道

续表

单电池[①]	single cell 或 unit cell	燃料电池的基本单元，由一组膜电极组件及相应的单极板或双极板组成
燃料电池	fuel cell	将外部供应的燃料或氧化剂的化学能直接转化为电能（直流电）及生成热和反应产物的电化学装置
质子交换膜燃料电池	proton exchange membrane fuel cell	用质子交换膜作电解质的燃料电池
电堆/燃料电池堆	stack/fuel cell stack	由两个或多个单电池和其他必要结构件[②]组成的、具有统一电输出的组合体
短堆	short stack	具有额定功率电堆的结构特征，但其中单电池数量显著小于按额定功率设计的电堆中单电池数量的电堆
燃料电池模块	fuel cell module	一个或多个燃料电池堆和其他主要及适当的附加部件构成的集成体
组装	stacking	以串联的方式将单电池彼此相邻放置而形成燃料电池堆的过程
单电池或电池堆寿命	single cell or stack lifetime	燃料电池在一个基准运行电流下，从活化完毕后首次启动运行开始，到其电压降至低于规定的最低可接受电压[③]时的累计运行时间

① 通常，处于电堆中的某一节单电池称为 unit cell，具有独立结构的一个单电池称为 single cell。

② 必要结构件包括：极板、集流体、端板、密封件等。

③ 最低可接受电压值应考虑具体的使用情形，由参与各方协议确定，通常由电压衰减一定比例（10%）计算得到。

参考文献

[1] 德国 balticFuelCells 公司官网. http：//www. balticfuelcells. de/[Z]. 2021.

[2] 丰田 Mirai 官网. https：//www. toyota. com/mirai/[Z]. 2021.

[3] Frisch L. PEM fuel cell stack sealing using silicone elastomers[J]. Sealing Technology，2001，2001 (93)：7-9.

[4] Dillard D A，Guo S，Ellis M W，et al. Seals and sealants in PEM fuel cell environments：Material，design，and durability challenges[C]//ASME 2004 2nd International Conference on Fuel Cell Science，Engineering and Technology，2004.

[5] 周平，吴承伟 . 燃料电池弹性体密封特性的若干影响因素[J]. 电源技术，2005，(4)：236-240.

[6] 付宇飞 . 质子交换膜燃料电池系统密封与组装的研究[D]. 大连：中国科学院大连化学物理研究所，2008.

[7] Tan J Z, Chao Y J, et al. Chemical and mechanical stability of a Silicone gasket material exposed to PEM fuel cell environment[J]. International Journal of Hydrogen Energy, 2011, 36 (2): 1846-1852.

[8] Schulze M, Knöri T, Schneider A, et al. Degradation of sealing for PEFC test cells during fuel cell operation[J]. Journal of Power Sources, 2004, 127 (1-2): 222-229.

[9] 张庆连．硅橡胶在质子交换膜燃料电池环境中老化研究[D]．武汉：武汉理工大学，2013.

[10] 林鹏．质子交换膜燃料电池电堆的热力耦合封装力学研究[D]．大连：大连理工大学，2011.

[11] Bieringer R, Adler M, Geiss S, et al. Gaskets: Important Durability Issues[M]. New York: Springer, 2009.

[12] 杨雁晖，柳丽君，郝建强．燃料电池用密封胶[J]．粘接，2007，28 (2)：46-48.

[13] Parsons J, Martin K E. VG 3 low cost durable seals for PEMFCs[J]. UTC Power, 2009.

[14] Basuli U, Jose J, Lee R H, et al. Properties and degradation of the gasket component of a proton exchange membrane fuel cell—A review[J]. Journal of Nanoscience and Nanotechnology, 2012, 12 (10): 7641-7657.

[15] Tan J Z, Chao Y J, van Zee J W, et al. Degradation of elastomeric gasket materials in PEM fuel cells[J]. Materials Science and Engineering: A, 2007, 445: 669-675.

[16] 王忞，吴宏，郭少云．吸酸剂对质子膜燃料电池密封用氟橡胶老化性能的影响[C]．2012 年全国高分子材料科学与工程研讨会学术论文集（下册），2012.

[17] 李新，王一丁，詹明．质子交换膜燃料电池密封材料研究概述[J]．船电技术，2020，40 (6)：19-23.

[18] Ye D H, Zhan Z G. A review on the sealing structures of membrane electrode assembly of proton exchange membrane fuel cells[J]. Journal of Power Sources, 2013, 231 (1): 285-292.

[19] Le D, Lim J W, Nam S, et al. Gasket-integrated carbon/silicone elastomer composite bipolar plate for high-temperature PEMFC [J]. Composite Structures, 2015, 128: 284-290.

[20] 杨代军，殷骏，张存满，明平文，李冰，杨伟科．一种一体化燃料电池单电池及燃料电池电池堆：CN111883797A[P]．2020-11-03.

[21] 邢丹敏，戚朋，侯忠军，明平文，张可．一种带密封框的膜电极一体化组件及其制备方法：CN101673833[P]．2010-03-17.

[22] 周平．燃料电池封装力学及多相微流动[D]．大连：大连理工大学，2009.

[23] Kim J S, Park J B, Kim Y M, et al. Fuel cell end plates: A review[J]. International Journal of Precision Engineering and Manufacturing, 2008, 9 (1): 33-46.

[24] Guthrie R. Polymeric header for fuel cell pressure plate assemblies: US6048635A[P]. 1998-08-25.

[25] Resto A W, et al. Fuel cell stack having an improved pressure plate and current collector: US 6764786B2[P]. 2003-11-20.

[26] 武山诚，高山千城．用于燃料电池的端板、燃料电池和燃料电池系统：CN105591119A

[P]. 2016-05-18.

[27] 堀田裕，糸贺道太郎，武山诚．燃料电池系统：CN103563151A[P]. 2014-02-05.

[28] Ye J，Bazzarella R，Cargnelli J. Manifold for a fuel cell system：US 06875535 B2[P]. 2002-04-15.

[29] 徐鑫，甘全全，姚元英．车用石墨双极板燃料电池堆－20℃低温启动研究[J]. 中国标准化，2020（201）：345-348.

[30] Hentall P L，Lakemen J B，Mepstep G O，et al. New materials for polymer electrolyte membrane fuel cell current collectors[J]. Journal of Power Sources，1998，80（1-2）：235-241.

[31] Chang I，Park T，Lee J，et al. Bendable polymer electrolyte fuel cell using highly flexible Ag nanowire percolation network current collectors[J]. Journal of Materials Chemistry A，2013，1（30）：8541-8546.

[32] Lee W K，Ho C H，Zee J. The effects of compression and gas diffusion layers on the performance of a PEM fuel cell[J]. Journal of Power Sources，1999，84（1）：45-51.

[33] Ge J，Higier A，Liu H. Effect of gas diffusion layer compression on PEM fuel cell performance[J]. Journal of Power Sources，2015，159（2）：922-927.

[34] Escribano S，Blachot J F，Etheve J，et al. Characterization of PEMFCs gas diffusion layers properties[J]. Journal of Power Sources，2006，156（1）：8-13.

[35] Bazylak A，Sinton D，Liu Z S. Effect of compression on liquid water transport and microstructure of PEMFC gas diffusion layers[J]. Journal of Power Sources，2007，163（2）：784-792.

[36] 艾有俊．锁紧螺栓对 PEMFC 电堆双极板热力变形影响的研究[D]. 武汉：武汉理工大学，2015.

[37] 张智明，史亮，郝韫，章桐．钢带捆扎质子交换膜燃料电池端板拓扑优化[J]. 同济大学学报（自然科学版），2019，47：74-78.

[38] 魏铭瑛．钢带封装燃料电池端板优化设计[D]. 大连：大连理工大学，2016.

[39] 国宏氢能官网. https：//www. sinosynergypower. com/[Z]. 2021.

[40] 氢璞创能官网. http：//www. nowogen. com/[Z]. 2021.

[41] 新源动力官网. http：//www. fuelcell. com. cn/sunrisepower/index. html[Z]. 2021.

[42] ElringKlinger 官网. https：//www. elringklinger. de/de[Z]. 2021.

[43] PowerCell 官网. https：//powercell. se/en/start/[Z]. 2021.

[44] 明天氢能官网. http：//www. mth2. com/About/AboutUs/[Z]. 2021.

索 引